I0044145

Grundkurs der Physik 2

Elektrizitätslehre · Optik
Quanten- und Atomphysik · Kernphysik
Elementarteilchen-Physik

von
Dr. Karl Hammer

unter Mitarbeit von
Dr. Hildegard Hammer

5., verbesserte Auflage

Mit 304 Bildern und 21 Tabellen

R. Oldenbourg Verlag München Wien 1994

Die Deutsche Bibliothek — CIP-Einheitsaufnahme

Hammer, Karl:
Grundkurs der Physik / von Karl Hammer. — München ; Wien :
Oldenbourg.

2. Elektrizitätslehre, Optik, Quanten- und Atomphysik,
   Kernphysik, Elementarteilchen-Physik : mit 21 Tabellen /
   unter Mitarb. von Hildegard Hammer. — 5., verb. Aufl. — 1994

© 1994 R. Oldenbourg Verlag GmbH, München

Das Werk einschließlich aller Abbildungen ist urheberrechtlich geschützt. Jede Verwertung
außerhalb der Grenzen des Urheberrechtsgesetzes ist ohne Zustimmung des Verlages unzu-
lässig und strafbar. Das gilt insbesondere für Vervielfältigungen, Übersetzungen, Mikrover-
filmungen und die Einspeicherung und Bearbeitung in elektronischen Systemen.

Gesamtherstellung: R. Oldenbourg Graphische Betriebe GmbH, München

ISBN 978-3-486-22576-1

INHALT

Vorwort 6

6. Elektrizitätslehre 7
6.1 Zusammenstellung einiger Grundkenntnisse 7
6.2 Elektrisches Feld ruhender Ladungen
(Elektrostatisches Feld) 12
6.3 Ruhendes magnetisches Feld
(Magnetostatisches Feld) 35
6.4 Elektromagnetische Induktion 55
6.5 Elektromagnetische Schwingungen 67
6.6 Elektromagnetische Wellen 83
6.7 Materie im elektrischen Feld 97
6.8 Materie im magnetischen Feld 108
6.9 Elektromagnetisches Feld in Materie und
Vakuum 119
6.10 Elektrizitätsleitung 120

7. Optik 136
7.1 Zusammenstellung einiger Grundkenntnisse 136
7.2 Ergänzungen zur geometrischen Optik 144
7.3 Wellenoptik 161
7.4 Strahlungs- und Lichtmessung 174

8. Quanten- und Atomphysik 184
8.1 Zusammenstellung einiger Grundkenntnisse 184
8.2 Lichtquanten (Photonen) 184
8.3 Dualismus: Welle – Teilchen 192
8.4 Atombau und Spektrallinien 198

9. Kernphysik 208
9.1 Zusammenstellung einiger Grundkenntnisse 208
9.2 Kernumwandlungen 208
9.3 Kernenergie 216
9.4 Strahlenbelastung und Strahlenschutz 221

10. Elementarteilchen-Physik 223
10.1 Kosmische Strahlung 223
10.2 Einteilung der Elementarteilchen in Gruppen 223
10.3 Fundamentale Bausteine der Materie –
Quarkmodell 225
10.4 Wechselwirkungen 226

Register 228

Vorwort zur fünften Auflage von Teil 2

In der fünften Auflage des Grundkurses der Physik 2 wurden
einige Kapitel neu eingeteilt und ergänzt: 8. Quanten- und
Atomphysik, 9. Kernphysik, 10. Elementarteilchen-Physik.
Dabei wurden zusätzlich aufgenommen: Induzierte Emission
(Laserprinzip), Strahlenbelastung, kosmische Strahlung,
Quark-Modell und Wechselwirkungen.

Die Tabellenwerte wurden dem neuesten Stand angepaßt.

Schließlich konnten einige Druckfehler korrigiert werden.
Dem Verlag R. Oldenbourg danken wir für die Berücksichtigung unserer Änderungswünsche.

München, im Frühjahr 1993   Karl Hammer
                                        Hildegard Hammer

6. ELEKTRIZITÄTSLEHRE

6.1 Zusammenstellung einiger Grundkenntnisse

6.1.1 Größen und Einheiten der Elektrizitätslehre

In der Elektrizitätslehre werden, zusätzlich zu den bereits in der Mechanik und in der Wärmelehre verwendeten, einige weitere Größen und Einheiten benützt. Soweit diese schon aus dem Schulunterricht bekannt sind, werden sie in diesem Abschnitt zusammengestellt.

6.1.1.1 *Elektrische Ladung*

Die grundlegende neue Größe ist die *elektrische Ladung Q*. Es gibt zwei Arten der elektrischen Ladung, die man willkürlich als positiv und negativ gekennzeichnet hat. Zwischen gleichnamigen Ladungen wirkt eine abstoßende, zwischen ungleichnamigen eine anziehende Kraft.

Das kleinste Quantum an elektrischer Ladung, das existiert, nennt man *Elementarladung e.*

Für die *elektrische Ladung Q* gilt folgender *Erhaltungssatz:*

In einem abgeschlossenen System (Körper), dem weder Ladungen zu- noch abgeführt werden, ist die Summe aller Ladungen konstant.

Die Atomkerne besitzen eine ganzzahlige Anzahl positiver Elementarladungen. Die Atomhüllen bestehen aus Elektronen, von denen jedes *eine* negative Elementarladung trägt. Im neutralen Zustand hat ein Atom ebensoviel Elektronen, wie der Kern positive Elementarladungen besitzt.

Da alle Körper aus Atomen aufgebaut sind, enthalten sie stets elektrische Ladungen. Ein Körper kann trotzdem nach außen ungeladen wirken, wenn sich gleichviel positive und negative Ladungen in seinem Innern neutralisieren. Damit er (als Ganzes oder in Teilen) nach außen geladen erscheint, muß ein *Überschuß einer Ladungsart* (im ganzen Körper oder in Teilen desselben) vorhanden sein.

---

[1] benannt nach Charles Augustin de Coulomb, 1736 - 1806, frz. Physiker

Die *elektrische Ladung Q* hat die *SI-Einheit:*

$$[Q] = 1 \text{ Coulomb (C)}$$

Diese Einheit 1 Coulomb[1] umfaßt $6{,}24 \cdot 10^{18}$ Elementarladungen; also ist:

$$\|e = 1{,}60 \cdot 10^{-19} \text{ C}\|$$

Die Ladungseinheit ist, obwohl dies naheläge, keine Basiseinheit. Als solche hat man aus historischen Gründen die Stromstärkeeinheit gewählt (6.1.1.2).

6.1.1.2 *Elektrische Stromstärke*

Wenn sich elektrische Ladungen bewegen, fließt ein elektrischer Strom.

In Metallen bewegen sich nur Elektronen und damit negative Ladungen; in Flüssigkeiten können Ionen, positive und negative, als Ladungsträger wirken; in Gasen kommen sowohl Elektronen als auch Ionen für den Ladungstransport in Frage.

Fließt durch den Querschnitt eines Leiters in gleichen Zeitintervallen Δt die gleiche Ladung ΔQ *in derselben Richtung*, so spricht man von einem *Gleichstrom konstanter Stromstärke I*, wobei man definiert:

$$I = \frac{\Delta Q}{\Delta t}$$

Ist die Ladung ΔQ eine Funktion der Zeit t, so ist dies auch für die Stromstärke I der Fall. Man erweitert dann die Definition der Stromstärke I folgendermaßen:

$$I(t) = \frac{dQ(t)}{dt} = \dot{Q}(t)$$

Die im Zeitintervall $\Delta t = t_2 - t_1$ durch einen Querschnitt des Leiters fließende Ladung Q ist dann:

$$Q = \int_{t_1}^{t_2} I(t) \, dt$$

Die Stromstärke I ist wie die Ladung Q ein Skalar. Die beiden möglichen Flußrichtungen des elektrischen Stromes unterscheidet man durch das Vorzeichen.

Man bezeichnet die Flußrichtung der positiven Ladungsträger (z.B. der positiven Ionen) als positiv, die der negativen Ladungsträger (z.B. der Elektronen) als negativ. Man spricht auch bei zeitabhängiger Stromstärke von einem *Gleichstrom*, solange die *Flußrichtung die gleiche* ist, und von einem *Wechselstrom*, wenn die *Flußrichtung wechselt.*

Die *elektrische Stromstärke I* hat die *SI-Einheit*[1] (1.1.3):

$$[I] = 1 \text{ Ampere (A)}$$

1 Ampere ist eine *Basiseinheit* des internationalen Einheitensystems. Aus ihr und der Zeiteinheit wird die Ladungseinheit 1 Coulomb abgeleitet. Nach der Definition der Stromstärke ist: $1 \text{ A} = 1 \text{ C s}^{-1}$ oder $1 \text{ C} = 1 \text{ A s}$.

6.1.1.3 *Elektrische Spannung*

Soll in einem Leiter ein elektrischer Strom fließen, dann muß zwischen den Enden des Leiters eine *elektrische Spannung U* herrschen. Damit ein Gleichstrom konstanter Stromstärke I fließt, muß eine konstante Spannung U, z.B. durch ein galvanisches Element (Akkumulator), aufrecht erhalten werden.

Wir werden den Begriff der elektrischen Spannung in 6.2.2.7 vertiefen.

Die *elektrische Spannung U* hat die *SI-Einheit*[2]:

$$[U] = 1 \text{ Volt (V)}$$

Die Spannungseinheit 1 Volt kann aus der Energieeinheit 1 Joule und der Ladungseinheit $1 \text{ C} = 1 \text{ A s}$ abgeleitet werden (6.1.2.5). Es ist
$$1 \text{ V} = 1 \text{ J A}^{-1} \text{ s}^{-1}.$$

6.1.1.4 *Elektrischer Widerstand und Leitwert eines Leiters*

Wird zwischen den Enden eines Leiters eine konstante Spannung U aufrecht erhalten, so fließt ein Gleichstrom konstanter Stromstärke I. Der Quotient aus der Spannung U und der

Stromstärke I ist dann eine für den Leiter charakteristische Größe, die *elektrischer Widerstand R* genannt wird. Man definiert dementsprechend:

$$R = \frac{U}{I}$$

Der *elektrische Widerstand R* hat die *SI-Einheit*[1]:

$$[R] = 1 \text{ Ohm } (\Omega)$$

Entsprechend der Definitionsgleichung für den elektrischen Widerstand ist 1 Ohm $= 1 \Omega = 1 \text{ V A}^{-1}$.

Den reziproken Wert des elektrischen Widerstands R nennt man *elektrischen Leitwert G*. Also ist:

$$G = \frac{1}{R} \qquad \text{und} \qquad G = \frac{I}{U}$$

Der *elektrische Leitwert G* hat die *SI-Einheit*:

$$[G] = 1 \text{ Siemens (S)}$$

Entsprechend der Definitionsgleichung ist 1 Siemens $= 1 \text{ S} = \Omega^{-1} = 1 \text{ A V}^{-1}$. Die Einheit des elektrischen Leitwerts ist nach *Werner von Siemens* (Abb. 6.1-1) benannt.

6.1.1.5 *Elektrische Kapazität eines Kondensators*

Ein Kondensator besteht grundsätzlich aus zwei leitenden Körpern (z.B. Platten oder Bändern), die gegeneinander isoliert sind. Bringt man auf den einen Körper die elektrische Ladung $+Q$ und auf den anderen die Ladung $-Q$, so entsteht zwischen beiden Körpern eine elektrische Spannung U. Der Quotient aus der Ladung Q und der Spannung U ist dann eine für den Kondensator charakteristische Größe, die *Kapazität C* genannt wird. Man definiert:

$$C = \frac{Q}{U}$$

---

[1]   benannt nach André Marie Ampère, 1775 - 1836, frz. Physiker; bei der Einheit Ampere wird der Akzent weggelassen.
[2]   benannt nach Alessandro Volta, 1745 - 1827, ital. Physiker

---

[1]   benannt nach Georg Simon Ohm, 1789 - 1854, dt. Physiker

Abb. 6.1-1:
Werner von Siemens, 1816 - 1892, dt. Physiker, Ingenieur und Unternehmer; Begründer der Elektrotechnik: 1866 fand er das dynamo-elektrische Prinzip und baute die erste Dynamomaschine.

Abb. 6.1-2:
Michael Faraday, 1791 - 1867, engl. Physiker; Faraday war zuerst Buchbinder; 1819 kam er als Laborant zu dem Physikprofessor Sir Davy nach London, dessen Nachfolger er 1825 wurde. Faraday fand die Gesetze der Elektrolyse und der elektromagnetischen Induktion; er entwickelte die grundlegenden Anschauungen über das elektromagnetische Feld.

Man spricht auch gelegentlich von der Kapazität eines einzelnen Körpers. Dann kann man diesen als den ersten Körper und einen benachbarten Körper, z.B. die Erde, als zweiten Körper auffassen. Im Grenzfall liegt der zweite Körper im Unendlichen.

Die *elektrische Kapazität C* hat die *SI-Einheit*:

$$[C] = 1 \text{ Farad (F)}$$

Entsprechend der Definitionsgleichung ist 1 Farad = 1 F = 1 C V^{-1} = 1 A s V^{-1}. Die Einheit der elektrischen Kapazität ist nach *Michael Faraday* (Abb. 6.1-2) benannt.

6.1.2 Einige Gesetze der Elektrizitätslehre

6.1.2.1 *Ohmsches Gesetz*

Verändert man die Spannung U, die zwischen den Enden eines Leiters herrscht, dann ändert sich auch die Stromstärke I im Leiter. Bleibt dabei der Quotient $\dfrac{U}{I}$, also der Widerstand R, konstant, so gilt das *Ohmsche Gesetz*:

$$R = \frac{U}{I} = \text{constant}$$

Das Ohmsche Gesetz gilt z.B. für metallische Leiter und für Elektrolyte, wenn ihre Temperatur konstant gehalten wird.

6.1.2.2 *Abhängigkeit des Widerstands von Art und Abmessungen des Leiters*

Ist l die Länge und A der Querschnitt des Leiters, so ist:

$$R = \rho \, \frac{l}{A}$$

Die Proportionalitätskonstante ρ ist kennzeichnend für das Leitermaterial; sie wird „*spezifischer Widerstand*" genannt. Der *spezifische Widerstand* hat die *SI-Einheit*:

$$[\rho] = 1 \ \Omega \ \text{m}.$$

Außerdem wird verwendet $[\rho] = 1 \ \Omega \ \text{mm}^2 \ \text{m}^{-1} = 10^{-6} \ \Omega \ \text{m}$

Tabelle 6.1 - 1
Spezifischer elektrischer Widerstand ρ einiger Metalle und Legierungen bei 20 °C

Metall	$\dfrac{\rho}{\Omega\,m}$	Legierung		$\dfrac{\rho}{\Omega\,m}$
		Name	Zusammensetzung in %	
Silber	$1{,}6\cdot 10^{-8}$	Nickelin	67 Cu, 30 Ni, 3 Mn	$4{,}0\cdot 10^{-7}$
Kupfer	$1{,}7\cdot 10^{-8}$	Manganin	86 Cu, 2 Ni, 12 Mn	$4{,}3\cdot 10^{-7}$
Aluminium	$2{,}7\cdot 10^{-8}$	Konstantan	54 Cu, 45 Ni, 1 Mn	$5{,}0\cdot 10^{-7}$
Platin	$1{,}0\cdot 10^{-7}$	Chromnickel	20 Cr, 80 Ni	$1{,}1\cdot 10^{-6}$
Eisen	$1{,}0\cdot 10^{-7}$	Megapyr	65 Fe, 30 Cr, 5 Al	$1{,}4\cdot 10^{-6}$

Den reziproken Wert von ρ bezeichnet man als *Leitfähigkeit* γ:

$$\gamma = \frac{1}{\rho}$$

Die Tabelle 6.1-1 gibt einige Beispiele von ρ.

6.1.2.3 *Kirchhoffsche Regeln*

Für Stromverzweigungen gelten folgende zwei Regeln von Kirchhoff[1] zusammen:

1. Für die *Stromstärken* gilt die *Knotenpunktregel*:
   An jedem Verzweigungspunkt ist die Summe der Stromstärken der zufließenden gleich der Summe der Stromstärken der abfließenden Ströme.

Dies folgt direkt aus dem Erhaltungssatz der Ladungen.

2. Für die *Spannungen* gilt die *Maschenregel*:
   In jedem geschlossenen Stromkreis (Masche) eines Netzes ist die Summe der Teilspannungen an den Leitern (Widerständen, Verbrauchern) gleich der Summe der Spannungen („elektromotorischen Kräften") der eingeschalteten Stromquellen.

Es muß ein *Umlaufsinn* für die Maschen festgelegt werden. Ströme, die in diesem Umlaufsinn fließen, und Spannungen, die gleichsinnige Ströme hervorrufen, sind positiv, im umgekehrten Fall negativ, zu nehmen.

---
[1] Gustav Robert Kirchhoff, 1824 - 1887, dt. Physiker

6.1.2.4 *Schaltung von Widerständen*

a) *Reihenschaltung* (Abb. 6.1-3)
Die Stromstärke I ist an jeder Stelle des Stromkreises gleich groß. An den Leiterstücken mit den Widerständen $R_1, R_2, \ldots R_n$ herrschen die *Teilspannungen*: $U_1 = R_1 I$; $U_2 = R_2 I$; $\ldots$; $U_n = R_n I$. Daraus folgt:

$$U_1 : U_2 : \ldots : U_n = R_1 : R_2 : \ldots : R_n$$

Gesamtspannung:

$$U = U_1 + U_2 + \ldots + U_n$$

Gesamtwiderstand:

$$R = R_1 + R_2 + \ldots + R_n$$

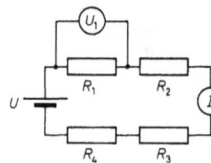

Abb. 6.1-3:
Reihenschaltung von Widerständen

b) *Parallelschaltung* (Abb. 6.1-4)
Die Spannung U ist an jedem Zweig dieselbe. In den einzelnen Zweigen fließen die *Teilstromstärken*:

$$I_1 = \frac{U}{R_1}\;;\;\; I_2 = \frac{U}{R_2}\;;\ldots;I_n = \frac{U}{R_n}$$

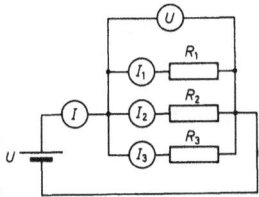

Abb. 6.1-4:
Parallelschaltung von Widerständen

Daraus folgt:

$$I_m : I_k = R_k : R_m$$

mit $m = 1, 2, ..., n$ und $k = 1, 2, ..., n$

Gesamtstromstärke:

$$I = I_1 + I_2 + ... + I_n$$

Der *Gesamtwiderstand* (Ersatzwiderstand) R kann berechnet werden aus:

$$\frac{1}{R} = \frac{1}{R_1} + \frac{1}{R_2} + ... + \frac{1}{R_n}$$

Bei der *Parallelschaltung* ist es zweckmäßig mit den *Leitwerten* statt mit den Widerständen zu rechnen. Es ist der *Gesamtleitwert:*

$$G = G_1 + G_2 + ... + G_n$$

c) *Spannungsteiler- oder Potentiometerschaltung*
(Abb. 6.1-5)

Für $R_a \gg R_1$ gilt:

$$U_1 = U \frac{R_1}{R_1 + R_2}$$

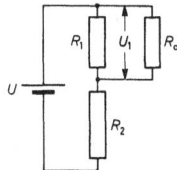

Abb. 6.1-5:
Spannungsteilerschaltung

6.1.2.5 *Umwandlung elektrischer Arbeit in innere Energie*

Fließt durch einen Leiter aufgrund der angelegten konstanten Spannung U während der Zeit t die konstante Stromstärke I, so wird insgesamt die Ladung $Q = It$ transportiert. Dabei wird im Leiter die elektrische Arbeit W_{el} verrichtet und in innere Energie verwandelt entsprechend der Gleichung:

Elektrische Arbeit $\boxed{W_{el} = UIt = UQ}$

Die elektrische Arbeit hat wie jede andere Arbeit die *SI-Einheit:*

$$[W_{el}] = [W] = 1 \text{ Joule (J)}$$

Aus der Gleichung für W_{el} folgt: $1 \text{ J} = 1 \text{ N m} = 1 \text{ V A s} = 1 \text{ V C} = 1 \text{ W s}$ mit $1 \text{ Watt (W)} = 1 \text{ V A}$.

Aus der elektrischen Arbeit ergibt sich:

Elektrische Leistung $\boxed{P_{el} = UI}$

Die elektrische Leistung hat wie jede andere Leistung die *SI-Einheit:*

$$[P_{el}] = [P] = 1 \text{ Watt (W)}$$

Aus der Gleichung für P_{el} folgt: $1 \text{ W} = 1 \text{ N m s}^{-1} = 1 \text{ J s}^{-1} = 1 \text{ V A}$

Mit Hilfe des Ohmschen Gesetzes können wir umformen:

$$\boxed{P_{el} = I^2 R} \quad \text{oder} \quad \boxed{P_{el} = \frac{U^2}{R}}$$

6.1.2.6 *Schaltung von Kondensatoren*

a) *Reihenschaltung* (Abb. 6.1-6)
Jeder Kondensator hat die gleiche Ladung Q. Dadurch haben die einzelnen Kondensatoren mit den Kapazitäten $C_1, C_2, ..., C_n$ die *Teilspannungen:*

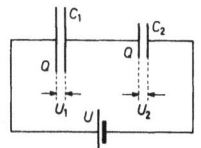

Abb. 6.1-6:
Reihenschaltung
von Kondensatoren

$$U_1 = \frac{Q}{C_1} \; ; \quad U_2 = \frac{Q}{C_2} \; ; ... ; \quad U_n = \frac{Q}{C_n}$$

Daraus folgt:

$$U_m : U_k = C_k : C_m$$

mit $m = 1, 2, \dots, n$ und $k = 1, 2, \dots, n$

Gesamtspannung:

$$U = U_1 + U_2 + \dots + U_n$$

Die *Gesamtkapazität* C kann berechnet werden aus:

$$\frac{1}{C} = \frac{1}{C_1} + \frac{1}{C_2} + \dots + \frac{1}{C_n}$$

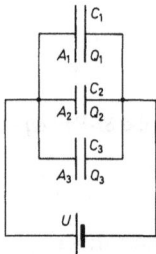

Abb. 6.1-7:
Parallelschaltung von Kondensatoren

b) *Parallelschaltung* (Abb. 1.6-7)
Jeder Kondensator liegt an der selben Spannung U. Dadurch haben die einzelnen Kondensatoren mit den Kapazitäten $C_1, C_2, \dots, C_n$ die *Teilladungen*:

$$Q_1 = U C_1; \quad Q_2 = U C_2; \dots; \quad Q_n = U C_n.$$

Daraus folgt:

$$Q_1 : Q_2 : \dots : Q_n = C_1 : C_2 : \dots : C_n$$

Gesamtladung:

$$Q = Q_1 + Q_2 + \dots + Q_n$$

Gesamtkapazität:

$$C = C_1 + C_2 + \dots + C_n$$

6.2 Elektrisches Feld ruhender Ladungen (Elektrostatisches Feld)

6.2.1 Eigenschaften des elektrischen Feldes

Lädt man einen zunächst neutralen Körper elektrisch, so erhält der Raum um den Körper besondere Eigenschaften:

1. Elektrisch geladene Körper, die in diesen Raum gebracht werden, erfahren eine *Kraftwirkung*. Diese nach Coulomb benannte Kraft ist je nach dem Vorzeichen der Ladungen anziehend oder abstoßend (Coulomb-Kraft).

2. Elektrisch ungeladene Körper erfahren in diesem Raum eine *Influenzwirkung*.

Den Raum in der Umgebung eines elektrisch geladenen Körpers nennt man nach Faraday ein *elektrisches Feld*. Ruht der geladene Körper relativ zum Beobachter, so spricht man von einem *elektrostatischen* Feld.

6.2.1.1 *Kraftwirkung des elektrischen Feldes auf geladene Körper*

Die elektrischen Anziehungs- und Abstoßungskräfte zwischen ungleichnamig und gleichnamig geladenen Körpern sind uns bereits bekannt (2.6.5.2). Wie bei der Gravitationskraft ersetzte Faraday auch bei der Coulomb-Kraft die Fernwirkung durch eine Nahwirkung, die das elektrische Feld des einen geladenen Körpers auf den andern geladenen Körper ausübt.

Wie beim Gravitationsfeld werden wir zur quantitativen Behandlung des elektrischen Feldes seine Feldstärke einführen (6.2.2.1). Dazu kommen noch weitere Feldgrößen (6.2.2).

6.2.1.2 *Influenzwirkung des elektrischen Feldes auf ungeladene Körper*

Die Influenzwirkung bei Metallen erläutert folgender *Versuch*

Ein neutraler Metallkörper wird in das elektrische Feld einer positiv geladenen Kugel gebracht. Wegen der Kraftwirkung des Feldes bewegen sich dann „freie" Elektronen im Metallkörper so, daß sie den positiven Ladungen der Kugel gegenübersitzen, während sich am entfern-

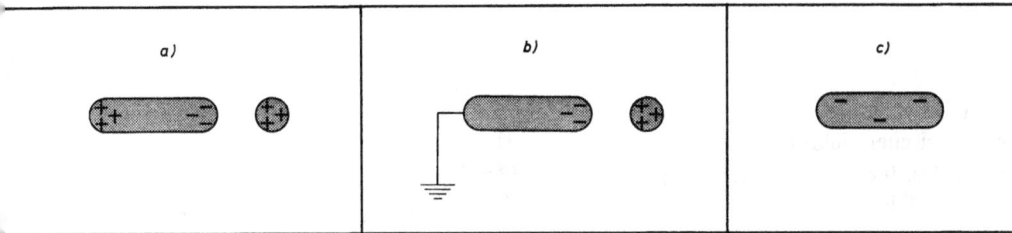

Abb. 6.2-1:
Elektrische Influenz bei einem
Metallkörper

en Ende des Metallkörpers ein Überschuß an positiven Ladungen
einstellt (Abb. 6.2-1 a). Bei negativer Kugelladung bewegen sich freie
Elektronen ans entferntere Ende des ursprünglich neutralen Metallkörpers.

Die beschriebene Art der *Ladungstrennung* nennt man *,,elek-
rische Influenz"*.

Leitet man nach dieser Ladungstrennung die Ladungen vom entfern-
en Ende des Metallkörpers, etwa durch kurzes Berühren mit der Hand,
zur Erde ab (Abb. 6.2-1 b) und entfernt dann anschließend den Metallkörper aus dem elektrischen Feld, so bleibt er geladen zurück. Seine
Ladung hat dann das entgegengesetzte Vorzeichen wie die Ladung des
felderzeugenden Körpers (Abb. 6.2-1 c).

Diese Art des Ladens des Metallkörpers nennt man *,,Laden
durch Influenz"*.

In *Isolatoren* gibt es zwar keine Ladungsträger, die sich so frei
wie die Elektronen in Metallen bewegen können. Jedoch können sich die Ladungen wenigstens innerhalb der einzelnen
Moleküle verschieben. Dadurch werden neutrale Moleküle
beim Nähern eines geladenen Körpers durch elektrische Influenz zu ,,Dipolen" (Abb. 6.2-2). Wir kommen in 6.7.2 darauf zurück.

Abb. 6.2-2:
Elektrische Influenz bei einem Isolator

Manche Moleküle sind von vornherein Dipole. Ihre Achsen liegen aber
im Isolator regellos durcheinander. Durch Influenz werden dann die
Dipole ausgerichtet.

6.2.1.3 *Feldlinienbilder des elektrischen Feldes*

Die Veränderung des Raumes durch einen elektrisch geladenen Körper kann man anschaulich durch sogenannte *Feldlinienbilder* zeigen. Um diese herzustellen, gibt man in das zu
untersuchende Feld kleine isolierende Teilchen, die sich möglichst gut bewegen können. Dazu eignet sich z.B. feinster
Weizengrieß in Rizinusöl. Als Modelle der geladenen Körper
verwendet man flache Metallstücke (Schnittmodelle).

Als Modell für einen Plattenkondensator dienen z.B. zwei Metallstrei-
fen (Abb. 6.2-3). Man legt diese unter ein Glasgefäß mit Rizinusöl, in
dem Grießkörner regellos verteilt sind. Lädt man nun die beiden Streifen, indem man sie an die beiden Pole eines Hochspannungserzeugers
z.B. eines Bandgenerators anschließt, so ordnen sich die Grießkörner
entsprechend der Abb. 6.2-3 zu Feldlinien. Diese kommen dadurch
zustande, daß die Grießkörner im elektrischen Feld durch Influenz
zu Dipolen werden und sich dann wegen der Anziehung ungleichnamiger Ladungen zu Ketten aneinanderreihen, wie es die Abb. 6.2-4 schematisch zeigt. Im Innenraum des Plattenkondensators verlaufen die

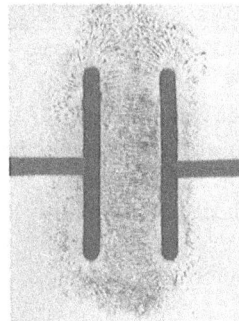

Abb. 6.2-3:
Modell eines Plattenkondensators; Feldlinienbild des geladenen Kondensators; im Innern
des Kondensators ist das elektrische Feld homogen, am Rand
inhomogen.

Feldlinien zueinander parallel. Nur am Rand des Kondensators sind sie nach außen gekrümmt.

Die Feldlinien des elektrostatischen Feldes beginnen und enden stets bei elektrischen Ladungen. Diese sind gewissermaßen die „Quellen" und „Senken" des elektrischen Feldes. Ein solches Feld nennt man ein *Quellenfeld*. Das hier besprochene elektrostatische Feld ist also ein Quellenfeld.

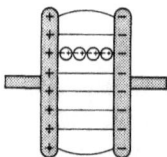

Abb. 6.2-4:
Ungeladene Teilchen, z.B. Grießkörner, werden im elektrischen Feld zu Dipolen, die sich aneinanderreihen.

Ein Feld mit geschlossenen Kurven als Feldlinien nennt man „*Wirbelfeld*". Unter bestimmten Voraussetzungen gibt es auch elektrische, jedoch keine elektrostatischen Wirbelfelder.

6.2.2   Homogenes elektrisches Feld im Vakuum (in Luft)

Quantitative Untersuchungen zeigen, daß das elektrische Feld im Innern eines Plattenkondensators, also im Raum paralleler Feldlinien, an jeder Stelle die gleiche Kraftwirkung und Influenzwirkung ausübt. Man nennt ein solches Feld *homogen*. Bei *inhomogenen* Feldern sind dagegen diese Wirkungen *von Ort zu Ort verschieden*.

Wir beschränken uns im folgenden zunächst auf die Betrachtung des homogenen Feldes im Innern eines Plattenkondensators. Anschließend werden wir dann den allgemeineren Fall ortsabhängiger, also inhomogener Felder behandeln.

Zur Untersuchung des homogenen Feldes verwenden wir einen Plattenkondensator, der aus zwei gleich großen metallischen Kreisscheiben (Platten) besteht. Die Platten werden zur Erzeugung des elektrischen Feldes gleich stark, jedoch ungleichnamig geladen, indem sie kurzzeitig je mit einem Pol eines Hochspannungserzeugers leitend verbunden werden (Abb. 6.2-5).

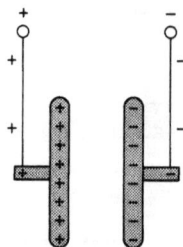

Abb. 6.2-5:
Laden eines Plattenkondensators

Der gleiche Zustand wird erreicht, wenn man eine Platte erdet (Abb. 6.2-6) und nur die andere Platte mit einem Pol des Spannungserzeugers leitend verbindet. Die geerdete Platte lädt sich dann durch Influenz gleich stark entgegengesetzt auf.

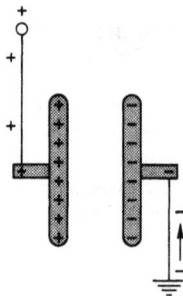

Abb. 6.2-6:
Laden eines Plattenkondensators mit einer geerdeten Platte

6.2.2.1 *Elektrische Feldstärke*

Versuch: Um die Kraftwirkung des elektrischen Feldes auf eine Probeladung zu untersuchen, hängen wir ein Hohlkügelchen aus einer Metallfolie an einem langen isolierenden Faden pendelnd in den Raum zwischen die zunächst noch ungeladenen Platten des Kondensators (Abb. 6.2-7). Wir geben dem Kügelchen die Probeladung Q'. Sobald wir anschließend durch Laden der Kondensatorplatten ein *elektrisches Feld im Kondensator* erzeugen, wird das geladene Kügelchen von der gleichnamig geladenen Platte abgestoßen und von der ungleichnamig geladenen Platte angezogen. Der dadurch entstehende Ausschlag des Fadenpendels ist ein Maß für den Betrag F der Coulomb-Kraft des Feldes auf die Probeladung Q'. Die Coulomb-Kraft $\vec{F}$ ist normal zu den Plattenoberflächen gerichtet.

Wiederholen wir den Versuch, indem wir das Kügelchen an verschiedene Stellen im Innern des Kondensators bringen, so stellen wir fest, daß –

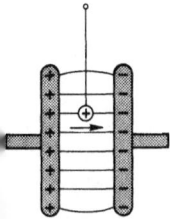

Abb. 6.2-7:
Kraftwirkung auf eine positive Probeladung im elektrischen Feld eines Plattenkondensators

von Randpartien abgesehen – überall der Pendelausschlag und damit der Betrag der Coulomb-Kraft auf die Probeladung gleich groß ist.

Genaue Messungen mit einer empfindlichen Torsionswaage bestätigen diese Beobachtungen. Sie gestatten außerdem die Abhängigkeit der Coulomb-Kraft $\vec{F}$ von der Größe der Probeladung Q' zu messen. Diese ist direkt proportional zum Betrag F der Coulomb-Kraft, also $F \sim Q'$ oder $\dfrac{F}{Q'} = $ const.

Man definiert nun den Quotienten $\dfrac{F}{Q'}$ als Betrag E der elektrischen Feldstärke und führt die *elektrische Feldstärke* $\vec{E}$ als einen Vektor ein, der dieselbe Richtung wie die Coulomb-Kraft $\vec{F}$ hat, wenn die Probeladung Q' positiv ist:

$$\vec{E} = \frac{\vec{F}}{Q'} \qquad \text{oder} \qquad \vec{F} = Q'\,\vec{E}$$

Die *SI-Einheit* der elektrischen Feldstärke ist:
$[E] = 1 \, \text{NC}^{-1}$ (Siehe auch 6.2.2.7!)

Zusammenfassung: Die elektrische Feldstärke $\vec{E}$ ist im Innern eines geladenen Plattenkondensators an allen Stellen gleich. Das elektrische Feld ist in diesem Raum ein homogenes Vektorfeld (Abb. 6.2-8).

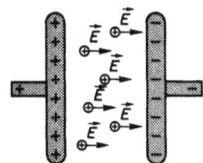

Abb. 6.2-8:
Das elektrische Feld im Innenraum eines Plattenkondensators ist ein homogenes Vektorfeld mit konstanter Feldstärke $\vec{E}$

6.2.2.2 Elektrische Flächenladungsdichte

Um die elektrische Feldstärke $\vec{E}$ mit der Ladung Q, die das Feld hervorruft, in einen einfachen Zusammenhang bringen zu können, führen wir eine neue Größe, *die elektrische Flächenladungsdichte σ*, ein. Wir definieren sie als Quotient aus der Ladung Q und der Fläche A, auf die sich die Ladung verteilt, also:

$$\sigma = \frac{Q}{A}$$

Die *SI-Einheit* der elektrischen Flächenladungsdichte ist:
$$[\sigma] = 1 \, \text{C m}^{-2} = 1 \, \text{A s m}^{-2}$$

Beispiele:
1. *Metallkugel.* Durch die abstoßenden Kräfte zwischen gleichnamigen Ladungen werden diese möglichst weit auseinandergetrieben. Daher verteilt sich die Ladung Q gleichmäßig auf der ganzen Oberfläche $A = 4\,\pi\,r^2$ der leitenden Kugel. Die elektrische Flächenladungsdichte ist dann an der Kugeloberfläche $\sigma = \dfrac{Q}{4\,\pi\,r^2}$.

2. Bei einem geladenen *Plattenkondensator* sitzen gleich große, aber ungleichnamige Ladungen $+Q$ und $-Q$ auf den Innenseiten der beiden Platten (Abb. 6.2-5 und 6.2-6). Dann ist die Flächenladungsdichte auf der einen Platte $\sigma = \dfrac{Q}{A}$ und auf der andern Platte $\sigma' = -\dfrac{Q}{A}$, wobei A die Fläche einer Plattenseite bedeutet. Bei einer Kreisscheibe ist $A = r^2\,\pi$ und damit $\sigma = \dfrac{Q}{r^2\,\pi}$ und $\sigma' = -\dfrac{Q}{r^2\,\pi}$.
Bei einem Plattenkondensator genügt es in der Regel die Flächenladungsdichte σ der positiv geladenen Platte anzugeben, da man damit auch die Flächenladungsdichte der andern Platte $\sigma' = -\sigma$ kennt.

Wir betrachten nun *zwei verschieden große Plattenkondensatoren*, deren Plattenflächen A_1 und A_2 sich verhalten wie $A_1 : A_2 = n : 1$ (Abb. 6.2-9). Gibt man auf beide Kondensatoren die *gleichen Ladungen* $\pm Q$, so verteilen sich diese beim ersten Kondensator auf eine n-mal so große Fläche wie beim

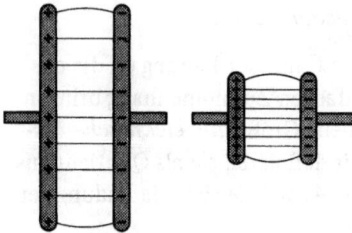

Abb. 6.2-9:
Die Flächenladungsdichte ist bei gleicher Ladung umgekehrt proportional zur Plattenfläche.

zweiten Kondensator. Daraus folgt für die Flächenladungsdichten σ_1 und σ_2 auf den beiden Kondensatoren $\sigma_1 : \sigma_2 = 1 : n$. Mißt man im Innern der beiden Kondensatoren die Feldstärken $\vec{E}_1$ und $\vec{E}_2$, so ergibt sich für ihre Beträge $E_1 : E_2 = 1 : n$. Also ist $E \sim \sigma$.

Der Betrag E der elektrischen Feldstärke im Innern eines Plattenkondensators ist direkt proportional zur elektrischen Flächenladungsdichte σ der das Feld hervorrufenden Ladung.

Es ist also nicht die Gesamtladung Q, sondern die *Flächenladungsdichte* $\sigma = \dfrac{Q}{A}$ für die *Feldstärke* maßgebend. Dieselbe Ladung Q auf größerer Plattenfläche A gibt eine kleinere Feldstärke; dafür ist in diesem Fall die *räumliche Ausdehnung* des Feldes größer.

Denken wir uns nun die Ladung Q in n gleiche Teile ΔQ zerlegt, also $Q = n \, \Delta Q$, so soll jedes + und jedes − Zeichen in der Abb. 6.2-9 eine Teilladung $+ \Delta Q$ oder $- \Delta Q$ darstellen.

Es wäre physikalisch naheliegend $\Delta Q = e$ zu nehmen; doch ist die Elementarladung e so klein, daß man bei einer üblichen Gesamtladung Q nicht genügend + und − Zeichen in der Abbildung unterbringen könnte. ΔQ ist daher ein Vielfaches von e, also $\Delta Q = k e$, wobei k eine ganze Zahl bedeutet.

Zwischen den positiven und negativen Teilladungen $\pm \Delta Q$ sind in der Abb. 6.2-9 Verbindungslinien gezeichnet, die jeweils die Richtung des Feldstärkevektors $\vec{E}$ haben (Feldlinien). Im Innern der Plattenkondensatoren sind dies, wie wir bereits aus 6.2.1.3 wissen, parallele Gerade normal zu den Plattenflächen. Nur am Rand des Kondensators sind sie nach außen gekrümmt.

Je größer die Flächenladungsdichte σ und damit die Feldstärke $\vec{E}$ ist, desto *dichter* liegen die *Feldlinien*, bei einmal gewählter Teilladung ΔQ, beisammen. Man erhält so ein anschauliches Bild von der elektrischen Flächenladungsdichte und der zugehörigen Feldstärke.

Wir haben festgestellt, daß σ direkt proportional zu E ist. Man bezeichnet die zugehörige Proportionalitätskonstante mit ϵ_0 und nennt sie „*elektrische Feldkonstante*". Mit ihr können wir nun schreiben:

$$\boxed{\sigma = \epsilon_0 \, E}$$

ϵ_0 könnte man durch Messen zusammengehöriger Werte von $\sigma = \dfrac{Q}{A}$ und $E = \dfrac{F}{Q'}$ (6.2.3.1) eines Plattenkondensators bestimmen. Präzisionsmessungen führt man jedoch mit Hilfe zusätzlicher Beziehungen durch. Der genaue Wert der elektrischen Feldkonstante ist:

$$\| \, \epsilon_0 = 8{,}8542 \cdot 10^{-12} \; \text{A s V}^{-1} \, \text{m}^{-1} \, \|$$

Die *SI-Einheit* von ϵ_0 ergibt sich folgendermaßen:

$$[\epsilon_0] = \left[\frac{\sigma}{E} \right] = 1 \, \frac{\text{A s m}^{-2}}{\text{N A}^{-1} \, \text{s}^{-1}} \; .$$

Mit 1 N m = 1 V A s wird daraus:

$$[\epsilon_0] = 1 \, \frac{\text{A s}}{\text{V m}}$$

Der angegebene genaue Wert von ϵ_0 gilt nur für das Vakuum; doch verändert Luft zwischen den Platten des Kondensators kaum die Proportionalitätskonstante, wohl aber andere Stoffe (Dielektrika), worauf wir in 6.7 zurückkommen werden.

6.2.2.3 *Elektrische Flußdichte (Verschiebungsdichte)*

Wir können jetzt auch die Influenzwirkung (6.2.1.2) des elektrischen Feldes quantitativ erfassen, indem wir die Flächendichte der influenzierten Ladung betrachten. Dazu gehen wir von folgendem *Influenzversuch* aus. Bringt man zwei sich berührende dünne Metallplatten (Influenzplatten) an isolierenden Griffen in das Feld eines Plattenkondensators, wie es die Abb. 6.2-10 zeigt, so werden auf ihnen Ladungen influenziert. Entfernt man die beiden Influenzplatten gemeinsam aus dem Feld, so vereinigen sich die durch Influenz getrennten Ladungen sofort wieder. Trennt man jedoch die beiden Influenzplatten zuerst im Feld und nimmt sie einzeln heraus, dann sind sie gleich stark, jedoch ungleichnamig geladen.

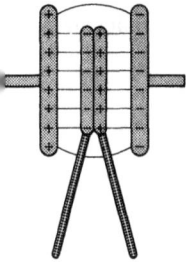

Abb. 6.2-10:
Influenzversuch im elektrischen Feld eines Plattenkondensators

Dies kann man mit zwei gleichen Elektroskopen nachweisen, indem man je eine der aus dem Feld genommenen Influenzplatten mit einem der Elektroskope verbindet. Die Elektroskopplättchen schlagen gleich weit aus. Die Ladungen der beiden Influenzplatten waren also gleich groß.

Verbindet man anschließend die beiden geladenen Elektroskope durch einen an einem isolierenden Griff gehaltenen Leiter, so gehen die Elektroskopausschläge auf Null zurück. Die gleich großen, jedoch ungleichnamigen Ladungen haben sich neutralisiert.

Wiederholt man den Influenzversuch mit Platten verschiedener Größe, so zeigt sich, daß die influenzierte Ladung Q_i direkt proportional zur Plattenfläche A_i ist, d.h. $Q_i \sim A_i$ oder $\frac{Q_i}{A_i}$ = konstant. Die Flächendichte der influenzierten Ladung $\sigma_i = \frac{Q_i}{A_i}$ kann daher als charakteristische Größe für die Stärke des elektrischen Feldes dienen.

Dabei muß man aber noch berücksichtigen, daß σ_i von der Richtung der Influenzplatten im Feld abhängt. Wir haben bisher entsprechend Abb. 6.2-10 die Influenzplatten stets paral-

lel zu den Kondensatorplatten und damit normal zu den Feldlinien angenommen. Bei dieser Stellung tritt *maximale* Influenzwirkung ein. Bei schräger Plattenstellung (Abb. 6.2-11) wird sie kleiner.

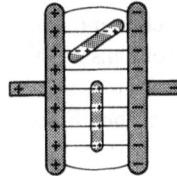

Abb. 6.2-11:
Die influenzierte Flächenladungsdichte hängt von der Stellung der Influenzplatten im elektrischen Feld ab.

Wegen dieser Richtungsabhängigkeit führt man zur Charakterisierung der Influenzwirkung des elektrischen Feldes einen *Vektor* durch folgende *Definition* ein:

Die *elektrische Flußdichte* $\vec{D}$ ist ein Vektor, der die Richtung der Flächennormalen der Influenzplatten und den Betrag

$D = \sigma_i = \frac{Q_i}{A_i}$ bei maximaler Influenzwirkung hat:

$$\boxed{\vec{D} = \sigma_i \, \vec{e}_n}$$

Dabei ist $\vec{e}_n$ der Einheitsvektor in Richtung der Flächennormalen der positiv geladenen Influenzplatte. Beim Feld des Plattenkondensators ist diese Richtung dieselbe wie die der elektrischen Feldstärke $\vec{E}$.

Den Vektor $\vec{D}$ nennt man auch elektrische *Verschiebungsdichte*. Diese Bezeichnung kommt daher, daß die Größe $\vec{D}$ kennzeichnend ist für die im Feld durch Influenz „*verschiebbaren*" Ladungen.

Vergleicht man die Flächenladungsdichte der influenzierten Ladung σ_i mit der Flächenladungsdichte σ der Kondensatorplatten, so zeigt sich, daß $\sigma_i = \sigma$ ist, wenn die Influenzplatten parallel zu den Kondensatorplatten stehen. Dies veranschaulicht bereits die Abb. 6.2-10. Ohne die Influenzplatten verbinden die Feldlinien die positiven Teilladungen $+ \Delta Q$ mit den negativen Teilladungen $- \Delta Q$. Bringt man die Influenzplatten in den Kondensator, so enden die Feldlinien auf der negativen Influenzplatte und beginnen wieder auf der positiv geladenen. Die Zahl der Feldlinien bleibt dabei unverändert. Da zu jeder Feldlinie die gleiche Teilladung $+\Delta Q$ oder $-\Delta Q$ gehört, stimmt die Flächenladungsdichte σ der Kondensatorplatten mit der Flächenladungsdichte der influenzierten Ladung σ_i überein. Deshalb ist σ auch gleich dem Betrag D der elektrischen Flußdichte, also $\sigma = \sigma_i = D$.

Es besteht aber trotzdem ein Unterschied zwischen σ und D insofern, als die Flächenladungsdichte σ der Kondensatorplatten eine *notwendige Voraussetzung* für die Existenz des elektrostatischen Feldes ist, der Betrag D der elektrischen Flußdichte jedoch nur angibt, welche Flächenladungsdichte durch Influenz erreicht werden *kann*, wenn man einen entsprechenden Influenzversuch macht.

Entsprechendes gilt für die elektrische Feldstärke $\vec{E}$. Das elektrische Feld ist vorhanden, sobald der Kondensator geladen ist, gleichgültig, ob man einen Versuch über die Kraftwirkung auf eine Probeladung durchführt oder nicht.

6.2.2.4   *Grundgleichung des elektrischen Feldes*

Die Vektoren der elektrischen Feldstärke $\vec{E}$ und der elektrischen Flußdichte $\vec{D}$ sind *gleichberechtigte Größen* zur quantitativen Beschreibung des elektrischen Feldes. Beide Vektoren charakterisieren dasselbe elektrische Feld, das die Flächenladungsdichte eines Kondensators zur gemeinsamen Ursache hat. Es ist daher verständlich, daß zwischen $\vec{E}$ und $\vec{D}$ ein einfacher Zusammenhang besteht.

Es ist einerseits $\sigma = \epsilon_0 E$ (6.2.2.2), andererseits $\sigma = \sigma_i = D$ (6.2.2.3). Daraus folgt:

$$\boxed{D = \epsilon_0 E}$$

Im Feld des Plattenkondensators stimmen die Richtungen von $\vec{D}$ und $\vec{E}$ miteinander überein (6.2.2.3). Daher ist:

$$\boxed{\vec{D} = \epsilon_0 \vec{E}}$$

Diese Beziehung nennt man *Grundgleichung des elektrischen Feldes.*

Da sich $\vec{E}$ und $\vec{D}$ nur durch eine universelle Konstante unterscheiden, könnte man auf eine der beiden Größen verzichten. Das gilt zwar für elektrische Felder im Vakuum; im materieerfüllten Raum sind die Verhältnisse jedoch komplizierter und die Verwendung beider Größen zweckmäßig (6.7).

6.2.2.5   *Elektrischer Fluß – Gesetz von Gauß*

In einem homogenen elektrischen Feld hat der Vektor $\vec{D}$ an allen Punkten des Raumes den gleichen Betrag D und die gleiche Richtung. Wird eine ebene Fläche A vom homogenen

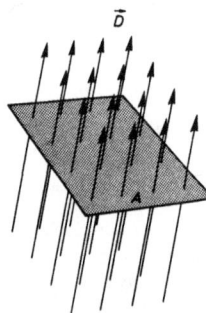

Abb. 6.2-12:
Elektrischer Fluß durch eine ebene Fläche in einem homogenen elektrischen Feld, das die Fläche orthogonal durchsetzt.

Feld orthogonal durchsetzt (Abb. 6.2-12), so nennt man das Produkt DA den „*elektrischen Fluß*" durch die Fläche:

Elektrischer Fluß $\boxed{\Psi = DA}$

Aus der umgeformten Gleichung $D = \dfrac{\Psi}{A}$ erklärt sich die Bezeichnung „elektrische Flußdichte" für den Feldvektor $\vec{D}$.

Bildet die Normale der ebenen Fläche A einen Winkel φ mit der Richtung von $\vec{D}$, so können wir einen Vektor $\vec{A}$ vom Betrag A und der Richtung der Flächennormalen einführen (Abb. 6.2-13) und dann allgemeiner das skalare Produkt aus den Vektoren $\vec{D}$ und $\vec{A}$ als elektrischen Fluß Ψ definieren:

Elektrischer Fluß $\boxed{\Psi = \vec{D} \cdot \vec{A}}$

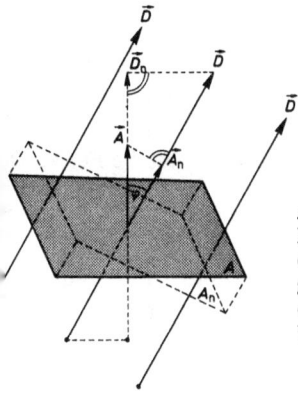

Abb. 6.2-13:
Elektrischer Fluß durch eine
ebene Fläche in einem homogenen elektrischen Feld, das
die Fläche unter einem beliebigen Winkel durchsetzt.

Bilden die Richtungen der Vektoren $\vec{D}$ und $\vec{A}$ den Winkel φ, so ist:

a) $\Psi = (D \cos \varphi) A$ oder $\Psi = D_n A$, wobei $\vec{D}_n$ die Normalkomponente (normal zur Fläche A) von $\vec{D}$ ist, oder

b) $\Psi = D (A \cos \varphi)$ oder $\Psi = D A_n$, wobei A_n die Projektion der Fläche A auf eine Normalebene (normal zur Richtung von $\vec{D}$) ist.

Den elektrischen Fluß Ψ durch eine beliebige gekrümmte Fläche A (Abb. 6.2-14) können wir noch allgemeiner definieren:

Elektrischer Fluß
$$\Psi = \int_A \vec{D} \cdot \mathrm{d}\vec{A}$$

Das bedeutet, daß wir zunächst die Fläche in sehr viele Elemente $\mathrm{d}\vec{A}$
aufteilen und mit $\vec{D}$ skalar multiplizieren. Das Integral ist dann der
Grenzwert aus unendlich vielen Summanden, für die wie zuvor gilt:
$\vec{D} \cdot \mathrm{d}\vec{A} = D_n \, \mathrm{d}A$ bzw. $\vec{D} \cdot \mathrm{d}\vec{A} = D (\mathrm{d}A)_n$ (Abb. 6.2-14). Die Flächennormale wählen wir dabei jeweils nach außen gerichtet. Der einzelne Sum-
mand $\vec{D} \cdot \mathrm{d}\vec{A}$ ist dann positiv, wenn die beiden Vektoren einen spitzen
Winkel miteinander bilden.

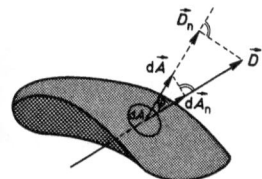

Abb. 6.2-14:
Elektrischer Fluß durch eine gekrümmte Fläche in einem homogenen elektrischen Feld

Umschließt die Fläche A einen geschlossenen Raumteil voll-
ständig, so spricht man in der Physik von einer „*Hüllfläche*"
(Abb. 6.2-15). Den elektrischen Fluß Ψ_h durch eine solche
Hüllfläche nennt man dann „*Hüllenfluß*" und schreibt:

Elektrischer Hüllenfluß
$$\Psi_h = \oint \vec{D} \cdot \mathrm{d}\vec{A}$$

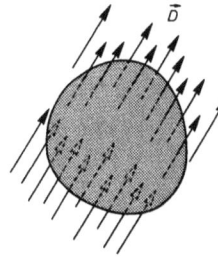

Abb. 6.2-15:
Elektrischer Fluß durch eine Hüllfläche
in einem homogenen elektrischen Feld

Wie den elektrischen Fluß Ψ des Feldvektors $\vec{D}$ durch eine Fläche A,
so kann man allgemein den „Fluß" eines beliebigen Vektorfeldes
durch eine Fläche definieren. So wird uns später (6.3.2.2) z.B. der
„magnetische Fluß" eines entsprechenden magnetischen Feldvektors
begegnen. Es muß uns aber dabei bewußt sein, daß es sich bei dem
Begriff „*Fluß*" nur um einen *bildhaften Ausdruck* handelt, jedoch
nicht um das Fließen z.B. von Körpern oder Ladungen.

Die *SI-Einheit* des elektrischen Flusses ist:

$$[\Psi] = 1 \, \frac{C}{m^2} \, m^2 = 1 \, C = 1 \, A \, s$$

Der elektrische Fluß Ψ hat also die gleiche SI-Einheit wie die
elektrische Ladung Q. Beide Größen sind durch das *Gesetz
von Gauß* (Abb. 1.3-1) miteinander verbunden. Dieses lautet:

Der elektrische Hüllenfluß Ψ_h des Feldvektors $\vec{D}$ durch eine
Hüllfläche A ist gleich der in der Hülle eingeschlossenen gesamten Ladung Q, also:

Gesetz von Gauß
$$\oint \vec{D} \cdot \mathrm{d}\vec{A} = Q$$

Das *Gesetz von Gauß* ist aufgrund unserer Betrachtungen in 6.2.2.3 ohne weiteres einleuchtend, wie folgende Überlegung zeigt:

Wir haben uns das durch $\vec{D}$ = const. gegebene homogene elektrische Feld eines Plattenkondensators durch „Feldlinien" zwischen positiven und negativen Teilladungen $\pm \Delta Q$ veranschaulicht. Umschließen wir nun die positiv geladene Kondensatorplatte mit einer Hüllfläche

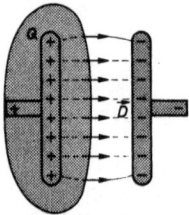

Abb. 6.2-16:
Zum Gesetz von Gauß; Hüllfläche um die positiv geladene Platte eines Kondensators

(Abb. 6.2-16), so ist der elektrische Hüllenfluß Ψ_h = + Q; wobei $Q = n\Delta Q$ ist. Umhüllen wir die negativ geladene Kondensatorplatte, so ist Ψ_h = – Q. Umschließt die Hüllfläche einen Teil des Innenraumes zwischen den beiden Platten (Abb. 6.2-17), so treten auf der einen Seite der Hüllfläche ebensoviel Feldlinien (D-Linien) ein wie auf der andern Seite aus. Daher ist in diesem Fall Ψ_h = 0. Das entspricht dem Gesetz von Gauß, da keine elektrische Ladung in der Hüllfläche eingeschlossen ist. Umschließt endlich die Hüllfläche beide Platten des Kondensators, so ist ebenfalls Ψ_h = 0, weil die gesamte eingeschlossene Ladung $Q = n(\Delta Q - \Delta Q)$ oder $Q = 0$ ist.

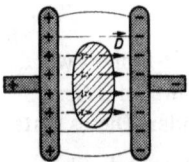

Abb. 6.2-17:
Zum Gesetz von Gauß; Hüllfläche im Innenraum eines Kondensators

Bei der Anwendung des Gesetzes von Gauß kann man die Hüllfläche beliebig wählen. Es handelt sich also im allgemeinen um eine *gedachte* Fläche, die keineswegs die Oberfläche eines realen Körpers sein muß.

6.2.2.6 *Arbeit und Energie im elektrischen Feld*

Bringt man eine elektrische Ladung Q in ein homogenes elektrisches Feld der Feldstärke $\vec{E}$ an die Stelle 1 (Abb. 6.2-18), so wirkt die Feldkraft $\vec{F}$ = QE. Wird der Ladungsträger von der Stelle 1 an die Stelle 2 bewegt, so verrichtet die Feldkraft dabei die *Arbeit* W_{12}:

$$\boxed{W_{12} = Q\vec{E} \cdot \Delta\vec{s} = QE\ \Delta s \cos \alpha = QE\ \Delta x}$$

Diese Arbeit ist unabhängig vom Weg, auf dem die Ladung Q von 1 nach 2 gelangt. Sie ist positiv bei positiver Ladung.

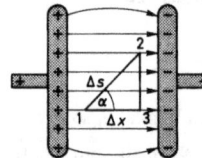

Abb. 6.2-18:
Arbeit bei der Bewegung einer Ladung im elektrischen Feld eines Plattenkondensators

In der Abb. 6.2-18 ist z.B. $W_{13} = QE\ \Delta x = W_{12}$ und $W_{32} = 0$, da $\vec{E}$ und $\Delta\vec{s}$ beim Weg von 3 nach 2 aufeinander senkrecht stehen; also ist $W_{12} = W_{13} + W_{32}$.

Ein Ladungsträger hat an der Stelle 1 *potentielle Energie* $W_p = W_{12}$ gegenüber der Stelle 2. Ist $Q > 0$, so ist auch $W_p >$ wenn der Weg von 1 nach 2 in der Feldrichtung verläuft. Die potentielle Energie W_p kann auf dem Weg von 1 nach 2 durch Beschleunigungsarbeit in *kinetische Energie* W_k umgewandelt werden. Auf dem umgekehrten Weg von 2 nach 1 verrichtet die Feldkraft die Arbeit W_{21}:

$$\boxed{W_{21} = -W_{12}}$$

Ist $Q > 0$, so ist $W_{21} < 0$. Die kinetische Energie W_k eines bewegten Ladungsträgers nimmt dabei ab; dafür gewinnt er potentielle Energie.

Die Verhältnisse sind hier so wie bei einem Körper der Masse m im Schwerefeld der Gravitationsfeldstärke $\vec{\gamma}$ = $\vec{g}$ in der Nähe der Erdoberfläche (2.6.3.3). Der elektrischen Kraft (Coulomb-Kraft) $\vec{F}_{el} = Q\vec{E}$ entspricht die Schwerkraft (Gravitationskraft) $\vec{F}_{grav} = m\ \vec{\gamma} = m\vec{g}$.
Bei positiver Arbeit der Feldkraft wird der Ladungsträger beschleunig; dies entspricht dem freien Fall eines Körpers. Bei negativer Arbeit der Feldkraft wird der Ladungsträger verzögert; dies entspricht dem Wurf nach oben.

6.2.2.7 *Elektrische Spannung und elektrisches Potential*

Man definiert als *elektrische Spannung* U_{12} von 1 nach 2:

$$U_{12} = \frac{W_{12}}{Q}$$

Dabei ist W_{12} die Arbeit der Feldkraft auf dem Weg von 1 nach 2. Für den umgekehrten Weg von 2 nach 1 gilt wegen $W_{21} = -W_{12}$:

$$U_{21} = -U_{12}$$

Wählt man ein Koordinatensystem entsprechend Abb. 6.2-19, so ist $W_{12} = QE(x_2 - x_1)$. Daraus folgt:

$$U_{12} = \frac{W_{12}}{Q} = E(x_2 - x_1) \quad \text{für } 0 \leq x \leq d$$

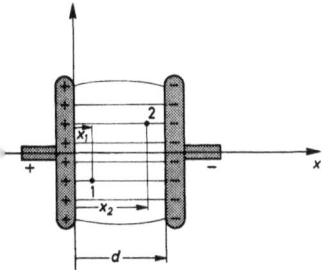

Abb. 6.2-19:
Zur elektrischen Spannung

Den direkten Weg von 1 nach 2 kann man sich ersetzt denken durch den Weg von 1 nach 0 und von dort nach 2. Dafür gilt $W_{12} = W_{10} + W_{02}$. Mit $W_{02} = -W_{20}$ folgt $W_{12} = W_{10} - W_{20}$. Die elektrische Spannung U_{12} ist dann:

$$U_{12} = \frac{W_{10}}{Q} - \frac{W_{20}}{Q} = \varphi_1 - \varphi_2$$

Man ordnet der Stelle 1 die Größe $\varphi_1 = \frac{W_{10}}{Q} = -Ex_1$ und der Stelle 2 die Größe $\varphi_2 = \frac{W_{20}}{Q} = -Ex_2$ zu. Man nennt φ_1 bzw. φ_2 elektrisches Potential von 1 bzw. 2 bezüglich des Nullpunkts.

Allgemein definiert man als *elektrisches Potential* eines Punktes P_i bezüglich eines beliebig gewählten Bezugspunkts (Nullpunkts):

$$\varphi_i = \frac{W_{i0}}{Q}$$

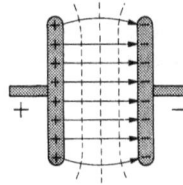

Abb. 6.2-20:
Äquipotentialflächen sind die Kondensatorplatten und die zu ihnen parallelen Ebenen im Zwischenraum. Nur am Rand sind die Äquipotentialflächen gekrümmt. Das Potential $\varphi = 0$ kann einer beliebigen Äquipotentialfläche zugeteilt werden.

Abb. 6.2-20 zeigt die *Äquipotentialflächen* (Flächen gleichen Potentials) im Feld eines Plattenkondensators. Wählt man das Potential der positiven Platte $\varphi_+ = 0$ (für $x = 0$; Abb. 6.2-19), so ist das Potential der negativen Platte $\varphi_- = -Ed$ (für $x = d$). Dann ist die elektrische Spannung U zwischen der positiven und der negativen Platte:

$$U = Ed$$

Diese Gleichung gibt uns die Möglichkeit, den Betrag E der elektrischen Feldstärke statt aus der Kraftwirkung auf eine Probeladung Q' einfacher aus dem Plattenabstand d und der elektrischen Spannung U zwischen den Kondensatorplatten zu ermitteln. Es ist:

$$E = \frac{U}{d}$$

Wir können für die elektrische Feldstärke $\vec{E}$ jetzt schreiben:

$$\vec{E} = \frac{\vec{F}}{Q'} = \frac{U}{d}\vec{e}_{x'}$$

Dabei ist $\vec{e}_x$ der Einheitsvektor in der x-Richtung (Abb. 6.2-19). Die *SI-Einheit* des elektrischen Potentials φ und der elektrischen Spannung U ist:

$$[\varphi] = [U] = 1 \text{ Volt} = 1 \text{ V} = 1 \text{ J C}^{-1} = 1 \text{ N m C}^{-1}$$

Die *SI-Einheit* der elektrischen Feldstärke $\vec{E}$ ist $[E] = 1\ N\,C^{-1} = 1\ V\ m^{-1}$ (Siehe auch 6.2.2.1!)

Die elektrische Arbeit $W_{12} = QE\,\Delta x$ (6.2.2.6) wird mit $U_{12} = E\,\Delta x$:

$$W_{12} = Q\,U_{12}$$

Durchläuft eine Ladung Q die Spannung U, so ist die von der Feldkraft dabei verrichtete Arbeit W gleich dem Produkt aus Q und U.

Die *SI-Einheit* der elektrischen Arbeit ist:

$$[W] = 1\ \text{Joule} = 1\ J = 1\ V\ C = 1\ V\ A\ s$$

Außerdem verwendet man häufig:

$$[W] = 1\ \text{Elektronvolt} = 1\ eV$$

1 Elektronvolt ist die Arbeit, die verrichtet wird, wenn die Elementarladung e die elektrische Spannung 1 Volt durchläuft. Aus $e = 1{,}60 \cdot 10^{-19}$ C folgt:

$$1\ eV = 1{,}60 \cdot 10^{-19}\ J \quad \text{und} \quad 1\ J = 6{,}24 \cdot 10^{18}\ eV$$

6.2.2.8 Elektrische Kapazität eines Plattenkondensators und Energiedichte seines elektrischen Feldes

Die elektrische Kapazität C eines Kondensators ist allgemein (6.1.1.5):

$$C = \frac{Q}{U}$$

Speziell beim *Plattenkondensator* ist $Q = \sigma A = DA = \epsilon_0\,EA$ und $U = Ed$. Daher ist die *Kapazität des Plattenkondensators*:

$$C = \epsilon_0\,\frac{A}{d}$$

Streng genommen gilt diese Gleichung nur, wenn Vakuum zwischen den Kondensatorplatten herrscht, annähernd aber auch für Luft im Zwischenraum.

Die *SI-Einheit* der Kapazität ist:

$$[C] = 1\ \text{Farad} = 1\ F = 1\ C\ V^{-1}$$

Die *Energie des elektrischen Feldes* im Innern eines Plattenkondensators ist so groß wie die Arbeit, die zum Laden des

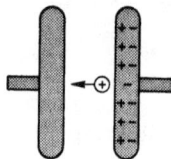

Abb. 6.2-21:
Laden eines Plattenkondensators durch Überführen von Ladungen von einer Platte zur andern; Gedankenexperiment

Kondensators aufgewendet werden muß. Um sie zu berechnen, sei folgendes Gedankenexperiment ausgeführt:

Der Plattenkondensator sei zunächst ungeladen. Positive und negative Teilladungen $+\Delta Q$ und $-\Delta Q$ werden nun auf einer der Platten, in Abb. 6.2-21 auf der rechten Platte, getrennt. Die positiven Teilladungen werden dann einzeln nacheinander auf die andere Platte, in der Abb. 6.2-21 auf die linke Platte, gebracht. Dabei steigt die elektrische Feldstärke und damit die elektrische Spannung in Stufen an (Abb. 6.2-22). Bei hinreichend kleinen Teilladungen können wir die Treppe durch eine Gerade ersetzen. Die Überführungsarbeit der einzelnen Teilladungen steigt ebenfalls linear an. Die gesamte Arbeit ist

$$W = \int_{0}^{Q} U\,dQ$$

Das Integral wird durch die Dreiecksfläche der Abb. 6.2-22 dargestellt.

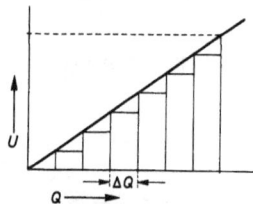

Abb. 6.2-22:
Elektrische Spannung U eines Kondensators in Abhängigkeit von seiner Ladung Q

Die Energie des geladenen Plattenkondensators ist dementsprechend:

$$W = \frac{1}{2}\,Q\,U$$

Mit Hilfe der Gleichung $Q = CU$ umgeformt ist:

$$W = \frac{1}{2}\,C\,U^2$$

und

$$W = \frac{1}{2} \frac{Q^2}{C}$$

Aus der Kapazität des Plattenkondensators $C = \epsilon_0 \dfrac{A}{d}$ sowie

aus den Beziehungen $U = Ed$ und $D = \epsilon_0 E$ folgt für

$W = \frac{1}{2} C U^2$:

$$W = \frac{1}{2} EDAd$$

Das vom homogenen elektrischen Feld erfüllte Volumen ist $V = Ad$. Damit wird die Energiedichte des Feldes:

$$\frac{W}{V} = \frac{1}{2} ED$$

Aufgaben:
1. Die Feldlinien eines Plattenkondensators (Plattenabstand 30 mm) verlaufen vertikal von oben nach unten. Eine negativ geladene Metallfolie (Gewicht $2,5 \cdot 10^{-4}$ N) schwebt im Feld, wenn die elektrische Spannung zwischen den beiden Platten $9,6 \cdot 10^2$ V beträgt. Wie groß ist die elektrische Ladung der Folie?
   Antwort: $- 7,8 \cdot 10^{-9}$ C.

2. Ein Plattenkondensator (Fläche einer Platte 100 cm^2; Abstand der Platten in Luft 50 mm) ist auf 2,0 kV aufgeladen. Wie groß ist die Kapazität des Kondensators, die elektrische Feldstärke, die elektrische Flußdichte und der elektrische Fluß zwischen den Platten sowie die Zahl der überschüssigen Elektronen auf der negativ geladenen Platte?
   Antwort: 1,8 pF; 40 kV m^{-1}; $3,5 \cdot 10^{-7}$ C m^{-2}; $3,5 \cdot 10^{-9}$ C; $2,2 \cdot 10^{10}$.

3. Welche elektrische Ladung fließt auf die Platten eines Kondensators (Fläche einer Platte 10 cm^2; Abstand der Platten in Luft 2,0 mm), wenn man eine Spannung von 220 V anlegt? Mit welcher Kraft ziehen dann die Platten einander an? Wie groß ist die Energiedichte des elektrischen Feldes?
   Antwort: $9,7 \cdot 10^{-10}$ C; $5,3 \cdot 10^{-5}$ N; $5,3 \cdot 10^{-2}$ J m^{-3}.

4. Ein Kondensator der Kapazität 15,0 µF wird auf 220 V aufgeladen. Wie groß ist die Ladung auf den Platten und die in seinem elektrischen Feld gespeicherte Energie?
   Antwort: $\pm\, 3,30 \cdot 10^{-3}$ C; 0,363 J.

6.2.3 Ortsabhängiges elektrisches Feld im Vakuum (in Luft)

6.2.3.1 *Elektrische Feldgrößen des inhomogenen Feldes*

Bisher haben wir uns auf die Behandlung des homogenen elektrischen Feldes beschränkt. In diesem Spezialfall sind die elektrische Feldstärke $\vec{E}$, die Coulomb-Kraft $\vec{F}$ und die elektrische Flußdichte $\vec{D}$ vom Ort unabhängig. Jetzt seien diese Größen Funktionen des Ortes (Abb. 6.2-23):

$$\vec{E} = \vec{E}(\vec{r}), \quad \vec{F} = \vec{F}(\vec{r}) \quad \text{und} \quad \vec{D} = \vec{D}(\vec{r})$$

(Inhomogenes Feld).

Dabei ist $\vec{r}$ der Ortsvektor für einen beliebig gewählten Bezugpunkt 0. Man kann in kleinen Bereichen das Feld jeweils als homogen ansehen.

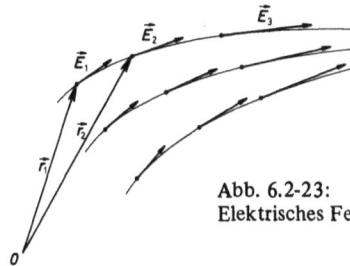

Abb. 6.2-23:
Elektrisches Feld als ortsabhängiges Vektorfeld

Auf eine Ladung Q wirkt dann in einem elektrischen Feld der Feldstärke $\vec{E}(\vec{r})$ die Coulomb-Kraft $\vec{F}(\vec{r})$. Für diese *Coulomb-Kraft* gilt:

$$\vec{F}(\vec{r}) = Q\,\vec{E}(\vec{r})$$

Die Vektoren $\vec{E}(\vec{r})$ und $\vec{F}(\vec{r})$ haben an einem bestimmten Ort jeweils die gleiche Richtung.

Als *Feldlinie* bezeichnet man eine Kurve, deren Tangenten an jedem Punkt die Richtung von $\vec{E}(\vec{r})$ und $\vec{F}(\vec{r})$ haben. Die

Überführungsarbeit W_{12}, die *von* der Coulomb-Kraft $\vec{F}(\vec{r})$ beim Transport der Ladung Q von der Stelle 1 an die Stelle 2 in einem elektrischen Feld (Abb. 6.2-24) verrichtet wird, ist dann nach 2.5.7.1:

$$W_{12} = \int_1^2 \vec{F}(\vec{r}) \cdot d\vec{r} = Q \int_1^2 \vec{E}(\vec{r}) \cdot d\vec{r}$$

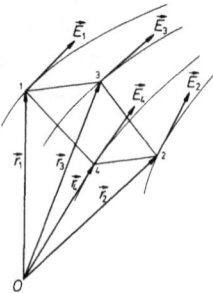

Abb. 6.2-24:
Die Überführungsarbeit W_{12} von 1 nach 2 ist auf dem Weg über 3 ebenso groß wie über 4.

Diese Überführungsarbeit ist unabhängig vom Weg zwischen 1 und 2.

Wäre nämlich die Arbeit auf dem Weg 1 - 3 - 2 (Abb. 6.2-24) größer als auf dem Weg 1 - 4 - 2, so könnte im Widerspruch zum Energieerhaltungssatz Energie aus dem Nichts gewonnen werden, wenn die Ladung Q auf dem Weg 1 - 4 - 2 - 3 - 1 zum Ausgangspunkt zurückgeführt würde.

Die Coulomb-Kraft $\vec{F}(\vec{r})$ ist daher eine *konservative* Kraft (2.5.7.5). An jeder Stelle P_i des Feldes hat ein Ladungsträger eine bestimmte potentielle Energie W_p. Diese ist so groß wie die Arbeit, die von der Coulomb-Kraft $\vec{F}$ verrichtet wird, wenn die Ladung Q von der Stelle P_i an einen beliebig gewählten Bezugspunkt P_0 gebracht wird. Also gilt:

$$W_p = W_{i0}$$

Statt der potentiellen Energie W_p selbst, führt man den Quotienten aus W_p und der Ladung Q als *elektrisches Potential* φ ein:

$$\varphi = \frac{W_p}{Q} = \frac{W_{i0}}{Q}$$

An der Stelle 1 bzw. 2 ist das elektrische Potential φ_1 bzw. φ_2:

$$\varphi_1 = \frac{W_{10}}{Q} \quad \text{bzw.} \quad \varphi_2 = \frac{W_{20}}{Q}$$

Die *elektrische Spannung* U_{12} von 1 nach 2 ist *definiert*:

$$U_{12} = \frac{W_{12}}{Q}$$

Es gilt: $W_{12} = W_{10} + W_{02} = W_{10} - W_{20} = \varphi_1 - \varphi_2$.
Damit ergibt sich für die *elektrische Spannung* U_{12} von 1 nach 2:

$$U_{12} = \varphi_1 - \varphi_2 = \int_1^2 \vec{E}(\vec{r}) \cdot d\vec{r}$$

Das elektrische Potential φ ist eine *skalare* Funktion des Ortes. Daraus wird das *Vektorfeld* $\vec{E}$ durch *Gradientenbildung* abgeleitet (2.5.7.4):

$$\vec{E}(\vec{r}) = - \operatorname{grad} \varphi$$

In einem kartesischen Koordinatensystem x, y, z ist dann

$$\vec{E}(x, y, z) = - \left(\frac{\partial \varphi}{\partial x} \vec{e}_x + \frac{\partial \varphi}{\partial y} \vec{e}_y + \frac{\partial \varphi}{\partial z} \vec{e}_z \right)$$

Die *Äquipotentialflächen* (Abb. 6.2-25) erhält man, wenn man $\varphi = $ const setzt. Dann ist $\Delta\varphi = 0$ und $\vec{E} \perp d\vec{r}$. Die Äquipotentialflächen werden also von den Feldlinien senkrecht durchsetzt. Ist Q die Ladung auf der Fläche A, so ist wie in 6.2.2.2 die *elektrische Flächenladungsdichte* $\sigma = \frac{Q}{A}$.

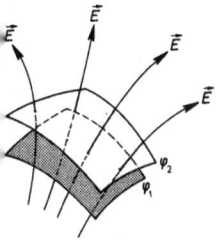

Abb. 6.2-25:
Feldlinien (E-Linien) und Äquipotentialflächen (φ = const)

Die *elektrische Flußdichte* $\vec{D}$ an einer bestimmten Stelle des Feldes hat auch jetzt einen Betrag D gleich der Flächenladungsdichte σ_i, die bei Ausführung eines Influenz-versuchs an dieser Stelle festgestellt werden könnte (6.2.2.3).

Es gilt dann wieder *die Grundgleichung des elektrischen Feldes* (im Vakuum):

$$\vec{D}(\vec{r}) = \epsilon_0\,\vec{E}(\vec{r})$$

$\vec{D}$ und $\vec{E}$ haben am gleichen Ort dieselbe Richtung. Ihre Beträge D und E unterscheiden sich nur durch den Proportionalitätsfaktor ϵ_0.

Als *elektrischen Fluß* Ψ definiert man im allgemeinen Fall:

$$\Psi = \int_A \vec{D}(\vec{r}) \cdot d\vec{A}$$

Dabei kann jetzt der Feldvektor $\vec{D}$ eine Funktion des Ortes sein. Entsprechend ist der elektrische Hüllenfluß Ψ_h:

$$\Psi_h = \oint \vec{D}(\vec{r}) \cdot d\vec{A}$$

Das Gesetz von Gauß lautet dann wieder $\Psi_h = Q$ oder:

$$\oint \vec{D}(\vec{r}) \cdot d\vec{A} = Q$$

Dabei ist

$$Q = \sum_{i=1}^{n} Q_i$$

die gesamte von der Hüllfläche eingeschlossene elektrische Ladung.

6.2.3.2 Radialsymmetrisches Feld einer geladenen Metallkugel

Das einfachste inhomogene Feld ist das radialsymmetrische, wie es z.B. in der Umgebung einer geladenen Metallkugel existiert (Abb. 6.2-26). Die Feldlinien beginnen an den Teilladungen ΔQ der Kugeloberfläche und verlaufen radialsymmetrisch inbezug auf den Kugelmittelpunkt. Ist die Ladung Q positiv (negativ), so sind sie radial nach außen (innen) gerichtet.

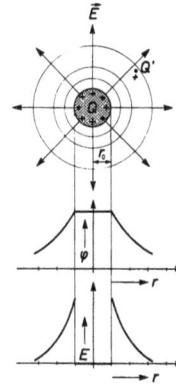

Abb. 6.2-26:
Radialsymmetrisches Feld einer elektrisch geladenen Metallkugel; elektrisches Potential und elektrische Feldstärke innerhalb, auf und außerhalb der Kugeloberfläche

Innerhalb der Kugel ist die elektrische Feldstärke $\vec{E} = 0$, da im elektrostatischen Fall die Teilladungen alle auf der Kugeloberfläche sitzen. Eine Hüllfläche im Innern der Kugel (Abb. 6.2-27) umschließt dann keine Ladungen, so daß aus dem Gesetz von Gauß folgt:

$$\vec{D} = 0 \quad \text{und} \quad \vec{E} = 0 \quad \text{für } r < r_0$$

Siehe dazu auch 6.2.3.3!

Die Kugeloberfläche $A = 4\,\pi\,r_0^2$ hat die Flächenladungsdichte

$$\sigma = \frac{Q}{4\,\pi\,r_0^2}\ .$$

An der Kugeloberfläche hat demnach die elektrische Flußdichte den Betrag $D_0 = \sigma$. Mit dem radial nach außen gerichteten Einheitsvektor $\vec{e}_r$ erhalten wir dann für die beiden Feldvektoren an der Oberfläche:

$$\boxed{\vec{D}_0 = \frac{Q}{4\pi r_0^2}\, \vec{e}_r} \quad \text{und} \quad \boxed{\vec{E}_0 = \frac{Q}{4\pi\epsilon_0 r_0^2}\, \vec{e}_r}$$

für $r = r_0$

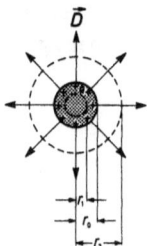

Abb. 6.2-27:
Anwendung des Gesetzes von Gauß auf eine geladene Metallkugel; Hüllfläche innerhalb bzw. außerhalb der Kugeloberfläche

Umgeben wir die Metallkugel mit einer Kugeloberfläche $(r > r_0)$ als Hüllfläche (Abb. 6.2-27), so ist nach dem Gesetz von Gauß:

$$\oint \vec{D}(\vec{r}) \cdot d\vec{A} = Q$$

Daraus folgt wegen $A = 4\pi r^2$:

$$\boxed{\vec{D} = \frac{Q}{4\pi r^2}\, \vec{e}_r} \quad \text{und} \quad \boxed{\vec{E} = \frac{Q}{4\pi\epsilon_0 r^2}\, \vec{e}_r}$$

für $r > r_0$

Die Beträge der elektrischen Flußdichte und der elektrischen Feldstärke nehmen also von der Kugeloberfläche aus mit dem Quadrat der Entfernung vom Kugelmittelpunkt ab.

Für die elektrische Flußdichte ist dies sofort anschaulich klar, weil sich bei kugelförmigen Influenzplatten $(r > r_0)$ die influenzierten Ladungen mit wachsendem Radius r auf Kugeloberflächen verteilen, die mit r^2 zunehmen.

Auf eine Probeladung Q' im Abstand $r \geqq r_0$ vom Kugelmittelpunkt wirkt die Coulomb-Kraft $\vec{F} = Q'\vec{E}$ oder:

$$\boxed{\vec{F} = \frac{Q'Q}{4\pi\epsilon_0 r^2}\, \vec{e}_r}$$

Die Probeladung Q' muß so klein gewählt werden, daß die Feldstärke $\vec{E}'$ ihres eigenen elektrischen Feldes gegenüber der Feldstärke $\vec{E}$ der geladenen Kugel vernachlässigt werden kann $(Q' \ll Q)$. Sonst müßten wir die Überlagerung beider Felder berücksichtigen (6.2.3.3).

Wir wollen nun das elektrische Potential φ für das radialsymmetrische Feld der geladenen Metallkugel berechnen (Abb. 6.2-26). Nach 6.2.3.1 ist die Potentialdifferenz:

$$\Delta\varphi = \varphi_2 - \varphi_1 = -\int_1^2 \vec{E} \cdot d\vec{r}$$

Für $r \geqq r_0$, d.h. von der Kugeloberfläche an nach *außen*, ist:

$$\vec{E} = \frac{Q}{4\pi\epsilon_0 r^2}\, \vec{e}_r \, ,$$

also:

$$\Delta\varphi = -\frac{Q}{4\pi\epsilon_0} \int_1^2 \frac{1}{r^2}\, \vec{e}_r \cdot d\vec{r}$$

Da $\vec{e}_r$ und $d\vec{r}$ die gleiche Richtung haben, können wir auch schreiben:

$$-\frac{Q}{4\pi\epsilon_0} \int_1^2 \frac{dr}{r^2} = \varphi_2 - \varphi_1$$

Daraus folgt:

$$\frac{Q}{4\pi\epsilon_0}\left(\frac{1}{r_2} - \frac{1}{r_1}\right) = \varphi_2 - \varphi_1$$

Lassen wir $r_2 \to \infty$ gehen, so wird:

$$\varphi_2 = 0 \quad \text{und} \quad \varphi_1 = \frac{Q}{4\pi\epsilon_0 r_1}$$

In einem Punkt im Abstand r vom Kugelmittelpunkt ist für $r \geq r_0$ daher das Potential (Abb. 6.2-26):

$$\varphi = \frac{Q}{4 \pi \epsilon_0 r}$$

An der *Kugeloberfläche* selbst ist demnach:

$$\varphi_0 = \frac{Q}{4 \pi \epsilon_0 r_0}$$

Im *Innern* der Kugel ($r < r_0$) ist $\vec{E} = 0$, also auch $\Delta \varphi = 0$. Daher ändert sich im Innern das Potential nicht. Es behält den Wert $\varphi_0 = $ const bei (Abb. 6.2-26).

Die *Äquipotentialflächen* ($\varphi = $ const) sind die Oberflächen konzentrischer Kugeln (Abb. 6.2-26).

Da wir $\varphi_\infty = 0$ gesetzt haben, ist die elektrische *Spannung U* der Metallkugel gegen Unendlich gleich dem Potential φ_0, also:

$$U = \frac{Q}{4 \pi \epsilon_0 r_0}$$

Entsprechend der Definition der elektrischen Kapazität $C = \dfrac{Q}{U}$ ist dann die *Kapazität einer Metallkugel (Konduktor):*

$$C = 4 \pi \epsilon_0 r_0$$

Setzen wir den Ausdruck für die elektrische Spannung U in die früher gewonnene Gleichung für den Betrag E_0 der Feldstärke an der Kugeloberfläche ein, so erhalten wir:

$$E_0 = \frac{U}{r_0}$$

Verbindet man zwei verschieden geladene Metallkugeln, deren Radien r_1 und r_2 sind, leitend miteinander, so gleichen sich ihre Ladungen aus, bis beide Kugeln das gleiche Potential haben. Dann gilt für die Spannung $U = E_1 r_1 = E_2 r_2$. Wegen $E_1 : E_2 = \sigma_1 : \sigma_2$ folgt $\sigma_1 : \sigma_2 = r_2 : r_1$. Je kleiner also der Kugelradius ist, desto größer ist die Flächenladungsdichte.

Bei einem unregelmäßig geformten Metallkörper verteilt sich deshalb die elektrische Ladung so auf der Oberfläche, daß ihre Dichte an den einzelnen Stellen indirekt proportional zum Krümmungsradius ist. An Spitzen ist sie also besonders groß (Abb. 6.2-28).

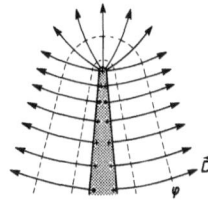

Abb. 6.2-28:
Ladungsverteilung an der Oberfläche einer Metallspitze; Feldlinien (D-Linien) und Äquipotentiallinien ($\varphi = $ const)

Durch die dann dort ebenfalls sehr große Feldstärke kann in der Umgebung der Spitze Ionisation und dadurch eine „Spitzen-" oder „Sprühentladung" eintreten.

6.2.3.3 *Überlagerung von elektrischen Feldern*

Wie die elektrischen Feldkräfte werden auch die dazu proportionalen Feldstärken vektoriell addiert. Dann ist die Gesamtfeldstärke $\vec{E} = \vec{E}_1 + \ldots + \vec{E}_n$ oder:

$$\vec{E} = \sum_{i=1}^{n} \vec{E}_i$$

Dazu bringen wir im folgenden einige *Beispiele.*

1. *Zwei punktförmige Ladungen – Gesetz von Coulomb*

In 6.2.3.2 haben wir u.a. die Wirkung des elektrischen Feldes einer mit der Ladung Q versehenen Metallkugel auf eine Probeladung Q' untersucht. Dabei haben wir angenommen, daß $Q \gg Q'$ ist, so daß wir das Feld von Q' gegenüber dem von Q vernachlässigen konnten. Sind jedoch Q und Q' von ähnlicher oder gleicher Größe, so müssen wir die Überlagerung beider Felder berücksichtigen.

Wir betrachten zunächst die Überlagerung der Felder zweier *punktförmiger Ladungen.* Dabei unterscheiden wir den Fall *gleichnamiger* (Abb. 6.2-29) und den Fall *ungleichnamiger* (Abb. 6.2-30) Ladungen Q_1 und Q_2 im Abstand r voneinander.

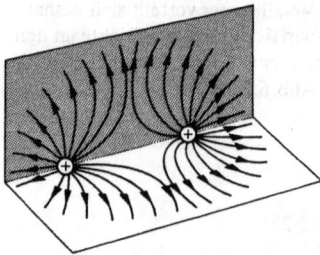

Abb. 6.2-29:
Elektrisches Feld zweier positiver Punktladungen

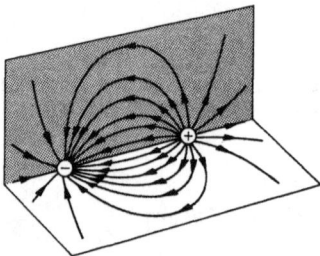

Abb. 6.2-30:
Elektrisches Feld zweier ungleichnamiger Punktladun-
gen

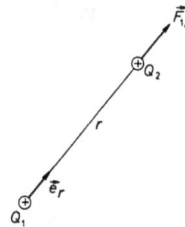

Abb. 6.2-31:
Zum Coulombschen Gesetz

Wir können die Kraft, mit der die beiden Ladungen einander abstoßen bzw. anziehen, durch folgende Überlegung berechnen:

Nach 6.2.3.2 entsteht durch die Ladung Q_1 in der Entfernung r die Feldstärke:

$$\vec{E}_1 = \frac{Q_1}{4\,\pi\,\epsilon_0\,r^2}\,\vec{e}_r$$

Dadurch wirkt auf die Ladung Q_2 die Feldkraft $\vec{F}_{12} = Q_2\,\vec{E}_1$ oder (Abb. 6.2-31):

$$\boxed{\vec{F}_{12} = \frac{1}{4\,\pi\,\epsilon_0}\,\frac{Q_1\,Q_2}{r^2}\,\vec{e}_r}\quad \text{Gesetz von Coulomb}$$

Durch eine entsprechende Überlegung ergibt sich aus $\vec{F}_{21} = Q_1\,\vec{E}_2$ die Kraft $\vec{F}_{21}$, die vom Feld der Ladung Q_2 auf die Ladung Q_1 ausgeübt wird:

$$\vec{F}_{21} = -\,\vec{F}_{12}$$

Das Feld einer Ladung Q übt auf diese Ladung selbst keine Kraft aus.

Coulomb untersuchte 1785 mit einer Torsionswaage die Kraftwirkung zweier punktförmiger elektrischer Ladungen aufeinander und fand $F_{12} \sim \dfrac{Q_1\,Q_2}{r^2}$. Das nach ihm benannte Gesetz ist formal sehr ähnlich dem *Gravitationsgesetz von Newton* (2.6.3). In beiden Fällen ist $F_{12} \sim \dfrac{1}{r^2}$. Statt der Punktladungen Q_1 und Q_2 im Coulombschen Gesetz stehen die Massen m_1 und m_2 im Gravitationsgesetz.

Der Konstanten $\dfrac{1}{4\,\pi\,\epsilon_0}$ entspricht die Gravitationskonstante.

Beide Gesetze wurden gefunden, ehe von *Faraday* der Feldbegriff eingeführt wurde. Man dachte sich die Kräfte zwischen den Ladungen bzw. Massen noch als „*Fernkräfte*". Inzwischen hat sich die Feldtheorie durchgesetzt, nach der sich die Kraftwirkung (auch im leeren Raum) mit einer endlichen Geschwindigkeit ausbreitet. Für die elektrische Feldkraft (Coulomb-Kraft) ist diese Geschwindigkeit bekannt; sie ist gleich der Lichtgeschwindigkeit (6.6.1.1).

2. Zwei zueinander parallele, elektrisch geladene Metallplatten

Zwei zueinander parallele Metallplatten sollen gleich große Ladungen tragen. Dabei unterscheiden wir wieder den Fall *gleichnamiger* (Abb. 6.2-32 a) und den Fall *ungleichnamiger* (Abb. 6.2-32 b) Ladungen. Wenn wir von den Abweichungen an den Plattenrändern absehen, heben sich im Fall *gleichnamiger* Ladungen (Abb. 6.2-32 a) die Feldwirkungen im *Innenraum* zwischen den Platten auf.

Im *Außenraum* ist der absolute Betrag $|E|$ des Gesamtfeldes:

$$|E| = |E_1| + |E_2|\,.$$

Da bei gleich großen Ladungen auf den Platten $|E_1| = |E_2|$ ist, ergibt sich $|E| = 2\,|E_1| = 2\,|E_2|$.

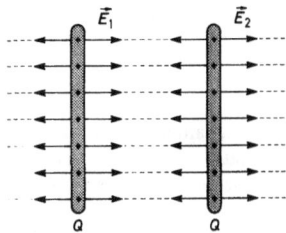

Abb. 6.2-32a:
Zwei parallele Metallplatten haben die gleiche positive Ladung Q.
Im Innenraum:
$\vec{E}_i = \vec{E}_1 + \vec{E}_2 = 0$
Im Außenraum:
$\vec{E}_a = \vec{E}_1 + \vec{E}_2 = 2\,\vec{E}_1 = 2\,\vec{E}_2$
Vergleichen Sie einen Metallkörper mit Oberflächenladung (Abb. 6.2-26), bei dem ebenfalls im Innenraum $\vec{E}_i = 0$ ist!

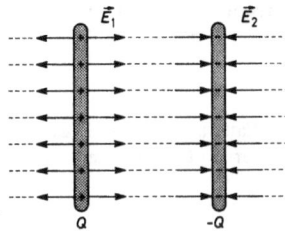

Abb. 6.2-32b:
Zwei parallele Metallplatten haben gleichgroße ungleichnamige Ladungen $\pm\,Q$.
Im Innenraum:
$\vec{E}_i = \vec{E}_1 + \vec{E}_2 = 2\,\vec{E}_1 = 2\,\vec{E}_2$
Im Außenraum:
$\vec{E}_a = \vec{E}_1 + \vec{E}_2 = 0$
Vergleichen Sie mit einem Plattenkondensator (Abb. 6.2-7)!

Vergleichen Sie diesen Fall unter der Annahme unendlich großer Platten mit dem Fall einer geladenen Metallkugel (6.2.3.2)!

Bei *ungleichnamig* geladenen Platten (6.2.-32 b) heben sich im Außenraum die Felder der beiden Platten auf, während sich im Innenraum für den absoluten Betrag $|E|$ der Gesamtfeldstärke ergibt:

$$|E| = |E_1| + |E_2| = 2\,|E_1| = 2\,|E_2|$$

Das in 6.2.2 besprochene homogene elektrische Feld $\vec{E}$ im Innenraum eines Plattenkondensators können wir demnach auffassen als die Überlagerung der beiden Felder $\vec{E}_1$ und $\vec{E}_2$ der beiden Platten mit den Ladungen $+\,Q$ und $-\,Q$. Mit der Plattenfläche A ist dann:

$$|E| = \frac{1}{\epsilon_0}\,\frac{Q}{A}$$

und

$$|E_1| = |E_2| = \frac{1}{2}\,|E| = \frac{1}{2\,\epsilon_0}\,\left|\frac{Q}{A}\right|.$$

Mit Hilfe dieser Betrachtungsweise können wir nun die Coulomb-Kraft $\vec{F}$ berechnen, mit der die beiden Platten eines geladenen Plattenkondensators einander anziehen:

Auf die positiv geladene Platte wirkt nur das Feld der negativ geladenen Platte und übt dabei eine Coulomb-Kraft aus vom Betrag

$$F = Q\,|E_1| = \frac{1}{2}\,Q\,|E|.$$

Das Feld der positiven Ladung übt nämlich auf diese selbst keine Kraft aus.

Mit

$$|E| = \frac{1}{\epsilon_0}\,\left|\frac{Q}{A}\right|$$

ist dann

$$F = \frac{1}{2\,\epsilon_0}\,\frac{Q^2}{A} \quad \text{und} \quad \frac{F}{A} = \frac{1}{2\,\epsilon_0}\left(\frac{Q}{A}\right)^2.$$

Daraus folgt, wenn wir $\dfrac{Q}{A} = D$ setzen:

$$\boxed{\frac{F}{A} = \frac{D^2}{2\,\epsilon_0}}$$

oder wegen $D = \dfrac{E}{\epsilon_0}$:

$$\boxed{\frac{F}{A} = \frac{1}{2}\,D E}$$

Dieser Ausdruck ermöglicht eine einfache Ableitung der bereits in 6.2.2.8 berechneten Energiedichte des Kondensatorfeldes:

Die Arbeit, die man beim Auseinanderziehen der ungleichnamig geladenen Platten auf den Abstand d verrichten muß, ist $W = Fd$, also $W = \frac{1}{2}\,EDAd$ oder, wenn wir das Volumen $V = Ad$ einführen, $W = \frac{1}{2}\,EDV$. Die Energiedichte ist dann, wie in 6.2.2.8:

$$\boxed{\frac{W}{V} = \frac{1}{2}\,ED}$$

3. *Punktförmige Ladung gegenüber einer ungeladenen Metallplatte – Spiegelbildkraft*

Die Abb. 6.2-33 a zeigt das bereits bekannte Feldlinienbild zweier ungleichnamiger Punktladungen (Abb. 6.2-30). Stellen wir in die Symmetrieebene eine dünne Metallplatte (6.2-33 b), so ändert sich am Feld praktisch nichts. Es werden lediglich auf der Metallplatte durch Influenz positive und negative Ladungen getrennt. Berühren wir die Platte anschließend mit der negativen Punktladung, so neutralisiert diese die positive Influenzladung. Auf der einen Seite der Platte verschwindet das elektrische Feld, und es bleibt nur das Feld zwischen der positiven Punktladung und der influenzierten negativen Ladung der Platte übrig (Abb. 6.2-33 c). Dieses Feld ist für seinen Teil gleich dem ursprünglichen Feld zwischen den beiden Punktladungen. Die Kraftwirkung im Feld zwischen der positiven Punktladung und der Metallplatte ist also ebenso wie im Feld zwischen dieser positiven Punktladung und einer spiegelbildlich zur Platte gedachten gleich großen negativen Punktladung. Man spricht deshalb von einer *„Spiegelbildkraft“*.

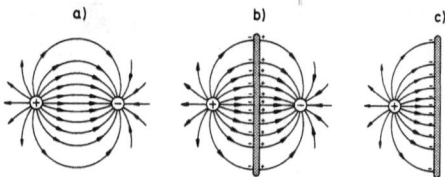

Abb. 6.2-33:
Zur Spiegelkraft

Aufgaben:

1. Eine Metallkugel (Radius r_0 = 50 mm) trägt die Ladung – 45 nC. Die Kugel ist mit Luft umgeben, die rechnerisch wie Vakuum behandelt werden kann. Gesucht sind:

    a) Die Beträge der elektrischen Feldstärke, der elektrischen Flußdichte und der Coulomb-Kraft auf ein Elektron an der Kugeloberfläche.

    b) Dieselben Größen für einen Punkt im Abstand r_1 = 15 cm vom Kugelmittelpunkt.

    c) Die Arbeit der Coulomb-Kraft, wenn sie ein Elektron von der Kugeloberfläche ins Unendliche bringt.

    d) Die Spannung zwischen der Kugeloberfläche und den Punkten im Abstand r_1.

Antwort: a) $1,6 \cdot 10^5$ V m^{-1} ; $1,4 \cdot 10^{-6}$ C m^{-2} ; $2,5 \cdot 10^{-14}$ N
b) $1,8 \cdot 10^4$ V m^{-1} ; $1,6 \cdot 10^{-7}$ C m^{-2} ; $2,9 \cdot 10^{-15}$ N
c) $1,4 \cdot 10^{-15}$ J
d) $5,4 \cdot 10^3$ V

2. Man kann sich ein H Cl-Molekül wie eine „Hantel" vorstellen, bei der ein H$^+$-Ion einem Cl$^-$-Ion im Abstand $2,1 \cdot 10^{-11}$ m gegenübersteht. Mit welcher Kraft ziehen die beiden Ionen einander an?
Antwort: $5,2 \cdot 10^{-7}$ N

3. Eine kleine Metallkugel befindet sich 12 mm vor einem ebenen Blech. Wie groß ist die Kraft zwischen Kugel und Blech, wenn die Kugel die Ladung $1,5 \cdot 10^{-10}$ C hat?
Antwort: $3,5 \cdot 10^{-7}$ N

4. Ein Plattenkondensator hat bei 12 mm Plattenabstand die Kapazität 60 pF. Er wird durch Anlegen der Spannung 1,5 kV aufgeladen und dann von dem Spannungserzeuger getrennt. Welche Arbeit ist nötig um die Platten auf 30 mm auseinanderzurücken?
Antwort: $1,0 \cdot 10^{-4}$ J

6.2.4 Anwendungsbeispiele

6.2.4.1 Elektrischer Dipol in einem elektrischen Feld

Ein *elektrischer Dipol* besteht aus zwei gleich großen, ungleichnamigen Ladungen $+Q$ und $-Q$ in einem festen Abstand l. Ein solcher Dipol befinde sich in einem *homogenen* elektrischen Feld der Stärke $\vec{E}$ (Abb. 6.2-34). Auf seine beiden Ladungen wirken dann entgegengesetzt gerichtete Kräfte $\vec{F} = Q\vec{E}$ und $\vec{F}' = -\vec{F}$ vom gleichen Betrag $F = QE$. Durch dieses Kräftepaar entsteht am elektrischen Dipol ein Drehmoment $\vec{T} = \vec{l} \times \vec{F}$, das den Dipol parallel zur Feldrichtung dreht. Mit $\vec{F} = Q\vec{E}$ ergibt sich:

$$\boxed{\vec{T} = Q\vec{l} \times \vec{E}}$$

Dabei wählt man für $\vec{l}$ die Richtung von der negativen zur positiven Ladung.

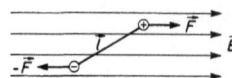

Abb. 6.2-34:
Elektrischer Dipol in einem homogenen elektrischen Feld

Wir schreiben für das Drehmoment das Ausweichzeichen $\vec{T}$, um einer späteren Verwechslung mit der Magnetisierung $\vec{M}$ vorzubeugen.

Das Produkt aus der Ladung Q und dem Abstandsvektor $\vec{l}$ definiert man als *elektrisches Moment* $\vec{M}_{el}$ *des Dipols*, also:

$$\vec{M}_{el} = Q\vec{l}$$

Mit dieser neuen Größe können wir das Drehmoment $\vec{T}$ auf einen Dipol in einem homogenen Feld der Stärke $\vec{E}$ schreiben:

$$\vec{T} = \vec{M}_{el} \times \vec{E}$$

Während im homogenen Feld der elektrische Dipol nur durch ein Drehmoment parallel zur Feldrichtung gedreht wird, greift im inhomogenen Feld zusätzlich eine resultierende Kraft an, da die Coulomb-Kräfte auf die beiden Ladungen in diesem Fall verschieden groß sind.

So erklärt sich die Anziehung eines ungeladenen Teilchens durch einen elektrisch geladenen Körper (Abb. 6.2-35). Das Teilchen wird im inhomogenen Feld des geladenen Körpers durch elektrische Influenz zum Dipol und dann von der resultierenden Kraft angezogen.

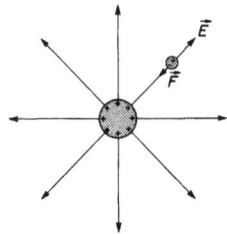

Abb. 6.2-35:
Ungeladene Teilchen in einem inhomogenen elektrischen Feld; hier:
im Feld einer positiv geladenen Metallkugel

6.2.4.2 Messung der Elementarladung nach Millikan

Millikan (Abb. 6.2-36) entwickelte folgende Methode zur Messung der Elementarladung e:
Er sprühte kleine Öltröpfchen in das homogene Feld eines Plattenkondensators mit horizontal angeordneten Platten (Abb. 6.2-37). An Öltröpfchen lagern sich leicht Ionen an. Millikan beobachtete ein solches geladenes Öltröpfchen im Mikroskop und regelte den Betrag E der elektrischen Feldstärke durch Veränderung der elektrischen Spannung U so ein, daß das Tröpfchen gerade schwebte (Schwebekondensator).

Abb. 6.2-36:
Robert Andrews Millikan,
1868 - 1953, amer. Physiker;
er bestimmte bereits im Jahre 1909 die Größe der Elementarladung e; er bestätigte experimentell das Einsteinsche Gesetz über den lichtelektrischen Effekt; 1923 Nobelpreis für Physik

Dann hat das Gewicht $\vec{G}$ des Öltröpfchens den gleichen Betrag wie die Coulomb-Kraft $\vec{F}$.

Daher ist $G = QE$. Mit $G = mg$ und $E = \dfrac{U}{d}$ ergibt sich:

$$Q = \frac{mgd}{U}$$

Dabei ist g die Fallbeschleunigung. Der Plattenabstand d und die elektrische Spannung U sind leicht zu messen. Größere Schwierigkeiten bereitet die Bestimmung der Masse m des Öltröpfchens. Dafür hat Millikan ein besonderes Verfahren entwickelt, auf das hier nicht eingegangen werden kann.

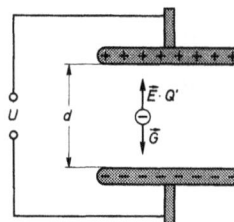

Abb. 6.2-37:
Versuch von Millikan zur Bestimmung der Elementarladung

Die Messung der Ladung Q vieler Öltröpfchen ergab, daß diese stets ein Vielfaches einer ganz bestimmten kleinen Ladung, der sogenannten „Elementarladung" war, für die heute als bester Wert gilt:

$$\| e = 1,6021 \cdot 10^{-19} \text{ C} \|$$

Das Ergebnis von Millikan wurde sehr oft durch Wiederholung und Abwandlung des Versuchs bestätigt.

Jede Ladung Q ist ein ganzzahliges Vielfaches der Elementarladung e.

$$Q = ne$$

Dabei ist n eine ganze Zahl.

Träger einer positiven Elementarladung ist das Proton und das Positron, einer negativen Elementarladung das Elektron.

6.2.4.3 *Braunsche Röhre mit elektrischer Strahlablenkung*

Die Braunsche (Abb. 6.2-38) Röhre ist eine Elektronenstrahlröhre. In einem Vakuumgefäß befindet sich eine Glühkathode K und eine Anode A (Abb. 6.2-39). Zwischen K und A liegt die elektrische Spannung U, so daß ein elektrisches Feld

Abb. 6.2-38:
Karl Ferdinand Braun,
1850 - 1918, dt. Physiker; Braunsche Röhre 1897 Straßburg; 1909 Nobelpreis für Physik gemeinsam mit Guglielmo Marconi, 1874 - 1937, ital. Physiker; dadurch wurden ihre Verdienste für die Entwicklung der drahtlosen Telegraphie gewürdigt.

die durch Glühemission frei gewordenen Elektronen beschleunigt. Diese werden von der Anode A aufgefangen, soweit sie nicht durch ein Loch in der Mitte von A hindurchfliegen. Die Elektronen des so ausgeblendeten Strahls werden im feldfreien Raum hinter A nicht weiter beschleunigt, sondern behalten ihre im Feld zwischen K und A erreichte Geschwindigkeit nach Größe und Richtung bei. Der Auftreffpunkt des Strahls wird auf einem Leuchtschirm sichtbar, da die Elektronen gewisse Stoffe z.B. Zinksulfid durch Stoß zum Leuchten anregen können.

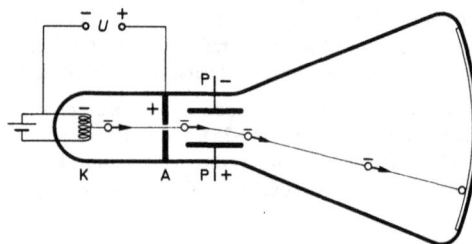

Abb. 6.2-39:
Braunsche Röhre

Wird nun an die Ablenkplatten P P ein zweites konstantes elektrisches Feld (Ablenkfeld) angelegt, so wird die Flugbahn zu einer Parabel gekrümmt; denn es wirkt eine *konstante Kraft quer zur Flugrichtung* (auf die + -Platte hin). Dies entspricht dem horizontalen Wurf (2.4.2.2). Nach Verlassen des Ablenkfeldes fliegen die Elektronen wieder geradlinig weiter, jedoch jetzt unter einem Winkel zur ursprünglichen Richtung.

Legt man an die Ablenkplatten ein *Wechselfeld*, so beschreibt der *Leuchtpunkt auf dem Schirm eine lineare Schwingung.*

Wir wollen den Weg eines Elektrons von der Glühkathode K bis zum Aufprall auf dem Leuchtschirm rechnerisch verfolgen.

Unmittelbar nach dem Austreten aus der Kathode K hat das Elektron eine sehr kleine Geschwindigkeit, die wir vernachlässigen können. Bei K hat es nach 6.2.2.7 die potentielle *Energie* $W_{p,K} = (-e)(-U) = eU$. Nach dem „Durchfallen" der Spannung U hat es bei A denselben Energiebetrag als kinetische Energie $W_{k,A} = \dfrac{m}{2} \, v^2$. Aus $eU = \dfrac{m}{2} \, v^2$ erhalten wir für den Betrag der Geschwindigkeit bei A:

$$v = \sqrt{2 \, \frac{e}{m} \, U}$$

Beispiel:
Mit der Elementarladung $1{,}60 \cdot 10^{-19}$ C und der Elektronenmasse $9{,}11 \cdot 10^{-31}$ kg ergibt sich für ein Elektron, das die Spannung 100 V durchfallen hat, als Betrag der Geschwindigkeit:

$$v = \sqrt{\frac{2 \cdot 1{,}60 \cdot 10^{-19}\ \text{C} \cdot 100\ \text{V}}{9{,}11 \cdot 10^{-31}\ \text{kg}}} = \sqrt{35{,}1 \cdot 10^{12} \, \frac{\text{N m}}{\text{kg}}} =$$

$$= 5{,}93 \cdot 10^6 \, \frac{\text{m}}{\text{s}} \approx 6 \cdot 10^6 \, \frac{\text{m}}{\text{s}}$$

Die Gleichung für v ist nur bei verhältnismäßig kleinen Spannungen, nämlich bis etwa 10 kV, verwendbar. Bei größeren Spannungen bleibt die Geschwindigkeit immer mehr hinter dem Wert der Gleichung zurück. Das ist darauf zurückzuführen, daß die Masse des Elektrons bei wachsender Spannung nach der Einsteinschen Beziehung zwischen Masse und Geschwindigkeit immer rascher zunimmt (2.5.3.1).

Wir verfolgen nun den Weg eines durch A hindurchgetretenen Elektrons weiter:

Das Elektron behält zunächst die bei A erreichte Geschwindigkeit $\vec{v}$ nach Betrag und Richtung bei, bis es in das elektrische Ablenkfeld zwischen den Platten P P eintritt. Der Betrag E' dieses Querfeldes ist durch die Spannung U' und den Plattenabstand d' (Abb. 6.2-40) gegeben:

$$E' = \frac{U'}{d'}$$

Die Coulomb-Kraft $\vec{F}$ hat dann den Betrag:

$$F = eE' \quad \text{oder} \quad F = e \, \frac{U'}{d'}$$

Die Beschleunigung in der y-Richtung hat demnach den Betrag:

$$a = \frac{F}{m} \quad \text{oder} \quad a = \frac{e}{m} \, \frac{U'}{d'}$$

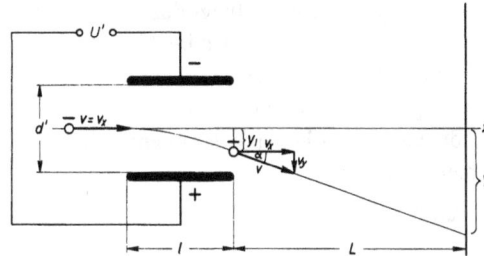

Abb. 6.2-40: Ablenkung eines Elektronenstrahls in einem elektrischen Querfeld

Die Bahn des Elektrons im Querfeld entspricht der Bahn beim horizontalen Wurf (2.4.2.2). Es überlagern sich die beiden folgenden geradlinigen Bewegungen:

1. Bewegung mit konstanter Geschwindigkeit in Richtung der x-Achse:

    $$x = v_0 \, t$$

    Dabei ist hier $v_0 = \sqrt{2 \, \dfrac{e}{m} \, U}$ zu setzen.

2. Bewegung mit konstanter Beschleunigung in Richtung der y-Achse:

    $$y = \frac{a}{2} \, t^2$$

    Dabei ist hier $a = \dfrac{e}{m} \, \dfrac{U'}{d'}$ zu setzen.

    Nach Eliminieren von t erhalten wir $y = \dfrac{a}{2} \, \dfrac{x^2}{v_0^2}$. Nach Einsetzen von v_0 und a folgt daraus:

    $$y = \frac{1}{4} \, \frac{U'}{d'} \, \frac{x^2}{U} \, .$$

Das Elektron hat beim Verlassen des Querfeldes der Länge l die Ablenkung y_l erfahren, die sich durch Einsetzen von $x = l$ in die abgeleitete Gleichung für y ergibt:

$$y_l = \frac{1}{4} \, \frac{U'}{d'} \, \frac{l^2}{U}$$

Nach dem Verlassen des Ablenkfeldes fliegt das Elektron in gerader Bahn weiter bis zum Leuchtschirm im Abstand L. Die *Ablenkung Y auf dem Schirm* ergibt sich aus der Überlegung, daß die Neigung der geraden Bahn $\tan \alpha = v_y/v_x$ ist, wobei v_x und v_y die Geschwindigkeitskomponenten beim Verlassen des Ablenkfeldes sind:

$$v_x = v \quad \text{und} \quad v_y = at.$$

Mit

$$t = \frac{l}{v_x} \quad \text{und} \quad v_x = v$$

wird

$$v_y = a \frac{l}{v} \quad \text{und} \quad \tan \alpha = \frac{al}{v^2} \ .$$

Die Ablenkung Y auf dem Schirm erhalten wir aus $Y = y_l + L \tan \alpha$ nach Einsetzen von y_l und $\tan \alpha$ zu:

$$\boxed{\ Y = \frac{1}{2} \frac{U'}{U} \frac{l}{d'} \left(\frac{l}{2} + L \right)\ }$$

Die Braunsche Röhre kann zu einem *Oszillograph* ausgebaut werden (Kathodenstrahl- oder Elektronenstrahloszillograph). Der Elektronenstrahl reagiert praktisch trägheitslos auf eine Spannungsänderung an dem Plattenpaar P P. Setzt man hinter P P noch ein zweites Plattenpaar $\overline{P}\overline{P}$ um 90° gegen das erste gedreht, so kann der Strahl in zwei zueinander senkrechten Richtungen (Koordinaten) bewegt werden. Häufig läßt man den Strahl in der horizontalen Richtung gleichmäßig über den Bildschirm laufen und dann rasch vom Ende wieder an den Anfangspunkt zurückspringen. Dazu muß eine Spannung angelegt werden mit einem zeitlichen Verlauf entsprechend Abb. 6.2-41.

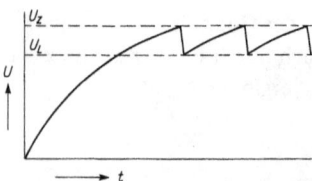

Abb. 6.2-41:
Spannungsverlauf für die horizontale Ablenkung; U_z ist die Zündspannung und U_L die Löschspannung.

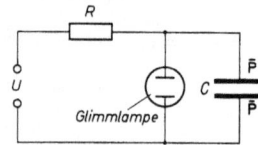

Abb. 6.2-42:
Erzeugung einer Kippschwingung

Man erreicht dies durch eine sogenannte Kippschwingung mit Hilfe der in Abb. 6.2-42 angegebenen Schaltung. R ist ein großer Widerstand wodurch die Spannung an dem Plattenkondensator $\overline{P}\overline{P}$ nur langsam ansteigt, bis die Zündspannung einer Glimmlampe erreicht ist. Dann entlädt sich der Kondensator plötzlich über diese, und die Spannung sinkt zur Löschspannung. Dann lädt sich der Kondensator $\overline{P}\overline{P}$ langsam wieder auf, und der Vorgang wiederholt sich.

An das Plattenpaar P P kann man dann irgendeine zu messende Spannung anlegen. Nimmt man z.B. eine sinusförmige Wechselspannung, so erscheint die Sinuslinie auf dem Leuchtschirm (Abb. 6.2-43). Alle physikalischen Größen, die man durch eine elektrische Spannung messen kann, sind durch den Oszillographen erfaßbar. Häufig sind Verstärker für die Ablenkspannungen in den Oszillograph eingebaut.

Wir haben uns bei der Beschreibung der Braunschen Röhre auf das Grundsätzliche ihrer Wirkungsweise beschränkt.

Auch die Fernsehröhren arbeiten nach dem Prinzip der Braunschen Röhre.

Nicht nur durch elektrische sondern auch durch magnetische Felder können Elektronenstrahlen abgelenkt werden (6.3.2.1). Dazu müssen Magnetspulen statt der Kondensatorplatten in die Röhre eingebaut werden.

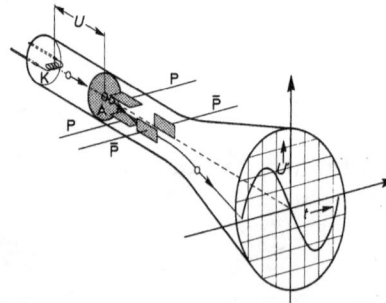

Abb. 6.2-43:
Braunsche Röhre als Kathodenstrahl-Oszillograph

Aufgaben:

1. Bei einem Schwebekondensator nach Millikan haben die Platten in Luft den Abstand 3,0 mm. Ein Öltröpfchen hat den Durchmesser 1,2 μm und die Dichte 0,87 g cm^{-3}. Es schwebt, wenn zwischen den Kondensatorplatten die elektrische Spannung 36 V herrscht. Welche Ladung hat das Öltröpfchen? Antwort: 4 Elementarladungen.

2. Ein Elektron hat die Geschwindigkeit $5,2 \cdot 10^3$ km s^{-1}. Es soll durch ein elektrisches Gegenfeld vollständig abgebremst werden. Welche Spannung muß das Elektron durchlaufen? Antwort: 77 V

3. Bei einer Braunschen Röhre ist die beschleunigende Spannung 2,0 kV, die Ablenkspannung 50 V, der Abstand der Ablenkplatten 10 mm, die Plattenlänge 40 mm und der Abstand des Leuchtschirms vom Ende der Ablenkplatten 20 cm.
   Gesucht sind:

   a) Die Geschwindigkeit der Elektronen hinter der Anode;
   b) die Ablenkung am Ende der Ablenkplatten;
   c) die Ablenkung des Leuchtpunktes.
   Antwort: a) 2,7 km s^{-1}; b) 1,0 mm; c) 11 mm

4. Wie groß ist die Kapazität der Erdkugel ($r_E = 6,37 \cdot 10^6$ m)? Antwort: 708 μF.

6.3 Ruhendes magnetisches Feld (Magnetostatisches Feld)

6.3.1 Zusammenstellung einiger Grundkenntnisse

6.3.1.1 *Magnetfeld eines Dauermagneten*

Dauermagnete (permanente Magnete) sind Körper, die andere Körper aus Eisen, Nickel, Kobalt und einigen bestimmten Legierungen anziehen. Solche Körper, die von einem Magneten angezogen werden, nennt man *ferromagnetisch*. Die Anziehungskraft eines Dauermagneten ist am größten an den „*Polen*", von denen jeder Magnet mindestens zwei besitzt. Bei einem Stabmagneten (Abb. 6.3-1) liegen sie in der Nähe der Stabenden, so daß ihr Abstand vom Stabende etwa $\frac{1}{12}$ der Stablänge beträgt.

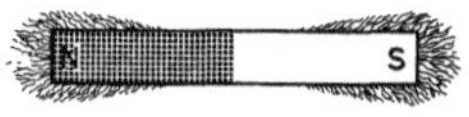

Abb. 6.3-1:
Stabmagnet

Ein *drehbar gelagerter Magnetstab* dreht sich in eine bestimmte Richtung, nämlich ungefähr in die geographische *Nord-Südrichtung* (Kompaßnadel). Den nach Norden zeigenden Pol nennt man Nordpol oder + Pol, den anderen Südpol oder − Pol. Für die Wirkung der Pole zweier Dauermagnete aufeinander gilt:

Gleichnamige Pole stoßen einander ab, ungleichnamige Pole ziehen einander an.

Im Gegensatz zu ungleichnamigen elektrischen Ladungen kann man magnetische Pole nicht voneinander trennen. Teilt man einen Magnetstab, so hat jeder Teil wieder Nord- und Südpol. Magnete sind immer *Dipole* oder aus solchen zusammengesetzt. Es gibt *keine freien magnetischen Pole* oder „magnetische Ladungen" analog zu den elektrischen Ladungen.

Die Kraftwirkung eines einzelnen Magnetpols kann man mit um so besserer Annäherung messen, je weiter der andere Pol, z.B. bei einem langen Magnetstab, entfernt ist.

Zum Begriff des *magnetischen Feldes* kommt man durch entsprechende Überlegungen wie beim elektrischen Feld (6.2.1): Die anziehende Kraft eines Magneten auf ferromagnetische Körper ist auch über Zwischenräume hinweg, sogar im materiefreien Raum (Vakuum), wirksam. Das gleiche gilt für die anziehenden und abstoßenden Kräfte auf andere Magnete. Der Raum in der Umgebung eines Magneten hat also besondere Eigenschaften, die er ohne Magnet nicht hätte. Man nennt diesen besonderen Zustand des Raumes *magnetisches Feld*.

Eine zusätzliche Wirkung des magnetischen Feldes ist die *magnetische Influenz*, die darin besteht, daß ferromagnetische Körper im Magnetfeld selbst zu Magneten werden. Dabei entsteht in der Nähe eines Nordpols ein Südpol und umgekehrt (Abb. 6.3-2).

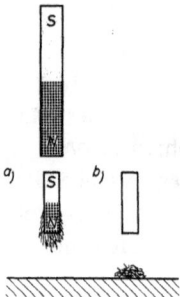

Abb. 6.3-2:
Magnetische Influenz; weiches Eisen
a) im Feld eines Magnetstabs,
b) nach Entfernen des Feldes

Abb. 6.3-4:
Magnetfeld der Erde; N und
S sind die geographischen
Pole der Erde. In der Nähe
von N bzw. S liegt ein magnetischer Süd- bzw. Nordpol.

So erklärt sich die Anziehungskraft eines Magneten auf ferromagnetische Stoffe; denn ein Pol eines Magneten zieht den ihm benachbarten
influenzierten Pol an.

Stahl und weiches Eisen zeigen einen gewissen Unterschied bei der
magnetischen Influenz. Weiches Eisen wird schon in schwachem Feld
magnetisch, Stahl dagegen erst bei stärkerem Feld. Umgekehrt verliert weiches Eisen fast vollständig seinen Magnetismus, wenn es aus
dem Feld herausgenommen wird. Stahl dagegen behält den Magnetismus zum großen Teil. Der durch Influenz magnetisierte Stahl wird
selbst zum Dauermagneten.

Bei der *Untersuchung von Magnetfeldern mit Hilfe von Eisen-
feilspänen* wird die Tatsache ausgenützt, daß die Eisenteilchen
im Magnetfeld durch Influenz selbst zu kleinen Magneten werden, die sich auf einer glatten Unterlage in die Feldrichtung
drehen und zu *Feldlinien* anordnen (Abb. 6.3-3). Als *positive
Richtung der Feldlinien* wählt man die Richtung, in welche
der *Nordpol* einer im Feld drehbar angeordneten Magnetnadel
zeigt.

Bei einem Magnetstab treten demnach die Feldlinien an seinem Nordpol aus und an seinem Südpol ein.

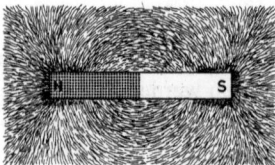

Abb. 6.3-3:
Feldlinien eines Stabmagneten
durch Eisenfeilspäne sichtbar
gemacht

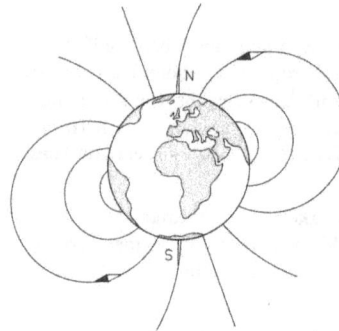

Die Erde ist ein *Dauermagnet;* ihr *magnetisches Feld zeigt* die
Abb. 6.3-4. In der Nähe des geographischen Nordpols der
Erde befindet sich ein magnetischer Südpol und umgekehrt.
Eine frei im Raum drehbar aufgehängte Magnetnadel stellt
sich in die Richtung der durch ihren Ort gehenden Feldlinie
des Magnetfelds der Erde ein.

Diese Richtung bildet mit der Meridianebene den „*Deklinationswin-
kel*" (in Deutschland etwa 3° westlich) und mit der Horizontalebene
den „*Inklinationswinkel*" (in Deutschland etwa 65°).

6.3.1.2 *Magnetfeld eines von einem elektrischen Gleichstrom durchflossenen Leiters*

Oersted[1] entdeckte im Jahre 1820, daß in der Nähe eines
elektrischen Stromes eine Kraftwirkung auf eine Magnetnadel
zu beobachten ist. Fließt ein elektrischer Gleichstrom über
einer drehbar gelagerten Magnetnadel (Abb. 6.3-5), so stellt
sich diese normal zum Leiter ein.

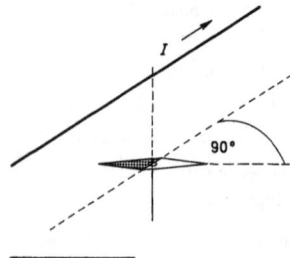

Abb. 6.3-5:
Versuch von Oersted

---

[1]   Hans Christian Oersted, 1777 - 1851, dän. Physiker

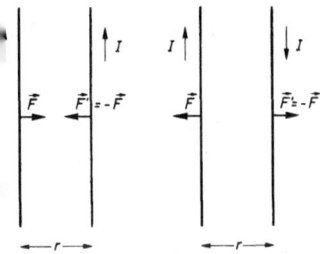

Abb. 6.3-6:
Magnetische Kräfte zwischen zwei stromdurchflossenen parallelen geraden Leitern

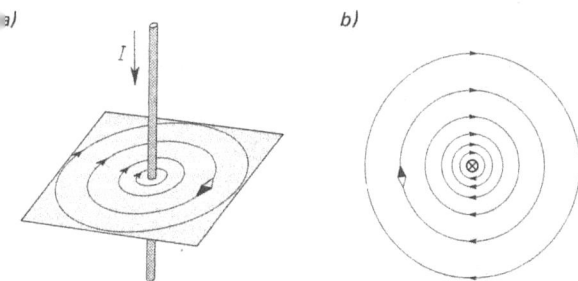

Abb. 6.3-8: Magnetfeld einer stromdurchflossenen Leiterschleife
a) von der Seite b) von oben gesehen

Im gleichen Jahr beobachtete *Ampere* eine Kraftwirkung zwischen zwei parallelen geraden Leitern, die von einem elektrischen Gleichstrom durchflossen wurden (Abb. 6.3-6), und deutete sie als magnetische Kräfte. Die Kraftwirkung zwischen zwei stromdurchflossenen Leitern wird heute zur Definition der Stromstärkeeinheit 1 Ampere verwendet (6.1.1.2).

Jeder elektrische Strom ist von einem Magnetfeld umgeben. Wir betrachten einige Feldlinienbilder:

Bei einem geraden stromdurchflossenen Leiter bilden die Feldlinien in Ebenen normal zum Leiter konzentrische Kreise (Abb. 6.3-7). Das Magnetfeld ist also in diesem Fall ein *Wirbelfeld* (6.2.1.3).

Dabei gilt folgende Merkregel („Rechte-Faust-Regel") für die Richtung des magnetischen Feldes:

Umfaßt man den stromdurchflossenen Leiter mit der rechten Hand so, daß der abgespreizte Daumen in die Richtung des Stromes weist, so zeigen die übrigen Finger in die Richtung der Feldlinien.

Für eine kreisförmige Leiterschleife ergibt sich das Feld der Abb. 6.3-8. Die Feldlinien sind wieder geschlossene Kurven, aber exzentrisch nach außen verdrängt. Man kann eine solche Schleife als ein dünnes magnetisches Blatt auffassen. Auf der einen Seite treten die Feldlinien aus (+ Pol), auf der anderen Seite wieder ein (– Pol).

Setzt man viele solche Schleifen hintereinander und schickt man Strom in gleicher Richtung hindurch, am einfachsten durch Hintereinanderschalten zu einer Spule, so hat diese Spule ein Magnetfeld (Abb. 6.3-9), das außen völlig mit dem eines Dauermagneten übereinstimmt. Doch hat eine Spule gegenüber einem Dauermagneten verschiedene Vorteile:

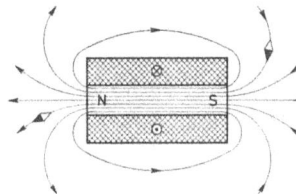

Abb. 6.3-7: Magnetfeld eines geraden stromdurchflossenen Leiters in einer Ebene normal zum Leiter a) von der Seite b) von oben gesehen

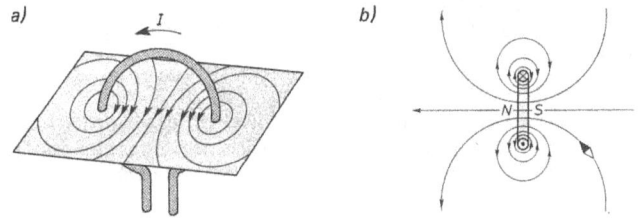

Abb. 6.3-9:
Magnetfeld einer stromdurchflossenen Spule

a) *Man hat im Innern der Spule* ein weitgehend *homogenes magnetisches Feld*, das zugänglich ist. Nur an den Enden der Spule verlaufen die Feldlinien divergent.

b) *Man kann die Stärke des Feldes* durch Verändern der Stromstärke in weiten Grenzen *variieren*.

Es sei eigens darauf hingewiesen, daß das Magnetfeld des Stromes keineswegs an die Anwesenheit von Eisen oder von anderen ferromagnetischen Stoffen gebunden ist.

Merkregel für die Feldrichtung:
Schaut man auf ein Spulenende und wird dieses im Uhrzeigersinn umflossen, so ist dort ein Südpol. Wird das Spulenende entgegengesetzt zum Uhrzeigersinn umflossen, so ist dort ein Nordpol (Abb. 6.3-10).

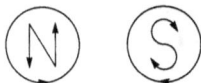

Abb. 6.3-10:
Merkregel für die Magnetpole einer Spule

6.3.2   Homogenes magnetisches Feld im Vakuum (in Luft)

Die quantitative Behandlung des magnetischen Feldes kann man formal genau so durchführen wie die des elektrischen Feldes, indem man die fehlenden magnetischen Ladungen durch die „Polstärken" der magnetischen Pole ersetzt. Im folgenden wollen wir aber nicht dieser historischen Darstellung folgen, sondern davon ausgehen, daß es zwar *keine magnetischen Ladungen* gibt, daß aber ein *Magnetfeld* eine *Kraftwirkung auf bewegte elektrische Ladungen* ausübt.

6.3.2.1   *Kraftwirkung auf eine bewegte elektrische Ladung (Lorentz-Kraft) – Magnetische Flußdichte*

In einem ruhenden magnetischen Feld erfahren ruhende elektrische Ladungen keine Kraftwirkung. Hierin unterscheidet sich das magnetische Feld grundsätzlich vom elektrischen. Auf *bewegte elektrische Ladungen* wirkt jedoch neben dem elektrischen auch das magnetische Feld mit einer Kraft ein, die man *Lorentz*[1]-*Kraft* nennt.

Das zeigt folgender *Versuch:*

Nähern wir dem Elektronenstrahl einer Braunschen Röhre einen Dauermagnet, so wird der Leuchtfleck auf dem Bildschirm abgelenkt. Richtung und Größe der Ablenkung hängt von der Stellung des Ma-

gneten zum Elektronenstrahl ab. Sie ist am größten, wenn die Flugrichtung der Elektronen normal zur Richtung des Magnetfeldes steht. Nur wenn Flug- und Feldrichtung zueinander parallel sind, beobachten wir keine Ablenkung.

Die quantitative Behandlung des elektrischen Feldes haben wir in 6.2.2.1 auf der Wirkung der Coulomb-Kraft $\vec{F}$ auf eine ruhende elektrische Probeladung Q' aufgebaut, indem wir die elektrische Feldstärke $\vec{E} = \dfrac{\vec{F}}{Q'}$ eingeführt haben.

Entsprechend wollen wir jetzt bei der quantitativen Behandlung des ruhenden Magnetfelds von der Lorentz-Kraft $\vec{F}$ auf eine bewegte elektrische Probeladung Q' ausgehen. Der Träger dieser Probeladung, z.B. ein Elektron oder ein Ion, bewege sich mit der Geschwindigkeit $\vec{v}$ relativ zum Träger des Magnetfelds, z.B. zu einem Dauermagnet. Mit Hilfe der drei bekannten Größen F, Q' und v kann man einen für das Magnetfeld charakteristischen Vektor $\vec{B}$ definieren.

Dazu wird man durch folgende experimentellen Befunde geführt:

1. Der Betrag F der Lorentz-Kraft auf geladene Teilchen ist direkt proportional zu ihrer Ladung Q', also: $F \sim Q'$

2. Außerdem ist F direkt proportional zum Betrag v der Teilchengeschwindigkeit. Diese kann man durch eine die geladenen Teilchen beschleunigende elektrische Spannung variieren (6.2.4.3).
Es ist also: $F \sim v$

Zusammengefaßt ergibt sich:

$$F \sim Q'v$$

Der Proportionalitätsfaktor hängt nur vom magnetischen Feld ab. Wir bezeichnen ihn mit B und nennen ihn den Betrag der „*magnetischen Flußdichte*".

Definition:

$$\boxed{B = \frac{F}{Q'v}}$$

Statt „magnetische Flußdichte" sagt man auch „magnetische Induktion", aus einem Grund, der uns in 6.4.4 verständlich wird.

---

[1]   Hendrick Antoon Lorentz, 1853 - 1928, niederländischer Physiker, 1902 Nobelpreis für Physik zusammen mit seinem Landsmann Pieter Zeeman, 1865 - 1943.

Die *SI-Einheit* der magnetischen Flußdichte ist:

$$[B] = 1 \, \frac{N}{A \, s \, m \, s^{-1}} = 1 \, N \, A^{-1} \, m^{-1}$$

Wegen $1 \, J = 1 \, N \, m$ und $1 \, J = 1 \, A \, V \, s$ ist $1 \, N = 1 \, A \, V \, s \, m^{-1}$

Damit wird:

$$[B] = 1 \, V \, s \, m^{-2} = 1 \, Tesla^1 = 1 \, T$$

Die magnetische Flußdichte muß als eine das Magnetfeld charakterisierende Größe ein Vektor $\vec{B}$ sein. Seine Richtung wählen wir so, daß sie mit der bereits in 6.3.1.1 festgelegten übereinstimmt. Für die Richtungen der Vektoren $\vec{F}$, $\vec{v}$ und $\vec{B}$ gilt dann folgender Zusammenhang:

Wir legen die Richtung eines homogenen Magnetfelds parallel zur positiven y-Achse eines kartesischen Koordinatensystems (x, y, z), das ein Rechtssystem bildet (Abb. 6.3-11). Treten

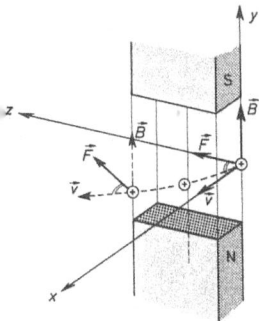

Abb. 6.3-11:
Lorentz-Kraft auf eine bewegte elektrische Ladung in einem homogenen Magnetfeld

positiv geladene Teilchen mit der Geschwindigkeit $\vec{v}$ in der positiven x-Richtung in das Magnetfeld ein, so werden sie in der positiven z-Richtung abgelenkt. Negativ geladene Teilchen erfahren bei gleicher Flugrichtung eine Ablenkung in umgekehrter Richtung. Man kann diesen Richtungszusammenhang berücksichtigen, indem man schreibt:

Lorentz-Kraft $\boxed{\vec{F} = Q' \vec{v} \times \vec{B}}$

---

[1] benannt nach Nicola Tesla, 1856 - 1943, kroatischer Physiker

Die Lorentz-Kraft hat demnach ihren größten Betrag F_{max}, wenn $\vec{v} \perp \vec{B}$ ist; ferner ist $F = 0$, wenn $\vec{v} \parallel \vec{B}$. Das ist in Übereinstimmung mit dem Experiment.

Durch die zuletzt angeschriebene Gleichung ist die magnetische Flußdichte $\vec{B}$ vollständig definiert als eine aus drei bereits früher definierten Größen abgeleitete Vektorgröße.

Diese Feldgröße $\vec{B}$ kann man zwar grundsätzlich entsprechend ihrer Definitionsgleichung durch Bestimmung von $\vec{F}$, Q' und $\vec{v}$ messen; praktisch geschieht dies aber einfacher mit Hilfe von Beziehungen, die *aus der Definitionsgleichung gefolgert* werden. Durch Anwendung der Gleichung für die Lorentz-Kraft auf elektrische Ströme in Leitern gelangen wir bereits zu einer solchen Meßmethode. Eine weitere, die insbesondere auch auf Magnetfelder in der Materie anwendbar ist, werden wir in 6.4.4 kennenlernen.

Der elektrische Strom in einem Leiter besteht aus dem Transport elektrischer Ladungen. Auf diese bewegten Ladungen wirken in einem Magnetfeld die Lorentz-Kräfte. Der Leiter ist dabei nur indirekt, gewissermaßen als „Führungskanal" für die Ladungen, beteiligt. Alle Teilladungen ΔQ übertragen dabei die auf sie ausgeübte Lorentz-Kraft $\Delta \vec{F}$ von innen auf den Leiter, so daß auf diesen die Gesamtkraft $\vec{F}$ nach außen wirkt (Abb. 6.3-12). Für die Lorentz-Kraft auf eine Teilladung gilt:

$$\Delta \vec{F} = \Delta Q \, \vec{v} \times \vec{B}$$

In Metallen sind nur die negativ geladenen Elektronen am Strom beteiligt. Fließen in einem andern Leiter sowohl positive als auch negative Ladungsträger, so ist ihre Geschwindigkeit $\vec{v}$ entgegengesetzt gerichtet. Mit dem verschiedenen Vorzeichen von ΔQ ergibt sich dann trotzdem für $\Delta \vec{F}$ die gleiche Richtung.

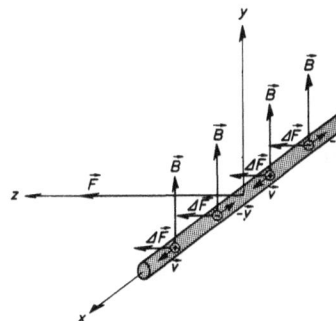

Abb. 6.3-12:
Lorentz-Kraft auf einen stromdurchflossenen Leiter

Mit $d\vec{l}$ bezeichnen wir einen kleinen Längenabschnitt des Leiters in der positiven Stromrichtung (Flußrichtung positiver Ladungsträger; „technische" Stromrichtung). Durchlaufen die positiven Ladungsträger den Abschnitt $d\vec{l}$ in einem Zeitelement dt, so ist $\vec{v} = \dfrac{d\vec{l}}{dt}$. Mit $dQ \dfrac{d\vec{l}}{dt} = \dfrac{dQ}{dt} d\vec{l}$ und der Stromstärke $I = \dfrac{dQ}{dt}$ können wir dann für die Lorentz-Kraft schreiben:

$$d\vec{F} = I\, d\vec{l} \times \vec{B}$$

Daraus erhalten wir die resultierende Lorentz-Kraft auf einen geraden stromdurchflossenen Leiter der Länge $\vec{l}$ (Abb. 6.3-13):

$$\boxed{\vec{F} = I\vec{l} \times \vec{B}}$$

Die drei Vektroen $\vec{l}$, $\vec{B}$ und $\vec{F}$ bilden dabei wieder ein Rechtssystem.

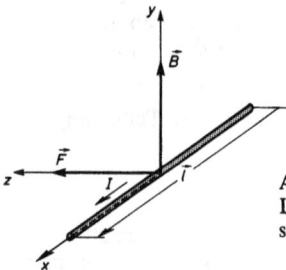

Abb. 6.3-13:
Lorentz-Kraft auf einen geraden stromdurchflossenen Leiter

Wir wollen im folgenden unsere Überlegungen auf eine drehbar angeordnete, stromdurchflossene Rechteckspule in einem homogenen Magnetfeld ausdehnen (Abb. 6.3-14).

Um für jede Spulenstellung das Drehmoment der Lorentz-Kräfte einfach angeben zu können, führen wir die Fläche $\vec{A}$ als einen Vektor vom Betrag $A = dl$ und der Richtung der Flächennormalen ein. Diese Richtung wählen wir im Rechtsschraubensinn positiv, wenn wir die Umrandung der Spulenfläche in der positiven Stromrichtung umlaufen.

Zunächst stehe die Flächennormale der Spulenfläche $\vec{A}$ parallel oder antiparallel zur Richtung des Feldvektors $\vec{B}$ (Abb. 6.3-14).

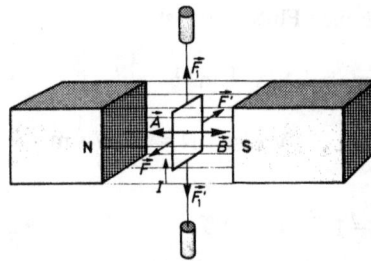

Abb. 6.3-14:
Lorentz-Kräfte auf eine stromdurchflossene Rechteckspule, deren Flächennormale parallel zu den $\vec{B}$-Linien des Magnetfeldes liegt: $\vec{A} \parallel \vec{B}$

Die dann auf die vier Rechteckseiten wirkenden Lorentz-Kräfte stehen paarweise im Gleichgewicht. Es treten dabei keine Drehmomente auf, da die Kräftepaare in der angegebenen Stellung der Spule keine Kraftarme haben.

Wird die Spule entsprechend Abb. 6.3-15 so angeordnet, daß ihre Flächennormale senkrecht zur Feldrichtung liegt, so verschwindet das Kräftepaar $\vec{F}_1\vec{F}'_1$, und das Kräftepaar $\vec{F}\vec{F}'$ hat den größtmöglichen Kraftarm d.
Dadurch entsteht ein maximales Drehmoment vom Betrag
$$T_{max} = IAB.$$

Wir bezeichnen das Drehmoment mit dem Ausweichzeichen $\vec{T}$ statt $\vec{M}$, um Verwechslungen mit der Magnetisierung (6.8.2) zu vermeiden.

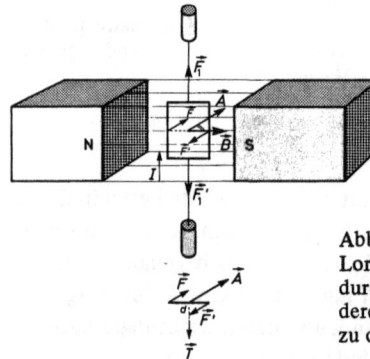

Abb. 6.3-15:
Lorentz-Kräfte auf eine stromdurchflossene Rechteckspule, deren Flächennormale senkrecht zu den $\vec{B}$-Linien liegt: $\vec{A} \perp \vec{B}$

Bei N Windungen der Spule ist die Gesamtstromstärke $I = NI'$ für das Drehmoment maßgebend, wobei I' die Stromstärke durch die einzelnen Windungen ist.

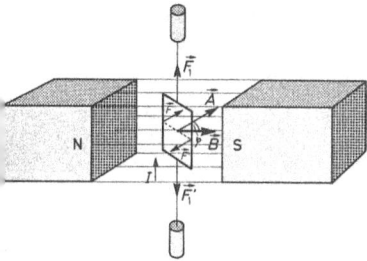

Abb. 6.3-16:
Lorentz-Kräfte auf eine stromdurchflossene Spule, deren Flächennormale einen beliebigen Winkel mit den $\vec{B}$-Linien bildet.

Bildet nun der Flächenvektor $\vec{A}$ mit dem Feldvektor $\vec{B}$ den Winkel φ, so ist der Betrag des Drehmoments $T = IAB \sin \varphi$. Dann können wir den Drehmomentvektor $\vec{T}$ schreiben (Abb.6.3-16):

$$\vec{T} = I\vec{A} \times \vec{B}$$

Aus $T = IAB \sin \varphi$ folgt $T = 0$ für $\varphi = 0$ bzw. $\varphi = \pi$ (Abb. 6.3-14) und $T = T_{max}$ für $\varphi = \dfrac{\pi}{2}$ (Abb. 6.3-15).

Besteht die Drehachse der stromdurchflossenen Spule aus einem elastisch verdrillbaren Draht, so entsteht bei der Torsion ein rücktreibendes Drehmoment, dessen Betrag direkt proportional zum Torsionswinkel anwächst, bis es dem Drehmoment der Lorentz-Kräfte das Gleichgewicht hält. Daraus ergibt sich eine Meßmethode für das Drehmoment der Lorentz-Kräfte mit Hilfe einer *Torsionswaage*: Wir stellen die zunächst stromlose Spule entsprechend Abb. 6.3-15 so, daß ihre Flächennormale senkrecht zur Feldrichtung zeigt. Dann schalten wir den Spulenstrom ein. Es entsteht das Drehmoment $T_{max} = IAB$. Durch die einsetzende Drehung wird T kleiner. Um T_{max} zu messen, verdrillen wir den Torsionsdraht soweit rückwärts, bis die Spule wieder ihre Ausgangslage einnimmt. Aus dem dazu notwendigen Torsionswinkel ergibt sich das Drehmoment T_{max}. Messen wir außerdem die Stromstärke I und die Spulenfläche A, so erhalten wir den Betrag B der magnetischen Flußdichte aus:

$$B = \frac{T_{max}}{IA}$$

Die Anordnung der Abb. 6.3-15 zeigt im Prinzip u.a. die Wirkungsweise eines Drehspulgalvanometers. Ähnlich arbeitet auch ein Elektromotor. Damit dieser sich dauernd drehen kann, muß man nach je einer halben Drehung der Spule ihre Stromanschlüsse umpolen. Durch Verteilen der Spulenwindungen auf einem Zylinder erhält man ein weitgehend konstantes Drehmoment bei konstanter Stromstärke.

6.3.2.2 *Magnetischer Fluß*

Analog zum elektrischen Fluß Ψ (6.2.2.5) definiert man den magnetischen Fluß Φ durch eine ebene Fläche A in einem *homogenen* Magnetfeld, also für $\vec{B}$ = const.:

Magnetischer Fluß $\boxed{\Phi = BA}$

Dabei ist wieder vorausgesetzt, daß die ebene Fläche A orthogonal vom Feldvektor $\vec{B}$ durchsetzt wird.

Aus der umgeformten Gleichung $B = \dfrac{\Phi}{A}$ erklärt sich die Bezeichnung „magnetische Flußdichte" für den Feldvektor $\vec{B}$.

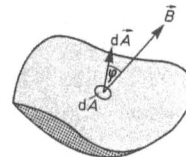

Abb. 6.3-17:
Magnetischer Fluß durch eine beliebige Fläche in einem homogenen Magnetfeld ($\vec{B}$ = const)

Den magnetischen Fluß Φ durch eine *beliebige* Fläche A (Abb. 6.3-17) definieren wir entsprechend zum elektrischen Fluß Ψ (6.2.2.5):

Magnetischer Fluß $\boxed{\Phi = \int_{A} \vec{B} \cdot d\vec{A}}$

Umschließt die Fläche A einen geschlossenen Raumteil vollständig („Hüllfläche"), so spricht man vom magnetischen Hüllenfluß. Es ist:

Magnetischer Hüllenfluß $\boxed{\Phi_h = \left| \oint \vec{B} \cdot d\vec{A} \right|}$

Die *SI-Einheit* des magnetischen Flusses ist:

$$[\varPhi] = 1 \text{ T m}^2 = 1 \ \frac{\text{V s}}{\text{m}^2} \ \text{m}^2 = 1 \text{ V s} = 1 \text{ Weber}^1 = 1 \text{ Wb}$$

6.3.2.3 *Magnetisches Moment eines Körpers*

In 6.2.4.1 haben wir das Drehmoment $\vec{T} = \vec{M}_{el} \times \vec{E}$ berechnet, das in einem elektrischen Feld der Feldstärke $\vec{E}$ infolge der Coulomb-Kräfte auf einen elektrischen Dipol (Ladungen $+Q$ und $-Q$ im Abstand $\vec{l}$) ausgeübt wird. Dabei war $\vec{M}_{el} = Q\vec{l}$ das *elektrische Moment des Dipols.*

Man könnte bei einem magnetischen Dipol (Magnetnadel) fiktive „magnetische Ladungen" oder „Polstärken" $\pm p$ im Abstand $\vec{l}$ annehmen und in Analogie zum elektrischen Fall ein magnetisches Moment $\vec{M}_{magn} = p\vec{l}$ einführen. Man könnte dabei die Polstärke p so definieren, daß in einem Magnetfeld der Flußdichte $\vec{B}$ auf den Dipol das Drehmoment $\vec{T} = \vec{M}_{magn} \times \vec{B}$ ausgeübt würde. Dann bliebe aber immer noch die Schwierigkeit den Abstand $\vec{l}$ der beiden Pole anzugeben.

Wir wählen eine allgemeinere Definition des magnetischen Moments, indem wir vom Drehmoment $\vec{T} = I\vec{A} \times \vec{B}$ ausgehen, das in einem Magnetfeld der Flußdichte $\vec{B}$ auf eine stromdurchflossene Leiterschleife (Stromstärke $I = NI'$, Fläche $\vec{A}$) ausgeübt wird (6.3.2.1). Vergleichen wir die beiden Vektorprodukte für das Drehmoment $\vec{T}$, so charakterisiert der erste Faktor $\vec{M}_{el}$ bzw. $I\vec{A}$ jeweils den Körper, auf den das Drehmoment wirkt, und der zweite Faktor $\vec{E}$ bzw. $\vec{B}$ das Feld, welches das Kräftepaar des Drehmoments hervorruft.

Dementsprechend *definieren* wir allgemein als *magnetisches Moment* $\vec{M}_{magn}$ *eines Körpers* einen Vektor, der mit $\vec{B}$ vektoriell multipliziert das im Magnetfeld auf den Körper wirkende Drehmoment $\vec{T}$ ergibt:

$$\boxed{\vec{T} = \vec{M}_{magn} \times \vec{B}}$$

---

1 benannt nach Wilhelm Eduard Weber, 1804 - 1891, dt. Physiker, Kollege von Carl Friedrich Gauß (Abb. 1.3-1) an der Universität Göttingen

Aus $\vec{B}$ und $\vec{T}$ kann man also $\vec{M}_{magn}$ bestimmen, ohne die magnetische oder elektrischen Eigenschaften des Körpers (Magnetnadel, stromdurchflossene Spule usw.) im einzelnen zu kennen.

Die so eingeführte Größe $\vec{M}_{magn}$ bezeichnet man auch als „Ampèresches magnetisches Moment". Daneben gibt es ein „Coulombsches magnetisches Moment" $\vec{M}'_{magn} = \mu_0 \vec{M}_{magn}$, wobei

$$\mu_0 = 4\pi \cdot 10^{-7} \text{ V s A}^{-1} \text{ m}^{-1} \quad (6.3.2.4) \text{ ist.}$$

Alle Körper, in denen sich elektrische Ladungen bewegen, haben ein magnetisches Moment. Wir werden in 6.8 sehen, daß auch die Umkehrung dieses Satzes gilt: Wenn ein Körper ein magnetisches Moment hat, so bewegen sich in ihm elektrische Ladungen.

Das magnetische Moment der Atome und der Elektronen spielt eine entscheidende Rolle bei der Erklärung der magnetischen Eigenschaften der Körper (6.8).

In manchen Fällen kann man das magnetische Moment $\vec{M}_{magn}$ eines Körpers auf einfache Weise berechnen. Das gilt z.B. für eine Drahtschleife bzw. flache Spule. Ein Vergleich der beiden Ausdrücke $\vec{T} = I\vec{A} \times \vec{B}$ und $\vec{T} = \vec{M}_{magn} \times \vec{B}$ zeigt sofort:

Das *magnetische Moment einer stromdurchflossenen Spule* ist:

$$\boxed{\vec{M}_{magn} = I\vec{A}}$$

Dabei ist $I = NI'$ die Stromstärke durch N Windungen, $\vec{A}$ ist die Fläche der Windungen.

Auf die Schwierigkeiten, das magnetische Moment $\vec{M}_{magn} = p\vec{l}$ eines Dipols zu berechnen, haben wir eingangs bereits hingewiesen. Man kann aber $\vec{M}_{magn}$ eines Dipols natürlich, wie bei jedem beliebigen Körper, aus $\vec{B}$ und $\vec{T}$ experimentell bestimmen. Eine Magnetnadel, deren magnetisches Moment auf diese Weise ermittelt wurde, kann man mit einer Torsionsdrehwaage (6.3.2.1) zur Messung des Betrags der magnetischen Flußdichte verwenden. Man nennt diese Meßeinrichtung „*Torsionsmagnetometer*" (Abb. 6.3-18).

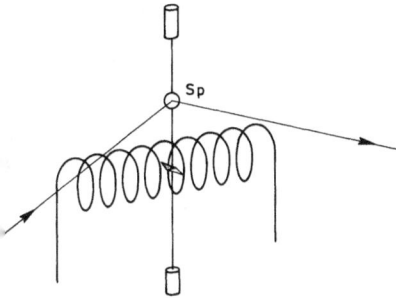

Abb. 6.3-18:
Torsionsmagnetometer;
Drehwaage mit Lichtzei-
ger; die „Magnetnadel"
besteht aus einem klei-
nen, kräftigen Dauer-
magnetstäbchen.

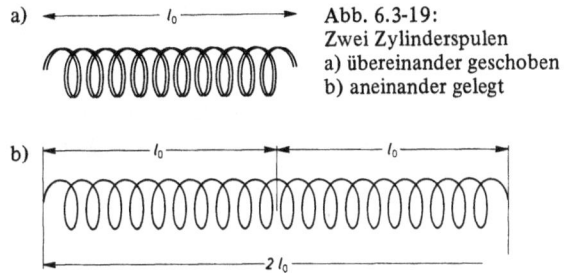

Abb. 6.3-19:
Zwei Zylinderspulen
a) übereinander geschoben
b) aneinander gelegt

6.3.2.4 Magnetische Feldstärke

Bisher haben wir in 6.3.2 angenommen, daß die homogenen Magnetfelder von Dauermagneten stammen. Homogene Magnetfelder können wir aber nach 6.3.1.2 auch in langgestreckten Spulen (Feldspulen) erzeugen. Das hat den großen Vorteil, daß wir die Stärke des Magnetfeldes durch eine entsprechende Wahl der Stromstärke in einem großen Bereich variieren können.

Im folgenden wollen wir die Abhängigkeit der magnetischen Flußdichte $\vec{B}$ eines solchen Spulenfeldes von der Stromstärke I und den Abmessungen der Feldspule untersuchen. Dabei werden wir auf eine zweite für das magnetische Feld charakteristische Vektorgröße geführt werden.

Wir messen mit Hilfe eines *Torsionsmagnetometers* (6.3.2.3) im homogenen Gebiet des Magnetfelds der langgestreckten Feldspule den Betrag B der magnetischen Flußdichte in Abhängigkeit von verschiedenen Größen der Feldspule:

1. Wir verändern zunächst in einer gegebenen, langgestreckten Spule die Stromstärke I des Spulenstroms. Es ergibt sich $B \sim I$.

2. Wir verändern bei gegebener Spulenlänge l_0 und konstanter Stromstärke I_0 die Zahl N der Windungen, indem wir nacheinander mehrere abgepaßte Zylinderspulen übereinanderschieben und in Reihe schalten (Abb. 6.3-19a). Es ergibt sich $B \sim N$.

3. Wir verändern bei konstanter Windungszahl N_0 und konstanter Stromstärke I_0 die Spulenlänge l, indem wir mehrere zunächst übereinander geschobene Zylinderspulen aneinanderlegen (Abb. 6.3-19b). Es ergibt sich $B \sim \frac{1}{l}$.

4. Wir verändern den Querschnitt der Feldspule, wobei wir I_0, N_0 und l_0 konstant lassen. Dazu nehmen wir mehrere gleich lange Spulen mit gleicher Windungszahl aber verschiedenem Querschnitt und schicken durch jede Spule einen Strom derselben Stromstärke I_0. Es ergibt sich in allen Spulen dasselbe B. Dieses ist also vom Querschnitt unabhängig.

Das wird durch folgendes *Gedankenexperiment* verständlich (Abb. 6.3-20):

In der links gezeichneten Spule sei B der Betrag der magnetischen Flußdichte, wenn die Stromstärke I beträgt. Legt man n gleiche Spulen derselben Art in der gezeichneten Weise zu einem Bündel zusammen, so haben sie zusammen den n-fachen Querschnitt, der bei gleicher Stromstärke I vom gleichen Magnetfeld wie die links gezeichnete erfüllt ist. Um diesen Gesamtquerschnitt fließt ein Strom der Stärke I außen herum. Im Innern heben sich die jeweils entgegengesetzt fließenden Ströme in ihrer Wirkung auf.

5. Schließlich verändern wir die Lage der Meßspule der Torsionsdrehwaage innerhalb einer langgestreckten Spule bei konstanter Stromstärke I_0. Es ergibt sich überall dasselbe B. Lediglich an den Enden der Feldspule fällt B ab.

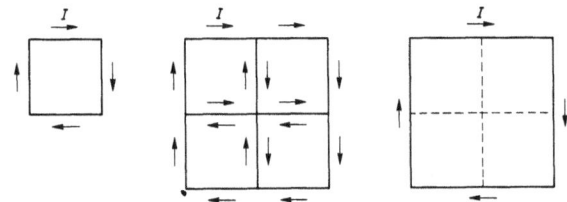

Abb. 6.3-20: Kombination mehrerer Rechteckspulen

Die Versuchsergebnisse zusammenfassend können wir feststellen: In einer langgestreckten Spule der Länge l und der Windungszahl N erregt ein elektrischer Gleichstrom der Stromstärke I ein weitgehend homogenes Magnetfeld mit einer Flußdichte, deren Betrag B direkt proportional zu I, N und $\frac{1}{l}$ ist, also $B \sim \frac{IN}{l}$.

Die Proportionalitätskonstante bezeichnet man mit μ_0 und nennt sie *„magnetische Feldkonstante"*. Damit wird:

$$B = \mu_0 \frac{IN}{l}$$

Den durch die Abmessungen der Spule bestimmten Quotienten $\frac{N}{l}$ bezeichnet man als „Windungsdichte".

Die magnetische Feldkonstante μ_0 können wir aus den gemessenen zusammengehörigen Größen B, N, I und l berechnen. Der genaue Wert ist:

$$\| \mu_0 = 4\pi \cdot 10^{-7} \text{ V s A}^{-1} \text{ m}^{-1} \|$$

Der Zahlenwert $4\pi \cdot 10^{-7}$ hängt mit der Definition der Stromstärkeeinheit als Basiseinheit zusammen (6.3.4.1).

Ähnlich wie beim elektrischen führt man auch beim magnetischen Feld neben der magnetischen Flußdichte $\vec{B}$ einen zweiten Feldvektor $\vec{H}$ ein, den wir *„magnetische Feldstärke"* nennen.

Im Vakuum (und in Luft) hat $\vec{H}$ dieselbe Richtung wie $\vec{B}$ und den Betrag

$$H = \frac{IN}{l}$$

Es ist also:

Magnetische Feldstärke $\quad \boxed{\vec{H} = \dfrac{\vec{B}}{\mu_0}}$

Gelegentlich wird $\vec{H}$ auch als „magnetische Erregung" bezeichnet. Wir bevorzugen in der Regel die in den Normen DIN 1324 und 1325 jeweils an erster Stelle genannten Bezeichnungen für die elektrischen und magnetischen Größen.

Die *SI-Einheit* der magnetischen Feldstärke ist:

$$[H] = 1 \text{ A m}^{-1}$$

6.3.2.5 *Grundgleichung des magnetischen Feldes*

Den Zusammenhang zwischen den magnetischen Feldvektoren $\vec{B}$ und $\vec{H}$ bezeichnet man auch als

Grundgleichung des magnetischen Feldes:

$$\boxed{\vec{B} = \mu_0 \vec{H}}$$

Wie beim elektrischen Feld die elektrische Feldstärke $\vec{E}$ und die elektrische Flußdichte $\vec{D}$, so sind auch beim magnetischen Feld die magnetische Feldstärke $\vec{H}$ und die magnetische Flußdichte $\vec{B}$ gleichberechtigte Größen zur quantitativen Beschreibung des Feldes.

Da sich $\vec{H}$ und $\vec{B}$ nur durch eine universelle Konstante unterscheiden, könnte man auf eine der beiden Größen verzichten. Das gilt zwar für magnetische Felder im Vakuum (und annähernd in Luft). Im materieerfüllten Raum sind aber die Verhältnisse komplizierter; die Verwendung beider Größen ist dann zweckmäßig (6.8).

Aufgaben:

1. Ein Elektron fliegt mit der Geschwindigkeit $8,6 \cdot 10^6 \text{ m s}^{-1}$ in ein homogenes magnetisches Feld der Flußdichte $2,1 \cdot 10^{-3}$ T. Die Richtung der Geschwindigkeit des Elektrons ist beim Eintritt in das Magnetfeld normal zur Feldrichtung. Welchen Betrag hat die Lorentz-Kraft auf das Elektron?
   Antwort: $2,9 \cdot 10^{-15}$ N

2. Eine kurze Spule hat die Fläche $2,3 \text{ cm}^2$ und 100 Windungen. Durch sie fließt ein Gleichstrom der Stromstärke 75 mA. Welches maximale Drehmoment wirkt auf die Spule in einem homogenen magnetischen Feld der Flußdichte $3,6 \cdot 10^{-3}$ T?
   Antwort: $6,2 \cdot 10^{-6}$ N m

3. Eine 24 cm lange Zylinderspule hat 80 Windungen. Welche Beträge haben die magnetischen Feldvektoren B und H im Innern der Spule, wenn das Feld von einem Gleichstrom der Stromstärke 2,1 A erregt wird?
Antwort: $8,8 \cdot 10^{-4}$ T; $7,0 \cdot 10^2$ A m^{-1}.

4. Ein 12 cm breiter Blechstreifen ist entsprechend Abb. 6.3-21 zu einem Rohr mit einem schmalen Längsspalt gebogen. Durch das Rohr fließt in der vollen Blechbreite ein Gleichstrom der Stromstärke 95 A. Wie groß ist der Betrag H der magnetischen Feldstärke im Rohrinnern? Welche Stromstärke erregt das gleiche Magnetfeld in einer 12 cm langen Spule mit 95 Windungen?
Antwort: $7,9 \cdot 10^2$ A m^{-1}; 1,0 A.

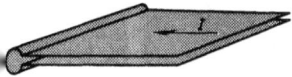

Abb. 6.3-21:
Magnetfeld eines elektrischen Stromes, der durch ein breites Blech fließt.

6.3.3 Ortsabhängiges magnetisches Feld im Vakuum (in Luft)

6.3.3.1 *Magnetische Feldgrößen des inhomogenen Feldes*

Im homogenen Magnetfeld waren (6.3.2) die magnetische Flußdichte $\vec{B}$ und die magnetische Feldstärke $\vec{H}$ vom Ort unabhängig. Im *inhomogenen Magnetfeld* sind die beiden *Feldvektoren Funktionen des Ortes*. Wir schreiben deshalb $\vec{B}(\vec{r})$ und $\vec{H}(\vec{r})$, wobei $\vec{r}$ der Ortsvektor von einem beliebig gewählten Bezugspunkt 0 aus zu dem jeweiligen Ort des Feldes ist (Abb. 6.3-22).

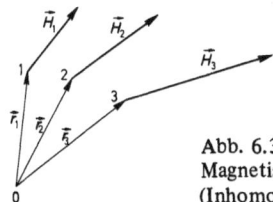

Abb. 6.3-22:
Magnetisches Feld als ortsabhängiges Vektorfeld (Inhomogenes Feld)

Die Messung der beiden Feldvektoren an einem bestimmten Ort des inhomogenen Magnetfeldes führt man auf die Messung dieser Größen in einem homogenen Magnetfeld zurück, indem man das Feld in einer genügend kleinen Umgebung des Meßortes als homogen annimmt. Kompensiert man mit einer langgestreckten Feldspule durch geeignete Einstellung der Stromstärke I das zu messende Magnetfeld am Meßort, so kann man aus I und der Windungsdichte $\dfrac{N}{l}$ der Kompensationsspule die magnetische Feldstärke $\vec{H}$ und daraus die magnetische Flußdichte $\vec{B} = \mu_0\,\vec{H}$ berechnen.

Dabei wird vorausgesetzt, daß an jedem Ort eines beliebigen Magnetfeldes gilt:

Magnetische Grundgleichung $\boxed{\vec{B}(\vec{r}) = \mu_0\,\vec{H}(\vec{r})}$

Das ist im Vakuum und praktisch auch in Luft der Fall. $\vec{B}(\vec{r})$ und $\vec{H}(\vec{r})$ haben dabei dieselbe Richtung. Ihre Beträge B und H unterscheiden sich nur durch die magnetische Feldkonstante μ_0 als Faktor.

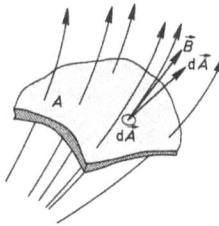

Abb. 6.3-23:
Magnetischer Fluß bei einem inhomogenen Magnetfeld

Den magnetischen Fluß Φ definiert man im allgemeinen Fall (Abb. 6.3-23) analog zum elektrischen Fluß Ψ:

Magnetischer Fluß $\boxed{\Phi = \int\limits_A \vec{B}(\vec{r}) \cdot d\vec{A}}$

Entsprechend ist jetzt:

Magnetischer Hüllenfluß $\boxed{\Phi_{\mathrm{h}} = \oint \vec{B}(\vec{r}) \cdot d\vec{A}}$

6.3.3.2 *Magnetische Spannung – Durchflutungsgesetz von Ampère*

Im homogenen Magnetfeld einer langgestreckten, stromdurchflossenen Spule war der Betrag der magnetischen Feldstärke $H = \dfrac{IN}{l}$ (6.3.2.4), wobei l die Spulenlänge, N die Zahl der Windungen und I die Stromstärke bedeuten. Wir formen diese Gleichung um in $Hl = NI$. Das links stehende Produkt Hl bezeichnet man als „*magnetische Spannung*" V_{12} zwischen dem Anfangspunkt 1 und dem Endpunkt 2 einer Feldlinie im Spuleninnern.

Wir wollen diese neue Größe verallgemeinern, so daß sie auch für inhomogene Felder anwendbar wird. Es seien $\vec{r}_1$ und $\vec{r}_2$ die Ortsvektoren des Anfangs- und Endpunktes von einem beliebig gewählten Bezugspunkt 0 aus. Längs des Wegelements $d\vec{r}$ können wir die magnetische Feldstärke $\vec{H}(\vec{r})$ als konstant ansehen und die magnetische Spannung längs eines solchen Wegelements als das skalare Produkt $\vec{H} \cdot d\vec{r}$ definieren (Abb. 6.3-24). Die magnetische Spannung V_{12} längs des Wegs von 1 nach 2 ist dann gleich dem Linienintegral

$$V_{12} = \int_1^2 \vec{H}(\vec{r}) \cdot d\vec{r}\,.$$

In einem beliebigen magnetischen Feld ist also:

Magnetische Spannung $\boxed{V_{12} = \int_1^2 \vec{H}(\vec{r}) \cdot d\vec{r}}$

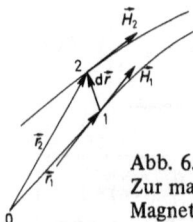

Abb. 6.3-24:
Zur magnetischen Spannung im Fall eines inhomogenen Magnetfelds

Die *SI-Einheit* der magnetischen Spannung ist:

$$[V] = 1\ \mathrm{A\ m^{-1}\ m} = 1\ \mathrm{A} = 1\ \text{Ampere}$$

Fällt der Endpunkt 2 mit dem Anfangspunkt 1 des Wegs zusammen, so nennt man einen solchen geschlossenen Weg eine „*Randlinie*". Die magnetische Spannung längs einer Randlinie bezeichnet man als „*magnetische Randspannung*" oder „*magnetische Umlaufspannung*" $\overset{\circ}{V}$.

Man schreibt dann:

Magnetische Umlaufspannung $\boxed{\overset{\circ}{V} = \oint \vec{H}(\vec{r}) \cdot d\vec{r}}$

Der Name magnetische Spannung für das Linienintegral wurde gewählt in Analogie zur elektrischen Spannung

$$U_{12} = \int_1^2 \vec{E}(\vec{r}) \cdot d\vec{r} \qquad (6.2.3.1).$$

Die Abb. 6.3-25 zeigt einen Schnitt durch eine langgestreckte Spule. Für den geschlossenen Weg 1 2 3 4 1 ist die magnetische Umlaufspannung annähernd $\overset{\circ}{V} = Hl_{12}$.

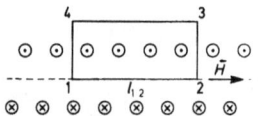

Abb. 6.3-25:
Schnitt durch eine langgestreckte Spule; magnetische Umlaufspannung für den Weg 1 2 3 4 1

Es ist nämlich

$$\int_2^3 \vec{H} \cdot d\vec{r} = -\int_4^1 \vec{H} \cdot d\vec{r}\,.$$

Außerdem ist annähernd

$$\int_3^4 \vec{H} \cdot d\vec{r} = 0,$$

da $\vec{H}$ im Außenraum sehr klein ist.

Daraus folgt

$$\oint \vec{H} \cdot \mathrm{d}\vec{r} = \int_{1}^{2} \vec{H} \cdot \mathrm{d}\vec{r},$$

also $\overset{\circ}{V} = \int_{1}^{2} \vec{H} \cdot \mathrm{d}\vec{r}$ oder $\overset{\circ}{V} = H l_{12}.$

Mit $H l_{12} = NI$ erhalten wir $\oint \vec{H} \cdot \mathrm{d}\vec{r} = NI$. In dieser Gleichung steht rechts die Summe der Stromstärken aller elektrischen Ströme, welche von der Randlinie 1 2 3 4 1 eingeschlossene Fläche A durchsetzen (Abb. 6.3-25). Man bezeichnet diese Summe aller Stromstärken als „*elektrische Druchflutung*" Θ. Es ist also

Elektrische Durchflutung
$$\Theta = \sum_{i=1}^{N} I_i$$

Bei der Summenbildung ist die Stromrichtung durch das Vorzeichen zu berücksichtigen.

Die *SI-Einheit* der elektrischen Durchflutung ist:

$$[\Theta] = 1 \text{ A} = 1 \text{ Ampere}$$

Die für eine langgestreckte Spule abgeleitete Gleichung für die magnetische Umlaufspannung $\overset{\circ}{V}$ und die elektrische Durchflutung Θ gilt allgemein für beliebige Magnetfelder und wird als *Durchflutungsgesetz von Ampère* bezeichnet. Für die Randlinie 1 der Abb. 6.3-26 gilt also:

$$\overset{\circ}{V} = \Theta$$ oder $$\oint \vec{H}(\vec{r}) \cdot \mathrm{d}\vec{r} = \sum_{i=1}^{N} I_i$$

Die magnetische Umlaufspannung $\overset{\circ}{V}$ für eine Randlinie ist gleich der elektrischen Durchflutung Θ durch eine Fläche, die von der genannten Randlinie umschlossen wird.

Umschließt die Randlinie keinen elektrischen Strom, (Randlinie 2 der Abb. 6.3-26), so ist die magnetische Umlaufspannung $\overset{\circ}{V} = 0$. In diesem und nur in diesem Spezialfall gilt für einen beliebigen geschlossenen Weg im ruhenden Magnetfeld $\oint \vec{H} \cdot \mathrm{d}\vec{r} = 0$. Dies entspricht der in einem

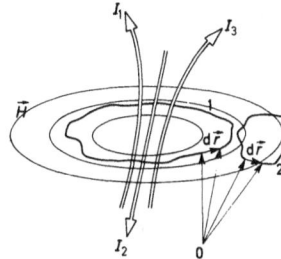

Abb. 6.3-26:
Zum Durchflutungsgesetz von Ampère; die Randlinie 1 umschließt drei elektrische Ströme; die Randlinie 2 umschließt keinen elektrischen Strom.

ruhenden elektrischen Feld allgemein gültigen Beziehung $\oint \vec{E} \cdot \mathrm{d}\vec{r} = 0$. Daher ist das elektrostatische Feld stets überall ein Potentialfeld (6.2.3.1), das magnetostatische Feld dagegen nur in Gebieten ohne elektrische Ströme.

Wir wollen im folgenden das Durchflutungsgesetz von Ampère zur Berechnung einiger spezieller Magnetfelder anwenden:

1. *Magnetfeld eines langen geraden stromdurchflossenen Leiters*

a) *Im Außenraum*

In 6.3.1.2 haben wir gesehen, daß die magnetischen Feldlinien konzentrische Kreise in Ebenen normal zum Leiter darstellen. Die Achse des Leiters ist Symmetrieachse des Feldes. Die Richtungen der Feldvektoren $\vec{B}$ und $\vec{H}$ sind also bekannt. Den Betrag H erhalten wir als Funktion des Abstands r von der Leiterachse mit Hilfe des Durchflutungsgesetzes von Ampère. I sei die konstante elektrische Stromstärke im Leiter vom Radius r_0 (Abb. 6.3-27).

Als Randlinie wählen wir einen Kreis mit dem Radius r, wobei $r \geq r_0$ ist. Dann ist die magnetische Umlaufspannung $\overset{\circ}{V} = 2\pi r H$ und die elektrische Durchflutung $\Theta = I$. Daraus folgt:

oder
$$2\pi r H = I$$

$$H = \frac{I}{2\pi r}$$ für $r \geq r_0$

Nach der Grundgleichung für das magnetische Feld (6.3.3.1) ist $B = \mu_0 H$. Daraus folgt:

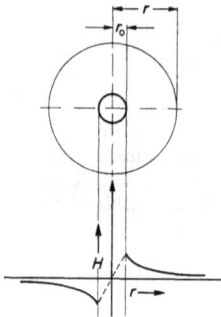

Abb. 6.3-27:
Magnetfeld um einen geraden stromdurch-
flossenen Leiter im Raum außerhalb des
Leiters

$$B = \mu_0 \; \frac{I}{2\pi r} \qquad \text{für} \quad r \geqq r_0$$

Die Beträge H und B der magnetischen Feldvektoren sind
also im Außenraum bei konstanter Stromstärke indirekt proportional zum Abstand r von der Leiterachse.
Die Feldvektoren $\vec{H}$ und $\vec{B}$ haben gemeinsam die Richtung der
Tangenten an konzentrische Kreise um den Leiter.

Es gibt also beim magnetostatischen Feld in sich geschlossene H- und
B-Linien, während beim elektrostatischen Feld die E- und D-Linien
stets bei positiven Ladungen entspringen und bei negativen Ladungen
enden. Später (6.4.3) werden wir bei zeitlich veränderlichen Feldern
auch in sich geschlossene E- und D-Linien kennenlernen.

b) *Im Innern des Leiters*
Aus Symmetriegründen müssen die Feldlinien wieder konzentrische Kreise sein (Abb. 6.3.-28). Ein solcher Kreis umschließt aber jetzt nicht mehr den vollen elektrischen Strom.

Setzen wir eine konstante elektrische Stromdichte $J = \dfrac{I}{A_0}$
über den Leiterquerschnitt $A_0 = r_0{}^2\,\pi$ voraus, so ist die elektrische Durchflutung der Fläche $A = r^2\,\pi$ (für $r \leqq r_0$) gegeben

durch $\Theta = J r^2 \pi$ oder $\Theta = I \left(\dfrac{r}{r_0} \right)^2$.

Die magnetische Umlaufspannung längs des Kreisumfangs
$2 r \pi$ ist $\overset{\circ}{V} = 2 r \pi H$. Nach dem Durchflutungsgesetz von
Ampère ist dann:

$$\overset{\circ}{V} = \Theta \quad \text{oder} \quad 2 r \pi H = I \left(\frac{r}{r_0} \right)^2$$

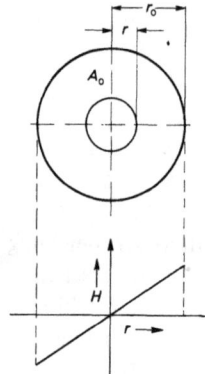

Abb. 6.3-28:
Magnetfeld im Innern eines stromdurchflossenen Leiters; die Stromdichte sei über
den Leiterquerschnitt konstant.

Daraus folgt:

$$H = \frac{I}{2\pi r_0{}^2}\, r \qquad \text{für} \quad r \leqq r_0$$

Der Betrag H der magnetischen Feldstärke ist also im Innern
des Leiters bei konstanter Stromstärke direkt proportional
zum Abstand r von der Leiterachse.

Für den Feldvektor $\vec{B}$ gilt wie unter a) entsprechendes.

2. *Magnetfeld einer stromdurchflossenen Ringspule*

a) *Im Außenraum*
Hier ist die elektrische Durchflutung jeder Fläche, die von
einer beliebigen Randlinie umschlossen wird, $\Theta = 0$
(Abb. 6.3-29). Daher existiert im Außenraum kein Magnetfeld; es ist $\vec{H} = 0$ und $\vec{B} = 0$.

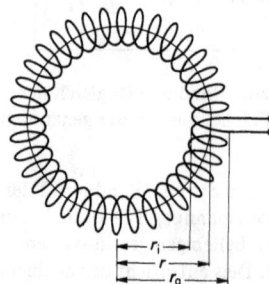

Abb. 6.3-29:
Magnetfeld einer Ringspule

b) Im Innenraum

Aus Symmetriegründen sind die Feldlinien wieder konzentrische Kreise. Wir wenden das Durchflutungsgesetz auf einen Kreis vom Radius r als Randlinie an. Dabei ist $r_i < r < r_a$, wenn r_i den Innen- und r_a den Außenradius des Ringes bedeuten (Abb. 6.3.-29). Der Kreisumfang $2\pi r$ umfaßt alle N Windungen der Spule, die von einem Strom der Stärke I durchflossen werden. Die elektrische Durchflutung der Fläche $A = \pi r^2$ ist also $\Theta = NI$. Die magnetische Umlaufspannung ist $\overset{\circ}{V} = 2\pi r H$.

Wegen $\Theta = \overset{\circ}{V}$ folgt daraus:

$$H = \frac{NI}{2\pi r} \quad \text{und} \quad B = \mu_0 \frac{NI}{2\pi r}$$

Innerhalb der Ringspule sind die Beträge H und B der magnetischen Feldvektoren indirekt proportional zum Radius r.

Sind die Radien r_i und r_a der Ringspule beide groß, so ist die Abhängigkeit von H bzw. B vom Radius r im Innenraum klein. Die Beträge H und B sind dann also im ganzen Innenraum der Ringspule annähernd konstant.

6.3.3.3 *Verschiebungsstrom – 1. Maxwellsche Gleichung*

Bisher haben wir unter einem elektrischen Strom stets den Transport einer elektrischen Ladung verstanden (Leitungsstrom). Die Stromstärke I eines Leitungsstroms haben wir in 6.1.1.2 definiert:

$$I = \frac{dQ}{dt} \quad \text{oder} \quad I = \dot{Q}$$

Dabei ist Q die Ladung, die in der Zeit t durch den Leiterquerschnitt fließt. Ein solcher Leitungsstrom ist nach 6.3.1.2 stets von einem magnetischen Wirbelfeld umgeben.

Wir haben uns mehrfach mit dem Magnetfeld stromdurchflossener Leiter, z.B. in der Form von Spulen, beschäftigt. Zuletzt (6.3.3.2) haben wir in einigen Spezialfällen das Magnetfeld mit Hilfe des Durchflutungsgesetzes von Ampère berechnet. Wir wollen im folgenden dieses Durchflutungsgesetz auf eine von Maxwell (Abb. 1.2-1) vorgeschlagene Weise erweitern.

Maxwell erkannte, daß es zweckmäßig ist, den elektrischen Leitungsstrom durch den sogenannten „*Verschiebungsstrom*" zu ergänzen. Zu seiner Einführung gehen wir von einem Spezialfall aus, indem wir den Ladevorgang eines Plattenkondensators durch einen Ladestrom betrachten (Abb. 6.3-30):

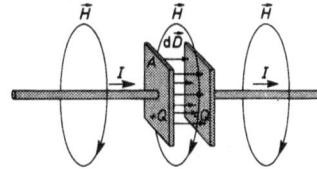

Abb. 6.3-30:
Verschiebungsstrom $I_v = A\frac{dD}{dt}$ in einem Plattenkondensator

In diesem Ladestrom fließen die Ladungen $+Q$ und $-Q$ auf die Kondensatorplatten. Dadurch entsteht im Raum zwischen den Platten ein elektrisches Feld der Feldstärke $\vec{E}$ und der Flußdichte $\vec{D}$. Ist A die Fläche einer Kondensatorplatte, so ist nach 6.2.2.3 $Q = AD$. Damit erhalten wir für die Stromstärke $I = \frac{dQ}{dt}$ des Ladestroms:

$$I = A\frac{dD}{dt} \quad \text{oder} \quad I = A\dot{D}$$

Der Ladestrom ist, wie jeder Leitungsstrom, von einem magnetischen Wirbelfeld der Feldstärke $\vec{H}$ und der Flußdichte $\vec{B}$ umgeben.

Maxwell nahm an, daß im Raum zwischen den Kondensatorplatten das gleiche magnetische Wirbelfeld wie um den Ladestrom entsteht (Abb. 6.3-30). Dementsprechend ergänzte er den Leitungsstrom, der auf die eine Platte zu- und von der andern Platte wegfließt, formal durch den „Verschiebungsstrom" zwischen den Platten zu einem geschlossenen Strom. Das von Maxwell postulierte Magnetfeld wurde später experimentell nachgewiesen.

Wir können dementsprechend die Definition der Stromstärke eines Leitungsstroms für den Verschiebungsstrom abwandeln und definieren:

Stromstärke des Verschiebungsstroms

$$I_v = \frac{dQ}{dt} \qquad \text{oder} \qquad I_v = \dot{Q}$$

Dabei ist Q die Ladung, die in der Zeit t auf eine Kondensatorplatte fließt.

Nach dem oben Gesagten ist I_v gleich der Ladestromstärke I, also:

$$I_v = A\,\frac{dD}{dt} \qquad \text{oder} \qquad I_v = A\dot{D}$$

Das Produkt AD haben wir in 6.2.2.5 als den elektrischen Fluß Ψ durch die Fläche A bezeichnet. Damit wird:

$$I_v = \frac{d\Psi}{dt} \qquad \text{oder} \qquad I_v = \dot{\Psi}$$

Ist $\dot{\Psi} = 0$ und damit $\dot{D} = 0$, so ist $I_v = 0$. Es fließt also nur dann ein Verschiebungsstrom, wenn sich die elektrische Flußdichte $\vec{D}$ mit der Zeit ändert.

Ob diese zeitliche Änderung, wie in unserm Spezialfall, durch den Ladestrom eines Kondensators hervorgerufen wird, oder durch den Entladestrom oder auf irgendeine andere Weise, ist gleichgültig. Immer, wenn sich der elektrische Fluß Ψ durch eine Fläche A und damit die Flußdichte $\vec{D}$ und die Feldstärke $\vec{E} = \dfrac{1}{\epsilon_0}\,\vec{D}$ mit der Zeit ändert, entsteht ein Verschiebungsstrom und damit ein magnetisches Wirbelfeld. Kurz gesagt (Abb. 6.3-31):

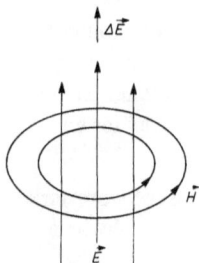

Abb. 6.3-31:
Zur 1. Maxwellschen Gleichung

Um jedes zeitlich veränderliche elektrische Feld entsteht ein magnetisches Wirbelfeld.

Wir verallgemeinern nun die Definition der Stromstärke des Verschiebungsstroms, indem wir entsprechend 6.2.3.1 für den elektrischen Fluß setzen:

$$\Psi = \int_A \vec{D}(\vec{r}) \cdot d\vec{A}$$

Damit erhalten wir:

$$\boxed{I_v = \dot{\Psi}} \qquad \text{oder} \qquad \boxed{I_v = \int_A \dot{\vec{D}}(\vec{r}) \cdot d\vec{A}}$$

Ergänzen wir schließlich im Durchflutungsgesetz von Ampère die Summe der Leitungsströme $I = \sum_{i=1}^{N} I_i$ durch den Verschiebungsstrom I_v, so erhalten wir die *1. Maxwellsche Gleichung* in integraler Form:

$$\boxed{\oint \vec{H}(\vec{r}) \cdot d\vec{r} = I + I_v}$$

oder

$$\boxed{\oint \vec{H}(\vec{r}) \cdot d\vec{r} = I + \int_A \dot{\vec{D}}(\vec{r}) \cdot d\vec{A}}$$

Dabei ist $A = \int_A d\vec{A}$ die vom geschlossenen Weg umrandete Fläche.

6.3.3.4 *Überlagerung magnetischer Felder*

Mehrere magnetische Felder überlagern sich ebenso wie elektrische Felder (6.2.3.3) in der Weise, daß sich ihre Feldgrößen $\vec{B}$ und $\vec{H}$ vektoriell addieren. Dann ist die resultierende magnetische Flußdichte die Summe der einzelnen magnetischen Flußdichten der Teilfelder.

Entsprechend ist die resultierende magnetische Feldstärke die Summe der einzelnen magnetischen Feldstärken der Teilfelder. Die Abb. 6.3-32 gibt dazu ein Beispiel.

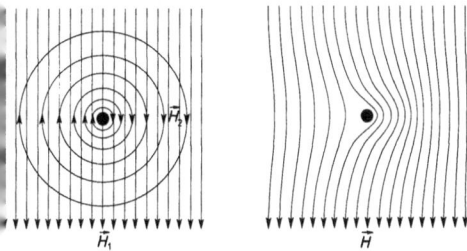

Abb. 6.3-32: Überlagerung von zwei Magnetfeldern: Das homogene Magnetfeld ($\vec{H}_1$) und das Magnetfeld ($\vec{H}_2$) eines geraden stromdurchflossenen Leiters überlagern sich zu einem Magnetfeld der Feldstärke $\vec{H}$

Aufgaben:

1. Ein langer gerader Leiter hat den Durchmesser 12 mm. Durch ihn fließt ein Gleichstrom der Stromstärke 82 A. Berechnen Sie die Beträge H und B der magnetischen Feldvektoren als Funktionen des Abstands r von der Leiterachse und stellen Sie diese graphisch dar!

Ergebnisse:

Innen: $H_i = 3,6 \cdot 10^5 \text{ A m}^{-2}\, r$, mit $r \leqq 6$ mm; $B_i = \mu_0\, H_i$;

Außen: $H_a = 13 \text{ A } \dfrac{1}{r}$, mit $r \geqq 6$ mm; $B_a = \mu_0\, H_a$.

2. Eine Ringspule hat den Innendurchmesser 150 mm und den Außendurchmesser 190 mm. Durch die Spule ($N = 500$) fließt ein Gleichstrom der Stromstärke 250 mA. Der Durchmesser der Drahtwindungen kann im folgenden vernachlässigt werden. Berechnen Sie den Betrag H der magnetischen Feldstärke in Abhängigkeit vom Abstand r von der Rotationsachse! Stellen Sie das Ergebnis graphisch dar!

Ergebnis:

$H_1 = 0$ für $r < 75$ mm; $H_2 = 20 \text{ A } \dfrac{1}{r}$ für $75 \text{ mm} \leqq r \leqq 85$ mm.

$H_3 = 0$ für $r > 85$ mm.

3. Zwei lange gerade Kupferdrähte sind 25 mm voneinander entfernt parallel zueinander angeordnet. Durch beide fließt derselbe Gleichstrom der Stromstärke 1,8 A

   a) in gleichen und b) in entgegengesetzter Richtung.

   Wie groß sind die Beträge H und B der magnetischen Feldvektoren an einer Stelle in der Mitte zwischen beiden Drähten?

   Antwort: a) $H = 0$; $B = 0$; b) $H = 46 \text{ A m}^{-1}$; $B = 5,8 \cdot 10^{-5}$ T.

6.3.4 Anwendungsbeispiele

6.3.4.1 *Kraft zwischen zwei parallelen stromdurchflossenen Leitern — Amperedefinition*

Der Abstand r von zwei parallelen Leitern der Länge l soll konstant sein. Die beiden Leiter sollen also in ihrer Lage festgehalten werden, wenn durch gleichgerichtete Ströme eine anziehende oder durch entgegengesetzt gerichtete Ströme eine abstoßende Kraft zwischen den Leitern wirkt (Abb. 6.3-33).

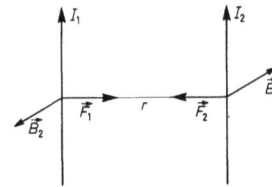

Abb. 6.3-33:
Magnetische Kräfte zwischen zwei parallelen stromdurchflossenen Leitern; Definition der Stromstärkeeinheit 1 Ampere

Wir berechnen die anziehenden Kräfte $\vec{F}_1$ und $\vec{F}_2$ jeweils des einen Leiters auf den andern, wenn die Stromstärken der gleichgerichteten Ströme I_1 und I_2 betragen. Das magnetische Feld des ersten Leiters hat nach 6.3.3.2 einen Betrag der magnetischen Flußdichte $B_1 = \mu_0 \dfrac{I_1}{2\pi r}$. Die Richtung von $\vec{B}_1$ ist tangential zu konzentrischen Kreisen um die Leiterachse. Die Lorentz-Kraft dieses Magnetfeldes auf den zweiten Leiter ist $\vec{F}_2 = I_2\, \vec{l} \times \vec{B}_1$. Daraus folgt für ihren Betrag:

$$F_2 = I_2\, l B_1 \quad \text{oder} \quad F_2 = \mu_0\, I_1 I_2 \frac{l}{2\pi r}$$

Der erste Leiter erfährt im magnetischen Feld des zweiten Leiters eine Kraft $\vec{F}_1 = I_1\, \vec{l} \times \vec{B}_2$. Daraus folgt mit $B_2 = \mu_0 \dfrac{I_2}{2\pi r}$ für den Kraftbetrag $F_1 = \mu_0\, I_1 I_2 \dfrac{l}{2\pi r}$. Die Kräfte $\vec{F}_1$ und $\vec{F}_2$ haben also den gleichen Betrag: $F_1 = F_2$. Ihre Richtungen sind aber entgegengesetzt, da der Feldvektor $\vec{B}_1$ am Ort des zweiten Leiters umgekehrt gerichtet ist wie der Feldvektor $\vec{B}_2$ am Ort des ersten Leiters (Abb. 6.3-33).

Die gesetzliche Definition der Stromstärkeeinheit 1 Ampere verwendet im Prinzip eine Anordnung nach Abb. 6.3-33. Die Stromstärke ist dann 1 Ampere, wenn bei $r = 1$ m die Kraft je $l = 1$ m den Betrag $F = 2 \cdot 10^{-7}$ N hat. Diese Definition ist identisch mit der Festlegung:

$$\mu_0 = 4\pi \cdot 10^{-7} \text{ V s A}^{-1} \text{ m}^{-1}$$

Das zeigt folgende Rechnung:

Aus $F = \mu_0 I_1 I_2 \dfrac{l}{2\pi r}$ ergibt sich $\mu_0 = \dfrac{F \cdot 2\pi r}{I_1 I_2 l}$ und mit den entsprechenden Werten der Ampere definition

$$\mu_0 = \frac{2 \cdot 10^{-7} \cdot 2\pi \cdot 1 \text{ N m}}{1 \cdot 1 \cdot 1 \text{ A}^2 \text{ m}} = 4\pi \cdot 10^{-7} \text{ V s A}^{-1} \text{ m}^{-1}.$$

6.3.4.2 *Ablenkung elektrisch geladener Teilchen, die sich in einem Magnetfeld bewegen*

Ein Teilchen mit der positiven Ladung Q trete in Richtung der positiven x-Achse eines kartesischen Koordinatensystems (Abb. 6.3-34) mit der Geschwindigkeit $\vec{v}_1$ in ein ruhendes Magnetfeld ein, dessen konstanter Feldvektor $\vec{B}$ die Richtung der positiven y-Achse hat. Auf das Teilchen wirkt dann die Lorentz-Kraft $\vec{F}_1 = Q\,\vec{v}_1 \times \vec{B}$ in Richtung der positiven z-Achse. Als Normalkraft ändert sie nur die Richtung der Geschwindigkeit $\vec{v}$, jedoch nicht ihren Betrag v. Da $\vec{v} \perp \vec{B}$ bleibt, hat die Lorentz-Kraft den konstanten Betrag $F = QvB$. Diese Kraft ist also eine Zentralkraft, die das Teilchen auf eine *Kreisbahn* zwingt. Nach 2.6 ist der Betrag der Zentralkraft:

$$F = m \frac{v^2}{r}$$

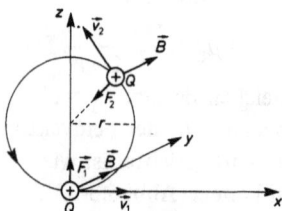

Abb. 6.3-34:
Die Lorentz-Kraft eines homogenen Magnetfeldes bringt ein elektrisch geladenes Teilchen auf eine Kreisbahn, wenn das Teilchen senkrecht zu den Feldlinien in das Magnetfeld eintritt.

Dabei ist m die Masse eines Teilchen und r der Radius seiner Kreisbahn.

Setzen wir die beiden Ausdrücke für F einander gleich, so erhalten wir:

$$QvB = m \frac{v^2}{r}$$

Daraus folgt:

$$v = \frac{Q}{m} Br \qquad \text{und} \qquad r = \frac{m}{Q} \frac{v}{B}$$

Die Winkelgeschwindigkeit ist:

$$\omega = \frac{v}{r} \qquad \text{oder} \qquad \omega = \frac{Q}{m} B$$

Für Teilchen gleicher spezifischer Ladung $\dfrac{Q}{m}$ ist also in einem konstanten Magnetfeld $\omega = $ const.

Erhalten die Teilchen ihre Geschwindigkeit $\vec{v}$ in einem elektrischen Feld beim Durchlaufen einer elektrischen Spannung U, so ist (6.2.4.3):

$$\frac{m}{2} v^2 = QU$$

Daraus folgt:

$$v = \sqrt{2 \frac{Q}{m} U}$$

Durch Gleichsetzen der Ausdrücke für v folgt:

$$\frac{Q}{m} Br = \sqrt{2 \frac{Q}{m} U}$$

Daraus ergibt sich:

$$\boxed{\frac{Q}{m} = \frac{2U}{B^2 r^2}}$$

Durch Messen der beschleunigenden Spannung U, des Betrags B der konstanten magnetischen Flußdichte und des

Radius r der Kreisbahn im Magnetfeld kann man also die spezifische Ladung $\frac{Q}{m}$ der Teilchen ermitteln.

Kennt man die Ladung der Teilchen aus andern Versuchen, z.B. nach der Methode von Millikan (6.2.4.2), so kann man ihre Masse aus ihrer spezifischen Ladung berechnen.

Steht die Flugrichtung der geladenen Teilchen bei ihrem Eintritt in das Magnetfeld nicht normal zu dem Vektor $\vec{B}$, so zerlegen wir den Geschwindigkeitsvektor $\vec{v}$ in zwei Komponenten normal und parallel zur Richtung von $\vec{B}$. Für die zweite Komponente tritt keine Lorentz-Kraft auf. Für die Normalkomponente gelten die Überlegungen von oben. Der Teilchenstrahl beschreibt dann eine Schraubenbahn auf einem Kreiszylinder, dessen Achse parallel zur Richtung des Vektors $\vec{B}$ ist (Abb. 6.3-35).

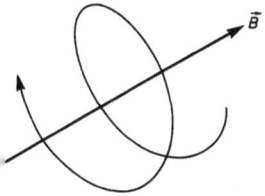

Abb. 6.3-35:
Ablenkung eines geladenen Teilchens auf eine spiralförmige Bahn, wenn das Teilchen nicht senkrecht zu den Feldlinien in das Magnetfeld eintritt

Haben die Teilchen statt einer positiven eine negative Ladung, z.B. $Q = -e$ bei einem Elektronenstrahl, so hat die Lorentz-Kraft die entgegengesetzte Richtung wie bei positiv geladenen Teilchen. Daher erfolgt auch die Ablenkung in umgekehrter Richtung, so wie es in der Abb. 6.3-36 dargestellt ist.

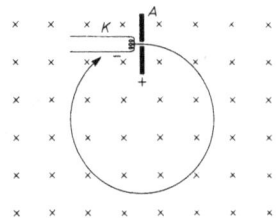

Abb. 6.3-36:
Ablenkung eines Elektronenstrahls durch die Lorentz-Kraft

Abb. 6.3-37:
Fadenstrahlrohr mit einem Helmholtz-Spulenpaar

Zur Messung der spezifischen Ladung des Elektrons kann man ein sogenanntes Fadenstrahlrohr mit einem Helmholtz-Spulenpaar entsprechend Abb. 6.3-37 verwenden. So bezeichnet man zwei gleiche, flache Spulen, die im Abstand des Spulenradius aufgestellt sind. Werden die beiden Spulen gleichsinnig von einem Gleichstrom durchflossen, so ist das magnetische Feld im Spulenzwischenraum weitgehend homogen, wie man z.B. durch eine Messung nach der Methode von 6.4.4 nachweisen kann.

Im Fadenstrahlrohr treten Elektronen bei genügend hoher Temperatur (Glühemission) aus einer Oxidkathode aus, werden durch eine elektrische Spannung U beschleunigt und durchfliegen dann eine feine Lochblende in der Anode. Durch eine zusätzliche Steuerelektrode wird der Elektronenstrahl fadenartig gebündelt. Er bringt in einem evakuierten Glaskolben die Atome eines Restgases, z.B. von Quecksilberdampf, zum Leuchten, so daß die Bahn des Elektronenstrahls im verdunkelten Raum sichtbar wird.

Bei der Beschleunigungsspannung $U = 100$ V und der magnetischen Flußdichte $\vec{B}$ vom Betrag $B = 0{,}67 \cdot 10^{-3}$ T wird der Elektronenstrahl zu einem Kreis mit dem Radius $r = 5$ cm gebogen (Abb. 6.3-38 a).

Abb. 6.3-38a:
Ein Elektronenstrahl wird durch die Lorentz-Kraft auf eine Kreisbahn gezwungen; diese wird durch das Aufleuchten eines Restgases (Hg-Dampf) im evakuierten Glaskolben sichtbar.

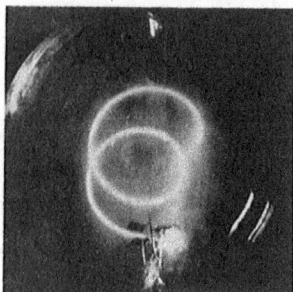

Abb. 6.3-38 b:
Spiralförmige Bahn eines Elektronenstrahls, der nicht senkrecht
zu den Feldlinien in das Magnetfeld eintritt

Daraus folgt für $\left|\dfrac{e}{m}\right| = 1,8 \cdot 10^{11}$ A s kg^{-1}. Präzisionsmessungen der
spezifischen Elektronenladung haben ergeben:

$$\left|\frac{e}{m}\right| = 1,7588 \cdot 10^{11} \text{ A s kg}^{-1}.$$

Die Abb. 6.3-38 b zeigt eine spiralförmige Bahn eines Elektronenstrahls
in einem Magnetfeld für den Fall, daß $\vec{B}$ nicht normal zu $\vec{v}$ ist.

6.3.4.3   *Massenspektrograph*

Die Messung der spezifischen Ladung von Ionen wurde insbesondere von *Aston*[1] zu großer Präzision entwickelt. In seinem
sogenannten Massenspektrographen (Abb. 6.3-39) werden
positive Ionen zuerst durch ein elektrisches und dann anschließend durch ein magnetisches Feld abgelenkt. Die beiden

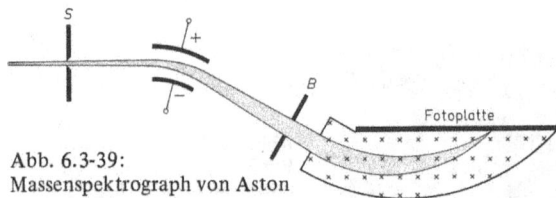

Abb. 6.3-39:
Massenspektrograph von Aston

---

[1]   Francis William Aston, 1877 - 1945, englischer Chemiker und
Physiker, Nobelpreis für Chemie 1922

Felder können so aufeinander abgestimmt werden, daß sich
Ionen gleicher spezifischer Ladung an derselben Stelle auf
einer Fotoplatte treffen. Durch Begrenzung des Ionenstrahls
mit Hilfe von Spaltblenden erhält man auf der Fotoplatte für
gleiche Werte von $\dfrac{Q}{m}$ geschwärzte Striche, die ähnlich aussehen wie die Spektrallinien bei einem Spektrographen. Daher
kommt der Name „Massenspektrograph".

Die Abb. 6.3-40 zeigt ein „Massenspektrogramm". Neben andern Linien sind die Linien für die spezifischen Ladungen des einfach ionisierten Neon (relative Atommasse 20) und des doppelt ionisierten Argon
(relative Atommasse 40) zu sehen. Die spezifischen Ladungen unterscheiden sich etwas, da sich die Massen der Ionen nicht genau wie 1 : 2
verhalten.

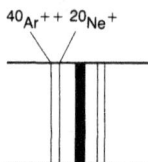

Abb. 6.3-40:
Beispiel eines Massenspektrums

Bei Untersuchungen mit dem Massenspektrographen stellte sich heraus, daß es bei den meisten chemischen Elementen sogenannte *Isotope*
gibt; das sind Atome von gleichem chemischen Verhalten aber verschiedener Masse.

6.3.4.4   *Zyklotron*

Das Zyklotron dient zur Beschleunigung geladener Teilchen
(α-Teilchen, Protonen usw.) bis zu sehr hohen Geschwindigkeiten. Es arbeitet nach folgendem *Prinzip* (Abb. 6.3-41):

Das Feld eines starken Dauermagneten, dessen $\vec{B}$-Linien wir
uns senkrecht zur Zeichenebene denken müssen, zwingt die in
der Mitte mit der Geschwindigkeit $\vec{v}_0$ eintretenden geladenen
Teilchen (Masse m, Ladung Q) auf eine Kreisbahn vom Radius

$$r_0 = \frac{m}{Q} \frac{v_0}{B} \qquad (6.3.4.2).$$

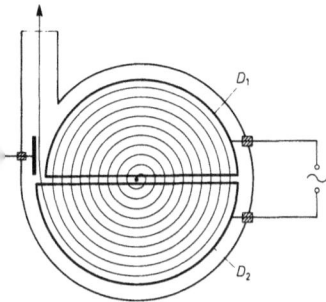

Abb. 6.3-41:
Zyklotron (schematisch: $\vec{B}$ senkrecht zur Zeichenebene)

Die Teilchen bewegen sich im Vakuum in einem Beschleunigungssystem, das die Abb. 6.3-41 in Aufsicht zeigt. Es besteht aus zwei flachen Metalldosen D_1 und D_2, die durch einen diametralen schmalen Schlitz getrennt sind. Jedesmal, wenn ein Teilchen diesen Schlitz durchfliegt, wird es durch ein elektrisches Feld beschleunigt. Es tritt dann mit größerer Geschwindigkeit in die nächste Dose ein und beschreibt darin einen Halbkreis mit entsprechend größerem Radius. Beim Übergang der Teilchen von D_1 nach D_2 muß das elektrische Feld entgegengesetzt gerichtet sein wie beim Übergang von D_2 nach D_1, damit die Teilchen in beiden Fällen beschleunigt werden. Um dies zu erreichen wird zwischen die Dosen D_1 und D_2 eine elektrische Wechselspannung gelegt, deren Kreisfrequenz mit der konstanten Kreisfrequenz $\omega = \dfrac{Q}{m} B$

(6.3.4.2) der Teilchen auf ihren Kreisbahnen übereinstimmt. Nach einer entsprechenden Zahl von Umläufen verlassen die beschleunigten Teilchen die Dose D_2 und das Magnetfeld. Sie fliegen dann mit der Endgeschwindigkeit $\vec{v}_e$ geradlinig weiter.

Ein derartiges „klassisches" Zyklotron setzt die Konstanz von ω voraus. Diese ist nicht mehr gegeben, sobald die Masse mit der Geschwindigkeit entsprechend der Einsteinschen Beziehung (2.5.3.1) merklich wächst. Dadurch sinkt die Kreisfrequenz $\omega = \dfrac{Q}{m} B$ der Teilchen.

Diese kommen dann jeweils zu spät am Schlitz an.

Diese Schwierigkeit wird durch das „Synchro-Zyklotron" behoben. In ihm wird die Kreisfrequenz der beschleunigenden Wechselspannung synchron an die sinkende Kreisfrequenz der Teilchen angepaßt.

Aufgaben:
1. Elektronen treten mit der Geschwindigkeit $9{,}4 \cdot 10^6$ m s^{-1} in ein homogenes Magnetfeld der magnetischen Flußdichte $2{,}2 \cdot 10^{-3}$ T ein. Die Bewegungsrichtung der Elektronen steht senkrecht auf der Feldrichtung. Wie groß ist der Betrag der ablenkenden Kraft des Magnetfeldes? Welchen Durchmesser hat die entstehende Kreisbahn der Elektronen? Wie groß ist ihre Umlaufzeit auf dieser Kreisbahn?
Antwort: $3{,}3 \cdot 10^{-15}$ N; $4{,}8$ cm; $1{,}6 \cdot 10^{-8}$ s.

2. Ein Elektronenstrahl wird im homogenen magnetischen Feld eines Fadenstrahlrohrs bei der Flußdichte $1{,}5 \cdot 10^{-3}$ T auf eine Kreisbahn von 12 cm Durchmesser abgelenkt. Welchen Betrag hat die Geschwindigkeit der Elektronen? Wie groß ist ihre Umlaufzeit auf dem Kreis?
Antwort: $1{,}6 \cdot 10^7$ m s^{-1}; $2{,}4 \cdot 10^{-8}$ s.

3. Protonen werden durch ein konstantes elektrisches Feld, das durch die elektrische Spannung 96 kV hervorgerufen wird, beschleunigt. Anschließend fliegen die Protonen normal zu den Feldlinien in ein homogenes Magnetfeld der magnetischen Flußdichte $2{,}0$ T. Welchen Betrag hat die Eintrittsgeschwindigkeit der Protonen in das Magnetfeld? Welchen Durchmesser hat die entstehende Kreisbahn? Welche Umlaufzeit haben die Protonen auf der Kreisbahn?
Antwort: $4{,}3 \cdot 10^6$ m s^{-1}; $4{,}5$ cm; $3{,}3 \cdot 10^{-8}$ s.

4. Die magnetische Flußdichte eines Zyklotrons hat den Betrag $1{,}4$ T. Die wirksame Spannung zwischen den beiden Dosen ist $0{,}10$ MV. Im Zyklotron werden Protonen von kleiner kinetischer Energie auf 24 MeV beschleunigt.

a) Wie groß ist die Zahl der Umläufe der Protonen bis zum Erreichen dieser Energie?

b) Welche Zeit vergeht dabei?

Antwort: a) $1{,}2 \cdot 10^2$; b) $5{,}6 \cdot 10^{-6}$ s.

6.4   Elektromagnetische Induktion

Wir haben in 6.2 ruhende elektrische Felder und in 6.3 ruhende magnetische Felder betrachtet. Eine solche getrennte Behandlung ist jedoch bei zeitlich veränderlichen elektrischen und magnetischen Feldern nicht mehr möglich; denn in diesem Fall sind beide Feldarten stets miteinander verknüpft. Man spricht dann von elektromagnetischen Feldern. Wir behandeln zunächst die von Faraday entdeckte elektromagnetische Induktion. Dabei unterscheiden wir zwei verschiedene Fälle (6.4.1 und 6.4.3).

6.4.1   Induktionswirkung bei einem relativ zu einem Magnetfeld bewegten Leiter

Bewegen wir einen Leiter mit positiven und negativen Ladungen in einem Magnetfeld der Flußdichte $\vec{B}$ mit der Geschwindigkeit v, so treten Lorentz-Kräfte $\vec{F} = \pm\, Q\,\vec{v} \times \vec{B}$ auf (Abb. 6.4-1).

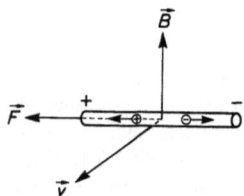

Abb. 6.4-1:
Lorentz-Kräfte auf positive und negative Ladungen in einem Leiter

Sind die Ladungsträger im Leiter beweglich, so werden sie durch diese Lorentz-Kräfte gegen das linke bzw. das rechte Leiterende hingetrieben. Dadurch entsteht zwischen den Leiterenden ein elektrisches Feld und dadurch eine elektrische Spannung.

In Metallen sind nur die Leitungselektronen beweglich. In Abb. 6.4-1 entsteht rechts ein Überschuß, links ein Mangel an Elektronen. Das wirkt sich für die folgenden Überlegungen ebenso aus, wie wenn die Träger beider Ladungsarten beweglich wären.

Das „induzierte" elektrische Feld $\vec{E}_i$ und die „induzierte" elektrische Spannung U_i können wir durch folgende Überlegungen aus $\vec{B}$, v und der Länge $\vec{l}$ des Leiters berechnen:

Die Lorentz-Kräfte auf die beweglichen elektrischen Ladungen im Leiter bewirken eine Ladungstrennung. Zwischen den getrennten Ladungen herrscht dann ein elektrisches Feld der Feldstärke $\vec{E}_i$, das seinerseits eine Coulomb-Kraft $\vec{F} = Q\vec{E}_i$ auf die elektrischen Ladungen ausübt.

Die Ladungstrennung erfolgt solange, bis Gleichgewicht zwischen Lorentz-Kraft und Coulomb-Kraft herrscht. Dann ist:

$Q\,\vec{v} \times \vec{B} = -\,Q\vec{E}_i$ oder, wenn wir beide Seiten der Gleichung durch Q dividieren:

$$\boxed{\vec{E}_i = -\,\vec{v} \times \vec{B}}$$

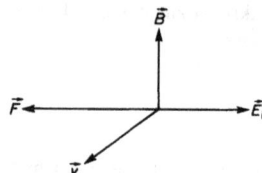

Abb. 6.4-2:
In einem bewegten Leiter induziertes elektrisches Feld $\vec{E}_i$

Die durch die Relativbewegung zwischen Leiter und Magnetfeld *induzierte elektrische Feldstärke* $\vec{E}_i$ ist also gleich dem negativen Vektorprodukt aus der Relativgeschwindigkeit $\vec{v}$ und der magnetischen Flußdichte $\vec{B}$ (Abb. 6.4-2).

Die Gleichung enthält nur „Feldgrößen", dagegen keine Größen, die den bewegten Leiter charakterisieren, wie z.B. Leiterlänge, Ladungen des Leiters.

Die *induzierte Spannung* U_i ergibt sich aus der elektrischen Feldstärke $\vec{E}_i$ nach 6.2.3.1:

$$U_{i,\,12} = \int_{1}^{2} \vec{E}_i \cdot \mathrm{d}\vec{r} \quad \text{oder} \quad U_{i,\,12} = -\int_{1}^{2} (\vec{v} \times \vec{B}) \cdot \mathrm{d}\vec{r}$$

Fallen die beiden Punkte 1 und 2 zusammen, handelt es sich also um eine bewegte geschlossene Leiterschleife, so erhalten wir die induzierte Spannung als elektrische Umlaufspannung:

$$\overset{\circ}{U}_i = \oint \vec{E}_i \cdot \mathrm{d}\vec{r} \quad \text{oder} \quad \overset{\circ}{U}_i = -\oint (\vec{v} \times \vec{B}) \cdot \mathrm{d}\vec{r}$$

Hat die geschlossene Leiterschleife den Widerstand R, so fließt entsprechend dem Ohmschen Gesetz ein Induktionsstrom der Stromstärke:

$$I_i = \frac{\overset{\circ}{U}_i}{R}$$

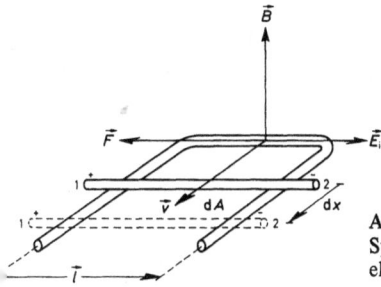

Abb. 6.4-3:
Spezialfall eines induzierten
elektrischen Feldes

Wir wollen für den in Abb. 6.4-3 skizzierten *Spezialfall* das induzierte elektrische Feld und die induzierte elektrische Spannung berechnen. Ein gerader Leiter gleite mit der Geschwindigkeit $\vec{v}$ in einem Feld der magnetischen Flußdichte $\vec{B}$ auf den parallelen Schenkeln (Abstand l) eines U-förmigen Leiters. Sind die Vektoren $\vec{v}$ und $\vec{B}$ konstant, so ist auch das induzierte elektrische Feld $\vec{E_i}$ konstant: $\vec{E_i} = -\vec{v} \times \vec{B}$. Da in unserm Fall $\vec{v} \perp \vec{B}$ ist, folgt für den Betrag $E_i = -vB$.

Die zwischen den Enden 1 und 2 des bewegten Leiterstücks induzierte elektrische Spannung ist:

$$U_{i,12} = \int_1^2 \vec{E_i} \cdot d\vec{r}$$

oder, da $\vec{E_i}$ konstant ist:

$$U_{i,12} = \vec{E_i} \int_1^2 d\vec{r}$$

Daraus folgt:

$$U_{i,12} = \vec{E_i} \cdot \vec{l}$$

In unserm Fall sind $\vec{E_i}$ und $\vec{l}$ parallel. Daher wird:

$$U_{i,12} = E_i \, l$$

Mit $E_i = -vB$ folgt:

$$U_{i,12} = -vBl$$

Setzen wir $v = \dfrac{dx}{dt}$ und $l \, dx = dA$, wobei A die vom Magnetfeld senkrecht durchsetzte Fläche bedeutet, so erhalten wir:

$$U_{i,12} = -B \frac{dA}{dt}$$

Da ferner $B \, dA = d\Phi$ die Änderung des magnetischen Flusses in der durchsetzten Fläche bedeutet (6.3.2.2), ergibt sich schließlich:

$$U_{i,12} = -\frac{d\Phi}{dt}$$

Da in den Leiterteilen, die relativ zum Magnetfeld ruhen ($\vec{v} = 0$), keine Induktionswirkung auftritt, ist die elektrische Umlaufspannung $\overset{\circ}{U_i}$ in der geschlossenen Leiterschleife der Abb. 6.4-3 gleich der Spannung $U_{i,12}$ zwischen den Enden 1 und 2 des bewegten Leiterstücks; also ist $U_{i,12} = \overset{\circ}{U_i}$ oder

$$\boxed{\overset{\circ}{U_i} = -\frac{d\Phi}{dt}}$$

Die induzierte Spannung $U_{i,12}$ und damit auch die Umlaufspannung $\overset{\circ}{U_i}$ kann man messen, wenn man an den Enden 1 und 2 des bewegten Leiterstücks einen Spannungsmesser anschaltet. Dasselbe Meßergebnis erhält man bequemer, wenn man den Spannungsmesser an zwei Klemmen K_1 und K_2 einer aufgeschnittenen Leiterschleife anschließt (Abb. 6.4-4).

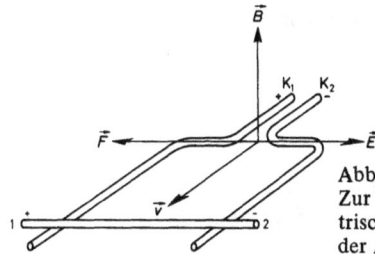

Abb. 6.4-4:
Zur Messung der induzierten elektrischen Spannung im Spezialfall der Abb. 6.4-3

Zum Vorzeichen der induzierten Spannung sei folgendes bemerkt: Wird die induzierte Spannung durch eine Vergrößerung der Fläche der Leiterschleife und damit durch eine Zunahme des magnetischen Flusses, d.h. $\Phi_2 > \Phi_1$ hervorgerufen, so erregt der Induktionsstrom in einer geschlossenen Leiterschleife ein Magnetfeld, welches das ursprüngliche Magnetfeld schwächt. Bei einer Abnahme des magnetischen Flusses durch die Leiterschleife, d.h. $\Phi_2 < \Phi_1$, verstärkt das Magnetfeld des Induktionsstroms das ursprüngliche Feld. Das entspricht der Lenzschen Regel, auf die wir in 6.4.7 zurückkommen werden.

6.4.2 Induktionsgesetz

Die für den Spezialfall von 6.4.1 abgeleitete Gleichung

$$\overset{\circ}{U}_i = -\frac{d\Phi}{dt}$$

hat eine weit allgemeinere Bedeutung, als man sie aufgrund dieser Ableitung erwarten kann.

Diese Gleichung spricht das *Induktionsgesetz in differentieller Form aus,* das *in integraler Form* geschrieben werden kann:

$$\int_{t_1}^{t_2} \overset{\circ}{U}_i \, dt = -\Delta\Phi \quad \text{mit} \quad \Delta\Phi = \Phi_2 - \Phi_1$$

Bei der Änderung des magnetischen Flusses durch eine Leiterschleife von Φ_1 in Φ_2 entsteht ein elektrischer Spannungsstoß

$$\int_{t_1}^{t_2} \overset{\circ}{U}_i \, dt.$$

Der induzierte Spannungsstoß bewirkt in einem geschlossenen Stromkreis vom elektrischen Widerstand R entsprechend dem Ohmschen Gesetz einen entsprechenden induzierten Stromstoß:

$$\int_{t_1}^{t_2} I_i \, dt = -\frac{1}{R}\Delta\Phi$$

Werden N_i Leiterschleifen zu einer „Induktionsspule" hintereinandergeschaltet, so ist der in dieser Spule induzierte elektrische Spannungsstoß:

$$\int_{t_1}^{t_2} \overset{\circ}{U}_i \, dt = -N_i \Delta\Phi$$

Bezeichnen wir mit $\vec{A}$ den Flächenvektor *einer* Leiterschleife so ist der magnetische Fluß Φ durch diese Schleife gleich dem skalaren Produkt aus dem Vektor $\vec{A}$ und der magnetischen Flußdichte $\vec{B}$ (6.3.2.2).

Also ist:

$$\Phi = \vec{A} \cdot \vec{B}$$

Der magnetische Fluß hat ein Maximum, wenn $\vec{A}$ und $\vec{B}$ die gleiche Richtung haben, d.h. wenn das Magnetfeld die Fläche normal durchsetzt:

$$\Phi_{max} = AB$$

Der magnetische Fluß hat den Wert Null, wenn $\vec{A}$ und $\vec{B}$ aufeinander senkrecht stehen, d.h. wenn das Magnetfeld tangential zur Fläche verläuft:

$$\Phi_0 = 0$$

Die Änderung des magnetischen Flusses ist:

$$\Delta\Phi = \Delta\vec{A} \cdot \vec{B} + \vec{A} \cdot \Delta\vec{B}$$

Der magnetische Fluß kann sich also ändern durch Änderung von 1. $\vec{A}$ oder 2. $\vec{B}$ oder 3. $\vec{A}$ und $\vec{B}$ gleichzeitig.

Die Änderung $\Delta\vec{A}$ entsteht durch Bewegung der Induktionsschleife oder von Teilen derselben. Grundsätzlich handelt es sich dabei um eine Induktionswirkung, die, wie in unserm Spezialfall von 6.4.1, durch Lorentz-Kräfte auf bewegte elektrische Ladungen in einem Magnetfeld verursacht wird.

Die Änderung $\Delta\vec{B}$ geschieht jedoch ohne eine Bewegung von Ladungen. Trotzdem kann in diesem Fall mit einer ruhenden Leiterschleife die Induktionswirkung experimentell nachgewiesen werden. Sie bedarf jedoch einer *grundsätzlich anderen Erklärung.* Ehe wir uns dieser zuwenden, wollen wir zunächst das Induktionsgesetz durch Versuche erläutern und bestätigen. Dabei werden wir u.a. auf eine einfache Methode zur Messung der magnetischen Flußdichte $\vec{B}$ geführt werden.

Versuche:

1. Wir ändern den magnetischen Fluß Φ durch eine „Induktionsspule" vom Maximalwert $\Phi_{max} = AB$ auf den Wert Null, indem wir die Induktionsspule aus dem Magnetfeld herausschnellen (Abb. 6.4-5).

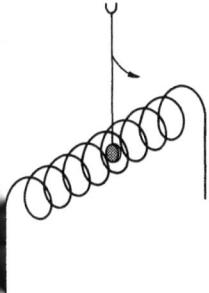

Abb. 6.4-5:
Versuch zur Induktionswirkung; Heraus-
schnellen einer Induktionsspule aus dem
Magnetfeld

Wir messen den dabei induzierten elektrischen Spannungsstoß mit
einem ballistischen Galvanometer (6.4.4).

Auf diese Weise können wir zeigen, daß dieser Spannungsstoß

a) direkt proportional zur Windungszahl N_i der Induktionsspule
ist, indem wir mehrere Spulen gleicher Fläche entsprechend
Abb. 6.4-6a) hintereinander anordnen; also ist:

$$\int_{t_1}^{t_2} \overset{\circ}{U}_i \; dt \sim N_i$$

b) direkt proportional zur Fläche A der Induktionsspule ist, indem wir mehrere Spulen gleicher Fläche entsprechend Abb. 6.4-6b
nebeneinander anordnen; also ist:

$$\int_{t_1}^{t_2} \overset{\circ}{U}_i \; dt \sim A$$

2. Wir ändern den magnetischen Fluß Φ durch eine Induktionsspule
ebenfalls vom Maximalwert $\Phi_{max} = AB$ auf den Wert Null, indem
wir die Induktionsspule entsprechend Abb. 6.4-7 um 90° drehen.
Es ergibt sich bei sonst gleichen Verhältnissen derselbe induzierte
Spannungsstoß wie beim Herausschnellen der Induktionsspule.

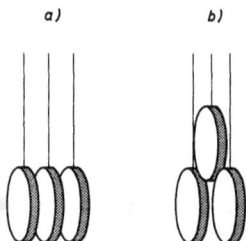

Abb. 6.4-6:
Versuche zur Induktionswirkung;
mehrere Induktionsspulen
a) hintereinander b) nebeneinander
angeordnet

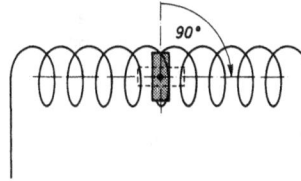

Abb. 6.4-7:
Versuch zur Induktionswirkung;
Drehung einer Induktionsspule
im Magnetfeld um 90°

Das Drehen ist oft experimentell einfacher als das Herausschnellen,
so etwa bei der Messung von Magnetfeldern in Spulen.

3. Wir ändern ohne mechanische Bewegung von Induktionsspule oder
Magnetfeld den magnetischen Fluß Φ, indem wir das Magnetfeld
einer Feldspule (Länge l, Windungszahl N_1) durch Ausschalten des
elektrischen Stromes der Stärke I verschwinden lassen. Steht die
Achse der Induktionsspule parallel zur Achse der Feldspule, so
geht anfangs der maximale magnetische Fluß $\Phi_{max} = AB$ durch
die Induktionsspule; am Ende hat der magnetische Fluß den Wert
Null. Dabei ist $B = \mu_0 H$ oder $B = \mu_0 I \dfrac{N_1}{l}$ (6.3.2.4).

Der induzierte elektrische Spannungsstoß erweist sich bei diesem
Versuch als ebenso groß wie beim Herausschnellen oder bei der
90°-Drehung der Induktionsspule.

4. Wir ändern den vorangehenden Versuch in der Weise ab, daß wir
in der zunächst stromlosen Feldspule den elektrischen Strom einschalten und damit den magnetischen Fluß in der Induktionsspule
vom Wert Null auf den Maximalwert Φ_{max} ansteigen lassen. Der
induzierte elektrische Spannungsstoß hat dann bei gleichem Betrag das umgekehrte Vorzeichen.

5. Wir verallgemeinern die Versuche 3. und 4. auf folgende Weise:
Wir vergrößern oder verkleinern die Stromstärke in der Feldspule
um $\Delta I = I_2 - I_1$. Dadurch ändert sich der Betrag der magnetischen
Flußdichte von

$$B_1 = \mu_0 I_1 \frac{N_1}{l} \qquad \text{auf} \qquad B_2 = \mu_0 I_2 \frac{N_1}{l}$$

und damit der magnetische Fluß um

$$\Delta \Phi = \Phi_2 - \Phi_1 \quad \text{oder} \quad \Delta \Phi = A \mu_0 \frac{N_1}{l} (I_2 - I_1)$$

$$\text{oder} \quad \Delta \Phi = A \mu_0 \frac{N_1}{l} \Delta I.$$

Der induzierte Spannungsstoß erweist sich als direkt proportional
zu ΔI und damit auch zu $\Delta \Phi$.

Die ersten beiden Versuche bestätigen die Überlegungen hinsichtlich der Induktionswirkung in einem relativ zu einem Magnetfeld bewegten Leiter. Die weiteren Versuche zeigen, daß auch in ruhenden Leitern ein elektrischer Spannungsstoß induziert wird, der direkt proportional zur Änderung des magnetischen Flusses ist, d.h., daß formal auch hier dasselbe Induktionsgesetz gilt. Damit werden wir uns im nächsten Abschnitt 6.4.3 näher befassen.

6.4.3 Induktionswirkung bei relativ zum Magnetfeld ruhenden Leitern — 2. Maxwellsche Gleichung

Die Induktionswirkung auf einen relativ zu einem Magnetfeld bewegten Leiter entsteht durch die Lorentz-Kräfte auf die elektrischen Ladungen des Leiters (6.4.1). Diese Ursache entfällt, wenn der *Leiter relativ zum Magnetfeld ruht.* Trotzdem ist eine Induktionswirkung zu beobachten, wenn durch eine Änderung der magnetischen Flußdichte $\Delta\vec{B}$ eine Änderung des magnetischen Flusses $\Delta\Phi = \vec{A} \cdot \Delta\vec{B}$ eintritt. $\vec{A}$ bedeutet dabei wieder den Vektor der vom Fluß durchsetzten Fläche.
Nach *Maxwell* kann man diese Tatsache folgendermaßen deuten (Abb. 6.4-8):

Ändert sich die magnetische Flußdichte $\vec{B}$ um $\Delta\vec{B}$, so entsteht um das sich ändernde Magnetfeld ein elektrisches Wirbelfeld $\vec{E}$ mit einer elektrischen Umlaufspannung $U_i = \oint \vec{E}(\vec{r}) \cdot d\vec{r}$. Darin besteht *primär die Induktionswirkung.*

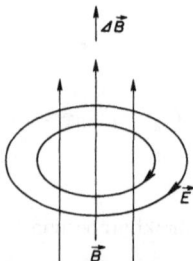

Abb. 6.4-8:
Zur zweiten Maxwellschen Gleichung

Legt man eine Leiterschleife um das sich ändernde Magnetfeld, so entsteht *sekundär* durch das elektrische Wirbelfeld die in den Versuchen von 6.4.2 beobachtete Induktionsspannung bzw. bei geschlossener Leiterschleife als *tertiärer* Vorgang der Induktionsstrom.

Zwischen dem elektrischen Wirbelfeld $\vec{E}$ und der magnetischen Flußdichte $\vec{B}$ besteht folgender Zusammenhang, den man als *2. Maxwellsche Gleichung* bezeichnet:

$$\oint \vec{E}(\vec{r}) \cdot d\vec{r} = -\int_A \frac{d\vec{B}}{dt} \cdot d\vec{A}$$

Diese Gleichung entspricht dem Induktionsgesetz (6.4.2) für *eine* Leiterschleife der Fläche $A = \int_A d\vec{A}$, wenn der magnetische Fluß Φ sich gemäß $\frac{d\vec{B}}{dt}$ ändert.

Die 1. Maxwellsche Gleichung gibt einen analogen Zusammenhang zwischen einem magnetischen Wirbelfeld und einem sich zeitlich ändernden elektrischen Feld (6.3.3.3).

6.4.4 Messung der magnetischen Flußdichte mit Hilfe der Induktionswirkung

Die magnetische Flußdichte $\vec{B}$ haben wir in 6.3.2.1 mit Hilfe der Lorentz-Kraft auf eine bewegte elektrische Ladung Q' definiert. Grundsätzlich ist mit dieser Definition auch eine Meßmethode verbunden. In vielen Fällen kann aber $\vec{B}$ *einfacher* unter Verwendung des Induktionsgesetzes gemessen werden.

Als Meßorgan dient eine Induktionsspule, deren Fläche A und Windungszahl N_i sich in weiten Grenzen an die einzelne Meßaufgabe anpassen lassen. Als Meßinstrument kann man ein ballistisches Galvanometer, das die induzierten Spannungsstöße anzeigt, verwenden.

Steht die Achse der Induktionsspule bei der Messung parallel zum Feldvektor $\vec{B}$, so ist:

$$\int_0^t \overset{\circ}{U}_i \, dt = -N_i \, A \, (B_2 - B_1)$$

Wird die Induktionsspule vollständig aus einem Magnetfeld der Flußdichte $\vec{B}_1 = \vec{B}$ entfernt, d.h. der Betrag der magnetischen Flußdichte von B auf $B_2 = 0$ geändert, so ist der dabei induzierte Spannungsstoß:

$$\int_0^t \overset{\circ}{U}_i \, dt = N_i \, A \, B$$

Die magnetische Flußdichte hat dann den Betrag:

$$B = \int_0^t \overset{\circ}{U}_i \, dt : N_i \, A$$

Dabei muß die Zeit t klein gegenüber der Schwingungsdauer T des Galvanometers gewählt werden ($t \ll T$). Dann ist der *erste* Ausschlag α des ballistischen Galvanometers direkt proportional zum induzierten Spannungsstoß.

Bei konstanter „Windungsfläche" $N_i \, A$ ist dann auch B direkt proportional zum ersten Ausschlag α. Das ballistische Galvanometer kann demnach direkt zur Messung von B geeicht werden.

Dazu kann man in einer langgestreckten Feldspule durch Variieren des Spulenstromes I, verschiedene B einstellen, die man aus $B = \mu_0 \, H$ mit $H = I \, \dfrac{N}{l}$ berechnen kann. Führt man bei jedem B einen Induktionsversuch aus, so erhält man $B = k \, \alpha$. Aus den gemessenen Ausschlägen α für die berechneten B ergibt sich dann die Konstante k.

Beispiel:
Messung der magnetischen Flußdichte im Innern einer Ringspule (Abb. 6.4-9)

Eine Induktionsspule hat praktisch denselben Querschnitt wie die stromdurchflossene Ringspule. Beim Ausschalten des Spulenstroms entsteht ein induzierter Spannungsstoß, der ein Maß für die mittlere magnetische Flußdichte im Innern der Ringspule ist. Diese Meßme-

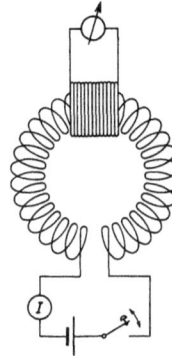

Abb. 6.4-9:
Messung der magnetischen Flußdichte im Innern einer Ringspule

thode für B ist auch noch anwendbar, wenn sich im Innern der Ringspule ein Festkörper befindet, während in diesem Fall die Messung von B mit Hilfe der Lorentz-Kraft versagt (6.8.1).

6.4.5 Selbstinduktion

Jede Änderung des magnetischen Flusses induziert einen Spannungsstoß in einer Induktionsspule. Ändern wir den magnetischen Fluß speziell durch Variation des elektrischen Stromes einer Feldspule, so erfolgt die Flußänderung $\Delta \Phi$ nicht nur in einer im Feld angeordneten Induktionsspule, sondern auch *in der Feldspule* selbst. In der Feldspule wird daher jedesmal, ebenso wie in einer andern Induktionsspule, ein Spannungsstoß induziert, sobald eine Stromänderung eintritt. Diesen Induktionsvorgang nennt man *Selbstinduktion*.

Für eine langgestreckte Spule können wir die bei einer Stromänderung selbstinduzierte Spannung $\overset{\circ}{U}_i$ nach dem Induktionsgesetz (6.4.2) berechnen:

Hat die Spule den Querschnitt A und N Windungen auf der Länge l, so ist bei der Stromstärke I der magnetische Fluß durch die Spule:

$$\Phi = \mu_0 \, AH \qquad \text{oder mit} \qquad H = \frac{IN}{l} :$$

$$\Phi = \mu_0 \, \frac{NA}{l} I$$

Ändert sich die Stromstärke I mit der Zeit t, so ist:

$$\frac{\mathrm{d}\Phi}{\mathrm{d}t} = \mu_0 \frac{NA}{l} \frac{\mathrm{d}I}{\mathrm{d}t}$$

Die selbstinduzierte Spannung ist dann nach dem Induktionsgesetz:

$$\overset{\circ}{U}_i = -\mu_0 \frac{N^2 A}{l} \frac{\mathrm{d}I}{\mathrm{d}t}$$

Man setzt die im wesentlichen durch die geometrischen Daten der Spule bestimmte Größe $\mu_0 \dfrac{N^2 A}{l} = L$ und nennt L die *Induktivität* der langgestreckten Spule.

Das Wort „Induktivität" wird wie das Wort „Widerstand" in doppeltem Sinn, zum einen für eine physikalische Größe, zum andern für ein Schaltelement verwendet.

Allgemein ist die selbstinduzierte Spannung in jedem beliebigen Stromkreis:

$$\boxed{\overset{\circ}{U}_i = -L \frac{\mathrm{d}I}{\mathrm{d}t}}$$

Der Proportionalitätsfaktor L heißt allgemein *Induktivität* des Kreises. L ist zwar nur in einfachen Fällen, z.B. für eine langgestreckte Spule, berechenbar, aber stets als abgeleitete Größe so definiert:

Die Induktivität eines Kreises ist der negative Quotient aus der selbstinduzierten Spannung und der zeitlichen Stromänderung.

Die *SI-Einheit* der Induktivität ist:

$$[L] = \frac{\mathrm{V}}{\mathrm{A\,s^{-1}}} = \mathrm{V\,s\,A^{-1}} = 1\,\mathrm{H} = 1\,\mathrm{Henry}^{[1]}$$

Beispiel: Die Stromstärkeänderung 1,2 A bewirkt in einer Spule den selbstinduzierten Spannungsstoß $5{,}4 \cdot 10^{-2}$ V s.

---

[1]   benannt nach Joseph Henry, 1797 - 1878, amerik. Physiker

Dann hat die Spule die Induktivität

$$L = \frac{5{,}4 \cdot 10^{-2}\,\mathrm{V\,s}}{1{,}2\,\mathrm{A}} = 4{,}5 \cdot 10^{-2}\,\mathrm{H}\,.$$

Eine Spule ohne Induktivität erhält man, indem man auf einem Spulenkörper gewissermaßen zwei in entgegengesetztem Sinn (bifilar) gewickelte Spulen aufbringt (Abb. 6.4-10). Die selbstinduzierten Spannungen der beiden Spulen sind entgegengesetzt gleich und heben sich deshalb auf. Man kann die beiden Spulen auch zusammen als eine Spule mit der Fläche $A = 0$ auffassen.

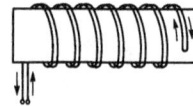

Abb. 6.4-10:
Bifilar gewickelte Spule

6.4.6   Ein- und Ausschalten von Gleichströmen in Spulen

Schalten wir eine Spule der Induktivität L in Reihe mit einem elektrischen Widerstand R in einen Stromkreis (Abb. 6.4-11), so wirkt die selbstinduzierte Spannung $\overset{\circ}{U}_i$ der angelegten Spannung U entgegen, wenn $\dfrac{\mathrm{d}I}{\mathrm{d}t} > 0$ ist. Die resultierende Spannung in dem Kreis ist also:

$$U - L \frac{\mathrm{d}I}{\mathrm{d}t} = IR$$

Formen wir die Gleichung um in

$$U = IR + L \frac{\mathrm{d}I}{\mathrm{d}t}\,,$$

so können wir die Spule auch als Schaltelement ansehen, an dem die Teilspannung $U_L = L \dfrac{\mathrm{d}I}{\mathrm{d}t}$ liegt. Die Spannung U teilt

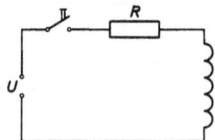

Abb. 6.4-11:
Induktivität L und Widerstand R in Reihe geschaltet in einem Stromkreis; Einschaltvorgang

sich demnach auf in die Teilspannung U_L an der Spule und die Teilspannung $U_R = IR$ am Widerstand.

Die Spule hat stets auch einen elektrischen Widerstand und der Leitungswiderstand in der Regel auch eine Induktivität. Bei der Betrachtung eines Stromkreises denkt man sich jedoch die ganze Induktivität L in der Spule und den ganzen Ohmschen Widerstand R in dem Leitungswiderstand vereinigt.

6.4.6.1 *Einschaltvorgang*

Wird zur Zeit $t = 0$ der Schalter in einem Stromkreis nach Abb.6.4-11 geschlossen, so erhalten wir den Strom I als Funktion der Zeit t durch Lösen der Differentialgleichung:

$$U = IR + L\frac{dI}{dt}$$

Wir trennen die Variablen:

$$\frac{1}{L}dt = \frac{dI}{U - IR}$$

Dann können wir integrieren:

$$\frac{1}{L}\int_0^t dt = \int_0^I \frac{dI}{U - IR}$$

Das gibt:

$$\frac{t}{L} = -\frac{1}{R}\ln\frac{U - IR}{U}$$

oder:

$$-\frac{Rt}{L} = \ln\left(1 - \frac{I}{U}R\right)$$

Nach I aufgelöst erhalten wir:

$$\boxed{I = \frac{U}{R}\left(1 - e^{-\frac{R}{L}t}\right)}$$

Die Stromstärke I nähert sich also nach einer e-Funktion asymptotisch dem Wert $\frac{U}{R}$, der nach dem Ohmschen Gesetz zu erwarten ist. Der Einfluß der Selbstinduktion besteht darin, daß der Stromanstieg entsprechend der „Zeitkonstanten" $\frac{L}{R}$ verzögert wird. Die Induktivität der Spule spielt für das Anlaufen des Stromes eine ähnliche Rolle wie die Masse m beim Beschleunigen eines Körpers. L und m wirken als „Trägheit" verzögernd auf den jeweiligen Vorgang.

6.4.6.2 *Ausschaltvorgang*

Wird in einem Stromkreis, in dem eine Spule und ein Widerstand parallel zueinander geschaltet sind (Abb.6.4.-12), die Spannung U abgeschaltet, so sinkt die Stromstärke nicht sofort auf Null, sondern nach einer e-Funktion, wie folgende Rechnung zeigt.

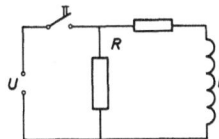

Abb. 6.4-12:
Induktivität L und Widerstand R parallel geschaltet in einem Stromkreis; Ausschaltvorgang

In diesem Fall ist folgende Differentialgleichung zu lösen:

$$0 = IR + L\frac{dI}{dt}$$

Nach Trennung der Variablen ist:

$$\frac{R}{L}dt = -\frac{dI}{I}$$

Daraus folgt durch Integrieren:

$$\boxed{I = I_0\, e^{-\frac{R}{L}t}}$$

Die Stromstärke nähert sich nach einer e-Funktion asymptotisch dem Wert $I = 0$. Das Absinken der Stromstärke wird entsprechend der Zeitkonstanten $\frac{L}{R}$ verzögert. Die Induktivität der Spule wirkt auch in diesem Fall als „Trägheit".

Spulen erhalten eine besonders große Induktivität L, wenn man sie mit ferromagnetischen Stoffen ausfüllt (6.8.4). Dann kann die Verzögerung des Stromanstiegs und -abfalls beim Ein- und Ausschalten bis zu einigen Minuten dauern.

6.4.7   Magnetische Energie einer stromdurchflossenen Spule

In einem Stromkreis sind ein Widerstand, eine Spule und ein Gleichspannungserzeuger in Reihe geschaltet (Abb. 6.4-11). Wird der Schalter geschlossen, so beginnt ein Strom zu fließen, dessen Stromarbeit W sich aus zwei Anteilen zusammensetzt, nämlich aus der Stromwärme

$$W_1 = \int_0^t U_R I \, dt$$

und aus der Arbeit zum Aufbau des Magnetfeldes $W_2 = W_{\text{magn}}$. Uns interessiert hier nur der magnetische Anteil:

$$W_{\text{magn}} = \int_0^t I\, U_L \, dt$$

Mit $U_L = L \frac{dI}{dt}$ (6.4.6) erhalten wir:

$$W_{\text{magn}} = L \int_0^t I \, dI$$

Daraus folgt:

$$W_{\text{magn}} = \frac{1}{2} L I^2$$

Diese Arbeit muß von der Stromquelle verrichtet werden, wenn nach dem Schließen des Schalters in der Spule die Stromstärke von 0 auf I gebracht werden soll. Die Energie des dabei entstehenden Magnetfelds ist dann gleich der zu seinem Aufbau notwendigen Arbeit; also hat das Magnetfeld der stromdurchflossenen Spule die magnetische Energie:

$$\boxed{W_{\text{magn}} = \frac{1}{2} L I^2}$$

Einheitenprobe:
$1 \text{ V s A}^{-1} \text{ A}^2 = 1 \text{ V A s} = 1 \text{ W s} = 1 \text{ J}$

Drücken wir die Spannung $U_L = - \overset{\circ}{U}_i$ durch den magnetischen Fluß in der Spule aus, so erhalten wir $U_L = N \frac{d\Phi}{dt}$. Mit $\Phi = AB$ folgt:

$$U_L = NA \frac{dB}{dt}.$$

Die magnetische Arbeit wird dann:

$$W_{\text{magn}} = \int_0^B INA \, dB$$

Aus $H = I \frac{N}{l}$ (6.3.2.4) folgt $IN = lH$. Da ferner $H = \frac{B}{\mu_0}$ ist, folgt:

$$W_{\text{magn}} = \frac{Al}{\mu_0} \int_0^B B \, dB$$

oder

$$W_{\text{magn}} = \frac{1}{2} \frac{Al}{\mu_0} B^2$$

Das vom Magnetfeld erfüllte Volumen einer langgestreckten Spule ist $V = Al$. Daher ist wegen $\frac{B}{\mu_0} = H$ die Energiedichte des Magnetfelds:

$$\boxed{\frac{W_{\text{magn}}}{V} = \frac{1}{2} BH}$$

Wir haben diese Gleichung speziell für das Magnetfeld einer anggestreckten Spule abgeleitet. Sie gilt darüber hinaus für jedes homogene Magnetfeld.

Die magnetische Energie ist eine weitere Energieform, die bei der Anwendung des Energieerhaltungssatzes berücksichtigt werden muß.

Die *„Lenzsche Regel"* ist ein Ausdruck des Energieerhaltungssatzes, wenn sie auch von *Lenz*[1] schon 1834 ausgesprochen wurde, ehe der Energieerhaltungssatz erkannt worden war. Die „Lenzsche Regel", auch „Lenzsches Hemmungsgesetz" genannt, können wir so formulieren:

Der Vorgang, der die Induktionswirkung verursacht, wird stets durch die Induktionswirkung gehemmt.

Dazu einige Beispiele:

1. Bewegt sich ein Magnetstab auf eine Induktionsspule zu oder von ihr weg (Abb. 6.4-13), so entsteht in der Induktionsspule ein Strom, dessen Magnetfeld die Bewegung des Magnetstabs hemmt.

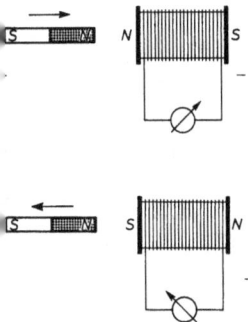

Abb. 6.4-13:
Zur Lenzschen Regel

2. In einer Spule wird beim Einschalten eines Stromes durch Selbstinduktion das Ansteigen dieses Stromes verzögert, entsprechend wird beim Ausschalten des Stromes sein Abfall verzögert.

3. Das Minuszeichen im Induktionsgesetz (6.4.2) entspricht der Lenzschen Regel.

---

[1] Heinrich Friedrich Emil Lenz, 1804 - 1865, dt. Physiker

Die Lenzsche Regel stellt sicher, daß ein Perpetuum mobile erster Art (2.5.7.6) unmöglich ist:

Beim Einschalten eines elektrischen Stromes in einer Spule muß, wie wir gesehen haben, Arbeit aufgewendet werden, um das Magnetfeld aufzubauen. Diese Arbeit wird in die Energie des Magnetfeldes umgesetzt. Wäre die selbstinduzierte Spannung nicht entgegengesetzt gerichtet zur angelegten Spannung, so würde sich ein kleiner Stromstoß durch Selbstinduktion verstärken und das Magnetfeld ohne Arbeitsaufwand aufbauen. Magnetische Energie würde im Widerspruch zum Energieerhaltungssatz ohne Arbeitsaufwand gewonnen.

6.4.8 Anwendungsbeispiele

6.4.8.1 *Wirbelströme*

Bewegt man einen Metallkörper so, daß sich in ihm der magnetische Fluß ändert, so entstehen induzierte elektrische Spannungen. Diese verursachen in dem Metallkörper elektrische Ströme, die man Wirbelströme nennt. Die Wirbelströme sind nach der Lenzschen Regel so gerichtet, daß ihre Magnetfelder die Bewegung des Metallkörpers hemmen.

Versuch (Abb. 6.4-14): Ein Pendel aus Aluminiumblech a) massiv, b) geschlitzt schwingt in das Feld eines Magneten hinein und aus ihm heraus. Im Fall a) wird das Pendel stark, im Fall b) nur schwach gebremst. Erklärung: Im massiven Metallstück entstehen Wirbelströme größerer Stromstärke als in dem geschlitzten Metallstück.

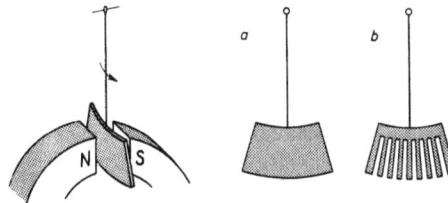

Abb. 6.4-14: Versuch zu Wirbelströmen

Technisch ausgenützt werden die Wirbelströme bei Wirbelstrombremsen und zur Dämpfung von Meßgeräten, z.B. von Drehspulgalvanometern, Elektrizitätszählern, Kompaßnadeln.

Oft sind die Wirbelströme störend, da durch sie elektrische Energie in innere Energie umgesetzt wird. Um die Wirbelströme klein zu halten unterteilt man bei elektrischen Maschinen Metallteile in einzelne gegeneinander isolierte Bleche und verwendet außerdem Werkstoffe mit großem elektrischem Widerstand, z.B. Si-Fe-Bleche (6.8.4.2).

6.4.8.2 *Zugkraft eines Magneten*

Ein „Anker" befinde sich im Abstand h von den Stirnflächen eines hufeisenförmigen Magneten (Abb. 6.4-15). Dann ist die magnetische Energie im Luftspalt wie im Magnetfeld einer Spule (6.4.7) $W_{magn} = \frac{1}{2} HB \, 2 \, A \, h$, wobei A die Stirnfläche vor einem der beiden Pole ist. Wird der Anker um dh gehoben, so wird die Hubarbeit $dW = F \, dh$ verrichtet. Um diesen Betrag nimmt die magnetische Energie im Luftspalt ab:

$$dW_{magn} = HBA \, dh$$

Aus $dW = dW_{magn}$ folgt für den Betrag F der Zugkraft des Magneten:

$$\boxed{F = HBA}$$

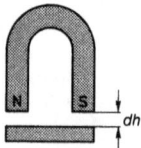

Abb. 6.4-15:
Zugkraft eines Hufeisenmagneten

Aufgaben:

1. Eine Induktionsspule hat die Fläche 2,5 cm^2 und 75 Windungen. Diese Spule wird aus einem homogenen Magnetfeld schnell herausbewegt (Abb. 6.4-16). Dabei entsteht der induzierte Spannungsstoß $2,8 \cdot 10^{-5}$ V s. Welche Beträge B und H haben die magnetische Flußdichte und das magnetische Feld?
Antwort: $1,5 \cdot 10^{-3}$ T; $1,2 \cdot 10^3$ A m^{-1}.

2. Eine langgestreckte Feldspule der Länge 50 cm, der Querschnittsfläche 2,0 cm^2 und der Windungszahl 200 wird von einem Gleichstrom der Stromstärke 5,0 A durchflossen. Welche Beträge haben

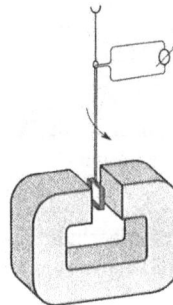

Abb. 6.4-16:
Induktionsversuch zur Messung des Magnetfelds eines Dauermagneten

die magnetische Feldstärke und Flußdichte in der Feldspule? Eine Induktionsspule vom gleichen Querschnitt 2,0 cm^2 ist um die Feldspule gewickelt und hat $1,0 \cdot 10^3$ Windungen. Wie groß ist der induzierte Spannungsstoß beim Ausschalten des Spulenstromes?
Antwort: $2,0 \cdot 10^3$ A m^{-1}; $2,5 \cdot 10^{-3}$ T; $5,0 \cdot 10^{-4}$ V s.

3. Eine zylinderförmige Spule von 80 cm Länge und 6,4 cm Durchmesser hat $5,0 \cdot 10^2$ Windungen.

   a) Wie groß ist die Induktivität der Spule?
   b) Wie groß ist die magnetische Energiedichte in der Spule bei der Stromstärke 2,3 A?
   Antwort: a) 1,3 mH; b) 1,3 J m^{-3}.

4. Eine Spule hat die Induktivität 15 mH und den Ohmschen Widerstand 9,4 Ω. Die Spule wird mit einem Akkumulator (6,1 V) und einem Schalter zu einem Stromkreis zusammengeschaltet.

   a) Welchem Endwert nähert sich die Stromstärke asymptotisch?
   b) In welcher Zeit wird der halbe Endwert erreicht?
   c) In welcher Zeit ist die Stromstärke 99 % des Endwerts?
   d) Welche magnetische Energie hat die Spule im Endzustand?

   Antwort: a) 0,65 A; b) $T = \frac{L}{R} \ln 2$; $T = 1,1$ ms;
   c) 7,4 ms; d) $3,2 \cdot 10^{-3}$ J

5. Eine Stirnfläche eines hufeisenförmigen Magneten ist 2,1 cm^2 groß Die magnetische Flußdichte zwischen dem Anker und den beiden Stirnflächen hat den Betrag 1,5 T. Welchen Betrag hat die Zugkraft des Magneten?
Antwort: 0,38 kN.

6.5 Elektromagnetische Schwingungen

Im 4. Abschnitt des Grundkurses, Teil 1, haben wir die mechanischen Schwingungen und Wellen behandelt. Die dort betrachteten Zusammenhänge zwischen mechanischen Größen lassen sich auf elektromagnetische Größen übertragen.

Bei einer mechanischen Sinus-Schwingung ändert ein schwingungsfähiger Körper seine Lage (Elongation) in Abhängigkeit von der Zeit nach einer Sinusfunktion. Bei einer elektrischen Sinus-Schwingung ändert sich entsprechend die elektrische Spannung bzw. die elektrische Stromstärke in Abhängigkeit von der Zeit ebenfalls nach einer Sinusfunktion.

Bei der ungedämpften Eigenschwingung eines mechanischen Systems wird wechselweise potentielle in kinetische Energie verwandelt, wobei die Summe aus beiden Energiearten die konstant bleibende Schwingungsenergie darstellt. Bei der ungedämpften Eigenschwingung eines elektromagnetischen Schwingkreises wird entsprechend wechselweise elektrische in magnetische Energie verwandelt, wobei die Summe aus beiden Energiearten die konstant bleibende Schwingungsenergie darstellt.

Diese und weitere Zusammenhänge werden wir im folgenden einzeln besprechen.

6.5.1 Erzwungene elektrische Sinus-Schwingung

Dreht man eine Spule in einem homogenen Magnetfeld mit konstanter Winkelgeschwindigkeit ω um eine Achse 0 (Abb.6.5-1), so wird eine elektrische Spannung u induziert, weil sich der magnetische Fluß $\Phi = \vec{A} \cdot \vec{B}$ in der Spule ändert.

Den Momentanwert einer zeitlich veränderlichen elektrischen Spannung bezeichnen wir entsprechend DIN 40 110 mit einem kleinen u.

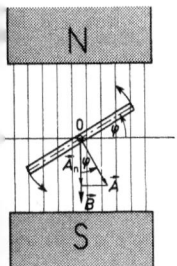

Abb. 6.5-1:
Drehung einer Spule in einem Magnetfeld; erzwungene elektrische Schwingung; Modell eines Wechselstromgenerators

Die induzierte elektrische Spannung u ist nach dem Induktionsgesetz:

$$u = -N \frac{d\Phi}{dt}$$

Aus $\Phi = \vec{A} \cdot \vec{B}$ folgt

$$\Phi = A_n B \qquad \text{oder:} \qquad \Phi = AB \cos \varphi$$

Mit $\varphi = \omega t$ ergibt sich $\Phi = AB \cos \omega t$

Dann wird:

$$u = NAB\,\omega \sin \omega t$$

Bezeichnen wir die „Scheitelspannung" (Amplitude der Spannung) mit $\hat{u}$, so ist:

$$\boxed{\hat{u} = NAB\,\omega}$$

und die momentane Spannung u zur Zeit t (Abb.6.5-2):

$$\boxed{u = \hat{u} \sin \omega t}$$

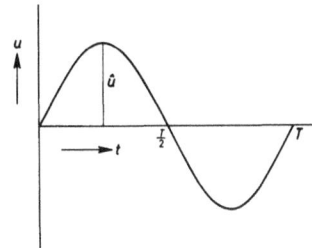

Abb.6.5-2:
Sinusförmiger Verlauf der induzierten elektrischen Spannung u in Abhängigkeit von der Zeit t; elektrische Sinus-Schwingung

Wie bei einer mechanischen Schwingung nennt man ω die Kreisfrequenz. Es bestehen folgende Zusammenhänge: $\omega = 2\pi f$, wobei f die Frequenz bedeutet, und $f = \frac{1}{T}$, wobei T die Periodendauer ist.

Die beschriebene Versuchsanordnung erklärt das Prinzip eines „Wechselstromgenerators". Die technische Wechselspannung hat im allgemeinen die Periode $T = \frac{1}{50}$ s, die Frequenz $f = 50$ Hz und die Kreisfrequenz $\omega = 100\,\pi\ \mathrm{s}^{-1}$.

Die durch die gleichmäßige Drehung der Spule in einem homogenen Magnetfeld induzierte Sinus-Spannung ist eine *erzwungene elektrische Schwingung*.

Wir denken uns in einem Gleichstromkreis mit dem Leitungswiderstand (Ohmschen Widerstand) R die Gleichstromquelle durch einen Wechselstromgenerator ersetzt, der die Spannung $u = \hat{u} \sin \omega t$ liefert. Wenn weder Kapazität noch Induktivität berücksichtigt werden muß, ist die momentane Stromstärke i nach dem Ohmschen Gesetz $i = \dfrac{u}{R}$:

$$\boxed{i = \hat{i} \sin \omega t}$$

Dabei ist $\hat{i} = \dfrac{\hat{u}}{R}$ die Scheitelstromstärke (Amplitude der Stromstärke). Aus den Momentanwerten $u = \hat{u} \sin \omega t$ und $i = \hat{i} \sin \omega t$ ergibt sich die momentane Leistung $p = u i$ oder:

$$p = \hat{u}\,\hat{i}\, \sin^2 \omega t$$

Unter Beachtung des Ohmschen Gesetzes können wir auch schreiben:

$$p = \hat{i}^2 R \sin^2 \omega t \qquad \text{bzw.} \qquad p = \hat{u}^2 \frac{1}{R} \sin^2 \omega t$$

Da $2 \sin^2 \omega t = 1 - \cos 2 \omega t$ ist, folgt:

$$p = \frac{1}{2} \hat{i}^2 R\, (1 - \cos 2\omega t)$$

bzw.

$$p = \frac{1}{2} \hat{u}^2 \frac{1}{R} (1 - \cos 2 \omega t)$$

Die Kreisfrequenz der momentanen Leistung p ist demnach doppelt so groß wie die Kreisfrequenz des Stromes i und der Spannung u (Abb. 6.5-3).

Der Abb. 6.5-3 kann man für den zeitlichen Mittelwert der Leistung $\overline{P}$ entnehmen:

$$\overline{P} = \frac{1}{2} \hat{i}^2 R \qquad \text{bzw.} \qquad \overline{P} = \frac{1}{2} \hat{u}^2 \frac{1}{R}$$

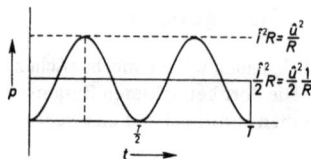

Abb. 6.5-3:
Leistung bei einer elektrischen Sinus-Schwingung

Mit Hilfe dieser mittleren Leistung $\overline{P}$ definiert man die sogenannten Effektivwerte von Wechselstrom und Wechselspannung folgendermaßen:

Ein Wechselstrom der effektiven Stromstärke I und der effektiven Spannung U entwickelt in einem Ohmschen Widerstand R dieselbe Wärmeleistung $\overline{P}$ wie ein Gleichstrom der Stromstärke I und der Spannung U, also der Leistung $P = UI$.

Aus $\overline{P} = P$ folgt mit den oben berechneten Ausdrücken:

$$\frac{1}{2} \hat{i}^2 R = I^2 R \qquad \text{bzw.} \qquad \frac{1}{2} \hat{u}^2 \frac{1}{R} = \frac{U^2}{R}$$

Daraus folgt:

Effektive Stromstärke: $\boxed{I = \dfrac{\hat{i}}{\sqrt{2}}}$

Effektive Spannung: $\boxed{U = \dfrac{\hat{u}}{\sqrt{2}}}$

Wenn Verwechslungen befürchtet werden, schreibt man auch I_{eff} und U_{eff} statt I und U. – Man nennt $\sqrt{2}$ den „Scheitelfaktor" des sinusförmigen Wechselstroms.

Meßinstrumente für Wechselströme und Wechselspannungen werden stets in Effektivwerten geeicht. Dreheiseninstrumente sind ohne weiteres, Drehspulinstrumente nur mit vorgeschaltetem Gleichrichter verwendbar.

Zeigt ein Meßgerät die Wechselspannung $U = 220$ V, so ist $\hat{u} = 220 \sqrt{2}$ V $= 311$ V und die momentane Spannung $u = 311$ V $\sin \omega t$. Wird die Wechselstromstärke $I = 2{,}5$ A gemessen, so ist $\hat{i} = 2{,}5 \sqrt{2}$ A $= 3{,}5$ A und die momentane Stromstärke $i = 3{,}5$ A $\sin \omega t$.

6.5.2 Wechselstromkreise

6.5.2.1 *Wechselstromkreis mit Ohmschem Widerstand*

Bisher haben wir stets angenommen, daß im Wechselstromkreis nur ein Ohmscher Widerstand (Leitungswiderstand) berücksichtigt werden muß (Abb. 6.5-4), weil dieser Fall sich

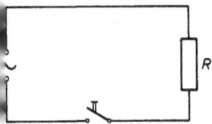

Abb. 6.5-4:
Wechselstromkreis mit Ohmschem Widerstand

auf einfache Weise aus den Gesetzmäßigkeiten des Gleichstromkreises ableiten ließ. Es war nämlich in diesem Fall nach dem Ohmschen Gesetz:

$$u = iR.$$

Aus $u = \hat{u} \sin \omega t$ folgte dann:

$$i = \hat{i} \sin \omega t \quad \text{und} \quad \hat{i} = \frac{\hat{u}}{R}.$$

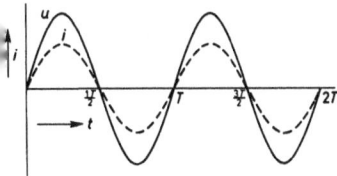

Abb. 6.5-5:
Spannung und Stromstärke sind bei Ohmschem Widerstand gleichphasige Sinusschwingungen.

Spannung und Stromstärke sind also Sinus-Schwingungen derselben Kreisfrequenz; die beiden Schwingungen sind gleichphasig (Abb. 6.5-5). Statt durch die Kurven der Abb. 6.5-5 können wir die beiden gleichphasigen Sinus-Schwingungen auch durch ein sogenanntes Zeigerdiagramm

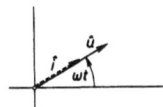

Abb. 6.5-6:
Zeigerdiagramm für Spannung und Stromstärke bei Ohmschem Widerstand

(Abb. 6.5-6) darstellen. Die Zeiger rotieren entgegen dem Uhrzeigersinn mit der konstanten Winkelgeschwindigkeit ω.

6.5.2.2 *Wechselstromkreis mit kapazitivem Widerstand*

Legen wir an einen Kondensator eine *Gleichspannung U*, so fließt nur kurzzeitig ein Ladestrom, bis der Kondensator auf die Spannung U aufgeladen ist. Es fließt jedoch *kein Dauerstrom*. Polen wir die Gleichspannung um, so wird der Kondensator zunächst entladen (Entladestrom) und anschließend auf die Spannung $-U$ aufgeladen.

Bei Wechselspannung am Kondensator (Abb. 6.5-7) erfolgt ein dauernder Wechsel zwischen Lade- und Entladestrom, also ein *Wechselstrom*, da der Kondensator laufend umgeladen wird.

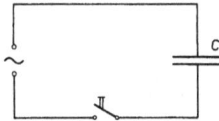

Abb. 6.5-7:
Wechselstromkreis mit kapazitivem Widerstand

Für die Ladung q eines Kondensators der Kapazität C gilt (6.1.1.5):

$$q = Cu$$

Mit $u = \hat{u} \sin \omega t$ wird:

$$q = C\hat{u} \sin \omega t$$

Die Stromstärke ist definitionsgemäß $i = \frac{dq}{dt}$. Also ist:

$$i = \omega C\hat{u} \cos \omega t$$

oder:

$$i = \omega C\hat{u} \sin\left(\omega t + \frac{\pi}{2}\right)$$

Daraus ergibt sich:

$$i = \hat{i} \sin\left(\omega t + \frac{\pi}{2}\right) \quad \text{mit} \quad \hat{i} = \hat{u}\omega C$$

Analog zum Ohmschen Widerstand R *definieren* wir den Quotienten aus $\hat{u}$ und $\hat{i}$ als kapazitiven Widerstand X_C, wobei der Index andeutet, daß es sich um einen Kondensator als Wechselstromwiderstand handelt. Es ist also der kapazitive Widerstand:

$$\frac{\hat{u}}{\hat{i}} = \frac{1}{\omega C} \qquad \text{oder} \qquad \boxed{X_C = \frac{1}{\omega C}}$$

Die *SI-Einheit* von X_C ist: $[X_C] = 1 \ \Omega$, denn es ist:

$$\frac{1}{s^{-1} \, A \, s \, V^{-1}} = \frac{V}{A} = \Omega$$

Der kapazitive Widerstand ist umso kleiner je größer die Kapazität des Kondensators und je höher die Kreisfrequenz der Wechselspannung ist.

Bei Gleichspannung ($\omega = 0$) ist der kapazitive Widerstand unendlich groß; es fließt also kein Dauerstrom.

Ein Wechselstromkreis mit kapazitivem Widerstand unterscheidet sich von einem Wechselstromkreis mit Ohmschem Widerstand durch den wichtigen Umstand, daß Stromstärke und Spannung um $\frac{\pi}{2}$ in der Phase verschoben sind (Abb. 6.5-8). Das entsprechende Zeigerdiagramm für Spannung und Stromstärke zeigt die Abb. 6.5-9.

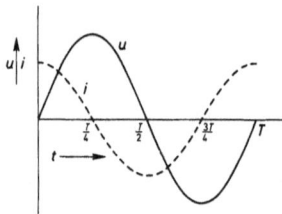

Abb. 6.5-8:
Spannung und Stromstärke sind bei kapazitivem Widerstand Sinus-Schwingungen mit einer Phasenverschiebung um $\frac{\pi}{2}$.

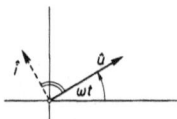

Abb. 6.5-9:
Zeigerdiagramm für Spannung und Stromstärke bei kapazitivem Widerstand

Die Phasenverschiebung zwischen Spannung und Stromstärke erklärt sich folgendermaßen:

Die Stromstärke eilt der Spannung voraus; denn der Strom beginnt sofort den Kondensator aufzuladen und hat am Anfang seine größte Stärke. Die Spannung hingegen hat erst dann ihren Höchstwert, wenn der Kondensator aufgeladen ist. In diesem Augenblick ist die Stromstärke Null.

6.5.2.3 Wechselstromkreis mit induktivem Widerstand

Wir betrachten einen Wechselstromkreis mit einer Spule der Induktivität L (Abb. 6.5-10), wobei wir annehmen, daß ihr Ohmscher Widerstand vernachlässigbar sei.

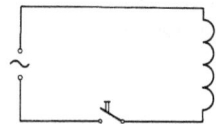

Abb. 6.5-10:
Wechselstromkreis mit induktivem Widerstand

Legen wir an die Spule die Wechselspannung $u = \hat{u} \sin \omega t$ an, so wird in der Spule durch den Wechselstrom der Stromstärke ein Magnetfeld aufgebaut und nach der Umpolung wieder abgebaut und in umgekehrter Richtung aufgebaut usw. Dabei wirkt sich die Induktivität L der Spule so aus, daß die selbstinduzierte Spannung $u_i = -L \frac{di}{dt}$ ist. Da $R \approx 0$ angenommen wird, ist $u + u_i = 0$ (6.4.6) oder:

$$\hat{u} \sin \omega t = L \frac{di}{dt}$$

Wir trennen die Variablen:

$$di = \frac{\hat{u}}{L} \sin \omega t \ dt$$

Setzen wir $i = -\frac{\hat{u}}{\omega L}$ für $t = 0$, so folgt durch Integration:

$$i = -\frac{\hat{u}}{\omega L} \cos \omega t$$

Daraus ergibt sich:

$$i = \hat{i} \sin\left(\omega t - \frac{\pi}{2}\right) \qquad \text{mit} \qquad \hat{i} = \frac{\hat{u}}{\omega L}$$

Analog zum Ohmschen Widerstand R *definieren* wir den Quotienten aus $\hat{u}$ und $\hat{i}$ als induktiven Widerstand X_L, wobei der Index andeutet, daß es sich um eine Induktivität im Wechselstromkreis handelt. Es ist also der induktive Widerstand $\dfrac{\hat{u}}{\hat{i}} = \omega L$ oder:

$$X_L = \omega L$$

Die *SI-Einheit* von X_L ist: $[X_L] = 1\ \Omega$, denn es ist:

$$s^{-1}\ V\ s\ A^{-1} = \frac{V}{A} = \Omega$$

Der induktive Widerstand wächst mit der Induktivität der Spule und der Kreisfrequenz der Wechselspannung.

Auch beim induktiven Widerstand tritt eine Phasenverschiebung, in diesem Fall um $-\dfrac{\pi}{2}$, zwischen Spannung und Stromstärke ein (Abb. 6.5-11). Das entsprechende Zeigerdiagramm zeigt die Abb. 6.5.-12.

Die *Phasenverschiebung* zwischen Spannung und Stromstärke erklärt sich folgendermaßen:

Entsprechend der Lenzschen Regel (6.4.7) hemmt die Selbstinduktionswirkung den Auf- und Abbau des Magnetfeldes der Spule. Schließt man den Wechselstromkreis in dem Zeitpunkt, in dem die Spannung ihren Scheitelwert hat, so steigt die Stromstärke von Null aus wegen der „Trägheit" des Magnetfeldes mit zeitlicher Verzögerung an und erreicht erst nach $\dfrac{T}{4}$ ihren Scheitelwert.

In Wirklichkeit gibt es keine Spulen ohne Ohmschen Widerstand; daher ist die Phasenverschiebung nur angenähert $-\dfrac{\pi}{2}$ für $X_L \gg R$.

6.5.2.4 *Reihenschaltung verschiedenartiger Widerstände im Wechselstromkreis*

In einem Wechselstromkreis seien ein Ohmscher Widerstand R, ein induktiver Widerstand X_L und ein kapazitiver Widerstand X_C in Reihe geschaltet (Abb. 6.5-13). Durch alle drei

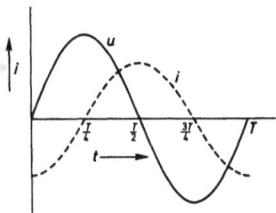

Abb. 6.5-11:
Spannung und Stromstärke sind bei induktivem Widerstand Sinus-Schwingungen mit einer Phasenverschiebung um $-\dfrac{\pi}{2}$.

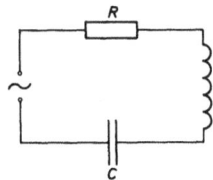

Abb. 6.5-13:
Reihenschaltung verschiedenartiger Widerstände in einem Wechselstromkreis

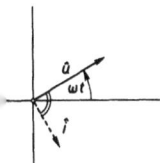

Abb. 6.5-12:
Zeigerdiagramm für Spannung und Stromstärke bei induktivem Widerstand

Widerstände fließt dann ein Wechselstrom derselben Stromstärke:

$$i = \hat{i} \sin \omega t$$

Die Gesamtspannung u verteilt sich auf die drei Widerstände:

$$u = u_R + u_C + u_L$$

Im einzelnen ist:

$$u_R = \hat{u}_R \sin \omega t$$

$$u_L = \hat{u}_L \sin\left(\omega t + \frac{\pi}{2}\right)$$

$$u_C = \hat{u}_C \sin\left(\omega t - \frac{\pi}{2}\right)$$

Zeichnen wir unter Beachtung der Phasenverschiebungen um $\pm \frac{\pi}{2}$ das Zeigerdiagramm (Abb. 6.5-14), so erhalten wir durch geometrische Addition für die Scheitelwerte der Spannungen folgende Gleichung:

$$\hat{u}^2 = \hat{u}_R^2 + (\hat{u}_L - \hat{u}_C)^2$$

Man definiert als „*Scheinwiderstand*" $Z = \frac{\hat{u}}{\hat{i}}$.

Dann folgt aus der Gleichung für die Scheitelwerte der Spannungen durch Division mit $\hat{i}^2$:

$$Z^2 = R^2 + \left(\omega L - \frac{1}{\omega C}\right)^2$$

Daraus folgt der

Scheinwiderstand bei Reihenschaltung:

$$\boxed{Z = \sqrt{R^2 + \left(\omega L - \frac{1}{\omega C}\right)^2}}$$

Den Ohmschen Widerstand R nennt man auch „*Wirkwiderstand*", während man $\omega L - \frac{1}{\omega C}$ als „*Blindwiderstand*" bezeichnet.

Dividieren wir alle Spannungszeiger des Diagramms der Abb. 6.5-14 durch $\hat{i}$, so erhalten wir die Widerstandszeiger zur Ermittlung des Scheinwiderstandes Z (Abb. 6.5-15).

Da die Widerstände keine Funktionen der Zeit sind, rotieren die Widerstandszeiger nicht.

Aus den Zeigerdiagrammen können wir auch die *Phasenverschiebung* φ zwischen Stromstärke und Spannung ablesen.

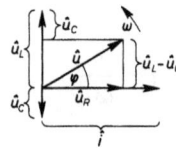

Abb. 6.5-14:
Zeigerdiagramm für Spannung und Stromstärke bei verschiedenartigen in Reihe geschalteten Widerständen

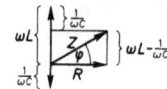

Abb. 6.5-15:
Diagramm der Widerstandszeiger bei verschiedenartigen in Reihe geschalteten Widerständen

Es ist:

$$\tan \varphi = \left(\omega L - \frac{1}{\omega C}\right) : R$$

Mit dieser Phasenverschiebung ist:

$$u = \hat{u} \sin (\omega t + \varphi)$$

6.5.2.5 *Parallelschaltung verschiedenartiger Widerstände im Wechselstromkreis*

In einem Wechselstromkreis seien ein Ohmscher Widerstand R, ein induktiver Widerstand X_L und ein kapazitiver Widerstand X_C zueinander parallel geschaltet (Abb. 6.5-16). An allen drei Widerständen liegt dann dieselbe Spannung:

$$u = \hat{u} \sin \omega t$$

Der Gesamtstrom i setzt sich aus den Teilströmen durch die drei Widerstände zusammen:

$$i = i_R + i_C + i_L$$

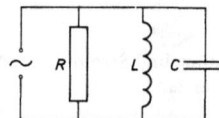

Abb. 6.5-16:
Parallelschaltung verschiedenartiger Widerstände in einem Wechselstromkreis

Im einzelnen ist:

$$i_R = G\,\hat{u}\,\sin\omega t \qquad \text{mit} \quad G = \frac{1}{R}$$

$$i_C = B_C\,\hat{u}\,\sin\left(\omega t + \frac{\pi}{2}\right) \qquad \text{mit} \quad B_C = \omega C$$

$$i_L = B_L\,\hat{u}\,\sin\left(\omega t - \frac{\pi}{2}\right) \qquad \text{mit} \quad B_L = \frac{1}{\omega L}$$

G nennt man „Wirkleitwert"; B_C und B_L bezeichnet man als „Blindleitwerte".

Aus dem Zeigerdiagramm (Abb. 6.5-17) erhalten wir durch geometrische Addition für die Scheitelwerte der Stromstärken folgende Gleichung:

$$\hat{i}^2 = \hat{i}_R^2 + (\hat{i}_C - \hat{i}_L)^2$$

Man definiert als „Scheinleitwert"

$$Y = \frac{1}{Z} \qquad \text{oder} \qquad Y = \frac{\hat{i}}{\hat{u}}\,.$$

Dann folgt aus der Gleichung für die Scheitelwerte der Stromstärken durch Division mit $\hat{u}^2$:

$$Y^2 = G^2 + (B_C - B_L)^2$$

Daraus folgt der
Scheinleitwert bei Parallelschaltung:

$$Y = \sqrt{G^2 + \left(\omega C - \frac{1}{\omega L}\right)^2}$$

Dividieren wir alle Stromzeiger des Diagramms der Abb. 6.5-17 durch $\hat{u}$, so erhalten wir die Leitwertzeiger zur Ermittlung des Scheinleitwertes Y (Abb. 6.5-18).

Da die Leitwerte keine Funktionen der Zeit sind, rotieren die Leitwertzeiger nicht.

Aus den Zeigerdiagrammen können wir die Phasenverschiebung zwischen Stromstärke und Spannung ablesen. Es ist:

$$\boxed{\tan\varphi = \left(\omega C - \frac{1}{\omega L}\right)\cdot R}$$

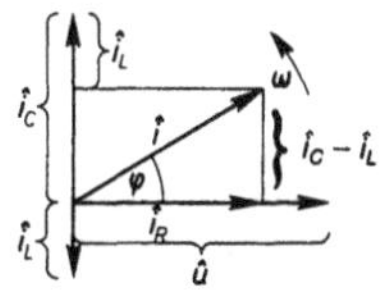

Abb. 6.5-17:
Zeigerdiagramm für Spannung und Stromstärke bei verschiedenartigen parallel geschalteten Widerständen

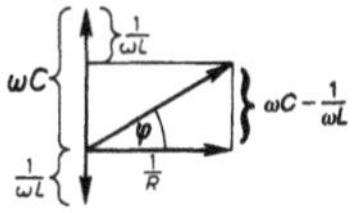

Abb. 6.5-18:
Diagramm der Leitwertszeiger bei verschiedenartigen parallel geschalteten Widerständen

Mit dieser Phasenverschiebung ist:

$$\boxed{i = \hat{i}\,\sin(\omega t + \varphi)}$$

6.5.2.6 *Leistung in Wechselstromkreisen*

Die *momentane Leistung* in einem Wechselstromkreis ist:

$$p = iu \qquad \text{oder} \qquad p = \hat{i}\hat{u}\,\sin\omega t\,\sin(\omega t + \varphi)$$

Je nach der Größe des Phasenwinkels φ kann p positive oder negative Werte annehmen. Dementsprechend wird die Leistung der Stromquelle entnommen oder ihr zugeführt.

Den zeitlichen Mittelwert der Leistung (Durchschnittsleistung) während einer Periode T nennt man *Wirkleistung* $\overline{P}$. Es ist:

$$\overline{P} = \frac{1}{T}\int_0^T p\,\mathrm{d}t$$

Wir wollen zunächst die momentane Leistung und die Wirkleistung für einfache Wechselstromkreise mit jeweils nur einer Widerstandsart betrachten und dann abschließend auf den allgemeinen Fall zurückkommen.

Spezialfälle
1. *Wechselstromkreis mit Ohmschem Widerstand*
   Die momentane Leistung ist in diesem Fall (Abb. 6.5-19):

$$p_R = \hat{i}\hat{u}\,\sin^2\omega t \qquad \text{oder} \qquad p_R = \frac{1}{2}\,\hat{i}\hat{u}\,(1 - \cos 2\omega t)$$

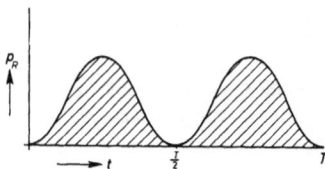

Abb. 6.5-19:
Momentane Leistung als Funktion der Zeit in einem Wechselstromkreis mit Ohmschem Widerstand

Die Wirkleistung ist dann:

$$\bar{P}_R = \frac{1}{T}\,\frac{1}{2}\,\hat{i}\,\hat{u}\int_0^T (1 - \cos 2\,\omega t)\,dt$$

Wir haben diese Gleichung bereits bei der Definition der effektiven Wechselstromgrößen I und U verwendet (6.5.1). Wie dort erhalten wir für die Wirkleistung:

$$\boxed{\bar{P}_R = \frac{1}{2}\,\hat{i}^2\,R}\quad \text{oder} \quad \boxed{\bar{P}_R = \frac{1}{2}\,\hat{u}^2\,\frac{1}{R}}$$

2. Wechselstromkreis mit kapazitivem Widerstand
Die momentane Leistung ist in diesem Fall (Abb. 6.5-20):

$$p_C = \hat{i}\,\hat{u}\,\sin\omega t\,\sin\left(\omega t + \frac{\pi}{2}\right)$$

Die Wirkleistung ist dann:

$$\bar{P}_C = \frac{1}{T}\int_0^T \sin\omega t\,\sin\left(\omega t + \frac{\pi}{2}\right)dt$$

Die positiven und negativen Leistungsanteile, die in der Abb. 6.5-20 schraffiert sind, heben sich gegenseitig auf.

Daher ist:

$$\boxed{\bar{P}_C = 0}$$

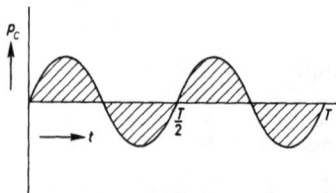

Abb. 6.5-20:
Momentane Leistung als Funktion der Zeit in einem Wechselstromkreis mit kapazitivem Widerstand

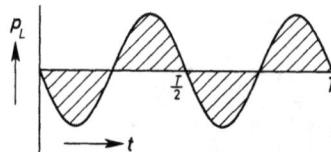

Abb. 6.5-21:
Momentane Leistung als Funktion der Zeit in einem Wechselstromkreis mit induktivem Widerstand

3. Wechselstromkreis mit induktivem Widerstand
Die momentane Leistung ist in diesem Fall (Abb. 6.5-21):

$$p_L = \hat{i}\,\hat{u}\,\sin\omega t\,\sin\left(\omega t - \frac{\pi}{2}\right)$$

Die Wirkleistung ist dann:

$$\bar{P}_L = \frac{1}{T}\,\hat{i}\,\hat{u}\int_0^T \sin\omega t\,\sin\left(\omega t - \frac{\pi}{2}\right)dt$$

Auch in diesem Fall heben sich die positiven und negativen Leistungsanteile gegenseitig auf. Daher ist:

$$\boxed{\bar{P}_L = 0}$$

Vergleichen wir die drei Spezialfälle, so sehen wir, daß nur im ersten Fall eine nichtelektrische bzw. nichtmagnetische Energie auftritt, nämlich die im Ohmschen Widerstand entwickelte innere Energie. Im kapazitiven und im induktiven Widerstand entsteht dagegen keine Wärmeenergie, sondern es wird elektrische Energie dem Kondensator abwechselnd zu- und abgeführt bzw. elektrische Energie in der Spule in magnetische Energie umgewandelt und wieder zurück in elektrische Energie.

Als Wirkleistung bezeichnet man dementsprechend die Leistung, bei der irgendeine andere nicht-elektromagnetische Energieart, z.B. Wärmeenergie oder mechanische Energie, auftritt. Die Wirkleistung ist also Null, wenn bei einem Vorgang nur elektrische in magnetische Energie verwandelt wird oder umgekehrt magnetische in elektrische Energie.

In der Elektrotechnik führt man außer der Wirkleistung auch eine „*Blindleistung*" ein, worauf wir jedoch hier nicht eingehen wollen.

Allgemeiner Fall:
In einem Wechselstromkreis mit Ohmschem, kapazitivem und induktivem Widerstand ist die momentane Leistung (Abb. 6.5-22):

$$p = \hat{i}\,\hat{u}\,\sin\omega t\,\sin(\omega t + \varphi)$$

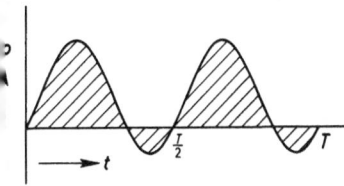

Abb. 6.5-22:
Momentane Leistung als
Funktion der Zeit in einem
Wechselstromkreis; allge-
meiner Fall

Die Wirkleistung ist:

$$\overline{P} = \frac{1}{T} \, \hat{i}\hat{u} \int\limits_0^T \sin \omega t \, \sin (\omega t + \varphi) \, \mathrm{d}t$$

Daraus folgt:

$$\overline{P} = \frac{1}{2} \, \hat{i}\hat{u} \cos \varphi$$

Führen wir die Effektivwerte

$$I = \frac{\hat{i}}{\sqrt{2}} \qquad \text{und} \qquad U = \frac{\hat{u}}{\sqrt{2}}$$

von Stromstärke und Spannung in die Gleichung ein, so wird:

$$\overline{P} = I \, U \cos \varphi$$

Die Wirkleistung ist also am größten, wenn $\cos \varphi = 1$ oder $\varphi = 0$ ist, d.h. wenn zwischen Stromstärke und Spannung keine Phasenverschiebung vorhanden ist. Man nennt $\cos \varphi$ den „Leistungs-" oder „Wirkfaktor".

Das Produkt UI bezeichnet man als „Scheinleistung".

6.5.2.7 *Resonanz in Wechselstromkreisen*

Bei einer erzwungenen mechanischen Schwingung ist das Verhältnis der Amplituden von erzwungener und erregender Schwingung eine Funktion der Frequenz (4.4). Bei einer bestimmten Frequenz tritt Resonanz ein. Bei dieser Resonanzfrequenz wächst die Amplitude der erzwungenen Schwingung sehr stark an.

Auch bei erzwungenen elektromagnetischen Schwingungen gibt es Resonanzerscheinungen. Man kann zwei Fälle unterscheiden, wobei entweder die Amplitude des Stromes oder der Spannung stark anstei-

gen. Man bezeichnet diese beiden Fälle nach der Anordnung der Schaltelemente als Reihen- oder Parallelresonanz.

1. *Reihenresonanz*
Sind in einem Wechselstromkreis ein Ohmscher, ein induktiver und ein kapazitiver Widerstand in Reihe geschaltet (Abb. 6.5-13), so ändert der Scheinwiderstand

$$Z = \sqrt{R^2 + \left(\omega L - \frac{1}{\omega C}\right)^2}$$

seinen Wert mit der Kreisfrequenz ω. Er erreicht ein Minimum, wenn $\omega_0 L - \dfrac{1}{\omega_0 C} = 0$ ist. Dann ist nämlich der Blindwiderstand Null und es bleibt nur der frequenzunabhängige Wirkwiderstand übrig. Die Stromstärke erreicht bei dieser Kreisfrequenz ω_0 einen *Maximalwert (Resonanzfall)*. Zwischen Stromstärke und Spannung gibt es dabei keine Phasenverschiebung.

Aus der Resonanzbedingung $\omega_0 L - \dfrac{1}{\omega_0 C} = 0$ folgt:

$$\omega_0 = \frac{1}{\sqrt{LC}}$$

Wegen $\omega = 2\pi f$ ist die Resonanzfrequenz:

$$f_0 = \frac{1}{2\pi\sqrt{LC}}$$

Wegen $f = \dfrac{1}{T}$ ist die Periodendauer im Resonanzfall:

$$T_0 = 2\pi\sqrt{LC}$$

Die Abb. 6.5-23 zeigt die Stromstärke $I = \dfrac{\hat{i}}{\sqrt{2}}$ in Abhängigkeit von der Frequenz bei konstanter Eingangsspannung.

Bei der Reihenresonanz sind die beiden Teilspannungen U_C und U_L gleich groß. Wegen ihrer entgegengesetzten Phasenlage (Phasenverschiebung um π) heben sie sich gegenseitig auf. Die angelegte Spannung U ist dann gleich der Teilspannung U_R am Wirkwiderstand.

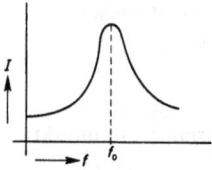

Abb. 6.5-23:
Abhängigkeit der Stromstärke von der
Frequenz bei Reihenresonanz

Die beiden Teilspannungen U_C und U_L können dabei aber einzeln größer sein als die angelegte Spannung U. Die an der Spule und am Kondensator bei Reihenresonanz auftretenden Spannungen können sogar die Leitungen und Schaltteile gefährden.

Beispiel: Ein Ohmscher Widerstand $R = 25\ \Omega$, eine Spule der Induktivität $L = 1,5$ H und ein Kondensator der Kapazität $C = 1,8\ \mu$F sind in Reihe geschaltet. Es wird eine sinusförmige Wechselspannung $U = 220$ V angelegt. Die Resonanzfrequenz ist:

$$f_0 = \frac{1}{2\pi\sqrt{1,5\cdot 1,8\cdot 10^{-6}}}\ \text{Hz} = 97\ \text{Hz}$$

Der Resonanzstrom ist:

$$I_0 = \frac{220\ \text{V}}{25\ \Omega} = 8,8\ \text{A}$$

Am Kondensator liegt im Resonanzfall die Teilspannung:

$$U_C = \frac{I_0}{\omega_0 C} \quad \text{oder} \quad U_C = \frac{8,8}{2\pi\cdot 97\cdot 1,8\cdot 10^{-6}}\ \text{V} = 8,0\ \text{kV}$$

An der Spule liegt im Resonanzfall die Teilspannung:

$$U_L = I_0\,\omega_0 L \quad \text{oder} \quad U_L = 8,8\cdot 2\pi\cdot 97\cdot 1,5\ \text{V} = 8,0\ \text{kV}$$

2. Parallelresonanz

Sind in einem Wechselstromkreis ein Ohmscher, ein induktiver und ein kapazitiver Widerstand parallel geschaltet (Abb. 6.5-16), so ändert der Scheinleitwert

$$Y = \sqrt{G^2 + \left(\omega C - \frac{1}{\omega L}\right)^2}$$

seinen Wert mit der Kreisfrequenz ω. Er erreicht ein Minimum, wenn $\omega_0 C - \dfrac{1}{\omega_0 L} = 0$ ist. Dann ist nämlich der Blindleitwert Null und es bleibt nur der frequenzunabhängige Wirkleitwert übrig. Die *Stromstärke* erreicht bei dieser Kreisfrequenz ω_0 einen *Minimalwert (Re-*

sonanzfall). Zwischen Spannung und Stromstärke gibt es dabei keine Phasenverschiebung.

Aus der Resonanzbedingung $\omega_0 C - \dfrac{1}{\omega_0 L} = 0$ folgt auch hier wieder:

$$\omega_0 = \frac{1}{\sqrt{LC}}$$

und die Resonanzfrequenz:

$$f_0 = \frac{1}{2\pi\sqrt{LC}}$$

und die Periodendauer im Resonanzfall:

$$T_0 = 2\pi\sqrt{LC}$$

Bei *Reihenresonanz* hatte die *Stromstärke* ein *Maximum;* im Gegensatz dazu hat sie bei *Parallelresonanz* ein *Minimum.*

Stellt man in letztem Fall bei jeder Frequenz stets die gleiche Stromstärke ein, so durchläuft die *Spannung* eine Resonanzkurve der bekannten Form, also mit einem *Maximum* bei der Resonanzfrequenz.

Ferner waren bei *Reihenresonanz* die *Teilspannungen an* den Blindwiderständen gegenüber der angelegten Spannung *überhöht.* Bei *Parallelresonanz* sind dagegen die *Stromstärken der Teilströme* in den Blindwiderständen gegenüber der Stromstärke des einfließenden Stromes *überhöht.*

6.5.3 Elektromagnetische Eigenschwingungen

6.5.3.1 *Elektromagnetischer Schwingkreis*

Der periodische Wechsel zwischen elektrischer und magnetischer Energie in einem Wechselstromkreis (6.4.2.2) entspricht dem periodischen Wechsel zwischen potentieller und kinetischer Energie in einem mechanischen schwingungsfähigen

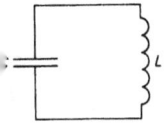

Abb. 6.5-24:
Elektromagnetischer Schwingkreis

System, z.B. einem Federpendel. Bei diesem genügt eine einmalige Energiezufuhr, um es zum Schwingen mit seiner Eigenfrequenz anzuregen. Die Eigenfrequenz ist annähernd gleich der Resonanzfrequenz bei einer erzwungenen Schwingung des Pendels (4.4).

Entsprechende Verhältnisse zeigt ein *elektromagnetischer Schwingkreis,* der aus einem Kondensator der Kapazität C und einer Spule der Induktivität L besteht (Abb. 6.5-24).

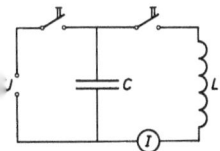

Abb. 6.5-25:
Versuch zur gedämpften elektromagnetischen Schwingung

Versuch (Abb. 6.5-25): Man lädt zunächst den Kondensator durch Schließen des linken Schalters auf die Spannung U und öffnet dann den Schalter wieder. Wenn man nun den rechten Schalter schließt, so entlädt sich der Kondensator über die Spule. Der Stromstärkemesser zeigt aber nicht nur einen einmaligen Entladestrom. Der zeitliche Verlauf der Stromstärke ist vielmehr der einer gedämpften Schwingung (Abb. 6.5-26).

Wir können das Entstehen der Schwingung folgendermaßen erklären: Am Anfang hat die Spannung am Kondensator, und damit sein elektrisches Feld, ein Maximum. Beim Schließen des rechten Schalters wird dieses Feld durch den Entlade-

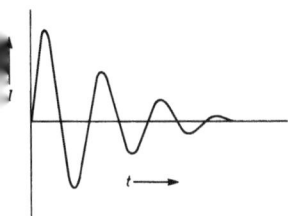

Abb. 6.5-26:
Stromstärke als Funktion der Zeit beim Versuch entsprechend Abb. 6.5-25; gedämpfte Schwingung

strom abgebaut, gleichzeitig entsteht in der Spule ein Magnetfeld. Dieser Vorgang wird durch die Selbstinduktion verlangsamt. Wenn das elektrische Feld des Kondensators verschwunden ist, hat die Stromstärke, und damit das Magnetfeld der Spule, seinen Höchstwert. Anschließend induziert das abnehmende Magnetfeld einen Ladestrom, durch den der Kondensator wieder aufgeladen wird, wobei die Spannung das entgegengesetzte Vorzeichen gegenüber der ursprünglichen hat. Das Wechselspiel zwischen elektrischem und magnetischem Feld wiederholt sich periodisch. Wegen des unvermeidlichen Ohmschen Widerstandes klingt die Schwingung allmählich ab; denn in diesem Widerstand wird Stromwärme erzeugt, wodurch elektromagnetische Schwingungsenergie verlorengeht.

Durch geeignete Maßnahmen, auf die wir später zurückkommen (6.5.3.5), kann man die durch Stromwärme (oder durch Abstrahlung) verschwindende Energie ersetzen und ungedämpfte elektromagnetische Schwingungen erzeugen.

Die Abb. 6.5-27 und die folgende Zusammenstellung zeigen den Vergleich zwischen der mechanischen Schwingung eines Federpendels und der elektromagnetischen Schwingung eines Schwingkreises.

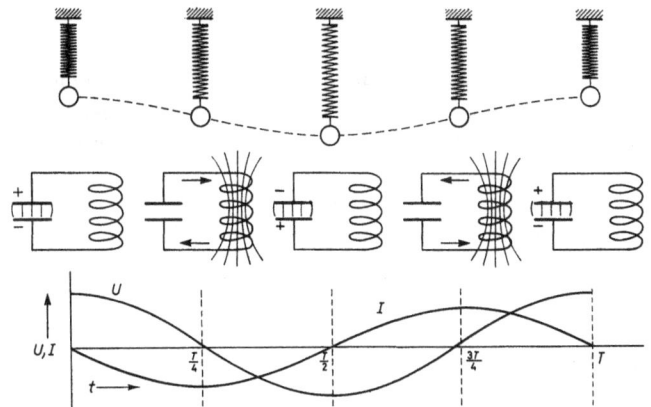

Abb. 6.5-27: Elektrisches Feld eines Kondensators und magnetisches Feld einer Spule in einem elektromagnetischen Schwingkreis während einer Schwingung für $\varphi_0 = \dfrac{\pi}{2}$

Mechanische Schwingung eines Federpendels	Elektromagnetische Schwingung eines Schwingkreises
Die Schwingung wird in Gang gesetzt durch Energiezufuhr,	
indem das Federpendel gehoben wird, ihm also *potentielle Energie* gegeben wird.	indem der Kondensator aufgeladen wird, ihm also *elektrische Energie* gegeben wird.
Wird das System sich dann selbst überlassen, so wird periodisch umgewandelt:	
potentielle in kinetische Energie	*elektrische in magnetische Energie*
und umgekehrt.	
Der Schwingungsvorgang wird aufrecht erhalten durch	
die Trägheit des Körpers.	die Trägheit des Magnetfeldes.
Die Schwingung ist gedämpft wegen	
der Reibung.	des Ohmschen Widerstands.

6.5.3.2 *Differentialgleichung der ungedämpften elektromagnetischen Schwingung*

Die Parallele zwischen mechanischer und elektromagnetischer Schwingung wird noch deutlicher, wenn wir ihre Schwingungsgleichungen einander gegenüberstellen. Um die Schwingungsgleichung für die ungedämpfte Eigenschwingung eines Schwingkreises mit der Kapazität C und der Induktivität L zu erhalten, gehen wir von folgenden Überlegungen aus:

Der Ohmsche Widerstand sei vernachlässigbar klein, also $R = 0$. Bleibt nach dem Aufladen des Kondensators keine äußere Spannung am Schwingkreis, so gilt für die Spannung u_C am Kondensator und für die Spannung u_L an der Spule:

$$u_C + u_L = 0$$

Es ist $\quad u_C = \dfrac{q}{C}$ (6.1.1.5) und $\quad u_L = L \dfrac{\mathrm{d}i}{\mathrm{d}t} \quad$ (6.4.6).

Aus der Definition der Stromstärke folgt:

$$i = \frac{\mathrm{d}q}{\mathrm{d}t} = \dot{q} \quad \text{und} \quad \frac{\mathrm{d}i}{\mathrm{d}t} = \frac{\mathrm{d}^2 q}{\mathrm{d}t^2} = \ddot{q}$$

Damit erhalten wir als Differentialgleichung der ungedämpften elektromagnetischen Schwingung:

$$L\ddot{q} + \frac{1}{C}\, q = 0$$

Diese Gleichung hat dieselbe mathematische Form wie die de mechanischen ungedämpften Sinus-Schwingung:

$$m\ddot{y} + Dy = 0 \qquad (4.1.4).$$

Dabei entsprechen einander folgende Größen:

Mechanik		Elektromagnetismus	
Masse	m	Induktivität	L
Richtgröße	D	reziproke Kapazität	$\dfrac{1}{C}$
Elongation	y	Ladung des Kondensators	q
Geschwindigkeit	$v = \dot{y}$	Stromstärke	$i = \dot{q}$
Beschleunigung	$a = \dot{v} = \ddot{y}$	zeitliche Änderung der Stromstärke	$\dot{i} = \ddot{q}$

Wir setzen entsprechend 4.1.4 versuchsweise als Lösung der Differentialgleichung der ungedämpften elektromagnetischen Schwingung an:

$$q = \hat{q} \sin (\omega_0 t + \varphi_0)$$

Dann ist:

$$\dot{q} = \hat{q} \omega_0 \cos (\omega_0 t + \varphi_0)$$

und:

$$\ddot{q} = - \hat{q} \omega_0^2 \sin (\omega_0 t + \varphi_0)$$

Setzen wir q und $\ddot{q}$ in die Differentialgleichung ein, dann erhalten wir:

$$- L \hat{q} \omega_0^2 \sin (\omega_0 t + \varphi_0) + \frac{1}{C} \hat{q} \sin (\omega_0 t + \varphi_0) = 0$$

Diese Gleichung ist erfüllt, wenn

$$- L \omega_0^2 + \frac{1}{C} = 0 \text{ ist,}$$

also wenn gilt:

$$\omega_0 = \frac{1}{\sqrt{LC}} \qquad \text{oder} \qquad f_0 = \frac{1}{2\pi\sqrt{LC}}$$

Daraus folgt:

$$\boxed{T = 2\pi\sqrt{LC}}$$

Diese Gleichung nennt man *Thomsonsche[1] Gleichung* für die Schwingungsdauer T der ungedämpften Eigenschwingung eines elektromagnetischen Schwingkreises mit der Induktivität L und der Kapazität C.

6.5.3.3 *Schwingungsenergie eines elektromagnetischen Schwingkreises*

Bei der ungedämpften Sinus-Schwingung eines mechanischen Schwingers, z.B. eines Federpendels, ist die *Schwingungsenergie,* das ist die Summe aus potentieller und kinetischer Energie, *konstant* (4.1.5). Entsprechendes gilt für die ungedämpfte elektromagnetische Sinus-Schwingung.

---

[1] William Thomson, geadelt Lord Kelvin, 1824 - 1907, engl. Physiker

Die *elektrische Energie* des Kondensators ist zur Zeit t (6.2.2.8):

$$W_{el} = \frac{1}{2} \frac{1}{C} q^2$$

oder

$$W_{el} = \frac{1}{2} \frac{1}{C} \hat{q}^2 \sin^2 (\omega_0 t + \varphi_0)$$

Mit $\omega_0^2 = \frac{1}{LC}$ umgeformt ist:

$$W_{el} = \frac{1}{2} L \omega_0^2 \hat{q}^2 \sin^2 (\omega_0 t + \varphi_0)$$

Die *magnetische Energie* der Spule ist zur Zeit t (6.4.7):

$$W_{magn} = \frac{1}{2} L i^2$$

oder

$$W_{magn} = \frac{1}{2} L \omega_0^2 \hat{q}^2 \cos^2 (\omega_0 t + \varphi_0)$$

Die Summe der elektrischen und magnetischen Energie ist:

$$W_{el} + W_{magn} = \frac{1}{2} L \omega_0^2 \hat{q}^2 [\sin^2 (\omega_0 t + \varphi_0) + \cos^2 (\omega_0 t + \varphi_0)]$$

Daraus folgt:

$$W_{el} + W_{magn} = \frac{1}{2} L \omega_0^2 \hat{q}^2$$

oder

$$W_{el} + W_{magn} = \frac{1}{2} L \hat{i}^2$$

Diese Summe ist also zeitlich *konstant.* Wir nennen sie die *Schwingungsenergie* W_s des elektromagnetischen Schwingkreises.

Es ist also:

$$W_s = \frac{1}{2} L \omega_0^2 \hat{q}^2$$

oder:

$$W_s = \frac{1}{2} L \hat{\imath}^2$$

Aus $\frac{1}{2} L \omega_0^2 \hat{q}^2 = \frac{1}{2} \frac{1}{C} \hat{q}^2$ folgt mit $\hat{q} = C\hat{u}$ ferner:

$$W_s = \frac{1}{2} C \hat{u}^2$$

Die Abb. 6.5-28 zeigt die elektrische und magnetische Energie eines Schwingkreises als Funktionen der Zeit. In den Zeitpunkten, in denen die magnetische Energie W_{magn} ihren Höchstwert hat, ist die elektrische Energie $W_{el} = 0$ und umgekehrt.

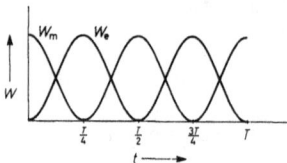

Abb. 6.5-28:
Elektrische und magnetische Energie eines Schwingkreises als Funktionen der Zeit für $\varphi_0 = 0$

6.5.3.4 *Gedämpfte elektromagnetische Schwingung*

Im mechanischen Fall tritt in der Regel eine Dämpfung der Schwingung durch die unvermeidliche Reibung ein (4.3). Die Schwingungsenergie nimmt durch die in Reibungsarbeit umgewandelte Energie ab. Im elektromagnetischen Schwingkreis wird entsprechend die Schwingung durch den unvermeidlichen Ohmschen Widerstand gedämpft. Die Schwingungsenergie nimmt dann durch die in Stromwärme umgesetzte Energie ab.

In der Differentialgleichung der mechanischen Schwingung tritt zusätzlich ein Dämpfungsglied $k\dot{y}$ auf (4.3). Dem ent-

spricht bei der elektromagnetischen Schwingung ein Dämpfungsglied $R\dot{q}$. Es muß nämlich jetzt zu den Teilspannungen u_L und u_C noch die Teilspannung $u_R = Ri$ oder $u_R = R\dot{q}$ addiert werden.

Die Differentialgleichung der gedämpften elektromagnetischen Schwingung lautet dann:

$$L\ddot{q} + R\dot{q} + \frac{1}{C}\, q = 0$$

Wie im mechanischen Fall können wir durch Bildung von $\dot{q}$ und $\ddot{q}$ und Einsetzen in die Differentialgleichung nachprüfen, daß eine Lösung dieser Differentialgleichung lautet:

$$q = \hat{q}\, e^{-\delta t}\, \sin \omega t$$

Dabei ist:

$$\delta = \frac{R}{2L}$$

Die Kreisfrequenz ω der *gedämpften Schwingung* ist:

$$\omega = \sqrt{\omega_0^2 - \delta^2}$$

wenn

$$\omega_0 = \frac{1}{\sqrt{LC}}$$

die Kreisfrequenz der ungedämpften Schwingung bedeutet.

Die Größe

$$\delta = \frac{R}{2L}$$

ist charakteristisch für die *Dämpfung*.

6.5.3.5 *Erzeugung ungedämpfter elektromagnetischer Schwingungen*

Ungedämpfte elektromagnetische Schwingungen kann man durch Wechselspannungsgeneratoren erzeugen. Diese sind aber nur für einen beschränkten Frequenzbereich und relativ niedrige Frequenzen geeignet. Durch Schwingkreise kann man zwar einen großen Frequenzbereich erfassen und auch sehr hochfrequente Schwingungen herstellen; diese sind aber wegen des unvermeidlichen Ohmschen Widerstandes zunächst stets gedämpft.

Um mit Hilfe von Schwingkreisen ungedämpfte elektromagnetische Schwingungen zu erhalten, muß man in jeder Periode dem Schwingkreis die Energie wieder zuführen, die er durch die Stromwärme verliert. Legt man z.B. jeweils dann, wenn der Kondensator maximal geladen ist, durch Schließen eines Schalters die ursprüngliche Spannung an, so wird die Dämpfung aufgehoben.

Das entspricht im mechanischen Fall folgendem Beispiel: Gibt man einem Federpendel jeweils in der tiefsten Lage einen passenden Stoß, so kann man erreichen, daß die Amplitude konstant bleibt, statt kleiner zu werden.

Da mechanische Schalter wegen ihrer Trägheit zum Anlegen der ursprünglichen Spannung an den Kondensator eines Schwingkreises nur bei sehr niedrigen Frequenzen verwendbar sind, gelang die Erzeugung ungedämpfter Schwingungen höherer Frequenzen erst, als in den Elektronenröhren mit Gitter (Trioden) praktisch trägheitslose Schalter zur Verfügung standen (Abb. 6.5-29). Ist nämlich das Gitter positiv gegenüber der Kathode, so wird der Elektronenstrom durchgelassen (Schalter geschlossen); ist dagegen das Gitter negativ gegenüber der Kathode, so wird der Elektronenstrom abgebremst (Schalter offen).

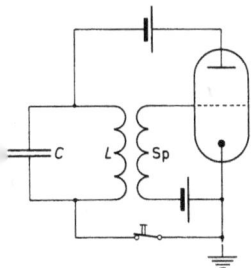

Abb. 6.5-29:
Meißnersche Rückkopplungsschaltung

Das Ersetzen der Energieverluste jeweils im richtigen Zeitpunkt gelingt besonders einfach durch Anwendung des Rückkopplungsprinzips nach *Meißner*[1] (Abb. 6.5-29). Die Induktivität L und die Kapazität C bilden einen Schwingkreis. Sobald der Kreis mit der Frequenz f schwingt, induziert die Schwingkreisspule in der Rückkopplungsspule Sp eine Wechselspannung der gleichen Frequenz f. Dadurch wird das Gitter während jeder Periode der Schwingung einmal positiv und einmal negativ aufgeladen, der trägheitslose Schalter also einmal geschlossen und wieder geöffnet. Die Schwingungen des Schwingkreises steuern demnach selbst den trägheitslosen Schalter. Die Energieverluste werden dann in jeder Periode durch die Anodenbatterie wieder ersetzt, so daß die Schwingung ungedämpft erfolgt.

6.5.3.6 *Kopplung von Schwingkreisen*

Schwingungsenergie kann von einem elektromagnetischen Schwingkreis auf einen andern übertragen werden, wenn die zwei Schwingkreise miteinander gekoppelt sind. Dazu gibt es drei Möglichkeiten (Abb. 6.5-30):

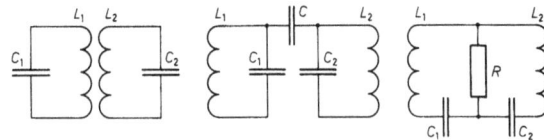

Abb. 6.5-30: Kopplung von Schwingkreisen

1. *Induktive Kopplung;* die beiden Schwingkreise haben ein gemeinsames magnetisches Feld.
2. *Kapazitive Kopplung;* die beiden Schwingkreise haben ein gemeinsames elektrisches Feld.
3. *Widerstandskopplung;* die beiden Schwingkreise haben einen gemeinsamen Ohmschen Widerstand.

---

[1] Alexander Meißner, 1883 - 1958, österr. Physiker

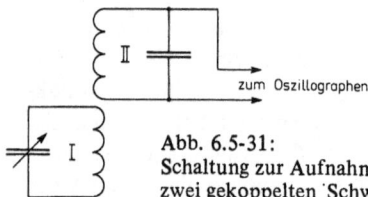

Abb. 6.5-31:
Schaltung zur Aufnahme der Resonanzkurve bei
zwei gekoppelten Schwingkreisen (Abb. 6.5-32)

Wird ein Schwingkreis I (Abb. 6.5-31), der mit einem zweiten gekoppelt ist, zu ungedämpften Eigenschwingungen angeregt (Erregerkreis), so entstehen im andern Schwingkreis II erzwungene Schwingungen (6.5.1). Die Erregerfrequenz kann durch Verändern der Kapazität C (Drehkondensator) variiert werden. Die Amplitude der von einem Oszillographen angezeigten Wechselspannung am Kondensator des Kreises II ist frequenzabhängig. Stimmen bei geringer Dämpfung die Erregerfrequenz f von I und die Eigenfrequenz f_0 von II miteinander überein, so erreicht die Spannungsamplitude $\hat{u}$ ein Maximum. (Abb. 6.5-32) Die beiden Schwingkreise sind in *Resonanz*. Die Schärfe, Höhe und Lage des Maximums hängt von der Dämpfung des Kreises ab. Diese wird durch Erhöhung des Ohmschen Widerstandes vergrößert.

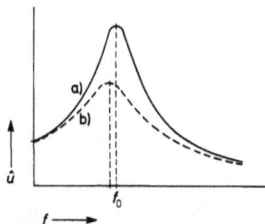

Abb. 6.5-32:
Resonanzkurve, Amplitude der Spannung in Abhängigkeit von der Frequenz bei a) geringer b) starker Dämpfung

Die Dämpfung kann zusätzlich bedingt sein durch Energieverluste, die durch die Abstrahlung elektromagnetischer Energie von einem „offenen" Schwingkreis eintreten. Darauf kommen wir in 6.6.2.2 zurück. Bisher haben wir uns nur mit „geschlossenen" Schwingkreisen befaßt.

6.5.4   Verkettung elektrischer und magnetischer Wechselfelder

Elektrische und magnetische Felder existieren nur im statischen Fall getrennt voneinander. Bei jeder zeitlichen Änderung sind beide Feldarten unlösbar miteinander verbunden, da um jedes zeitlich veränderliche elektrische Feld ein magnetisches Wirbelfeld und um jedes zeitlich veränderliche magnetische Feld ein elektrisches Wirbelfeld entsteht.

Diese Verknüpfung elektrischer und magnetischer Felder, die Maxwell durch seine beiden Gleichungen (6.3.3.3 und 6.4.3) quantitativ erfaßt hat, erklärt grundsätzlich die Art der Ausbreitung elektrischer und magnetischer Felder. Wir wollen uns dies anhand der schematischen Abb. 6.5-33 klarmachen.

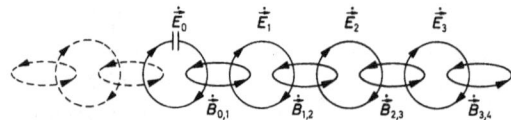

Abb. 6.5-33: Verkettung elektrischer und magnetischer Wechselfelder

In einem Schwingkreis, entsprechend Abb. 6.5-24, soll ein elektrisches Feld erzeugt werden, dessen Feldstärke $\vec{E}_0$ sich zeitlich ändert. Dieses elektrische Wechselfeld erzeugt ein magnetisches Wirbelfeld, dessen Flußdichte $\vec{B}_{0,1}$ sich ebenfalls zeitlich ändert. Dadurch entsteht ein elektrisches Wirbelfeld, dessen Feldstärke $\vec{E}_1$ sich wieder zeitlich ändert, usw. Wie die Glieder einer Kette fügen sich die elektrischen und magnetischen Wirbelfelder zusammen, wobei außen immer wieder ein neues Glied angefügt wird.

Das Bild ist allerdings sehr schematisch und unvollkommen. So ist es z.B. willkürlich, daß wir die Kette gerade von links nach rechts wachsen lassen. Die umgekehrte Richtung (in der Abb. 6.5-33 gestrichelt) ist ebenso möglich und natürlich auch viele weitere Richtungen. Wegen der besseren Übersicht haben wir nur *eine* Ausbreitungsrichtung gezeichnet, denn es kam uns hier nur auf das Prinzip der Ausbreitung elektrischer und magnetischer Wechselfelder an.

Da elektrische und magnetische Wechselfelder stets miteinander verbunden auftreten, sprechen wir in diesem Fall einfach von *elektromagnetischen Feldern.*

6.6. Elektromagnetische Wellen

Maxwell (Abb. 1.2-1) hatte bereits im Jahre 1864, aufgrund seiner Theorie über Elektrizität und Magnetismus, die Existenz elektromagnetischer Wellen vorhergesagt und ihre Eigenschaften beschrieben. Insbesondere hatte er berechnet, daß ihre Ausbreitungsgeschwindigkeit gleich der Lichtgeschwindigkeit ist. Er erkannte auch, daß das Licht sich als eine elektromagnetische Erscheinung erklären läßt, d.h., daß die Lichtwellen elektromagnetische Wellen hoher Frequenz sind.

Abb. 6.6-1:
Heinrich Hertz, 1857 - 1894; dt. Physiker; einer der letzten großen Vollender der klassischen Physik des 19. Jahrhunderts; er stellte als erster elektromagnetische Wellen her und zeigte, daß sie wesensgleich mit den Lichtwellen sind.

Heinrich Hertz (Abb. 6.6-1) gelang es im Jahre 1887 experimentell elektromagnetische Wellen zu erzeugen, die sich sowohl längs Drähten als auch frei im Raum ausbreiteten.

Marconi[1], *Braun* und andere entwickelten dann die Technik der Nachrichtenübertragung durch freie elektromagnetische Wellen über große Entfernungen, woraus sich die moderne Rundfunk- und Fernsehtechnik entwickelte.

6.6.1 Elektromagnetische Wellen längs einer Doppelleitung

6.6.1.1 *Ausbreitung eines elektromagnetischen Feldes zwischen zwei Metallplatten*

Ehe wir auf die von *H. Hertz* u.a. ausgeführten Versuche mit Doppeldrahtleitungen eingehen, wollen wir uns anhand eines Gedankenexperiments die Ausbreitung eines elektromagnetischen Feldes längs einer besonders geformten Doppelleitung überlegen. Wir setzen dabei nur voraus, daß das Feld sich mit einer endlichen Geschwindigkeit ausbreitet. Unter Verwendung der in den vorangehenden Abschnitten entwickelten Begriffe und abgeleiteten Gleichungen werden wir dabei einige wichtige Aussagen über das elektromagnetische Feld und seine Ausbreitung als Welle machen können.

Die Anordnnng für unser Gedankenexperiment zeigt die Abb. 6.6-2. Zwei gleiche unendlich lange Metallplatten sind parallel zueinander angeordnet. Ihr Ohmscher Widerstand sei vernachlässigbar klein ($R = 0$). Durch Schließen eines Doppel-

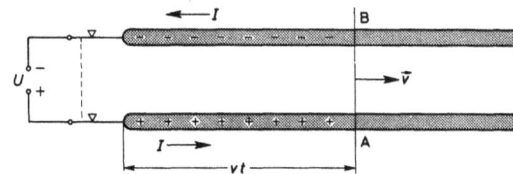

Abb.6.6-2: Gedankenexperiment zur Ausbreitung eines elektromagnetischen Feldes zwischen zwei parallelen ausgedehnten Metallplatten

[1] Guglielmo Marconi, 1874 - 1937, it. Physiker und K. Ferdinand Braun, (Abb. 6.2-38) 1850 - 1918, dt. Physiker; sie erhielten 1909 zusammen den Nobelpreis für Physik.

schalters kann zwischen die Platten eine Gleichspannung U angelegt werden.

Wird der Schalter geschlossen, so beginnen positive Ladungen auf die untere und negative Ladungen auf die obere Platte zu fließen. Zwischen den positiven und negativen Ladungen entsteht ein elektrisches Feld. Die Bewegung der Ladungen stellt einen Strom dar, der ein entsprechendes Magnetfeld zur Folge hat.

Die Ausbreitung dieses elektromagnetischen Feldes zwischen den beiden Platten wollen wir näher betrachten.

Dazu überlegen wir uns zunächst den Verlauf des elektromagnetischen Feldes in einer Ebene normal zu dem Plattenpaar (Abb. 6.6-3).

Dieses Bild entspricht dem elektrischen Feld eines Plattenkondensators (Abb. 6.2-4) überlagert vom magnetischen Feld eines breiten stromführenden Metallbandes (Abb. 6.3-9) bzw. einer Spule, deren Länge gleich der Breite dieses Bandes ist. Wenn wir von den Rändern absehen, so sind im Innenraum die beiden Felder homogen. Die konstanten Vektoren $\vec{E}$ und $\vec{H}$ stehen dabei aufeinander senkrecht und haben bei den angenommenen Versuchsbedingungen die in Abb. 6.6-3 gezeichneten Richtungen. Die Vektoren $\vec{E}$, $\vec{H}$ und $\vec{v}$ bilden also ein Rechtssystem.

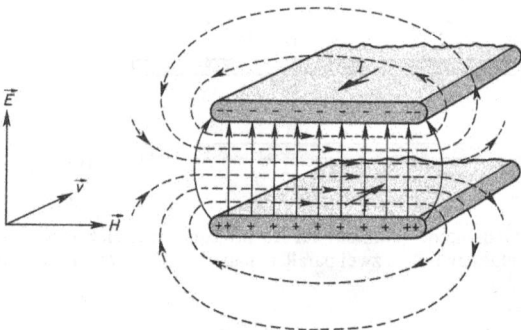

Abb. 6.6-3: Elektromagnetisches Feld zwischen zwei parallelen ausgedehnten Metallplatten

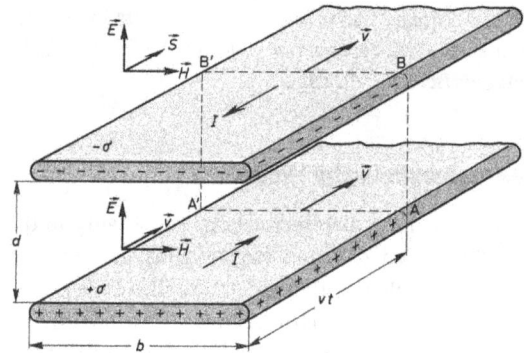

Abb. 6.6-4: Elektrische Feldstärke $\vec{E}$, magnetische Feldstärke $\vec{H}$, Ausbreitungsgeschwindigkeit $\vec{v}$ und Poyntingscher Vektor $\vec{S}$ bei der Ausbreitung eines elektromagnetischen Feldes zwischen zwei Metallplatten

Die Ausbreitung des elektromagnetischen Feldes zwischen den Platten können wir uns im Modell so vorstellen, daß die Normalebene mit den gezeichneten Feldern vom linken Rand des Plattenpaars mit der Geschwindigkeit $\vec{v}$ nach rechts verschoben wird (Abb. 6.6-2). In der Zeit t wird dann das ganze Feld überstrichen bis zu einer Stelle A B, die vom Plattenrand die Entfernung vt hat. Rechts von der Stelle A B ist zur Zeit t noch kein Feld vorhanden.

Wir wollen nun den *quantitativen* Zusammenhang zwischen den elektrischen und magnetischen Größen bei unserm Gedankenexperiment untersuchen. In der Abb. 6.6-4 sind von beiden Feldern nur noch die Vektoren $\vec{E}$ und $\vec{H}$ eingezeichnet

Der elektrische Fluß Ψ durch die Fläche $A_1 = b \cdot vt$ ist:

$$\Psi = D b v t$$

oder mit $D = \epsilon_0 E$:

$$\Psi = \epsilon_0 E b v t$$

Die Ableitung von Ψ nach der Zeit t ist gleich dem Verschiebungsstrom I_v (6.3.3.3).

Also ist:

$$I_v = \dot{\Psi} \qquad \text{oder} \qquad I_v = \epsilon_0 E v$$

Dieser Verschiebungsstrom ist mit einem Magnetfeld verbunden, dessen Feldstärke den Betrag $H = \dfrac{I_v}{b}$ hat. Daraus folgt:

$$I_v = bH$$

Setzen wir die beiden Ausdrücke für I_v einander gleich, so erhalten wir:

① $\boxed{H = \epsilon_0 E v}$

In ähnlicher Weise können wir eine zweite Gleichung für E und H ableiten, wenn wir vom magnetischen Fluß Φ durch die Fläche $A_2 = d \cdot vt$ ausgehen. Es ist:

$$\Phi = B d v t$$

oder mit $B = \mu_0 H$:

$$\Phi = \mu_0 H d v t$$

Die Ableitung von Φ nach der Zeit gibt die induzierte Spannung $\overset{\circ}{U}_i$.

Es ist nach dem Induktionsgesetz:

$$\overset{\circ}{U}_i = -\dot{\Phi} \qquad \text{oder} \qquad \overset{\circ}{U}_i = -\mu_0 H d v$$

Die angelegte Spannung $U = -\overset{\circ}{U}_i$ (6.4.6); also ist:

$$U = \mu_0 H d v$$

Daraus erhalten wir mit $\dfrac{U}{d} = E$:

② $\boxed{E = \mu_0 H v}$

Multiplizieren wir die Gleichungen ① und ② miteinander und dividieren dann beide Seiten der neuen Gleichung durch EH, so erhalten wir:

$$\boxed{v = \sqrt{\dfrac{1}{\epsilon_0 \mu_0}}}$$

Setzen wir

$$\epsilon_0 = 8{,}8542 \cdot 10^{-12} \text{ A s V}^{-1} \text{ m}^{-1} \qquad \text{und}$$
$$\mu_0 = 4\pi \cdot 10^{-7} \text{ V s A}^{-1} \text{ m}^{-1}$$

in die Gleichung ein, so erhalten wir:

$$v = 2{,}9979 \cdot 10^8 \text{ m s}^{-1}$$

Dieser Wert ist gleich der Lichtgeschwindigkeit c im Vakuum. Also:

Das elektromagnetische Feld breitet sich mit Lichtgeschwindigkeit aus.

Experimente, die wir in 6.6.1.5 besprechen werden, bestätigen diesen Sachverhalt. Dadurch wird die Vermutung nahegelegt, daß Lichtwellen elektromagnetische Wellen sind.

Es sei daran erinnert, daß $v = c$ die Geschwindigkeit ist, mit der die Grenzebene zwischen dem felderfüllten und feldleeren Raum zwischen dem Plattenpaar fortschreitet. Es handelt sich also um die Ausbreitungsgeschwindigkeit des elektromagnetischen Feldes. Diese Geschwindigkeit darf nicht verwechselt werden mit der sehr viel kleineren Geschwindigkeit der Elektronen in den Metallplatten (6.10.2.2).

Dividieren wir die Gleichung ② durch die Gleichung ①, so erhalten wir:

$$\boxed{\dfrac{E}{H} = \sqrt{\dfrac{\mu_0}{\epsilon_0}}}$$

Die Beträge der elektrischen und der magnetischen Feldstärke stehen also in einem konstanten Verhältnis zueinander. Mit den Werten für μ_0 und ϵ_0 ist:

$$\dfrac{E}{H} = 376{,}7 \ \Omega$$

Man nennt das Verhältnis $\Gamma = \dfrac{E}{H}$ „*Wellenwiderstand*" des Vakuums. Der elektrische Widerstand für den Verschiebungsstrom ist:

$$Z = \dfrac{U}{I_v} \qquad \text{oder} \qquad Z = \dfrac{d}{b} \dfrac{E}{H}$$

Dieser Widerstand ist also:

$$Z = \frac{d}{b}\, \Gamma \qquad \text{oder} \qquad Z = \frac{d}{b}\, 376{,}7\ \Omega$$

6.6.1.2 *Energietransport und Poyntingscher Vektor*

Die Energiedichte des elektrischen Feldes ist in dem felderfüllten Raum V zwischen den beiden Metallplatten (6.2.2.8):

$$\frac{W_{el}}{V} = \frac{1}{2}\, ED \qquad \text{oder} \qquad \frac{W_{el}}{V} = \frac{1}{2}\, \epsilon_0\, E^2$$

Die Energiedichte des magnetischen Feldes ist im gleichen Raum (6.4.7):

$$\frac{W_{magn}}{V} = \frac{1}{2}\, HB \qquad \text{oder} \qquad \frac{W_{magn}}{V} = \frac{1}{2}\, \mu_0\, H^2$$

Da $\dfrac{E^2}{H^2} = \dfrac{\mu_0}{\epsilon_0}$ ist, folgt:

$$\frac{1}{2}\, \epsilon_0\, E^2 = \frac{1}{2}\, \mu_0\, H^2$$

Das elektrische und magnetische Feld haben dieselbe Energiedichte. Anders ausgedrückt: Die Energie des elektromagnetischen Feldes besteht zur Hälfte aus elektrischer und zur Hälfte aus magnetischer Energie.

Bei der Ausbreitung des elektromagnetischen Feldes zwischen den beiden Metallplatten unseres Gedankenexperiments ist die bis zur Frontebene AA′BB′ (Abb. 6.6-4) durch den Verschiebungsstrom transportierte Energie:

$$W = U\, I_v\, t \qquad \text{oder} \qquad W = EdHbt$$

Die entsprechende Leistung ist:

$$P = EHdb$$

Das Produkt $db = A$ stellt die vom elektromagnetischen Feld erfüllte Fläche der Frontebene dar. Wir können demnach schreiben:

$$\frac{P}{A} = EH$$

Man definiert nach dem Vorschlag von *Poynting*[1] einen für den Energietransport in einem elektromagnetischen Feld charakteristischen Vektors $\vec{S}$ als Vektorprodukt aus $\vec{E}$ und $\vec{H}$:

$$\text{Poyntingscher Vektor} \qquad \boxed{\vec{S} = \vec{E} \times \vec{H}}$$

Der Poyntingsche Vektor $\vec{S}$ hat die Richtung der Ausbreitungsgeschwindigkeit $\vec{v}$. (Abb. 6.6-4). Sein Betrag ist gleich der durch den Querschnitt A transportierten elektromagnetischen Leistung P.

6.6.1.3 *Fortschreitende Wellen*

Die bisher betrachtete Ausbreitung eines elektromagnetischen Feldes längs einer Doppelleitung kann man vergleichen mit der Ausbreitung einer einmaligen Auslenkung (Störung) eines elastischen Seiles. Versetzt man das Seilende in eine periodische Bewegung (Schwingung), so breitet sich längs des Seils eine mechanische Welle aus. Entsprechendes gilt für das elektromagnetische Feld.

Bei unserem Gedankenexperiment waren die beiden Vektoren $\vec{E}$ und $\vec{H}$ konstant. Tragen wir den Vektor $\vec{E}$ in der positiven y-Richtung und $\vec{H}$ in der positiven z-Richtung eines kartesischen Koordinatensystems auf, so schreitet das elektromagnetische Feld in der positiven x-Richtung fort. Die Abb. 6.6-5 zeigt ein Momentanbild für die Zeit t. In dieser Zeit ist das Feld bis zu $x = vt$ fortgeschritten.

Wir wollen nun statt der konstanten Gleichspannung U eine sinusförmige Wechselspannung $u = \hat{u} \sin \omega t$ an die beiden parallelen Metallplatten anlegen. Die beiden Vektoren $\vec{E}$ und $\vec{H}$ ändern dann nach einer Sinus-Funktion ihre Beträge. Die Frequenz f, die Periodendauer $T = \dfrac{1}{f}$ und die Kreisfrequenz $\omega = 2\pi f$ sind dabei für beide Vektoren gleich. Statt des Momentanbilds der Abb. 6.6-5 ergibt sich jetzt das Momentbild der Abb. 6.6-6. Es zeigt die Ausbreitung einer elektromagneti-

---

[1] J.H. Poynting, 1852 - 1914, engl. Physiker

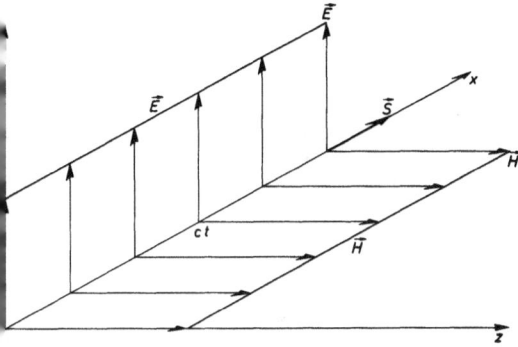

Abb. 6.6-5: Die drei Vektoren $\vec{E}$, $\vec{H}$ und $\vec{S}$; Momentanbild zur Zeit t

schen Sinuswelle. In der Zeit T schreitet die Welle um die Wellenlänge $\lambda = vT$ fort.

Bei einer mechanischen Welle (4.6.4) können wir die Elongation s als Funktion der Zeit t und der Koordinate x darstellen durch die Gleichung:

$$s = \hat{s} \sin 2\pi \left(\frac{t}{T} - \frac{x}{\lambda} \right)$$

Dabei ist $\hat{s}$ der Maximalwert der Elongation (Amplitude), T die Periodendauer und λ die Wellenlänge.

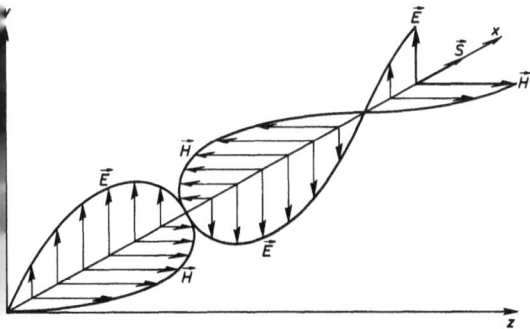

Abb. 6.6-6: Ausbreitung einer elektromagnetischen Sinuswelle

Entsprechend können wir die in der positiven x-Richtung fortschreitende elektromagnetische Sinuswelle der Abb. 6.6-6 beschreiben durch die beiden Gleichungen:

$$E_y = \hat{E}_y \sin 2\pi \left(\frac{t}{T} - \frac{x}{\lambda} \right)$$

$$H_z = \hat{H}_z \sin 2\pi \left(\frac{t}{T} - \frac{x}{\lambda} \right)$$

oder, wenn wir mit $v = \dfrac{\lambda}{T}$ umformen:

$$E_y = \hat{E}_y \sin \frac{2\pi}{\lambda} (vt - x)$$

$$H_z = \hat{H}_z \sin \frac{2\pi}{\lambda} (vt - x)$$

Für einen bestimmten Wert der Zeit t erhält man E_y und H_z als Funktionen von x (Momentanbild). E_y und H_z haben für jedes x dasselbe Vorzeichen.

Für einen bestimmten Wert der Stelle x erhält man E_y und H_z als Funktionen der Zeit t (Schwingungsbild). E_y und H_z schwingen gleichphasig.

Der Momentanwert des Poyntingschen Vektors hat den Betrag:

$$S_x = E_y H_z \qquad \text{oder} \qquad S_x = \hat{E}_y \hat{H}_z \sin^2 2\pi \left(\frac{t}{T} - \frac{x}{\lambda} \right)$$

Diese Gleichung können wir wie in 6.5.2.6 umformen in:

$$S_x = \frac{1}{2} \hat{E}_y \hat{H}_z \left[1 - \cos 4\pi \left(\frac{t}{T} - \frac{x}{\lambda} \right) \right]$$

Daraus erhalten wir den zeitlichen Mittelwert:

$$\overline{S}_x = \frac{1}{T} \int\limits_0^T S_x \, dt$$

Entsprechend 6.5.2.6 wird:

$$\overline{S}_x = \frac{1}{2} \hat{E}_y \hat{H}_z$$

Der zeitliche Mittelwert der durch den Querschnitt A in der x-Richtung transportierten Leistung ist dann:

$$\bar{P} = \frac{1}{2}\, \hat{E}_y\, \hat{H}_z\, A$$

6.6.1.4 *Stehende elektromagnetische Wellen*

In der Mechanik (4.9) haben wir erkannt, daß stehende Wellen durch die Überlagerung zweier gleicher gegenläufiger Wellen entstehen. Das gilt auch für elektromagnetische Wellen. Dabei ist zu beachten, daß die Vektoren $\vec{E}_y$, $\vec{H}_z$ und $\vec{S}_x$ stets ein Rechtssystem bilden.

Die in der negativen x-Richtung laufende Gegenwelle zu der in Abb. 6.6-6 dargestellten elektromagnetischen Welle hat deshalb ein Aussehen entsprechend Abb. 6.6-7. Im Gegensatz zu vorher (Abb. 6.6-6) haben die Vektoren E_y und H_z zu einer bestimmten Zeit t stets entgegengesetzte Vorzeichen.

Die Gleichungen der Gegenwelle lauten demnach:

$$E_y = \hat{E}_y \sin 2\pi\left(\frac{t}{T} + \frac{x}{\lambda}\right)$$
$$H_z = -\hat{H}_z \sin 2\pi\left(\frac{t}{T} + \frac{x}{\lambda}\right)$$

Die Gleichungen der stehenden Welle erhalten wir durch Addition der Gleichungen zweier gegenläufiger Wellen gleicher Frequenz und gleicher Amplitude:

$$E_y = E_{y,1} + E_{y,2}$$
$$H_z = H_{z,1} + H_{z,2}$$

oder:

$$E_y = \hat{E}_y \sin 2\pi\left(\frac{t}{T} - \frac{x}{\lambda}\right) + \hat{E}_y \sin 2\pi\left(\frac{t}{T} + \frac{x}{\lambda}\right)$$
$$H_z = \hat{H}_z \sin 2\pi\left(\frac{t}{T} - \frac{x}{\lambda}\right) - \hat{H}_z \sin 2\pi\left(\frac{t}{T} + \frac{x}{\lambda}\right)$$

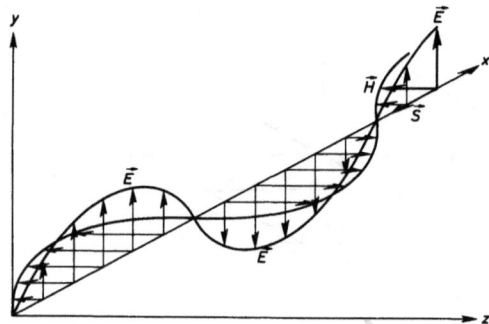

Abb. 6.6-7: Ausbreitung einer elektromagnetischen Welle in der Gegenrichtung zur Welle der Abb. 6.6-6

Nach trigonometrischer Umformung erhalten wir:

$$E_y = 2\,\hat{E}_y \cos 2\pi\,\frac{x}{\lambda} \sin 2\pi\,\frac{t}{T}$$
$$H_z = -2\,\hat{H}_z \sin 2\pi\,\frac{x}{\lambda} \cos 2\pi\,\frac{t}{T}$$

Das *elektrische Feld* hat *Knoten* an den Stellen x, an denen seine Amplitude $2\,\hat{E}_y \cos 2\pi\,\frac{x}{\lambda} = 0$ ist. Das ist der Fall für:

$$x = (2k + 1)\,\frac{\lambda}{4} \qquad \text{mit} \qquad k = 0, 1, 2, 3 \dots$$

Das *elektrische Feld* hat *Bäuche* an den Stellen x, an denen seine Amplitude $\pm\,2\,\hat{E}_y$ ist. Das ist der Fall für:

$$x = 2k\,\frac{\lambda}{4} \qquad \text{mit} \qquad k = 0, 1, 2, 3 \dots$$

Das *magnetische Feld* hat *Knoten* an den Stellen x, an denen seine Amplitude $-2\,\hat{H}_z \sin 2\pi\,\frac{x}{\lambda} = 0$ ist. Das ist der Fall für:

$$x = 2k\,\frac{\lambda}{4} \qquad \text{mit} \qquad k = 0, 1, 2, 3 \dots$$

Das *magnetische Feld* hat *Bäuche* an den Stellen *x*, an denen seine Amplitude $\mp 2 H_z$ ist. Das ist der Fall für:

$$x = (2k+1)\frac{\lambda}{4} \qquad \text{mit} \qquad k = 0, 1, 2, 3 \ldots$$

Bei jedem der beiden Felder liegen also die Knoten bzw. Bäuche je $\frac{\lambda}{2}$ voneinander entfernt (Abb. 6.6-8). Das elektrische Feld hat an den Stellen seine Knoten (Bäuche), an denen das magnetische Feld seine Bäuche (Knoten) hat.

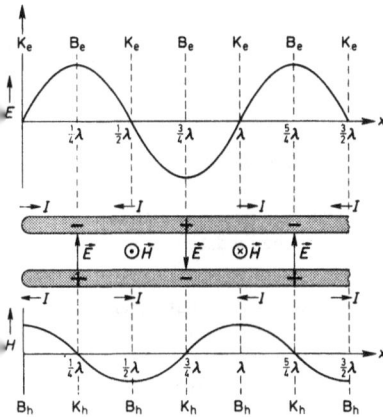

Abb. 6.6-8:
Stehende elektromagnetische Sinuswelle zwischen zwei parallelen ausgedehnten Metallplatten

Aus $U = Ed$ folgt, daß die *elektrische Spannung Knoten und Bäuche* an denselben Stellen hat wie das *elektrische Feld*.

Aus $I_\nu = Hb$ folgt, daß die *elektrische Stromstärke Knoten und Bäuche* an denselben Stellen hat wie das *magnetische Feld*.

Knoten und Bäuche sind charakteristisch für stehende Wellen. Ihr Abstand ermöglicht eine einfache Bestimmung der Wellenlänge λ der ursprünglichen Welle; denn der Abstand zweier benachbarter Knoten bzw. Bäuche ist gleich der halben Wellenlänge.

6.6.1.5 Versuche mit einer Doppeldrahtleitung (Lechersystem)

Alle unsere Überlegungen haben wir auf einem *Gedankenexperiment* aufgebaut. Es ist deshalb von besonderer Bedeutung, daß es möglich ist, die Verhältnisse, wenigstens mit großer Annäherung, *experimentell zu verwirklichen* und die theoretisch abgeleiteten Ergebnisse zu kontrollieren. So kann man z.B. stehende elektromagnetische Wellen zwischen einer Doppeldrahtleitung *(Lechersystem[1])* ohne Schwierigkeiten herstellen.

Versuche:
Ein Hochfrequenzgenerator für ungedämpfte Schwingungen wird mit einer Doppeldrahtleitung von möglichst kleinem Ohmschen Widerstand gekoppelt. Wegen der begrenzten Drahtlänge wird die elektromagnetische Welle am Ende der Doppelleitung reflektiert. Bei geeigneter *Abstimmung* ihrer Länge kann durch Überlagerung der ursprünglichen und der reflektierten Welle eine *stehende Welle* entstehen. Dabei sind folgende Fälle zu unterscheiden (Abb. 6.6-9):

1. *An beiden Enden geschlossene Doppelleitung*
   In diesem Fall liegen an beiden Enden Spannungsknoten und damit Strombäuche. Die Länge *l* muß auf die Wellenlänge λ so abgestimmt sein, daß gilt:

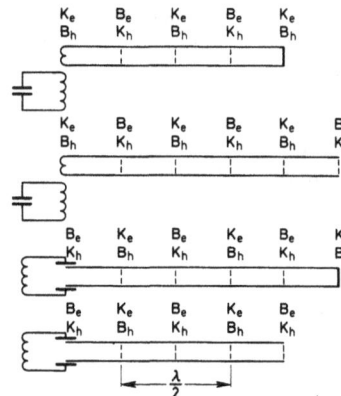

Abb. 6.6-9:
Lechersystem mit stehenden elektromagnetischen Wellen

---
[1]   Ernst Lecher, 1856 - 1926, österr. Physiker

$$l = k \frac{\lambda}{2} \qquad \text{mit} \qquad k = 1, 2, 3 \ldots$$

2. *An einem Ende geschlossene Doppelleitung*
In diesem Fall liegen am geschlossenen Ende ein Spannungsknoten und damit ein Strombauch, am offenen Ende dagegen ein Spannungsbauch und ein Stromknoten. Für l und λ gilt dann:

$$l = (2k-1) \frac{\lambda}{4} \qquad \text{mit} \qquad k = 1, 2, 3 \ldots$$

3. *An beiden Enden offene Doppelleitung*
In diesem Fall liegen an beiden Enden Spannungsbäuche und damit Stromknoten. Für l und λ gilt dann:

$$l = k \frac{\lambda}{2} \qquad \text{mit} \qquad k = 1, 2, 3 \ldots$$

Wird die Doppelleitung am entfernteren Ende durch einen Ohmschen Widerstand überbrückt, der gleich dem Wellenwiderstand der Doppelleitung ist, so wird die ganze ankommende elektromagnetische Energie absorbiert und in Wärme umgewandelt. Es wird dann keine Welle mehr reflektiert, so daß keine stehende Welle zustandekommt.

Der Nachweis der Spannungsbäuche (Stromknoten) kann durch Glimmlämpchen erfolgen, die nach Überschreiten des „Schwellenwerts" der Spannung zwischen den Drähten umso heller leuchten je höher die Spannung ist. (Abb. 6.6-10). Die Strombäuche (Spannungsknoten) können durch eine kleine Induktionsspule mit Gleichrichter und Galvanometer nachgewiesen werden. Die Bäuche und Knoten zeigen sich an den für die drei Fälle angegebenen Lagen.

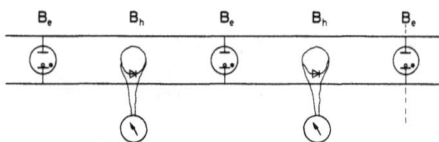

Abb. 6.6-10: Experimentelle Ermittlung der Knoten und Bäuche stehender elektromagnetischer Wellen

Ist die Frequenz f des Hochfrequenzgenerators bekannt, so kann man aus ihr und der sich aus den Knotenabständen ergebenden Wellenlänge λ die Ausbreitungsgeschwindigkeit $v = f\lambda$ berechnen. Bei einer verlustarmen Doppelleitung nähert sich v der Lichtgeschwindigkeit c, wie es die Überlegungen von 6.6.1.1 fordern.

Im allgemeinen setzt man heute dies als bewiesen voraus. Dann kann man umgekehrt die Frequenz f des Hochfrequenzgenerators aus c und λ ermitteln. Dieses Verfahren ist vor allem bei sehr hohen Frequenzen wichtig, weil dann die Induktivität L und die Kapazität C des Schwingkreises schwierig zu ermitteln sind, so daß die Thomsonsche Gleichung (6.5.3.2) nicht mehr anwendbar ist.

Aufgaben:
1. In einer Doppeldrahtleitung (Lechersystem) haben zwei benachbarte Knoten bzw. Bäuche der Spannung und der Stromstärke der Abstand 35 cm. Wie groß ist die Frequenz des Erreger-Schwingkreises? Antwort: $4,3 \cdot 10^2$ MHz.

2. Zwei parallele unendlich lang gedachte Metallschienen sind 65 mm breit und haben den Abstand 12 mm. Ihr Ohmscher Widerstand kann vernachlässigt werden. Ein Hochfrequenzgenerator ($f = 3,0 \cdot 10^8$ Hz) erregt zwischen den Schienen eine elektromagnetische Sinuswelle, deren elektrische Feldstärke die Amplitude $2,5 \cdot 10^3$ V m^{-1} hat.

Welche Gleichungen gelten für die elektrische und magnetische Feldstärke sowie für den Poyntingschen Vektor? Welche Energie fließt in 60 Sekunden durch die Querschnittsfläche zwischen den Schienen? Welchen Wellenwiderstand hat das Schienenpaar?

Antwort: $E_y = 2,5 \cdot 10^3$ V m^{-1} $\sin \dfrac{2\pi}{1\,\text{m}} (ct - x)$

mit $c = 3 \cdot 10^8$ m s^{-1};

$H_z = 6,6$ A m^{-1} $\sin \dfrac{2\pi}{1\,\text{m}} (ct - x)$;

$S_x = 8,25$ kW m^{-2} $[1 - \cos \dfrac{4\pi}{1\,\text{m}} (ct - x)]$;

0,39 kJ; 70 Ω.

6.6.2   Freie elektromagnetische Wellen

Wir haben zunächst elektromagnetische Wellen besprochen, deren Ausbreitung an ein Doppelleitersystem gebunden war, weil dabei die Zusammenhänge einfacher darzustellen sind als bei elektromagnetischen Wellen, die sich frei im Raum ausbreiten. In den betrachteten Fällen war die Wellenausbreitung vorwiegend auf den Raum zwischen der Doppelleitung beschränkt. Die Ausbreitung des elektromagnetischen Feldes im Außenraum konnte deshalb dabei vernachlässigt werden.

Jetzt wollen wir den umgekehrten Fall betrachten, in dem möglichst viel elektromagnetische Energie in den freien Raum ausgestrahlt wird.

6.6.2.1 Hertzscher Dipol als Sende- und Empfangsantenne elektromagnetischer Wellen

Eine Doppeldrahtleitung (Lechersystem) kann man zu einem „Hertzschen Dipol" abwandeln, indem man die zunächst parallelen Drähte (Abb. 6.6-11 a) auseinanderfaltet (Abb. 6.6-11 b) bis zur gestreckten Lage (Abb. 6.6-11 c) und anschließend noch die Spule in der Mitte auseinanderzieht (Abb. 6.6-11 d).

Induktivität und Kapazität dieses speziellen „offenen" Schwingkreises sind dann kontinuierlich längs des gestreckten Drahtes verteilt. Gibt man auf die Mitte des Drahtes eine hochfrequente elektromagnetische Schwingung, so bildet sich bei einer zur Drahtlänge passenden Frequenz, ähnlich wie auf der Lecherleitung, eine stehende Welle aus. Die Drahtlänge l muß dabei mindestens gleich $\frac{\lambda}{2}$ sein, wie man aus der Abb. 6.6-9 entnehmen kann. Ist $l = \frac{\lambda}{2}$, so schwingt der Hertzsche Dipol in seiner Grundschwingung. Man spricht in diesem Fall von einem $\frac{\lambda}{2}$-Dipol.

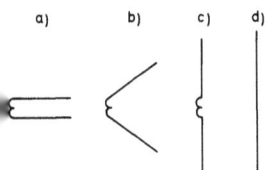

Abb. 6.6-11:
Übergang von einer Doppeldrahtleitung zu einem Hertzschen Dipol

Der Nachweis der Knoten und Bäuche erfolgt wie bei der Doppeldrahtleitung.

Wie bei schwingenden Saiten (4.10.2.3) und Luftsäulen (4.10.5) sind auch Oberschwingungen möglich. Wir wollen uns aber hier auf den einfachen Fall der Grundschwingung beschränken (Abb. 6.6-12). Eine schwingende Seite stellt auch insofern eine Parallele zum Hertzschen Dipol dar, als bei ihr die Masse und die Richtgröße kontinuierlich auf die ganze Länge verteilt sind.

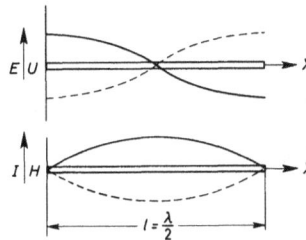

Abb. 6.6-12:
Schwingungsform eines $\frac{\lambda}{2}$-Dipols

Koppelt man einen Hochfrequenzgenerator mit veränderlicher Frequenz an einen Hertzschen Dipol, so stellt man im Resonanzfall eine starke Dämpfung fest. Diese ist viel größer als bei Kopplung des gleichen Generators mit einem „geschlossenen" Schwingkreis aus Spule und Kondensator. Die starke Dämpfung beim Dipol kann nicht durch seinen Ohmschen Widerstand bedingt sein, der nicht größer als der des geschlossenen Schwingkreises ist. Maßgebend dafür sind vielmehr die *Energieverluste*, die *durch Abstrahlen elektromagnetischer Wellen* vom Dipol in seine Umgebung eintreten. Der Dipol stellt eine „*Sendeantenne*" für elektromagnetische Wellen dar. Die Abb. 6.6-13 zeigt ein Momentanbild der Ladungsverteilung, der Stromstärke und des elektromagnetischen Feldes in der nächsten Umgebung einer solchen Sendeantenne.

Die Elektronen werden in der Antenne abwechselnd mit der Frequenz des Generators nach oben bzw. nach unten getrieben. Dadurch entsteht eine Ladungsverteilung ähnlich wie die eines elektrischen Dipols, bei dem zwei verschiedene Ladungen einen bestimmten Abstand haben. Daher kommt die Bezeichnung „Dipol"-Antenne. Bei dieser wechselt aber die Ladungsverteilung dauernd. Nach einer halben Periode hat sie dasselbe Aussehen wie in der Abb. 6.6-13 aber mit

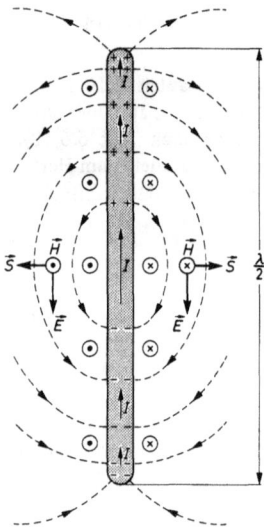

Abb. 6.6-13:
Momentanbild der Ladungsverteilung, der Stromstärke und des
elektromagnetischen Feldes einer
$\frac{\lambda}{2}$-Dipolantenne

Die sich dabei bildenden Knoten und Bäuche von Spannung und Stromstärke kann man mit denselben Mitteln wie in 6.6.1.5 nachweisen. Dies gelingt auch noch bei einer Entfernung von Sende- und Empfangsantenne, die groß ist gegenüber der Dipollänge. Allerdings nehmen die Maxima von Spannung und Stromstärke mit wachsender Entfernung ab, so daß man schließlich bei entsprechend großem Abstand der beiden Antennen die stehende elektromagnetische Welle im Empfänger zuerst verstärken muß, um sie nachweisen zu können.

6.6.2.2 Ausbreitung elektromagnetischer Wellen im Raum

Heinrich Hertz erzeugte bereits stehende elektromagnetische Wellen im Raum. Er bewies dadurch, daß sich das von einem Dipol ausgehende elektromagnetische Feld als Welle ausbreitet. Gleichzeitig ermittelte er die Wellenlänge dieser Wellen in Luft und ihre Ausbreitungsgeschwindigkeit, die mit der Lichtgeschwindigkeit übereinstimmte. (Siehe auch 6.6.1.1!)

Entsprechende Versuche kann man mit den Mitteln von heute einfacher ausführen als dies Hertz möglich war:
Man stellt vor einem Sender sehr hochfrequenter ebener elektromagnetischer Wellen, dessen Bauweise hier nicht besprochen werden kann, eine Metallwand entsprechend Abb. 6.6-15 auf. Bei geeignetem Abstand zwischen Metallwand und Sendedipol entstehen durch die Überlagerung der auf die Wand zulaufenden und der an ihr reflektierten Welle eine stehende Welle.

umgekehrten Vorzeichen der Ladungen. Dazwischen war die Antenne einen Moment neutral. An den Enden der Antenne liegen Bäuche des elektrischen Feldes und damit des elektrischen Potentials. In der Mitte der Antenne ist ein Bauch der Stromstärke und damit des magnetischen Feldes entsprechend der Abb. 6.6-12.

Stellt man neben eine von einem Hochfrequenzgenerator gespeiste Sendeantenne einen gleichen $\frac{\lambda}{2}$-Dipol entsprechend Abb. 6.6-14 auf, so regt das elektromagnetische Wechselfeld in der Umgebung der Sendeantenne diesen zweiten $\frac{\lambda}{2}$-Dipol ebenfalls zu einer Schwingung in Form einer stehenden elektromagnetischen Welle an (Empfangsantenne).

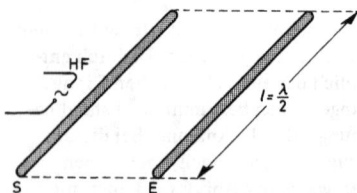

Abb. 6.6-14:
Sendedipol parallel zu einem
Empfangsdipol

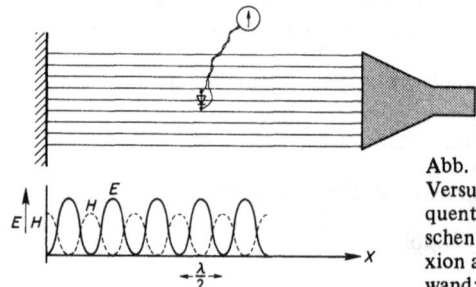

Abb. 6.6-15:
Versuche mit hochfrequenten elektromagnetischen Wellen; Reflexion an einer Metallwand; stehende Wellen

Die Metallwand selbst ist eine Knotenebene des elektrischen Wechselfeldes. Wie bei der Reflexion am festen Ende eines Seiles (4.10.2.2) tritt dabei ein Phasensprung um π ein. Weitere Knotenebenen des elektrischen Feldes liegen von der Metallwand jeweils im Abstand iner halben Wellenlänge. Mitten dazwischen liegen Ebenen mit Bäu-hen des elektrischen Feldes. Man kann diese Verteilung des elektri-chen Feldes im Raum zwischen Sender und Metallwand durch Ver-chieben eines Empfangsdipols mit Gleichrichter und Galvanometer achweisen.

)as magnetische Wechselfeld wird ohne Phasensprung reflektiert, so aß die Knoten und Bäuche dieses Feldes zwar ebenfalls jeweils den abstand einer halben Wellenlänge haben, aber dabei um eine viertel vellenlänge gegenüber den Knoten und Bäuchen des elektrischen Fel-es verschoben sind (6.6.1.4).

)ie Abstrahlung einer elektromagnetischen Welle von einem)ipol und ihre Ausbreitung im Raum kommt durch die Ver-kettung elektrischer und magnetischer Felder zustande 6.5.4). Die Abb. 6.6-16 zeigt, wie das elektrische Feld in einer 'eriodendauer sich ausbildet und von einem Sendedipol aus-estrahlt wird. Das dabei sich gleichzeitig bildende magneti-che Feld ist der besseren Übersicht halber getrennt davon in Abb. 6.6-17 dargestellt. Im einzelnen zeigt sich folgendes:

)as *elektrische Feld,* das sich in der ersten Viertelperiode usbildet, entspricht zur Zeit $t = \dfrac{T}{4}$ dem der Abb. 6.6-13.

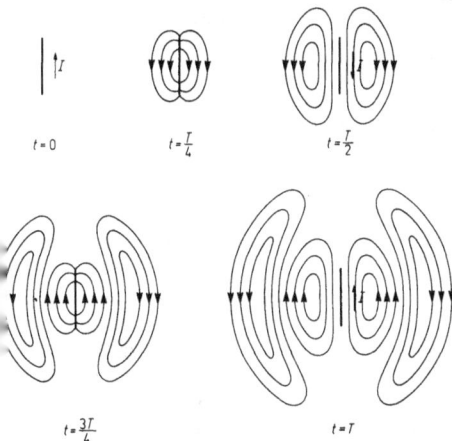

Abb. 6.6-16: Abstrahlung des elektrischen Wirbelfeldes von einem)ipol

Während sich die Ladungsverteilung in der zweiten Viertel-periode ausgleicht, verschwindet das elektrische Feld nur in der unmittelbaren Nähe des Dipols. Im übrigen wird es zu einem elektrischen Wirbelfeld mit geschlossenen Feldlinien, die also nicht mehr von elektrischen Ladungen ausgehen. Darin besteht die Besonderheit des „offenen" Schwingkreises, wie ihn eine Dipolantenne darstellt, gegenüber einem „geschlosse-nen" Schwingkreis aus Kondensator und Spule. Beim ge-schlossenen Schwingkreis verschwindet jeweils nach einer Halbperiode das elektrische Feld vollständig zugunsten des magnetischen Feldes und umgekehrt. Auf diese Weise bleibt seine elektromagnetische Energie konstant. Der offene Schwingkreis gibt dagegen einen Teil seiner elektromagneti-schen Energie durch die fortlaufenden Wirbelfelder an die Umgebung ab.

Bis zur Zeit $t = \dfrac{3}{4} T$ hat sich um den Dipol aufs neue ein elektrisches Feld in umgekehrter Richtung entwickelt. In der letzten Viertelperiode löst sich auch dieses wieder als Wirbel-feld vom Dipol ab. So verlassen elektrische Wirbelfelder in regelmäßiger Folge den Sendedipol mit der Frequenz der Dipolschwingung.

Das *magnetische Feld* (Abb. 6.6-17) umgibt den Dipol kreis-förmig. Es ist von vornherein ein Wirbelfeld. Parallel zu den elektrischen Wirbelfeldern bilden sich, um eine Viertelperiode verschoben, immer neue magnetische Wirbelfelder aus. Die Mittelpunkte der kreisförmigen Wirbel liegen auf der Dipol-achse. Ebensoviel Feldenergie wie durch die elektrischen Wirbelfelder wird durch die magnetischen Wirbelfelder vom Sendedipol an die Umgebung abgegeben.

Die zunächst in der Nähe des Sendedipols bestehende Phasen-differenz von $\dfrac{\pi}{2}$ zwischen elektrischem und magnetischem Feldvektor verschwindet aus Gründen, die hier nicht bespro-chen werden können. In einiger Entfernung vom Sender schwingen der Vektor der elektrischen Feldstärke $\vec{E}$ und der

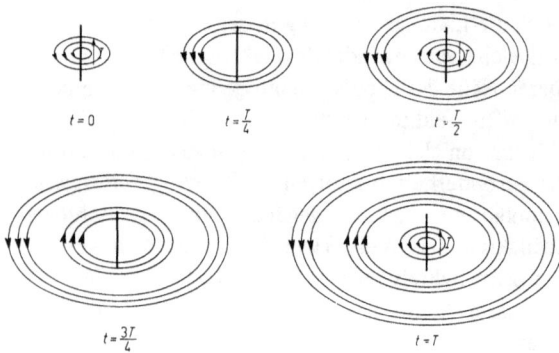

Abb. 6.6-17:
Abstrahlung des magnetischen Wirbelfeldes von einem Dipol

Vektor der magnetischen Feldstärke $\vec{H}$ gleichphasig. $\vec{E}$ und $\vec{H}$ stehen aufeinander senkrecht. Beide liegen in einer Normalebene zur Ausbreitungsrichtung der elektromagnetischen Welle. Ein Momentanbild des elektromagnetischen Feldes in genügender Entfernung vom Sendedipol ist in Abb. 6.6-18 schematisch dargestellt. Da beide Feldvektoren quer zur Ausbreitungsrichtung schwingen, haben die elektromagnetischen Wellen also den Charakter von *Quer- oder Transversalwellen.* Da die von einem Sendedipol abgestrahlte elektromagnetische

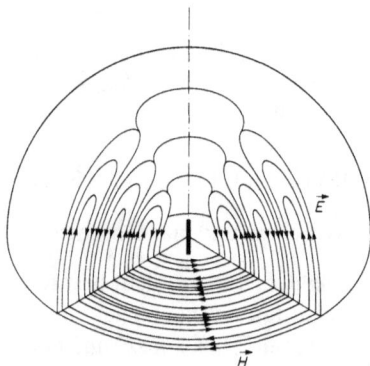

Abb. 6.6-18:
Momentanbild des elektromagnetischen Feldes in einiger Entfernung vom Sendedipol

Welle sich auf den ganzen Raum verteilt, nimmt der Betrag des Poyntingschen Vektors der Energieströmung $\vec{S} = \vec{E} \times \vec{H}$ mit der Entfernung ab. Das bedeutet, daß die Amplituden von $\vec{E}$ und $\vec{H}$ ebenfalls mit der Entfernung vom Sender kleiner werden. Das entsprechende Momentanbild einer solchen gedämpften Welle längs eines in der positiven x-Richtung laufenden Strahls zeigt die Abb. 6.6-19.

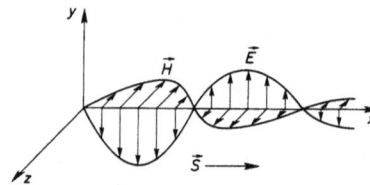

Abb. 6.6-19:
Momentanbild einer gedämpften elektromagnetischen Welle längs eines Strahls

Die Ausbreitung elektromagnetischer Wellen von einem Sendedipol in den freien Raum ist also im allgemeinen komplizierter als die Ausbreitung längs einer Lecherleitung (6.6.1.5) Dieser sehr ähnliche Verhältnisse ergeben sich jedoch in einer Spezialfall, nämlich bei der Ausbreitung freier *ebener* elektromagnetischer Wellen. Solche kann man erzeugen durch Abstrahlung von vielen parallelen Sendedipolen, die auf einer Ebene liegen und gleichphasig schwingen.

Für *ebene Wellen* gelten die Gleichungen von 6.6.1.3 für die Feldvektoren $\vec{E}$ und $\vec{H}$, den Poyntingschen Vektor $\vec{S}$ und die Ausbreitungsgeschwindigkeit $\vec{v}$, die der Lichtgeschwindigkeit $\vec{c}$ gleich ist.

Seit Heinrich Hertz als erster elektromagnetische Wellen experimentell verwirklichte, hat sich die *technische Anwendung* dieser Wellen außerordentlich erfolgreich entwickelt und ausgeweitet. Es sei nur hingewiesen auf die moderne Nachrichten-, Sprechfunk- und Fernsehtechnik, auf die Fernsteuerung von Flugkörpern, Raketen und künstlichen Satelliten sowie auf die Funkortung und -navigation von Fahrzeugen aller Art. Alle diese Gebiete können wir im Rahmen dieses Buches nicht behandeln. Hierzu müssen wir auf die Spezialliteratur verweisen.

Auf Besonderheiten, die mit der Frequenz der elektromagnetischen Wellen zusammenhängen, werden wir in 6.6.2.4 zurückkommen.

Aufgabe:

Ein Hertzscher Dipol ist 70 cm lang. Er wird in der Mitte zum Schwingen angeregt. Welche Frequenz hat die vom Dipol abgestrahlte elektromagnetische Welle, wenn er a) zu seiner Grundschwingung, b) zu seiner ersten Oberschwingung angeregt wird?
Antwort: a) $2,1 \cdot 10^8$ Hz; b) $6.3 \cdot 10^8$ Hz.

6.6.2.3 *Licht als elektromagnetische Welle*

Huygens[1] begründete mit einer im Jahre 1678 der Pariser Akademie vorgelegten Abhandlung die *Wellentheorie des Lichtes*. Zu Beginn des 19. Jahrhunderts wurde diese Theorie vor allem von *Young*[2] und *Fresnel*[3] weiterentwickelt. Dabei nahm man an, daß sich das Licht in Form von elastischen Längswellen in einem hypothetischen „*Lichtäther*" ausbreitet. Diese Vorstellung wurde unhaltbar, als *Malus*[4] im Jahre 1809 die *Polarisation des Lichtes* entdeckte. Da nur Querwellen polarisierbar sind, mußten die *Lichtwellen Querwellen* sein. Elastische Querwellen gibt es aber nur in Festkörpern, dagegen nicht in Flüssigkeiten und Gasen. Bei den Eigenschaften, die man dem Lichtäther zuschreiben mußte, war die Existenz von Querwellen in diesem Medium erst recht unmöglich.

Diese Schwierigkeit konnte erst behoben werden, nachdem *Maxwell* im Jahre 1865 aufgrund seiner Theorie der Elektrizität und des Magnetismus die Möglichkeit elektromagnetischer Wellen erkannt hatte. Diese hatten nach seinen Berechnungen eine Ausbreitungsgeschwindigkeit gleich der Lichtgeschwindigkeit. Daher nahm Maxwell an, daß es sich bei den Lichtwellen um elektromagnetische Wellen handelt. Da man damals derartige Wellen noch nicht mit Schwingkreisen erzeugen konnte, waren für Maxwell die Lichtwellen das einzige Beispiel elektromagnetischer Wellen. Für seine Hypothese sprach der Umstand, daß durch sie die optischen Erscheinungen besser erklärt werden konnten als durch die alte elastische Theorie. Die elektromagnetischen Wellen hatten den Charakter von Querwellen. Außerdem konnten sie sich als zeitlich veränderliche Felder auch im Vakuum ohne Lichtäther ausbreiten.

Heinrich Hertz bestätigte im Jahre 1888 experimentell in vollem Umfang die Hypothese von Maxwell. Die von Hertz mit einem elektromagnetischen Schwingkreis erzeugten Wellen breiteten sich tatsächlich mit Lichtgeschwindigkeit aus. Außerdem wies Hertz nach, daß diese elektromagnetischen Wellen in gleicher Weise wie die Lichtwellen reflektiert und gebrochen werden sowie, daß sie qualitativ dieselben Beugungs- und Interferenzerscheinungen zeigen. Quantitative Unterschiede ergaben sich nur durch die verschiedenen Wellenlängen.

Heute kann man mit elektromagnetischen Schwingkreisen „Hertzsche" Wellen erzeugen, die so kurzwellig sind wie die langwelligen Strahlen von „Lichtquellen" (Temperaturstrahlern). Es handelt sich um elektromagnetische „Mikrowellen" bzw. „ultrarote" Lichtwellen im Wellenlängenbereich 0,1 mm bis 1 mm. Diese Wellen verhalten sich unabhängig von der Art ihrer Erzeugung völlig gleich.

Durch die Erkenntnis, daß Lichtwellen elektromagnetische Wellen sind, wird die *Optik* zu einem *Sondergebiet des Elektromagnetismus*. Die Maxwellschen Gleichungen beschreiben also grundsätzlich auch die optischen Erscheinungen.

6.6.2.4 *Überblick über das ganze elektromagnetische Spektrum*

Unter dem elektromagnetischen Spektrum[1] versteht man die Gesamtheit elektromagnetischer Wellen aller Frequenzen. Dieses Spektrum hat einen sehr großen Umfang von etwa 10 Hz bis 10^{24} Hz. Bestimmte Frequenzbereiche, die sich teilweise auch überlappen, tragen eine besondere Bezeichnung, die häufig historisch begründet ist.

---

[1] Christian Huygens, 1629 - 1695, niederl. Physiker
[2] Thomas Young, 1773 - 1829, engl. Physiker
[3] Augustin Jean Fresnel, 1788 - 1827, frz. Physiker
[4] Etienne Louis Malus, 1775 - 1812, frz. Physiker

---

[1] spectrum (lat.) Erscheinung

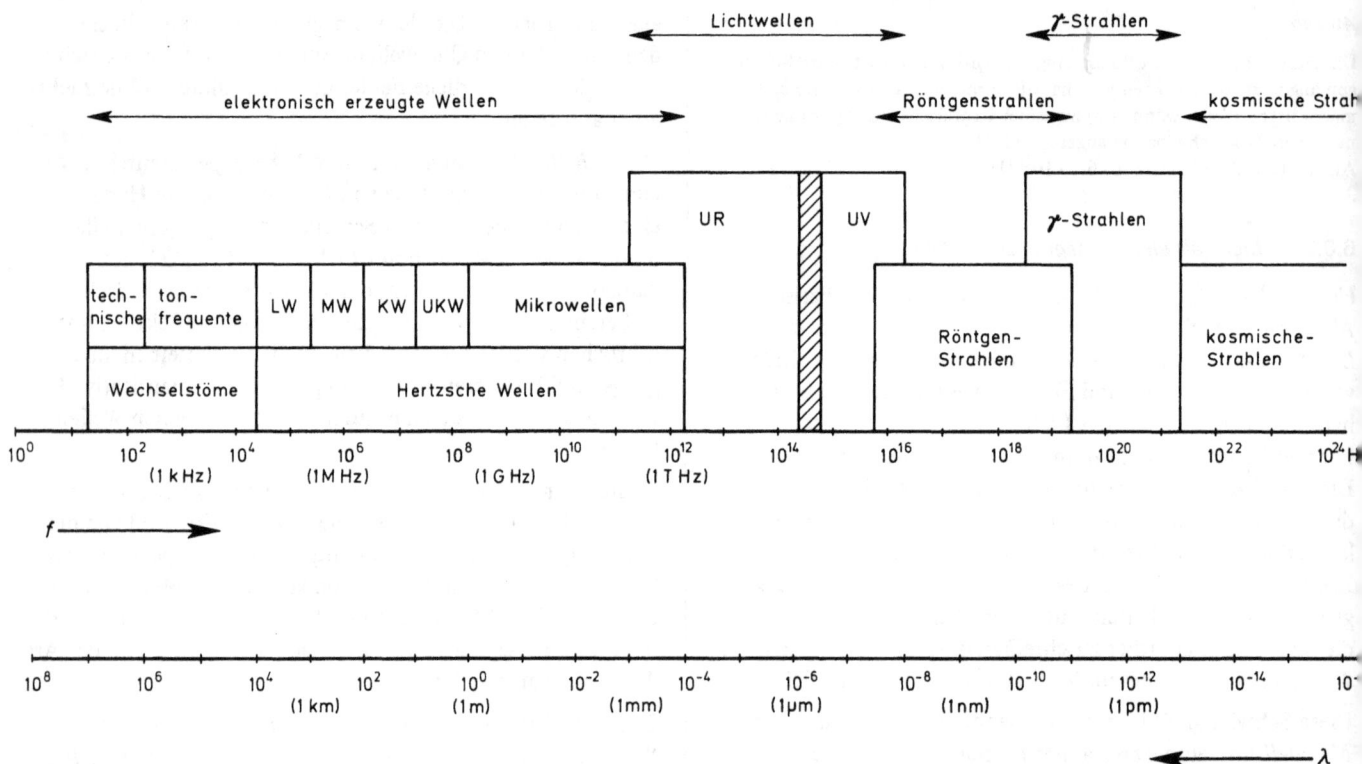

Abb. 6.6-20: Übersicht über das elektromagnetische Spektrum; *f* ist die Frequenz und λ die Wellenlänge; die Hertzschen Wellen kann man unterteile Langwellen (LW), Mittelwellen (MW), Kurzwellen (KW), Ultrakurzwellen (UKW) und Mikrowellen; beim Licht unterscheidet man ultrarotes (UR), s bares (schraffiert) und ultraviolettes (UV) Licht.

Die Abb. 6.6.-20 zeigt einen Überblick über das ganze elektromagnetische Spektrum und seine einzelnen Bereiche. Daraus geht u.a. hervor, daß das sichtbare Licht nur einen sehr schmalen Frequenzbereich innerhalb des ganzen elektromagnetischen Spektrums einnimmt. Mit diesem und den sich auf beiden Seiten anschließenden Frequenzbereichen des „unsichtbaren" Lichtes im ultraroten (UR) und ultravioletten (UV) Spektralbereich werden wir uns noch später beschäftigen (7). Dasselbe gilt für die sich an das UV-Licht anschließenden Röntgen- und Gammastrahlen (8) mit noch kürzeren Wellenlängen, also noch höheren Frequenzen.

Alle elektromagnetischen Wellen haben zwar im Vakuum dieselbe Ausbreitungsgeschwindigkeit; in der Materie ist diese aber frequenzabhängig (7.1.1.6). Für alle elektromagnetischen Wellen gelten, unabhängig von der Art ihrer Erzeugung, dieselben Gesetzmäßigkeiten für Reflexion, Brechung, Beugung, Interferenz und Polarisation. In den verschiedenen Frequenzbereichen sind zwar nicht durchwegs dieselben Meßmethoden zum Nachweis dieser Gesetzmäßigkeiten in gleicher Weise geeignet. In den Überlappungsgebieten der verschiedenen Frequenzbereiche (z.B. Mikrowellen-Bereich und IR-Licht) ergeben sich aber mit denselben Meßmethoden dieselben Eigenschaften der Wellen unabhängig von der Art ihrer Erzeugung.

6.7 Materie im elektrischen Feld

Bisher haben wir uns darauf beschränkt, elektrische Felder im Vakuum (in Luft) zu betrachten. Im folgenden wollen wir untersuchen, wie die Feldeigenschaften durch die Anwesenheit von Materie beeinflußt werden.

6.7.1 Metall im Feld eines Plattenkondensators

Versuch (Abb. 6.7-1):
Ein Plattenkondensator (Fläche einer Platte A, Abstand der Platten d in Luft) wird auf die Spannung U_0 aufgeladen und anschließend vom Spannungserzeuger getrennt. Die auf die beiden Platten geflossenen Ladungen $\pm Q$ bleiben im weiteren Verlauf des Versuchs konstant. Dasselbe gilt dann auch für die Flächenladungsdichte $\sigma = \dfrac{Q}{A}$ der Platten. Die elektrische Feldstärke zwischen den Platten hat den Betrag $E_0 = \dfrac{U_0}{d}$. In den Feldraum wird nun eine Metallplatte gebracht, so

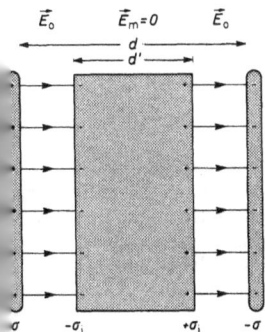

Abb. 6.7-1:
Metallplatte im elektrischen Feld eines Plattenkondensators

daß sie die Kondensatorplatten nicht berührt. Ein an die beiden Kondensatorplatten angeschlossener statischer Spannungsmesser zeigt an, daß die Spannung von U_0 auf einen kleineren Wert U_m absinkt. Nach dem Entfernen der Metallplatte steigt die Spannung wieder auf den ursprünglichen Wert U_0.

Erklärung: Influenzierte Ladungen auf der Metallplatte verkürzen die Feldlinien um die Dicke d' der Metallplatte. In den Lufträumen zwischen den Kondensatorplatten und der Metallplatte hat zwar das elektrische Feld nach wie vor den Betrag E_0, da die Flächenladungsdichte $\pm \sigma$ auf den Kondensatorplatten ebenso groß ist wie die influenzierte Flächenladungsdichte $\mp \sigma_i$ auf der Metallplatte. Im Innern der Metallplatte ist aber kein elektrisches Feld mehr vorhanden ($\vec{E}_m = 0$). Die Spannung zwischen den Kondensatorplatten sinkt daher von $U_0 = E_0 d$ auf $U_m = E_0 (d - d')$

Entsprechend steigt die Kapazität des Kondensators von

$$C_0 = \epsilon_0 \frac{A}{d} \quad auf \quad C_m = \epsilon_0 \frac{A}{d - d'} \quad (6.2.2.8).$$

6.7.2 Lineare Dielektrika im Feld eines Plattenkondensators

6.7.2.1 *Konstante Ladung der Kondensatorplatten*

Versuch:
Bringt man statt der Metallplatte einen *Isolator ("Dielektrikum")*, z.B. eine Glasplatte, in den Feldraum eines Plattenkondensators, so sinkt die ursprüngliche Spannung U_0 ebenfalls auf eine kleinere Spannung U_m. Nach dem Entfernen des Dielektrikums steigt sie wieder auf den alten Wert U_0. Der Versuch fällt also qualitativ ebenso aus wie zuvor mit der Metallplatte.

Erklärung: Auch beim Einschieben eines Dielektrikums wird das Absinken der Spannung durch Influenzwirkung (6.2.1.2) verursacht. Doch sind die Verhältnisse jetzt komplizierter.

In *symmetrischen oder „nichtpolaren" Molekülen* fallen die Schwerpunkte ihrer positiven und negativen Ladungen zusammen. Im elektrischen Feld des Kondensators werden solche Moleküle durch elektrische Influenz *„polarisiert"*, indem die positiven Ladungen in der Feldrichtung, die negativen in entgegengesetzter Richtung verschoben werden (Abb. 6.7-2). Es stellt sich ein Gleichgewichtszustand ein zwischen den inneren elektrischen Kräften, welche die Atomkerne und die Elektronen im Molekül zusammenhalten, und der Coulomb-Kraft des Kondensatorfeldes. Die Moleküle werden also durch die Influenzwirkung oder „Polarisation" zu *Dipolen,* die in der Feldrichtung orientiert sind.

Unsymmetrische oder „polare" Moleküle sind von vornherein elektrische *Dipole* (permanente Dipole). Während sie

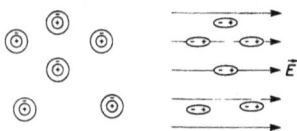

Abb.6.7-2:
Nichtpolare Moleküle werden in einem elektrischen Feld polarisiert

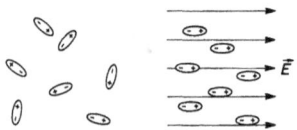

Abb.6.7-3:
Polare Moleküle (permanente elektrische Dipole) werden in einem elektrischen Feld ausgerichtet

ohne äußeres Feld regellos angeordnet sind (Abb.6.7-3), werden sie im Kondensatorfeld in die Feldrichtung gedreht, so daß sich dann dasselbe Bild ergibt wie bei den ursprünglich unpolarisierten Molekülen.

Beide Fälle faßt man unter dem Begriff der *Polarisation des Dielektrikums* im elektrischen Feld zusammen. Ein polarisiertes Dielektrikum besitzt Oberflächenladungen $-Q_p$ und $+Q_p$, deren Entstehung die Abb.6.7-4 schematisch darstellt. Während sich im Innern des Dielektrikums benachbarte ungleichnamige Ladungen der molekularen Dipole neutralisieren, bleiben in den vom Feld durchsetzten *Grenzschichten* auf der einen Seite negative, auf der andern Seite positive Ladungen übrig.

Bringt man ein Dielektrikum in das Feld eines Plattenkondensators, so stehen den Ladungen der Kondensatorplatten, ähnlich wie bei einem eingeschobenen Metallstück, ungleich-

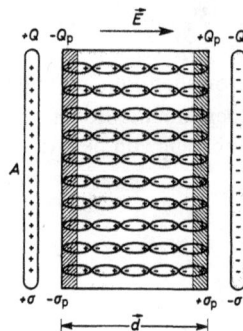

Abb.6.7-4:
Dielektrikum (Isolator) im Feld eines Plattenkondensators; Polarisationsladungen $-Q_p$ und $+Q_p$ in den Grenzschichten (schraffiert); $\sigma_p < \sigma$

namige Ladungen gegenüber. Die Flächenladungsdichte σ_p des Dielektrikums ist allerdings, im Gegensatz zur influenzierten Flächenladungsdichte σ_i der Metallplatte, kleiner als die Flächenladungsdichte der Kondensatorplatten:

$$\sigma_p < \sigma.$$

Nach diesen Vorbemerkungen können wir nun die Abnahme der elektrischen Spannung von U_0 auf U_m beim Einschieben eines Dielektrikums in das Kondensatorfeld folgendermaßen erklären (Abb.6.7-5): In den beiden Lufträumen zwischen den Kondensatorplatten und dem eingeschobenen Dielektrikum hat die Feldstärke unverändert den Betrag E_0. Die Ursache dieses Feldes ist die Flächenladungsdichte $\sigma = \dfrac{Q}{A}$ der Kondensatorplatten. Im Dielektrikum aber wird das Feld $\vec{E}_0$ durch ein Gegenfeld $\vec{E}_p$ geschwächt, das durch die Flächen-

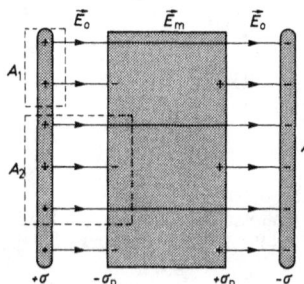

Abb.6.7-5:
Veränderung der elektrischen Feldstärke und Spannung durch ein Dielektrikum im Feld; zwei Hüllflächen (gestrichelt) zur Anwendung des Gesetzes von Gauß (6.7.3.2)

ladungsdichte $\sigma_p = \dfrac{Q_p}{A}$ hervorgerufen wird, wobei Q_p die durch Polarisation entstandene Ladung der Fläche A des Dielektrikums ist. Das elektrische Feld im Dielektrikum hat dann eine Feldstärke vom Betrag $E_m = E_0 - E_p$. Für E_m ist nur die Flächenladungsdichte $\sigma' = \sigma - \sigma_p$ maßgebend. Im Dielektrikum wirkt dann auf eine Probeladung Q' die Coulomb-Kraft $\vec{F}_m = Q'\,\vec{E}_m$.

In einem *gasförmigen* Dielektrikum könnte man im Prinzip diese Kraft auf einen Ladungsträger ebenso messen wie im Vakuum oder Luft, z.B. mit einer Torsionswaage, (6.2.2.1). In einem *flüssigen* oder *festen* Dielektrikum kann man sich den Träger der Probeladung in einem sehr engen Hohlraum denken, der in der Feldrichtung verläuft (Abb. 6.7-6). In einem solchen nadelförmigen Kanal ist die *Feldstärke* praktisch gleich der im Dielektrikum $\vec{E}_m$.

Die *elektrische Flußdichte* D_m ist nach 6.2.2.3 durch die Flächenladungsdichte σ_i gegeben, die bei einem geeigneten Influenzversuch auf einem Paar von Probeplatten entsteht. Denken wir uns zunächst im Dielektrikum einen engen scheibenförmigen Hohlraum hergestellt, der dann anschließend das Influenzplattenpaar aufnehmen soll. Dieser Hohlraum muß so gewählt werden, daß die Influenzplatten senkrecht zu den Feldlinien stehen (Abb. 6.7-6). Die zu den Kondensatorplatten parallelen Oberflächen des Hohlraumes tragen dann infolge der Polarisation des Dielektrikums, ebenso wie die Außenflächen des Dielektrikums, Ladungen mit der Flächenladungsdichte σ_p. Denken wir uns jetzt die Probeplatten in den Hohlraum eingebracht, so entsteht auf ihnen die influenzierte Flächenladungsdichte $\sigma_i = (\sigma - \sigma_p) + \sigma_p$, also $\sigma_i = \sigma$. Auf den Probeplatten entsteht demnach die gleiche Flächenladungsdichte wie auf den Kondensatorplatten. Daher ist die elektrische Flußdichte $D_m = \sigma = D_0$.

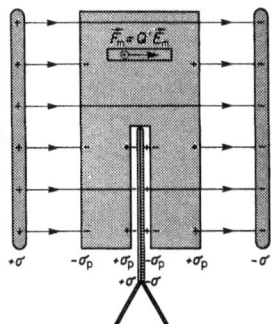

Abb. 6.7-6:
Dielektrikum im elektrischen Feld eines Plattenkondensators; nadelförmiger Hohlraum senkrecht zu den Plattenflächen zur Bestimmung von $\vec{E}_m$; scheibenförmiger Hohlraum parallel zu den Plattenflächen zur Bestimmung von $\vec{D}_m = \vec{D}_0$; $D_0 = \sigma$

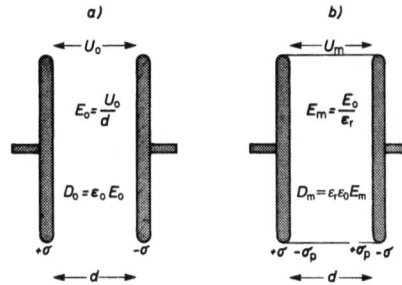

Abb. 6.7-7:
Elektrisches Feld a) ohne b) mit Dielektrikum

6.7.2.2 Einführung der Permittivitätszahl

An Hand der Abb. 6.7-7 seien nun die Feldgrößen des zunächst leeren und dann mit einem Dielektrikum gefüllten Plattenkondensators zusammengestellt und rechnerisch miteinander verknüpft. Wir setzen wie bisher voraus, daß der leere Kondensator auf die Spannung U_0 aufgeladen und dann von dem Spannungserzeuger getrennt wird. Dann bleibt die Flächenladungsdichte σ der Kondensatorplatten zeitlich konstant. Für die elektrische Flußdichte D_m im Dielektrikum, das jetzt den ganzen Feldraum ausfüllen soll, gilt dann $D_m = \sigma = D_0$. Die elektrische Feldstärke $\vec{E}_0$ ohne Dielektrikum hat den Betrag $E_0 = \dfrac{U_0}{d}$. Nach Einbringen des Dielektrikums sinkt dieser auf E_m. Entsprechend sinkt die elektrische Spannung von U_0 auf U_m.

Die Spannungen U_0 und U_m kann man relativ einfach messen. Variiert man U_0, so erhält man für das Verhältnis $U_0 : U_m$ jeweils eine feste, für jedes Dielektrikum charakteristische Zahl ϵ_r, die man als „*Permittivitätszahl*"[1] bezeichnet (Tabelle 6.7-1).

Früher nannte man ϵ_r „relative Dielektrizitätskonstante"; daher kommt der Index r.
Durch das Einschieben eines Stoffes der Permittivitätszahl ϵ_r in das Feld eines Plattenkondensators sinkt also die Span-

---

[1] permittere (lat.) hindurchschicken

Tabelle 6.7-1
Permittivitätszahl (Dielektrizitätszahl) ϵ_r einiger Stoffe bei 20 °C

Stoff	ϵ_r	Stoff	ϵ_r
Luft	1,0006	Nitrobenzol	36,5
Öle	2 … 3	Glyzerin	42,5
Papiere	2 … 6	Wasser	81,6
Bakelit	3 … 5	Keramische Stoffe:	
Gläser	3 … 15	Kerakond	~ 200
Porzellan	6 … 7	Suprakond	~ 1800
Glimmer	6 … 8	Ultrakond	~ 4000

nung von U_0 auf $U_m = \dfrac{U_0}{\epsilon_r}$ und entsprechend der Betrag der elektrischen Feldstärke von $E_0 = \dfrac{U_0}{d}$ auf

$$E_m = \frac{E_0}{\epsilon_r} \quad \text{oder} \quad E_m = \frac{1}{\epsilon_r} \frac{U_0}{d}.$$

Dabei steigt die Kapazität des Kondensators von

$$C_0 = \frac{Q}{U_0} = \epsilon_0 \frac{A}{d} \quad (6.2.2.8)$$

auf

$$C_m = \frac{Q}{U_m} = \epsilon_r \epsilon_0 \frac{A}{d}.$$

Es ist also

$$\frac{C_m}{C_0} = \epsilon_r,$$

d.h. die Permittivitätszahl ϵ_r ist gleich dem Verhältnis der Kapazität C_m eines Plattenkondensators mit Dielektrikum zu seiner Kapazität C_0 ohne Dielektrikum.

Wird entsprechend 6.7.2.1 ein Dielektrikum in den geladenen Kondensator (Q = const) eingeschoben, so ist $D_0 = D_m$ und $E_0 = \epsilon_r E_m$. Aus dem elektrischen Grundgesetz für den Kondensator ohne Dielektrikum $D_0 = \epsilon_0 E_0$ folgt dann $D_m = \epsilon_0 E_0$ oder:

$$\boxed{D_m = \epsilon_r \epsilon_0 E_m}$$

6.7.2.3 *Konstante Spannung zwischen den Kondensatorplatten*

Bisher haben wir bei allen Versuchen und Überlegungen die Ladungen der Kondensatorplatten konstant gehalten. Jetzt wollen wir die Versuchsbedingungen so abändern, daß der Kondensator dauernd mit dem Spannungserzeuger verbunden bleibt. Dann bleibt auch beim Einbringen eines Dielektrikums in den Feldraum die Spannung $U_m = U_0$ und damit auch $E_m = E_0$. Das ist dadurch möglich, daß beim Einbringen des Dielektrikums zusätzliche Ladungen auf die Kondensatorplatten fließen, die beim Entfernen des Dielektrikums wieder abfließen. Mit Dielektrikum im Zwischenraum wird dann die Flächenladungsdichte der Platten von σ_0 auf $\sigma_m = \epsilon_r \sigma_0$ erhöht. Dadurch steigt die Flußdichte von $D_0 = \epsilon_0 E_0$ auf:

$$D_m = \epsilon_r D_0 \quad \text{oder} \quad D_m = \epsilon_r \epsilon_0 E_0$$

Also ist auch unter den neuen Versuchsbedingungen (U = const) wie bei den früheren (Q = const) in 6.7.2.2:

$$D_m = \epsilon_r \epsilon_0 E_m$$

Wir können, indem wir den Index m weglassen, für den Zusammenhang zwischen D und E in einem Dielektrikum schreiben:

$$D = \epsilon_r \epsilon_0 E$$

Beschränken wir uns auf isotrope Stoffe, so haben die Vektoren $\vec{D}$ und $\vec{E}$ die gleiche Richtung. Dann gilt für jeden Feldpunkt eines homogenen elektrischen Feldes die *Grundgleichung*:

$$\boxed{\vec{D} = \epsilon_r \epsilon_0 \vec{E}} \quad \text{oder:} \quad \boxed{\vec{D} = \epsilon \vec{E}}$$

Im *Vakuum* ist $\epsilon_r = 1$ und $\epsilon = \epsilon_0$. Für ein elektrisches Feld *ohne Dielektrikum* ergibt sich damit die Grundgleichung $\vec{D} = \epsilon_0 \vec{E}$ in Übereinstimmung mit 6.2.2.4.

Das Produkt $\epsilon = \epsilon_r \epsilon_0$ faßt man zusammen als „*Permittivität*" des Dielektrikums. Es gilt also die Definition:

Permittivität $\quad \boxed{\epsilon = \epsilon_r \epsilon_0}$

ϵ_r kennen wir bereits als die Permittivitätszahl des Dielektrikums. ϵ_0 ist die elektrische Feldkonstante.

Da ϵ_r eine Zahl ist, haben ϵ und ϵ_0 dieselbe Einheit. Ihre *SI-Einheit* ist:

$$[\epsilon] = [\epsilon_0] = 1 \text{ A s V}^{-1} \text{ m}^{-1}$$

Bei den zunächst von uns betrachteten Dielektrika ist die Permittivitätszahl ϵ_r und damit auch die Permittivität ϵ eine Konstante. Bei diesen Stoffen sind also D und E direkt proportional zueinander oder anders ausgedrückt: D hängt *linear* von E ab (Abb. 6.7-8). Man nennt deshalb diese Stoffe „linear wirkende" oder kurz „*lineare*" *Dielektrika*.

Früher bezeichnete man die konstante Permittivität ϵ linearer Dielektrika als „Dielektrizitätskonstante" und die Permittivitätszahl ϵ_r als „Dielektrizitätszahl" oder auch als „relative Dielektrizitätskonstante".

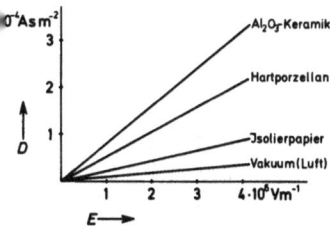

Abb. 6.7-8:
Linearer Zusammenhang zwischen den Beträgen D und E der elektrischen Flußdichte und Feldstärke für einige Dielektrika bei 20 °C; die Steigung der Geraden gibt die Permittivität $\epsilon = \dfrac{D}{E}$.

Es gibt Festkörper, bei denen D *nicht linear* von E abhängt, und bei denen die Permittivität ϵ demnach keine Konstante ist. Man nennt diese Stoffe entsprechend „nichtlinear wirkende" oder kurz „*nichtlineare*" *Dielektrika*. Wir kommen in 6.7.4 auf sie zurück.

6.7.3 Elektrisches Feld in einem Dielektrikum

6.7.3.1 *Grundgleichung des elektrischen Feldes*

Die Überlegungen, die wir in 6.7.2 für den speziellen Fall eines Dielektrikums im *homogenen* elektrischen Feld eines Plattenkondensators angestellt haben, können wir verallge-

meinern, wenn wir uns ein *inhomogenes* Feld in kleine, ausreichend homogene Bereiche unterteilt denken. Für ein beliebiges elektrisches Feld in einem linearen Dielektrikum gilt dann in einem Feldpunkt mit dem Ortsvektor $\vec{r}$ für die elektrische Flußdichte $\vec{D}(\vec{r})$ und die elektrische Feldstärke $\vec{E}(\vec{r})$ die *Grundgleichung:*

$$\boxed{\vec{D}(\vec{r}) = \epsilon_r\, \epsilon_0\, \vec{E}(\vec{r})}$$

oder

$$\boxed{\vec{D}(\vec{r}) = \epsilon \vec{E}(\vec{r})}$$

Dabei sind wieder ϵ die Permittivität (Dielektrizitätskonstante), ϵ_r die Permittivitätszahl (Dielektrizitätszahl) und ϵ_0 die elektrische Feldkonstante.

6.7.3.2 *Gesetz von Gauß*

Denken wir uns in Abb. 6.7-5 um den oberen Teil der linken Kondensatorplatte eine Hüllfläche gelegt, wie es die gestrichelte Linie andeutet, so ist nach dem Gesetz von Gauß (6.2.2.5) im Luftraum zwischen Metallplatte und Isolator, also im Raum ohne Dielektrikum:

$$\oint \vec{D}_0 \cdot \mathrm{d}\vec{A} = Q \quad \text{und} \quad \oint \vec{E}_0 \cdot \mathrm{d}\vec{A} = \frac{1}{\epsilon_0} Q$$

Dabei ist $Q = \sigma A_1$ die von der Hüllfläche umschlossene Ladung auf der Fläche A_1 der Kondensatorplatte.

Schließt eine Hüllfläche sowohl einen Teil der Kondensatorplatte als auch einen Teil des Dielektrikums ein, wie es die untere gestrichelte Linie andeutet, so müssen wir unter Berücksichtigung von 6.7.2 das Gesetz von Gauß folgendermaßen abwandeln: Für die elektrische Flußdichte $\vec{D}_m$ ist die Ladung $Q = \sigma A_2$ für die elektrische Feldstärke $\vec{E}_m$ dagegen die Ladung $Q + Q_p = (\sigma - \sigma_p) A_2$ maßgebend. Dementsprechend lautet das Gesetz von Gauß für einen Raum mit Dielektrikum:

$$\oint \vec{D}_\mathrm{m}(\vec{r}) \cdot \mathrm{d}\vec{A} = Q$$

bzw.

$$\oint \vec{E}_\mathrm{m}(\vec{r}) \cdot \mathrm{d}\vec{A} = \frac{1}{\epsilon_0}(Q + Q_\mathrm{p})$$

Bei der elektrischen Flußdichte $\vec{D}_\mathrm{m}$ steht auf der rechten Seite der Gleichung Q, das ist die Summe der „*freien*" Ladungen auf einer Kondensatorplatte. Man nennt diese Ladungen „frei", weil sie auf der Metallplatte frei beweglich sind.

Bei der elektrischen Feldstärke $\vec{E}_\mathrm{m}$ tritt dagegen auf der rechten Seite der Gleichung $Q + Q_\mathrm{p}$ auf, das ist die Summe *aller* Ladungen. Die Polarisationsladungen nennt man auch „gebundene" Ladungen, weil sie im Dielektrikum an Ladungen mit entgegengesetzten Vorzeichen gebunden sind.

Man muß beachten, daß sich Q und Q_p stets mit entgegengesetztem Vorzeichen gegenüberstehen.

6.7.3.3 Coulombsches Gesetz

Haben zwei punktförmige Ladungen Q_1 und Q_2 in einem Dielektrikum den Abstand r, so können wir die Kraft, mit der sie einander anziehen oder abstoßen, wie in 6.2.3.3 unter Beachtung von 6.7.2.2 berechnen. Das Feld $\vec{E}_1$ der Punktladung Q_1 hat jetzt in einem Dielektrikum der Permittivitätszahl ϵ_r den Betrag

$$E_1 = \frac{1}{\epsilon_\mathrm{r}}\ \frac{Q_1}{4\pi\,\epsilon_0\,r^2}\ .$$

Die Kraft $\vec{F}_{12}$ ist dann:

$$\vec{F}_{12} = \frac{1}{4\pi\,\epsilon_\mathrm{r}\,\epsilon_0}\ \frac{Q_1\,Q_2}{r^2}\ \vec{e}_r$$

6.7.3.4 Elektrische Flußdichte und Polarisation

Wir knüpfen an die Tatsache an, daß auf einen Kondensator *mit* Dielektrikum *mehr* Ladungen fließen als auf den gleichen Kondensator *ohne* Dielektrikum, wenn man an ihn in beiden Fällen die *gleiche Spannung* anlegt (6.7.2.3).

Die *Flächenladungsdichte* σ der Kondensatorplatten *mit* Dielektrikum ist dann:

$$\sigma = \sigma_0 + \sigma_\mathrm{p}$$

Dabei ist σ_0 die Flächenladungsdichte, die *ohne* Dielektrikum vorhanden wäre, und σ_p die durch die Polarisation des Dielektrikums *zusätzlich* hervorgerufene Flächenladungsdichte.

Entsprechend zur Flächenladungsdichte σ kann man auch die elektrische *Flußdichte* $\vec{D}$ mit Dielektrikum in zwei Summanden zerlegen:

$$\vec{D} = \vec{D}_0 + \vec{P}$$

Dabei ist $\vec{D}_0$ die elektrische Flußdichte, die sich *ohne* Dielektrikum bei gleicher Feldstärke $\vec{E}$ (also auch gleicher Spannung U) ergäbe, und $\vec{P}$ die sogenannte „*elektrische Polarisation*".

In einem isotropen Dielektrikum haben alle drei Vektoren in jedem Feldpunkt die gleiche Richtung, nämlich die der Feldstärke $\vec{E}$. Für die Beträge gilt:

$$D = \sigma, \quad D_0 = \sigma_0 \qquad \text{und} \qquad P = \sigma_\mathrm{p}$$

Der Betrag des Vektors $\vec{P}$ ist gleich der durch die Polarisation des Dielektrikums entstandenen Flächenladungsdichte.

6.7.3.5 Elektrische Suszeptibilität

Aus $\vec{D} = \vec{D}_0 + \vec{P}$ folgt mit

$$\vec{D} = \epsilon_\mathrm{r}\,\epsilon_0\,\vec{E} \qquad \text{und} \qquad \vec{D}_0 = \epsilon_0\,\vec{E}$$

für den Polarisationsvektor $\vec{P} = \epsilon_0\,(\epsilon_\mathrm{r} - 1)\,\vec{E}$.

Man setzt $\epsilon_r - 1 = \chi_{el}$ und nennt χ_{el} die *„elektrische Suszeptibilität“*[1] des Dielektrikums. χ_{el} ist ebenso wie ϵ_r eine für das jeweils vorhandene „lineare“ Dielektrikum charakteristische Zahl. Bei einem linearen Dielektrikum ist $\vec{P}$ (wie $\vec{D}$) eine lineare Funktion von $\vec{E}$. Es ist dann:

$$\boxed{\vec{P} = \chi_{el}\, \epsilon_0\, \vec{E}}$$

Im Vakuum ist $\chi_{el} = 0$ und damit $\vec{P} = 0$.

6.7.3.6 *Elektrische Polarisation und Dipolmomente*

Der Betrag der elektrischen Polarisation ist nach 6.7.3.5:

$$P = \sigma_p \qquad \text{oder} \qquad P = \frac{Q_p}{A} \qquad \text{(Abb.6.7-4)}$$

Erweitern wir den Bruch mit der Dicke d des Dielektrikums, die annähernd gleich dem Abstand der Oberflächenladungen $-Q_p$ und $+Q_p$ ist, so erhalten wir:

$$P = \frac{Q_p\, d}{A\, d}$$

Im Nenner steht $A\,d = V$, das Volumen des Dielektrikums. Der Zähler $Q_p\, d$ ist nach 6.2.4.1 der Betrag des elektrischen *Dipolmomentes* $\vec{M}_{el} = Q_p \vec{d}$ der Oberflächenladungen $-Q_p$ und $+Q_p$ im Abstand $\vec{d}$ (Abb.6.7-4 und Abb.6.7-9 c).

Dann ist $P = \dfrac{M_{el}}{V}$ oder vektoriell geschrieben:

$$\boxed{\vec{P} = \frac{\vec{M}_{el}}{V}}$$

Befindet sich ein Dielektrikum in einem elektrischen Feld, so ist der Vektor der elektrischen Polarisation $\vec{P}$ gleich dem elektrischen Dipolmoment $\vec{M}_{el}$ der Polarisationsladungen $\pm Q_p$ dividiert durch das Volumen V des Dielektrikums.

---

[1] susceptibilis (lat.) aufnahmefähig

Das Dipolmoment $\vec{M}_{el}$ hinwieder ist gleich der Summe aller molekularen Dipolmomente $\vec{m}_{el}$:

$$\vec{M}_{el} = N\, \vec{m}_{el}$$

Dabei ist N die Anzahl aller Moleküle des Dielektrikums.

Wir wollen uns dies anhand der Abb.6.7-9 verständlich machen:

Im Dielektrikum seien die Achsen aller molekularen Dipole parallel zu den $\vec{E}$-Linien ausgerichtet. Hat jeder dieser Dipole die Ladungen $-q$ und $+q$ im Abstand l, so ist sein Dipolmoment $m_{el} = q\, l$.

In Abb.6.7-9 a ist eine Scheibe mit der Grund- und Deckfläche A und mit der Dicke *einer* Moleküllage skizziert. Die Zahl der Moleküle in dieser Scheibe sei N_0. Dann ist die Summe der molekularen Dipolmomente in der Scheibe $N_0\, m_{el} = N_0\, q\, l$. Die Polarisationsladung der Scheibe ist $Q_p = N_0\, q$. Daher ist $N_0\, m_{el} = Q_p\, l$. Für die Scheibe von *einer* Moleküldicke ist also $M_{el} = N_0\, m_{el}$.

Denken wir uns nun k solche Scheiben zusammengelegt (Abb.6.7-9 b), so ist die Summe ihrer molekularen Dipolmomente:

$$N_0\, k\, \vec{m}_{el} = N_0\, k\, q\, \vec{l}$$

Diese Gleichung können wir nun auf zweierlei Weise umformen.

Setzen wir links $N_0\, k = N$ für die Gesamtzahl der Moleküle im Dielektrikum, so erhalten wir als Summe aller molekularen Dipolmomente $N\, m_{el}$.

Fassen wir dagegen rechts $N_0\, q$ zur Oberflächenladung Q_p und $k\, \vec{l}$ zum Abstand d der beiden Ladungen $-Q_p$ und $+Q_p$ zusammen, so entsteht aus $N_0\, k\, q\, l$ das Dipolmoment $M_{el} = Q_p\, d$ der Oberflächenladungen. Daher ist:

$$N\, \vec{m}_{el} = \vec{M}_{el} .$$

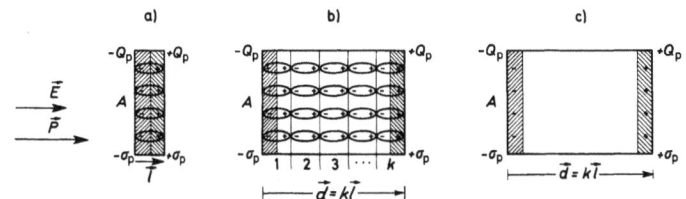

Abb.6.7-9: Elektrisches Moment (Dipolmoment) der Polarisationsladung eines Dielektrikums in einem homogenen elektrischen Feld

Die durch die molekularen Dipole entstehenden Polarisationsladungen $-Q_p$ und $+Q_p$ haben also im Abstand d (Abb. 6.7-9 c) ein Dipolmoment, das gleich ist der Summe aller molekularen Dipolmomente.

Unsere Betrachtung ist, wie auch die Abb. 6.7-9, nur ganz schematisch. Sie macht aber die Zusammenhänge verständlich.

Wir können jetzt für den Polarisationsvektor auch schreiben:

$$P = \frac{N \vec{m}_{el}}{V}$$

Der Vektor der elektrischen Polarisation $\vec{P}$ ist gleich der Summe der molekularen Dipolmomente des Dielektrikums dividiert durch sein Volumen.

6.7.4   Nichtlineare Dielektrika im elektrischen Feld

In 6.7.2.3 haben wir darauf hingewiesen, daß es auch Stoffe gibt, bei denen der Betrag D der elektrischen Flußdichte *nicht linear* vom Betrag E der elektrischen Feldstärke abhängt. Die wichtigsten dieser *nichtlinearen Dielektrika* sind die ferroelektrischen Stoffe *(Ferroelektrika)*. Dazu gehören bestimmte Kristalle der folgenden Typen:

1. Perowskite wie Bariumtitanat ($BaTiO_3$)
2. KDP-Gruppe wie Kaliumdihydrogenphosphat (KH_2PO_4)
3. TGS-Gruppe wie Triglyzinsulfat ($NH_2CH_2COOH)_3 \cdot H_2SO_4$

6.7.4.1   *Ferroelektrizität*

Man spricht von „Ferroelektrizität" in Anlehnung an den bereits viel früher bekannten und erforschten „Ferromagnetismus", weil es sich dabei um verwandte Erscheinungen auf elektrischem und magnetischem Gebiet handelt.

Das soll durch den gemeinsamen Vorsatz „Ferro-" zum Ausdruck kommen. Die ferroelektrischen Stoffe haben jedoch nichts mit Eisen (ferrum) zu tun.

Um die Parallelität von Ferroelektrizität und Ferromagnetismus deutlich zu machen, werden wir beide Erscheinungen hier in 6.7.4.1 und später in 6.8.3.1 möglichst analog behandeln.

Die Eigenschaften ferroelektrischer Körper sind nicht mehr allein durch die elektrischen Dipolmomente ihrer Moleküle zu erklären; sie kommen vielmehr durch bestimmte Kristalleigenschaften dieser Körper zustande.

Doch ehe wir uns der Deutung der ferroelektrischen Erscheinungen zuwenden, wollen wir den experimentell ermittelten Zusammenhang zwischen der elektrischen Feldstärke $\vec{E}$ und der elektrischen Polarisation $\vec{P}$ bei ferroelektrischen Stoffen betrachten.

Legt man an einen Plattenkondensator mit dem Ferroelektrikum im Zwischenraum die Spannung U, so fließt die Ladung Q auf eine Platte der Fläche A. Ist d der Plattenabstand, so ist $E = \frac{U}{d}$. Aus $D = \frac{Q}{A}$ folgt $P = D - D_0$ oder $P = D - \epsilon_0 E$.

Man kann also durch Messung zusammengehöriger Werte der Spannung U und der Ladung Q bzw. der Spannungsänderung ΔU und der Ladungsänderung ΔQ den Zusammenhang zwischen E und P bestimmen.

Diese Methode ist zwar langwierig, aber grundsätzlich durchführbar. Meßmethoden der Praxis beruhen in der Regel auf der Beziehung $C_m : C_0 = D_m : D_0$ (6.7.2.2), durch welche die Messung elektrischer Flußdichten D_m und D_0 auf die Messung von Kapazitäten C_m und C_0 zurückgeführt wird. In der Technik handelt es sich meist um Wechselfelder, deren Frequenz für den Zusammenhang von E und P zusätzlich von Bedeutung ist. Wir wollen uns aber hier auf die Betrachtung der „statischen" Kurven beschränken.

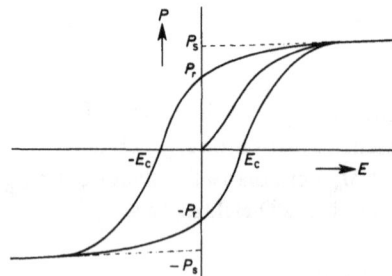

Abb. 6.7-10: Elektrische Polarisation als Funktion der elektrischen Feldstärke für einen ferroelektrischen Körper; Neukurve und Hystereseschleife

m Gegensatz zum linearen Zusammenhang zwischen E und P ei den in 6.7.2 betrachteten Dielektrika ist bei den Ferrolektrika P nicht einmal mehr eine eindeutige Funktion von E. Man erhält vielmehr Kurven, wie sie die Abb. 6.7.10 zeigt.

Vir wollen diese etwas näher betrachten: Wird der zunächst nach außen neutrale Körper ($P = 0$ bei $E = 0$) einem elektrischen Feld ausgesetzt, so wächst seine Polarisation P mit dem Feld E auf der „Neukurve". Bei entsprechend großem E nimmt P nur noch schwach zu. Wird anschließend E wieder verkleinert, so geht P nicht auf der Neukurve, sondern oberhalb derselben zurück, so daß bei $E = 0$ eine Polarisation P_r übrigbleibt, die man *Remanenz*[1] nennt. Erst durch ein Gegenfeld der Stärke $- E_c$, *Koerzitivfeldstärke*[2] genannt, wird $P = 0$. Vergrößert man das Gegenfeld, so erhält P negative Werte, die sich schließlich nur noch wenig ändern. Geht man mit dem Gegenfeld wieder zurück bis $E = 0$, so ändert sich P bis zu $- P_r$. Läßt man E wieder in der positiven Richtung wachsen, so schließt sich die zum Koordinatenursprung symmetrische Kurve, *Hystereseschleife*[3] genannt.

Um das Verhalten eines ferroelektrischen Körpers in einem elektrischen Feld, wie es sich in der Neukurve und der Hystereseschleife widerspiegelt, deuten zu können, skizzieren wir folgende Modellvorstellungen:

Nur kristalline Körper bestimmter Kristallstrukturen erfüllen bei nicht zu hohen Temperaturen die Voraussetzungen für ein ferroelektrisches Verhalten. Solche Körper bestehen meist schon aus polaren Molekülen. Das genügt aber nicht. Unterhalb einer für jeden ferroelektrischen Körper charakteristischen Temperatur T_c, *Curie*[4]-*Temperatur* genannt, bilden sich „*spontan*", d.h. ohne äußeres elektrisches Feld, Kristallbereiche („*Domänen*"), in denen sich die molekularen elektrischen Dipole parallel stellen. („*Spontane Polarisation*"). Jede Domäne (Abb. 6.7-11 a) kann als ein elektrischer Dipol angesehen werden, dessen Dipolmoment gleich der Summe der parallel gerichteten Momente der molekularen Dipole ist.

---

remane*re* (lat.) zurückbleiben
coerce*re* (lat.) festhalten
hy*steros* (griech.) später (der Körper verliert später als erwartet seine elektrische Polarisation)
Pierre Curie, 1859 - 1906, franz. Physiker, 1903 Nobelpreis

Die Richtungen der Dipolmomente der verschiedenen Domänen sind statistisch verteilt, so daß der Körper trotz seiner spontanen Polarisation nach außen neutral erscheint (Abb. 6.7-11 b).

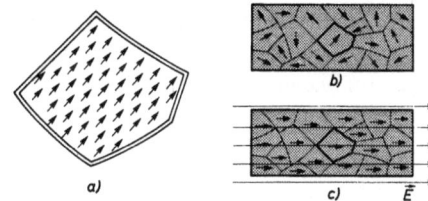

Abb. 6.7-11: Zur spontanen Polarisation eines Ferroelektrikums
a) Domäne mit gleichgerichteten Dipolmomenten der Moleküle
b) Domänen eines Ferroelektrikums mit statistisch verteilten Polarisationsrichtungen (Domäne von a) mit doppelter Umrandung)
c) Ausrichtung der Polarisationsrichtungen der Domänen durch ein elektrisches Feld

Wir können nun das Verhalten der Ferroelektrika in einem elektrischen Feld so beschreiben:

Im ersten flachen Stück der Neukurve werden Domänen-Dipolmomente, die einen spitzen Winkel mit der Feldrichtung bilden, in die Feldrichtung gedreht (Drehprozesse). Im steilen Anstieg der Neukurve klappen Domänen-Dipolmomente, die einen stumpfen Winkel mit der Feldrichtung bilden, in ihre Gegenrichtung um (Umklappprozesse). Anschließend werden sie im folgenden flachen Stück ebenfalls in die Feldrichtung gedreht (Abb. 6.7-11 c).

Der Ausrichtung der spontan polarisierten Domänen überlagert sich als schwacher Effekt eine Polarisation durch das elektrische Feld, die auch ohne Domänenbildung vorhanden wäre. Das zeigt sich in dem geringen Anstieg von P bei weiterem Wachsen von E. Extrapoliert man diesen Teil der Kurve bis $E = 0$, so hat man den Betrag der spontanen Polarisation P_s. Nimmt das elektrische Feld wieder ab, so treten zunächst nur Drehprozesse auf und es bleibt die Remanenz P_r bei $E = 0$ erhalten. Erst durch ein Gegenfeld werden auch Umklapprozesse eingeleitet, bis bei einem genügend großen Gegenfeld $-E_c$ die Polarisation $P = 0$ wird. Der weitere Verlauf der Hystereseschleife ist damit vorgezeichnet.

Oberhalb der Curietemperatur T_c eines ferroelektrischen Körpers gibt es keine spontane Polarisation P_s. Die Wärmebewegung zerstört dann die Parallelstellung der molekularen Dipolmomente in den Domänen. Die Ferroelektrika verhalten sich oberhalb der Curietemperatur wie lineare Dielektrika mit polaren Molekülen.

Als Beispiele seien einige Curietemperaturen genannt:

Ferroelektrikum:	BaTiO$_3$	PbTiO$_3$	KH$_2$PO$_4$
Curietemperatur:	381 K	763 K	123 K

Einen durch ein elektrisches Feld polarisierten ferroelektrischen Körper kann man durch Erwärmen über die Curietemperatur vollständig entpolarisieren. Bei der Abkühlung unter die Curietemperatur gewinnt der Körper zwar durch Domänenbildung wieder die spontane Polarisation; die Richtungen der Dipolmomente der Domänen sind aber regellos verteilt.

In der Tabelle 6.7-2 sind die Curietemperaturen und die spontane Polarisation einiger ferroelektrischer Kristalle zusammengestellt.

Tabelle 6.7-2
Ferroelektrische und antiferroelektrische Stoffe

T_C ist die ferroelektrische bzw. antiferroelektrische Übergangstemperatur und
P_S die spontane Polarisation (Sättigungspolarisation)
KDP: *K*alium*d*ihystrogen*p*hosphat

Gruppe		Ferroelektrische Stoffe			Antiferroelektrische Stoffe	
	Stoff	$\dfrac{T_C}{K}$	$\dfrac{P_S}{Cm^{-2}}$	Stoff	$\dfrac{T_C}{K}$
KDP-Gruppe	KH$_2$PO$_4$	123	0,053	NH$_4$H$_2$PO$_4$	148
	KD$_2$PO$_4$	213	0,090	ND$_4$D$_2$PO$_4$	242
	RbH$_2$PO$_4$	147	0,056	NH$_4$H$_2$AsO$_4$	216
	KH$_2$AsO$_4$	96	0,050	ND$_4$D$_2$AsO$_4$	304
Perowskite	BaTiO$_3$	393	0,26	–	–
	WO$_3$	223	–	WO$_3$	1010
	KNbO$_3$	712	0,30	PbZrO$_3$	506
	PbTiO$_3$	763	>0,5	PbHfO$_3$	488

6.7.4.2 Antiferroelektrizität

Physikalisch verwandt mit der Ferroelektrizität ist die Antiferroelektrizität. Bei antiferroelektrischen Festkörpern bilden sich unterhalb ihrer Curietemperatur T_c spontan Domänen, in denen jeweils das elektrische Dipolmoment eines Moleküls antiparallel zu den gleich großen Dipolmomenten seiner Nachbarmoleküle steht. Daher ist das resultierende Dipolmoment jeder Domäne Null. Antiferroelektrika haben demnach die spontane Polarisation $P_s = 0$. In der Nähe ihrer Curietemperatur T_c hat aber die Permittivität ϵ ein deutliches Maximum.

Beispiele für antiferroelektrische Kristalle sind:

$$PbZrO_3 \text{ mit } T_c = 506 \text{ K}$$

und

$$NH_4H_2PO_4 \text{ mit } T_c = 148 \text{ K}.$$

6.7.5 Elektrostriktion und Piezoelektrizität

Alle dielektrischen Körper erfahren in elektrischen Feldern mechanische Deformationen. Die dabei auftretende Längenänderung kann in der Polarisationsrichtung oder in der entgegengesetzten Richtung erfolgen. Die Volumenänderung ist dabei im allgemeinen klein. Man nennt diese Erscheinung *„Elektrostriktion"*[1].

Bei sämtlichen ferroelektrischen und einigen andern Festkörpern (z.B. Quarz) tritt auch der umgekehrte Effekt auf. Eine mechanische Längenänderung des Körpers durch Zug oder Druck ruft eine elektrische Polarisation hervor, die sich in einer Oberflächenladung zeigt, ohne daß ein äußeres Feld angelegt wird. Man bezeichnet diese Erscheinung als *„Piezoelektrizität"*[2].

Die für die Elektrotechnik wichtigsten piezoelektrischen Werkstoffe sind Quarz und einige ferroelektrische Keramiken.

---

[1] *strictus* (lat.) gestrafft
[2] *piezo* (griech.) ich drücke

6.7.6 Anwendungsbeispiele für dielektrische Werkstoffe in der Technik

6.7.6.1 *Kondensatoren mit Dielektrikum*

Die *Kapazität eines Kondensators* hängt von seinen geometrischen Abmessungen und der Permittivitätszahl ϵ_r der Zwischenschicht ab.

Speziell beim *Plattenkondensator* hatten wir (6.7.2.2):

$$C = \epsilon_r \, \epsilon_0 \, \frac{A}{d}$$

Um eine große Kapazität zu erreichen, muß man also ϵ_r und A groß, d dagegen klein wählen.

Allgemein versteht man unter einem *Kondensator* eine Anordnung aus zwei Metallschichten (Platten, Bändern, Folien), die durch eine isolierende Schicht (Dielektrikum) voneinander getrennt sind.

Bei allen Arten von *Kondensatoren* kann man durch folgende Maßnahmen eine *große Kapazität* erreichen:

1. Große Fläche der leitenden Schichten
2. Kleiner Abstand der leitenden Schichten, also dünne Isolierschicht
3. Große Permittivitätszahl der Isolierschicht (Tabelle 6.7-1).

Beim Bau technischer Kondensatoren spielen alle drei Faktoren eine Rolle. Es ist außerdem noch die „*Durchschlagfestigkeit*" des Kondensators zu beachten. Bei einer zu großen Spannung schlägt der Kondensator durch, indem sich die ungleichnamigen Ladungen in Form eines elektrischen Funkens durch die Isolierschicht hindurch vereinigen und diese in der Regel zerstören. Eine Erhöhung der Kapazität durch Verkleinern der Schichtdicke des Dielektrikums ist deshalb nur auf Kosten der Durchschlagfestigkeit möglich. Geeignete Dielektrika erhöhen die Durchschlagfestigkeit. Ölkondensatoren schlagen z.B. erst bei wesentlich höherer Spannung durch als Luftkondensatoren.

6.7.6.2 *Verwendung von piezoelektrischen Körpern*

Piezoelektrische Werkstoffe werden auf verschiedenen Gebieten der Technik verwendet. In der Regel wird eine Platte aus einem piezoelektrischen Körper, z.B. aus einem geeignet geschnittenen Quarzkristall oder einem ferroelektrischen Werkstoff, an gegenüberliegenden Seitenflächen mit Metallbelägen versehen, so daß ein Plattenkondensator mit piezoelektrischem Dielektrikum entsteht. Eine solche Anordnung kann als *elektromechanischer Wandler* dienen. Bei mechanischer Beanspruchung entstehen elektrische Ladungen auf den Metallbelägen; umgekehrt verformt sich das Dielektrikum, wenn man die Metallbeläge elektrisch auflädt.

Solche elektromechanische Wandler werden z.B. zur Druck- und Kraftmessung mit Hilfe der elektrischen Aufladung verwendet. Diese Methode ist insbesondere bei rasch veränderlichem Druck (Wechseldruck) bei mechanischen Schwingungen vorteilhaft. Im „Kristall"-Mikrophon und -Tonabnehmer entstehen durch die Schallschwingungen entsprechende elektrische Wechselspannungen.

Umgekehrt wird ein elektromechanischer Wandler (z.B. ein „Schwingquarz") zu mechanischen Schwingungen geringer Dämpfung angeregt, wenn man eine elektrische Wechselspannung anlegt, deren Frequenz mit der Eigenfrequenz des Schwingquarzes übereinstimmt. Diese Eigenfrequenz liegt in der Größenordnung $f = 10^6$ Hz und ist außerordentlich konstant. Die relative Frequenzänderung („Frequenzkonstanz") ist bei Schwingquarzen $\frac{\Delta f}{f} = 10^{-9}$. Sie werden deshalb als Frequenznormale für Uhren und als Frequenzstabilisatoren für elektromagnetische Schwingkreise in der Nachrichtentechnik benützt.

Aufgaben:

1. Die Platten eines Kondensators haben je die Fläche 50 cm^2 und den Abstand 1 mm, der mit Glas ($\epsilon_r = 6$) ausgefüllt ist. Zwischen den Platten liegt die elektrische Spannung 220 V. Gesucht sind: Die Kapazität des Kondensators; die Beträge der elektrischen Feldstärke, der Flußdichte und der Polarisation im Glas; die Ladungen der Kondensatorplatten und der Glasoberflächen.
   Antwort: $2{,}66 \cdot 10^2$ pF; $2{,}20 \cdot 10^2$ kV m^{-1}, $11{,}7$ μC m^{-2}, $9{,}75$ μC m^{-2}, $58{,}5$ nC, $48{,}8$ nC.

2. Zwei Metallplatten mit je der Fläche 80 cm^2 sind durch eine isolierende Folie ($\epsilon_r = 3{,}5$) der Dicke 0,15 mm voneinander getrennt. Welche Kraft wirkt zwischen den Platten, wenn zwischen ihnen die elektrische Spannung 1,2 kV liegt?
   Antwort: 7,9 N.

6.8   Materie im magnetischen Feld

Bisher haben wir uns darauf beschränkt, magnetische Felder
im Vakuum (in Luft) zu betrachten. Im folgenden wollen wir
unsere Überlegungen auf den Einfluß von Materie in Magnetfeldern ausdehnen. Formal bestehen dabei gewisse Parallelen
zu elektrischen Feldern mit Materie (6.7).

6.8.1   Größen des magnetischen Feldes

6.8.1.1   *Magnetische Feldstärke und Flußdichte; Permeabili-*
tät

Das magnetische Feld kann durch zwei Feldvektoren beschrieben werden, nämlich die magnetische Feldstärke $\vec{H}$ und die
magnetische Flußdichte $\vec{B}$. Wir betrachten zunächst eine Ringspule im Vakuum bzw. in Luft (Abb. 6.3-29) und stellen die
früher gewonnenen Kenntnisse nochmals zusammen. Dabei
bezeichnen wir die Feldgrößen im Vakuum mit dem Index
Null, also $\vec{H}_0$ und $\vec{B}_0$.

Bei einer Ringspule konzentriert sich das magnetische Feld
ganz auf den Innenraum (6.3.3.2). Der Betrag H_0 der magnetischen Feldstärke ist dabei:

$$H_0 = \frac{NI}{2\pi r} \qquad \text{für} \qquad r_i < r < r_a$$

N ist die Windungszahl, I die Stromstärke des Spulenstroms, r_i der
Innenradius, r_a der Außenradius der Ringspule, r ein beliebiger Radius
dazwischen ($r_i < r < r_a$).

Ist die Länge der Ringspule groß gegenüber dem Ringquerschnitt, so
ist das Magnetfeld annähernd homogen.

Den Betrag B_0 der magnetischen Flußdichte können wir mit
Hilfe der Grundgleichung 6.3.2.5 berechnen; es ist:

$$B_0 = \mu_0 H_0 \qquad \text{oder} \qquad B_0 = \mu_0 \frac{NI}{2\pi r}$$

Wir können B_0 auch experimentell durch einen Induktionsversuch (6.4.4) bestimmen (Abb. 6.4-9).

Wir denken uns nun die Ringspule mit einem Stoff ausgefüllt,
der das magnetische Feld merklich beeinflußt. Diesen Einfluß
wollen wir im folgenden betrachten. Dabei bezeichnen wir
die Feldgrößen jetzt mit $\vec{H}_m$ und $\vec{B}_m$.

Da die Windungszahl N und die Abmessungen der Ringspule,
also r, durch das Einbringen eines Stoffes nicht verändert
werden, setzen wir bei gleicher das Magnetfeld erregender
Stromstärke I die magnetische Feldstärke $\vec{H}_m$ gleich der magnetischen Feldstärke $\vec{H}_0$. Also gilt für die Beträge:

$$H_m = H_0 \qquad \text{oder} \qquad H_m = \frac{NI}{2r\pi}$$

Die magnetische Flußdichte hat aber bei gleicher magnetische
Feldstärke einen Betrag B_m, der von B_0 verschieden ist.

Wir können mit der in 6.4.4 besprochenen Methode sowohl
B_m als auch B_0 messen (Abb. 6.8-1) und miteinander vergle-
chen.

Bei manchen Stoffen, z.B. Eisen, zeigt sich, daß $B_m \gg B_0$ ist.

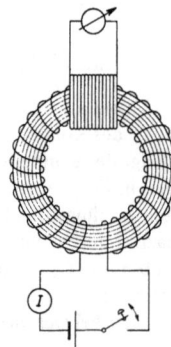

Abb. 6.8-1:
Messung des Betrags B_m der magnetischen
Flußdichte in einer stofferfüllten Ringspule

Bei andern Stoffen unterscheidet sich B_m nur wenig von B_0 (6.8.1.3),
so daß man zur Ermittlung dieses Unterschieds andere Meßmethoden
heranziehen muß (6.8.2).

Das Verhältnis der Beträge der magnetischen Flußdichte B_m (mit Stoff) und B_0 (ohne Stoff) *definiert* man als *Permeabilitätszahl* μ_r. Also ist:

$$\mu_r = B_m : B_0 \qquad \text{oder} \qquad B_m = \mu_r B_0$$

Früher nannte man μ_r „relative Permeabilität"; daher stammt der Index r.

Aus $B_0 = \mu_0 H_0$ folgt, da $H_m = H_0$ ist, $B_0 = \mu_0 H_m$. In die Gleichung für B_m eingesetzt, ergibt sich:

$$B_m = \mu_r \mu_0 H_m$$

Das Produkt $\mu_r \mu_0$ faßt man zusammen als „*Permeabilität*"[1] μ. Es gilt also die *Definition:*

Permeabilität $\qquad \mu = \mu_r \mu_0$

Damit erhalten wir die, jetzt ohne Indizes geschriebene Grundgleichung des magnetischen Feldes:

$$\vec{B} = \mu \vec{H}$$

In isotropen Stoffen haben $\vec{B}$ und $\vec{H}$ dieselbe Richtung. Im Vakuum ist speziell $\mu_r = 1$, also $\mu = \mu_0$, und $\vec{B_0} = \mu_0 \vec{H_0}$.

Sind die Permeabilität μ und damit auch die Permeabilitätszahl μ_r Materialkonstanten, so sind B und H direkt proportional zueinander. Wegen der dann gegebenen *linearen Abhängigkeit* zwischen B und H nennt man Stoffe, für die dies zutrifft, „*lineare*" *magnetische Stoffe.* Dabei unterscheidet man „*diamagnetische*" und „*paramagnetische*" Stoffe, je nachdem $\mu_r < 1$ oder $\mu_r > 1$ ist.

Diamagnetische Stoffe ($\mu_r < 1$) schwächen den Betrag der magnetischen Flußdichte; es ist also $B_m < B_0$ bei gleichem H.

Solche Stoffe sind z.B. Kupfer, Silber und Gold.

Paramagnetische Stoffe ($\mu_r > 1$) verstärken den Betrag der magnetischen Flußdichte; es ist also $B_m > B_0$ bei gleichem H.

[1] permeare (lat.) hindurchlassen

Solche Stoffe sind z.B. Aluminium, Magnesium und Platin.

Sowohl bei den dia- als auch bei den paramagnetischen Stoffen unterscheidet sich μ_r nur wenig von 1; also ist $\mu_r \approx 1$.

Dagegen ist $\mu_r \gg 1$ bei den „nichtlinearen" magnetischen Stoffen. Bei diesen sind μ und μ_r keine Materialkonstanten mehr. Sie hängen vielmehr von der Vorbehandlung der Stoffe ab. Vor allem aber sind μ und μ_r von der magnetischen Feldstärke $\vec{H}$ abhängig.

Zu diesen Stoffen gehören z.B. die ferromagnetischen Stoffe, wie Eisen, Nickel und Kobalt, und die ferrimagnetischen Stoffe, wie die Ferrite, die z.B. aus Oxiden von Eisen, Nickel und Mangan zusammengesintert werden.

Auf die physikalische Deutung der magnetischen Eigenschaften der Stoffe werden wir in 6.8.2 und 6.8.3 zurückkommen.

6.8.1.2 *Magnetische Polarisation und Magnetisierung*

Oft ist es zweckmäßiger, statt des Verhältnisses $B_m : B_0$ die Differenz dieser Größen $B_m - B_0$ zu betrachten.

Dazu *definiert* man die Differenz der magnetischen Flußdichten B_m (mit Stoff) und B_0 (ohne Stoff), gemessen bei gleicher magnetischer Feldstärke H, als *magnetische Polarisation* $\vec{J}$. Also ist:

Magnetische Polarisation

$$\vec{J} = \vec{B_m} - \vec{B_0} \qquad \text{oder} \qquad \vec{J} = \vec{B_m} - \mu_0 \vec{H}$$

Die *SI-Einheit* der magnetischen Polarisation ist dieselbe wie die der magnetischen Flußdichte:

$$[J] = [B] = 1 \text{ Tesla} = 1 \text{ T} = 1 \text{ Wb m}^{-2} = 1 \text{ V s m}^{-2}$$

Als *Magnetisierung* $\vec{M}$ definiert man einen Vektor, der sich von der magnetischen Polarisation $\vec{J}$ nur um den Faktor $\frac{1}{\mu_0}$ unterscheidet:

Magnetisierung

$$\vec{M} = \frac{\vec{J}}{\mu_0} \qquad \text{oder} \qquad \vec{M} = \frac{\vec{B_m}}{\mu_0} - \vec{H}$$

Die *SI-Einheit* der Magnetisierung ist dieselbe wie die der magnetischen Feldstärke:

$$[M] = [H] = 1 \text{ A m}^{-1} = 1 \text{ N Wb}^{-1}$$

Anmerkung: Wenn Magnetisierung und Drehmoment gleichzeitig vorkommen, so bezeichnet man die Magnetisierung mit $\vec{M}$ und das Drehmoment mit einem Ausweichzeichen, z.B. mit $\vec{T}$.

6.8.1.3 *Magnetische Suszeptibilität*

Aus $\vec{B}_m = \vec{B}_0 + \vec{J}$ folgt mit $\vec{B}_m = \mu_r \mu_0 \vec{H}$ und $\vec{B}_0 = \mu_0 \vec{H}$ für den Polarisationsvektor $\vec{J} = \mu_0 (\mu_r - 1) \vec{H}$. Man setzt $\mu_r - 1 = \chi_m$ und nennt χ_m die „magnetische Suszeptibilität". Es ist dann

$$\boxed{\vec{J} = \chi_m \mu_0 \vec{H}}$$

Im Vakuum ist $\chi_m = 0$. und damit $J = 0$. Mit $\vec{M} = \dfrac{\vec{J}}{\mu_0}$ folgt für die Magnetisierung:

$$\boxed{\vec{M} = \chi_m \vec{H}}$$

Die magnetische Suszeptibilität $\chi_m = \mu_r - 1$ gibt den Unterschied der Permeabilitätszahl μ_r gegenüber 1 an. Die Angabe von χ_m ist daher vor allem bei dia- und paramagnetischen Stoffen zweckmäßig, da sich bei diesen die Permeabilitätszahl μ_r nur wenig von 1 unterscheidet (Tabelle 6.8-1). Diamagnetische Stoffe haben eine negative, paramagnetische Stoffe eine positive magnetische Suszeptibilität.

Tabelle 6.8-1
Magnetische Suszeptibilität χ_m einiger „linearer" Stoffe bei 20 °C

Diamagnetische Stoffe	χ_m	Paramagnetische Stoffe	χ_m
Wasser	$-9{,}0 \cdot 10^{-6}$	Luft	$4{,}0 \cdot 10^{-7}$
Kupfer	$-1{,}0 \cdot 10^{-5}$	Sauerstoff	$1{,}9 \cdot 10^{-6}$
Blei	$-1{,}6 \cdot 10^{-5}$	Aluminium	$2{,}4 \cdot 10^{-5}$
Gold	$-2{,}9 \cdot 10^{-5}$	Wolfram	$6{,}8 \cdot 10^{-5}$
Quecksilber	$-3{,}3 \cdot 10^{-5}$	Platin	$2{,}6 \cdot 10^{-4}$

Bei ferromagnetischen Stoffen ist $\mu_r \gg 1$. Man mißt und verwendet in diesem Fall in der Regel μ_r und nicht χ_m, das sich nur um 1 von μ_r unterscheidet.

6.8.2 Lineare Stoffe im Magnetfeld; Dia- und Paramagnetismus

Um die Vorgänge in dia- und paramagnetischen Körpern im einzelnen erklären zu können, braucht man physikalische Kenntnisse, die uns noch nicht zur Verfügung stehen. Trotzdem können wir mit Hilfe unserer bisherigen Überlegungen und der Schulkenntnisse in der Atomphysik wenigstens gewisse Modellvorstellungen über den Dia- und den Paramagnetismus entwickeln, die das Verhalten dieser Körper in einem Magnetfeld verständlich machen.

Dia- und Paramagnetismus sind Eigenschaften der Atome, aus denen die Stoffe bestehen. Die Bewegungen der Elektronen auf den Bahnen des Bohrschen Atommodells stellen Kreisströme dar. Außerdem haben die Elektronen der Atomhülle einen Drehimpuls um ihre eigene Achse, den man den „Elektronenspin" nennt. Auch diese Kreiselbewegung der Elektronen entspricht einem Kreisstrom. Jeder Kreisstrom besitzt ein magnetisches Moment, so daß er wie ein magnetischer Dipol wirkt.

Sind diese Dipole in den Atomen eines Stoffes so regellos verteilt, daß ihr resultierendes magnetisches Moment Null ist, so handelt es sich um eine diamagnetische Substanz. Ist das resultierende magnetische Moment von Null verschieden, so ist die Substanz paramagnetisch. Die Atome paramagnetischer Stoffe haben also ein permanentes magnetisches Moment.

Bringen wir nun irgendeine dia- oder paramagnetische Substanz in ein Magnetfeld, so werden in den Kreisströmen zusätzlich Induktionsströme hervorgerufen, deren Richtung durch die Lenzsche Regel bestimmt wird.

Die Atome diamagnetischer Stoffe werden durch diese Induktionswirkung zu magnetischen Dipolen, deren Momente das sie erzeugende Magnetfeld schwächen.

Bei paramagnetischen Stoffen ist zwar die gleiche Induktionswirkung vorhanden; sie wird aber durch einen stärkeren

Effekt mit umgekehrtem Vorzeichen überdeckt. Dieser besteht in der Richtwirkung, die das Magnetfeld auf die permanenten Dipole der paramagnetischen Atome ausübt. Diese werden so ausgerichtet, daß sie das Magnetfeld verstärken. Einer vollständigen Ausrichtung wirkt die Wärmebewegung der Atome entgegen. Je tiefer die Temperatur ist, desto vollkommener ist die Ausrichtung.

Diese Vorstellungen erklären das Verhalten para- und diamagnetischer Körper in Magnetfeldern (Abb. 6.8-2). In einem homogenen Magnetfeld stellen sich längliche paramagnetische Körper parallel, diamagnetische dagegen quer zur Feldrichtung. In einem inhomogenen Magnetfeld werden paramagnetische Körper in das Gebiet größter, diamagnetische dagegen in das Gebiet kleinster Flußdichte gezogen (Abb. 6.8-3).

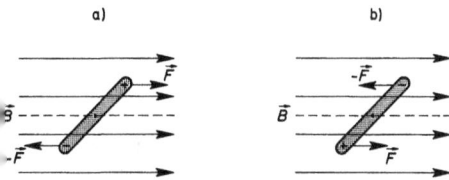

Abb. 6.8-2: Ausrichtung a) para- b) diamagnetischer Körper in einem homogenen Magnetfeld

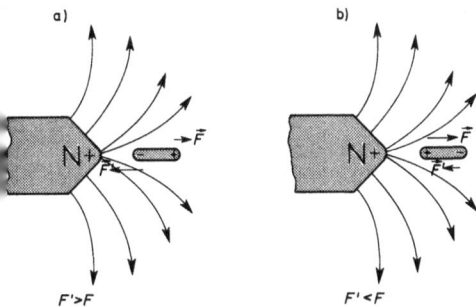

Abb. 6.8-3: Kraftwirkung auf a) para- b) diamagnetische Körper in einem inhomogenen Magnetfeld

Die Kraftwirkung eines inhomogenen Magnetfeldes auf para- und diamagnetische Körper wird zur Messung ihrer magnetischen Suszeptibilität verwendet.

6.8.3 Nichtlineare Stoffe im Magnetfeld

6.8.3.1 *Ferromagnetismus*

Die Eigenschaften ferromagnetischer Körper sind nicht mehr allein durch die magnetischen Momente ihrer Atome zu erklären; sie kommen vielmehr durch bestimmte *Kristalleigenschaften* dieser Körper zustande.

Eisen ist nur als Festkörper in einem bestimmten Temperaturbereich ferromagnetisch; flüssiges oder gasförmiges Eisen ist nie ferromagnetisch.

Doch ehe wir uns der Deutung der ferromagnetischen Erscheinungen zuwenden, wollen wir experimentell den Zusammenhang zwischen der magnetischen Feldstärke $\vec{H}$ und der magnetischen Flußdichte $\vec{B}$ bei ferromagnetischen Stoffen untersuchen.

Dazu bewickeln wir einen Ringkern aus einem ferromagnetischen Material mit einer Feldspule und einer Induktionsspule (Abb. 6.8-1).

Der Kern sei z.B. durch „Ausglühen entmagnetisiert" worden. Schalten wir nun einen Spulenstrom I ein, so entsteht in der Feldspule eine magnetische Feldstärke vom Betrag

$$H = \frac{NI}{2\,r\pi}.$$

Dadurch wird in der Induktionsspule ein elektrischer Spannungsstoß

$$\int_0^t \overset{\circ}{U_i}\, dt$$

induziert, der ein Maß für den Betrag B_m der magnetischen Flußdichte im Kern ist. Wir erhöhen anschließend stufenweise den Betrag der magnetischen Feldstärke um ΔH und messen die zugehörigen ΔB_m der magnetischen Flußdichte.

Im Gegensatz zum linearen Zusammenhang zwischen H und B_0 bei einer Ringspule *ohne* ferromagnetischen Kern (Abb. 6.8-4), erhalten wir mit dem ferromagnetischen Körper einen komplizierteren Zusammenhang (Abb. 6.8-5). Tragen wir statt der magnetischen Flußdichte B_m die magnetische Polarisation $J = B_m - B_0$ als Funktion der magnetischen Feldstärke H auf, so erhalten wir die Kurven der Abb. 6.8-6.

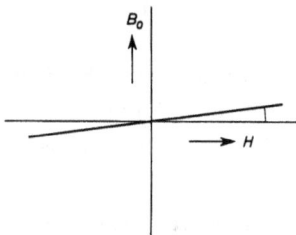

Abb. 6.8-4:
Magnetische Flußdichte als Funktion der magnetischen Feldstärke im Vakuum (in Luft)

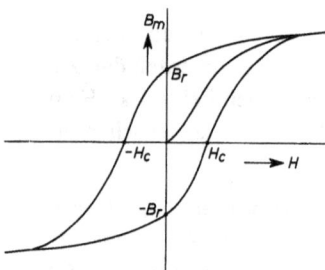

Abb. 6.8-5:
Magnetische Flußdichte als Funktion der magnetischen Feldstärke für einen ferromagnetischen Körper; Neukurve und Hystereseschleife

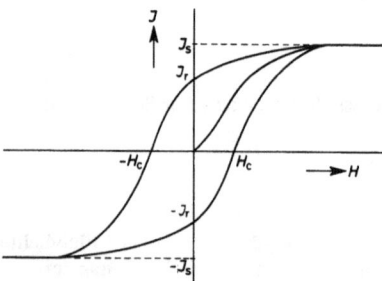

Abb. 6.8-6:
Magnetische Polarisation als Funktion der magnetischen Feldstärke für einen ferromagnetischen Körper; Neukurve und Hystereseschleife

Diese Kurven sind denen der Abb. 6.7-10 sehr ähnlich. Vom unmagnetisierten Zustand ($J = 0$ bei $H = 0$) aus nimmt J mit H auf der „Neukurve" zu. Von einem genügend großen H an wächst J nicht mehr. Man nennt den erreichten Wert J_s die Sättigungspolarisation. J_s ist zu-

gleich die spontane Polarisation, wie unten näher ausgeführt wird. Verkleinert man nach dem Erreichen der Sättigung das Magnetfeld wieder, so geht J auf der Hystereseschleife zurück und hat bei $H = 0$ den Remanenzwert J_r. Das Gegenfeld $-H_c$, bei dem $J = 0$ wird, heißt wieder Koerzitivfeldstärke.

Der Ferromagnetismus kann nicht wie der Dia- und der Paramagnetismus durch die atomaren Kreisströme allein erklärt werden; es müssen zusätzliche Bedingungen erfüllt sein, die nur bei *kristallinen Festkörpern* bestimmter Zusammensetzung, bei nicht zu hohen Temperaturen, gegeben sind. In solchen ferromagnetischen Körpern bilden sich „spontan" Kristallbereiche von 100 bis 10 000 Atomdurchmessern („*Weißsche*[1] *Bezirke*" oder „*Domänen*"), in denen sich die magnetischen Momente parallel stellen („*Spontane Magnetisierung*"). Jeder Weißsche Bezirk (Abb. 6.8-7 a) kann als ein „Elementarmagnet" angesehen werden, dessen magnetisches Moment gleich der Summe der gleichgerichteten Momente der Elektronen ist. Die Magnetisierungsrichtungen der verschiedenen Weißschen Bezirke sind aber untereinander völlig regellos verteilt, so daß der Körper trotz seiner spontanen Magnetisierung nach außen unmagnetisch erscheint. Bringt man den Körper in ein Magnetfeld, so werden die Elementarmagnete, d.h. die Magnetisierung der Weißschen Bezirke in die Feldrichtung orientiert. Man nennt diesen Vorgang „technische Magnetisierung". Diese setzt also zum einen die spontane Magnetisierung, zum anderen ein äußeres Feld voraus.

Genauer betrachtet ist der Vorgang der technischen Magnetisierung etwas verwickelter. Zwischen den einzelnen Weißschen Bezirken lie-

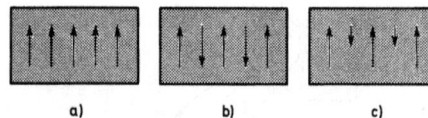

Abb. 6.8-7: Modellmäßiger Vergleich: a) ferromagnetische b) antiferromagnetische c) ferrimagnetische Domäne

---
[1]   Pierre-Ernest Weiß, 1865 - 1940, franz. Physiker

gen Übergangszonen, die sogenannten „*Blochschen*[1] *Wände*", innerhalb derer die Magnetisierungsrichtung des einen Bezirks kontinuierlich in die des Nachbarbezirks übergeht. In einem äußeren Magnetfeld wachsen diejenigen Weißschen Bezirke – auf Kosten benachbarter Bezirke –, deren magnetisches Moment bereits einen spitzen Winkel mit der Feldrichtung bildet („Wandverschiebungen"). Die Bezirke, deren Magnetisierung einen stumpfen Winkel mit der Feldrichtung bildet, werden bei genügend starkem äußeren Feld zunächst durch Umklappen ihres Moments in die Gegenrichtung ummagnetisiert *(Barkhausen*[2]*-Sprünge)*, so daß sie einen spitzen Winkel mit der Feldrichtung bilden. Die weitere Ausrichtung geschieht dann ebenfalls durch Wandverschiebungen.

Aufgrund dieser Modellvorstellungen lassen sich die Neukurve und die Hystereseschleife so deuten: Im ersten flachen Stück der Neukurve erfolgen Wandverschiebungen, im steilen Anstieg Umklapp-Prozesse, im folgenden flachen Teil wieder Wandverschiebungen. Nach vollständiger Ausrichtung der magnetischen Momente aller Weißschen Bezirke in die Feldrichtung ist der Sättigungswert J_s der magnetischen Polarisation erreicht.

Nimmt das äußere Feld wieder ab, so treten zunächst nur Wandverschiebungen ein und es bleibt der Remanzwert J_r bei $H = 0$ erhalten. Erst durch ein Gegenfeld werden auch Umklapp-Prozesse eingeleitet, so daß bei einem genügend großen Gegenfeld $- H_c$ die magnetische Polarisation $J = 0$ wird. Der weitere Verlauf der Hystereseschleife ist damit vorgezeichnet.

Oberhalb einer für jeden ferromagnetischen Körper charakteristischen Temperatur, der sogenannten *Curie-Temperatur* T_c, gibt es keine spontane Magnetisierung. Die Wärmebewegung zerstört dann die Parallelstellung der magnetischen Momente in den Weißschen Bezirken. Die Körper verhalten sich oberhalb der Curietemperatur paramagnetisch.

Die Curie-Temperatur von Eisen ist 770 °C, die von Nickel 360 °C und die von Kobalt 1120 °C.

Einen technisch magnetisierten Körper kann man durch Erwärmen über die Curietemperatur vollständig entmagnetisieren. Bei der Abkühlung unter die Curietemperatur gewinnt der Körper zwar wieder die spontane Magnetisierung, indem sich wieder Weißsche Bezirke bilden, ihre Magnetisierungsrichtungen sind aber regellos verteilt.

Eine weitgehende Entmagnetisierung kann man auch erreichen, indem man den Körper zunächst bis zur Sättigung magnetisiert und anschließend einem immer schwächer werdenden magnetischen Wechselfeld aussetzt, das man schließlich ganz verschwinden läßt.

6.8.3.2 *Antiferro- und Ferrimagnetismus*

In kristallinen Körpern gibt es auch die Möglichkeit, daß die magnetischen Momente der Atome denselben Betrag haben und sich paarweise *antiparallel* stellen (Abb. 6.8-7b). Derartige Körper nennt man *antiferromagnetisch*. Nach außen wirken sie diamagnetisch.

Antiferromagnetisch sind z.B. die Oxide von Eisen, Mangan und Chrom.

Auch die antiferromagnetischen Körper verlieren oberhalb einer für die einzelnen Körper charakteristischen Temperatur, der sogenannten *Néel*[1]-Temperatur, ihre „spontane Magnetisierung".

Kristalle, bei denen die magnetischen Momente der Atome ebenfalls antiparallel stehen, aber verschiedene Beträge haben (Abb. 6.8-7c), nennt man *ferrimagnetische* Körper oder *Ferrite*. Bei diesen bleibt ein resultierendes magnetisches Moment übrig, so daß ihr Verhalten weitgehend dem der ferromagnetischen Körper entspricht.

Ferrite bestehen z.B. aus zusammengesinterten Gemischen aus Oxiden von Eisen, Nickel, Mangan, Zink und Kupfer. Sie haben einen sehr viel größeren spezifischen elektrischen Widerstand als die ferromagnetischen Metalle und Legierungen. (Siehe auch 6.8.4!)

6.8.4 Beispiele für die Anwendung magnetischer Werkstoffe in der Technik

Magnetische Werkstoffe spielen in der Technik eine große Rolle. Es ist unmöglich, im Rahmen dieses Buches die Vielfalt ihrer Eigenschaften vollständig zu behandeln. Wir können nur einige charakteristische Beispiele und Anwendungsmöglichkeiten herausgreifen.

---

[1] Felix Bloch, 1905-1983, amerikanischer Physiker, 1952 Nobelpreis
[2] H. Barkhausen, 1881-1956, deutscher Physiker

[1] Louis Néel, geb. 1904, franz. Physiker, Nobelpreis 1970

6.8.4.1 *Magnetische Kreise*

Wir haben in 6.8.3.1 die magnetischen Eigenschaften eines Werkstoffes mit einem geschlossenen Ringkern in einer Feldspule gemessen. Es gibt Fälle, in denen man solche geschlossene Ringkerne technisch verwenden kann, wenn es z.B. darum geht, die höhere Permeabilität μ eines magnetischen Werkstoffes gegenüber der Permeabilität μ_0 von Luft auszunutzen. Das kommt dann einer Erhöhung des magnetischen Flusses im Verhältnis $\Phi : \Phi_0 = \mu : \mu_0$ gleich. Daraus folgt mit $\mu = \mu_r \mu_0$ die Gleichung:

$$\boxed{\Phi : \Phi_0 = \mu_r : 1}$$

Wenn man die Kraftwirkung eines Elektromagneten ausnützen will, so muß der Ringkern wenigstens durch einen Luftspalt unterbrochen werden. Sobald aber in einem magnetischen Kreis zwei Gebiete verschiedener Permeabilität aneinander grenzen, gilt nicht mehr die oben angegebene einfache Beziehung des Kreises mit einem geschlossenen Ringkern. Doch kann man solche magnetische Kreise mit wechselnden Permeabilitäten $\mu_1, \mu_2, \mu_3 \ldots$ formal ebenso berechnen wie elektrische Stromkreise mit wechselnden Leitfähigkeiten $\gamma_1, \gamma_2, \gamma_3 \ldots$

Dazu führt man den magnetischen Widerstand R_{magn} als eine zum Ohmschen Widerstand R analoge Größe ein. Es entsprechen einander dann außerdem der magnetische Fluß Φ und die elektrische Stromstärke I sowie die magnetische Spannung V und die elektrische Spannung U.

Die Gleichung zur Berechnung des magnetischen Kreises erhalten wir durch folgende Versuche und Überlegungen:

1. *Versuch:* Wir bewickeln einen Ringkern aus einem magnetischen Werkstoff hoher Permeabilität μ zunächst gleichmäßig mit N Windungen und messen den Spannungsstoß $\int_0^t \overset{\circ}{U_i}\, dt$, der in einer Induktionsspule der Windungszahl N_i auftritt, wenn wir einen Gleichstrom der Stromstärke I in der Feldspule einschalten. Dann schieben wir die

N Windungen der Feldspule zu einem Bündel zusammen (Abb. 6.8-8) und wiederholen den Versuch. Es ergibt sich derselbe Spannungsstoß in der Induktionsspule. Diese wird demnach in beiden Fällen von demselben magnetischen Fluß

$$\Phi = B A \qquad \text{oder} \qquad \Phi = \mu H A$$

durchflossen. Mit

$$H = \frac{N I}{2 \pi r}$$

ergibt sich

$$\Phi = \mu\, \frac{N I}{2 \pi r}\, A\,.$$

Der magnetische Fluß ist also durch die Abmessungen des Ringkerns (Mittlerer Radius r; Querschnittsfläche A) sowie durch seine Permeabilität μ und elektrische Durchflutung $N I$ bestimmt; sie hängt jedoch nicht von der Wicklungslänge der Feldspule ab.

Diese Versuchsanordnung zeigt, wie man mit Hilfe eines geschlossenen Ringkerns den magnetischen Fluß von einer Feldspule (Primärwicklung) zu einer Induktionsspule (Sekundärwicklung) hinüberleiten kann. *Anwendungsbeispiele:* Transformator, Meßwandler.

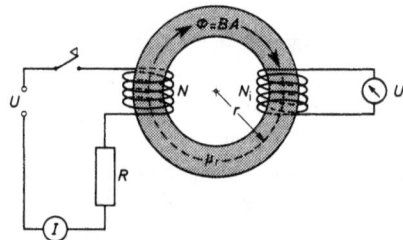

Abb. 6.8-8: Primär- und Sekundärwicklung auf einem geschlossenen Ringkern aus einem Material großer Permeabilität

2. *Versuch.* Wir nehmen jetzt einen Ringkern mit einem schmalen Luftspalt (Abb. 6.8-9) und schieben bei konstanter Stromstärke I in der Feldspule eine Induktionsspule über den Luftspalt hinweg. Dabei zeigt sich kein Spannungsstoß. Das bedeutet, daß sich der magnetische Fluß Φ bei der Bewegung der Induktionsspule nicht ändert, daß also der magnetische Fluß Φ im Luftspalt derselbe ist wie im Ringkern. Bezeichnen wir die Permeabilität des Werkstoffs, aus dem der Ringkern besteht, mit μ_1 und die des Luftspalts mit μ_0, so ist $\Phi_1 = \Phi_0 = \Phi$

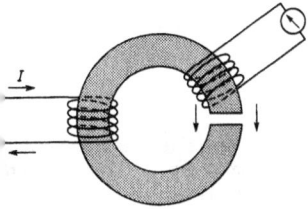

Abb. 6.8-9:
Magnetischer Kreis mit einem
schmalen Luftspalt

Daraus folgt:

$$B_1 A = B_0 A \qquad \text{oder} \qquad B_1 = B_0$$

Die magnetische Flußdichte bleibt also beim Übergang vom magnetischen Werkstoff zum Luftspalt konstant.

Ist l_1 die Länge des Wegs für den Fluß Φ_1 und l_0 die für Φ_0, so erhalten wir nach dem Durchflutungsgesetz:

$$H_1 l_1 + H_0 l_0 = NI$$

Für H_1 können wir auch schreiben:

$$H_1 = \frac{B_1}{\mu_1} \qquad \text{oder} \qquad H_1 = \frac{\Phi_1}{\mu_1 A_1}$$

Entsprechend ist:

$$H_0 = \frac{B_0}{\mu_0} \qquad \text{oder} \qquad H_0 = \frac{\Phi_0}{\mu_0 A_0}$$

Setzen wir diese Ausdrücke in das Durchflutungsgesetz ein, so erhalten wir:

$$\frac{\Phi_1}{\mu_1 A_1} l_1 + \frac{\Phi_0}{\mu_0 A_0} l_0 = NI$$

oder, da $\Phi_1 = \Phi_0 = \Phi$ ist:

$$\Phi = NI : \left(\frac{1}{\mu_1} \frac{l_1}{A_1} + \frac{1}{\mu_0} \frac{l_0}{A_0} \right)$$

Wir definieren nun den magnetischen Widerstand R_{magn} eines Werkstoffs der Länge l, der Querschnittsfläche A und der Permeabilität μ.

Definition: $\qquad \boxed{ R_{\text{magn}} = \frac{1}{\mu} \frac{l}{A} }$

Beim magnetischen Widerstand steht die Permeabilität μ an der Stelle der Leitfähigkeit γ beim Ohmschen Widerstand:

$$R = \frac{1}{\gamma} \frac{l}{A}$$

Dadurch wird der Ausdruck „*Permeabilität*" als „Durchlässigkeit" oder „magnetische Leitfähigkeit" verständlich.

Für den magnetischen Fluß erhalten wir mit $R_{\text{magn},1}$ und $R_{\text{magn},0}$ die Gleichung:

$$\boxed{ \Phi = \frac{NI}{R_{\text{magn},1} + R_{\text{magn},0}} }$$

Diese Gleichung, die auch das Ohmsche Gesetz für den magnetischen Kreis genannt wird, kann auf n verschiedene Stoffe im magnetischen Kreis erweitert werden:

$$\boxed{ \Phi = NI : \sum_{i=1}^{n} \frac{1}{\mu_i} \frac{l_i}{A_i} }$$

Man muß beachten, daß es sich um eine rein formale Analogie zum elektrischen Stromkreis handelt. Die Gleichung gilt auch nur für sehr enge Luftspalte. Bei größeren Zwischenräumen streuen die Feldlinien, was sich bei unserm 2. Versuch durch das Auftreten eines Spannungsstoßes zeigt. Trotzdem kann man die Gleichung wenigstens für Überschlagsrechnungen verwenden.

Beispiel: Ein Ringkern (Mittlerer Radius $r = 10$ cm, Querschnitt $A = 4{,}8$ cm^2) ist mit einer Feldspule von $N = 500$ Windungen bewickelt. Bei der Stromstärke $I = 0{,}75$ A hat dann die magnetische Feldstärke den Betrag

$$H = \frac{IN}{2 r \pi} \qquad \text{oder} \qquad H = \frac{0{,}75 \, \text{A} \cdot 500}{2 \cdot 0{,}1 \, \pi \text{m}} = 6{,}0 \cdot 10^2 \, \text{A m}^{-1}.$$

Bei dieser Feldstärke sei die Permeabilitätszahl des Ringkernmaterials $\mu_r = 1{,}5 \cdot 10^3$. Dann ist die magnetische Flußdichte im Kern

$$B = \mu_r \mu_0 H \qquad \text{oder} \qquad B = \mu_r \mu_0 \frac{IN}{2 r \pi}$$

also:

$$B = 1{,}5 \cdot 10^3 \cdot 4\,\pi \cdot 10^{-7}\ \text{V s A}^{-1}\text{m}^{-1} \cdot 6{,}0 \cdot 10^2\ \text{A m}^{-1} =$$
$$= 1{,}1\ \text{T}.$$

Der magnetische Fluß ist

$$\Phi = B\,A \quad \text{oder} \quad \Phi = 1{,}1\ \text{T} \cdot 4{,}8 \cdot 10^{-4}\text{m}^2 = 5{,}3 \cdot 10^{-4}\ \text{Wb}.$$

Der Ringkern sei nun nicht mehr geschlossen, sondern habe einen Luftspalt der Länge $l_0 = 5$ mm. Soll bei sonst gleichen Verhältnissen die magnetische Flußdichte im Kern und im Luftspalt wieder den Betrag $B = 1{,}1$ T erhalten, so ist dazu eine viel größere magnetische Feldstärke und damit auch Stromstärke I' in der Feldspule nötig.

Aus $I'\,N = H_1 l_1 + H_0 l_0$ folgt mit

$$H_1 = \frac{B}{\mu_\mathrm{r}\,\mu_0}\ , H_0 = \frac{B}{\mu_0}$$

und $l_1 = 2\,r\pi - l_0$ für die Stromstärke

$$I' = \frac{2\,r\pi + l_0\,(\mu_\mathrm{r} - 1)}{N\,\mu_\mathrm{r}\,\mu_0}\,B.$$

Setzen wir die oben angegebenen Werte ein, so erhalten wir $I' = 9{,}5$ A. Mit dem Luftspalt ist also eine mehr als zehnfache Stromstärke und damit magnetische Feldstärke nötig, um dieselbe magnetische Flußdichte wie im geschlossenen Ringkern zu erreichen. Aus den Gleichungen für I' und I erhalten wir durch Division:

$$\frac{I'}{I} = 1 + \frac{l_0\,(\mu_\mathrm{r} - 1)}{2\,r\pi}$$

Daraus können wir die Länge des Luftspalts berechnen, bei dem die doppelte Stromstärke zum Erzielen derselben magnetischen Flußdichte nötig ist. Dies ist der Fall, wenn

$$\frac{l_0\,(\mu_\mathrm{r} - 1)}{2\,r\pi} = 1 \quad \text{oder} \quad l_0 = \frac{2\,r\pi}{\mu_\mathrm{r} - 1}$$

ist, oder da $\mu_\mathrm{r} \gg 1$ ist:

$$l_0 \approx \frac{2\,r\pi}{\mu_\mathrm{r}}$$

Mit den Werten für r und μ_r unseres Beispiels ergibt sich $l_0 = 0{,}4$ mm.

Messen wir die Hystereseschleife (6.8.3.1) für einen magnetischen Werkstoff einmal mit einem geschlossenen Ringkern und zum zweitenmal mit einem Luftspalt im Ringkern, so

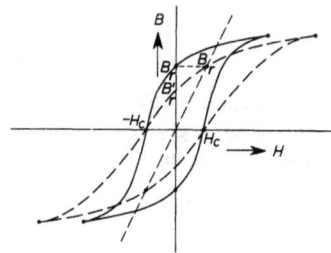

Abb. 6.8-10:
Veränderung der Hysteresisschleife eines ferromagnetischen Werkstoffs durch einen Luftspalt im magnetischen Kreis; es tritt eine „Scherung" der Hysteresisschleife ein.

erhalten wir zwei verschiedene Schleifen (Abb. 6.8-10). Die Punkte $\pm H_\mathrm{c}$ sind in beiden Fällen gleich. Um einen bestimmten Betrag B der magnetischen Flußdichte zu erreichen, müssen wir im zweiten Fall, wie auch das durchgerechnete Beispiel zeigt, ein stärkeres Magnetfeld anlegen. Insbesondere wird auch die Sättigung erst bei größeren Feldstärken erreicht. Die Remanenz B_r beim geschlossenen Ringkern („wahre Remanenz") ist bedeutend größer als die „scheinbare Remanenz" B_r'.

6.8.4.2 *Magnetisierungsarbeit und Wirbelströme*

Die Energiedichte des homogenen Magnetfelds einer stromdurchflossenen Spule ist nach 6.4.7 gegeben durch die Gleichung

$$\frac{W_\mathrm{magn}}{V} = \frac{1}{2}\,BH.$$

Die Arbeit W_magn, die nötig ist, um im Volumen V das Magnetfeld aufzubauen, ist:

$$W_\mathrm{magn} = V \int\limits_0^B H\,\mathrm{d}B$$

Im Vakuum und auch angenähert in einer Luftspule ist $B = \mu_0\,H$, so daß sich durch Integration die oben stehende Gleichung für die im Magnetfeld gespeicherte Energiedichte ergibt.

Befindet sich ein ferromagnetischer Werkstoff in der Spule, so ist $B = \mu_r \mu_0 H$, wobei μ_r und damit B eine Funktion von H ist. Soll ein solcher Körper von $H = 0$, $B = -B_r$ aus bis B_s magnetisiert werden (Abb. 6.8-11a), so ist:

$$W_{magn} = V \int_{B_r}^{B_s} H \, dB$$

Ein Maß dafür ist die schraffierte Fläche. Bei der Rückkehr nach $H = 0$, und damit nach $B = B_r$, wird eine kleinere Energie frei (Abb. 6.8-11 b). Die Differenz zeigt Abb. 6.8-11 c.

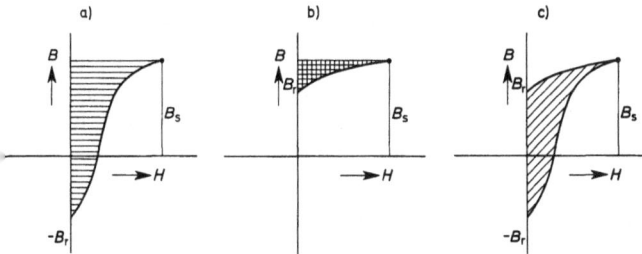

Abb. 6.8-11
Zur Magnetisierungsarbeit eines ferromagnetischen Körpers

Entsprechend ist die Ummagnetisierungsarbeit während eines Zyklus der Hystereseschleife gegeben durch die schraffierte Fläche der Abb. 6.8-12. Eine schmale Schleife wird also mit geringem, eine breite mit großem Energieaufwand durchlaufen.

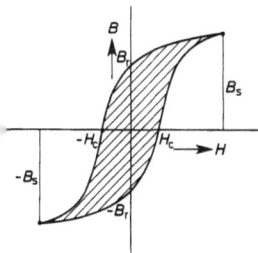

Abb. 6.8-12:
Ummagnetisierungsarbeit beim
Durchlaufen der Hystereseschleife

Bei der Ummagnetisierung eines Werkstoffs entstehen nach 6.4.8.1 zwangsläufig Wirbelströme, deren Magnetfeld dem Ummagnetisierungsprozeß entgegenwirkt. Die Wirbelströme bedingen also einen zusätzlichen Energieaufwand.

Um diesen möglichst klein zu halten, teilt man den Werkstoff in dünne gegeneinander isolierte Bleche oder Bänder auf. Außerdem nimmt man Werkstoffe mit großem spezifischen Widerstand, z.B. Silizium-Eisen. Wegen ihres extrem hohen spezifischen Widerstands sind die Ferrite auch noch bei hohen Frequenzen geeignet, während ferromagnetische Legierungen unbrauchbar werden, weil die Wirbelströme bei diesen Frequenzen die Magnetisierung praktisch verhindern.

6.8.4.3 *Magnetisch weiche und harte Werkstoffe*

Man spricht von einem magnetisch weichen Werkstoff, wenn er eine schmale Hystereseschleife, also ein kleines Koerzitivfeld hat (Abb. 6.8-13 a). Bei einem solchen Werkstoff verursacht bereits ein kleines Feld eine große magnetische Flußdichte, also ist $\mu_r \gg 1$. Er ist bereits bei relativ kleinem Feld gesättigt. Außerdem sind die Energieverluste beim Ummagnetisieren klein.

Dies gilt jedenfalls für die „statische" Hystereseschleife, die man erhält, wenn man die Ummagnetisierung durch Feldänderungen bewirkt, die durch Änderung eines Gleichstroms in der Feldspule hervorgerufen werden („Gleichstrom"-Hystereseschleife). Fließt in der Feldspule ein Wechselstrom, so tritt während jeder Periode eine Um-

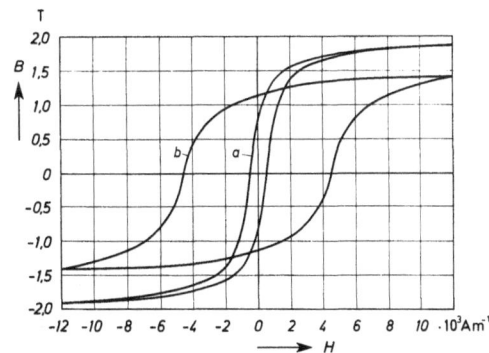

Abb. 6.8-13: Hystereseschleife eines magnetisch a) weichen b) harten Werkstoffs

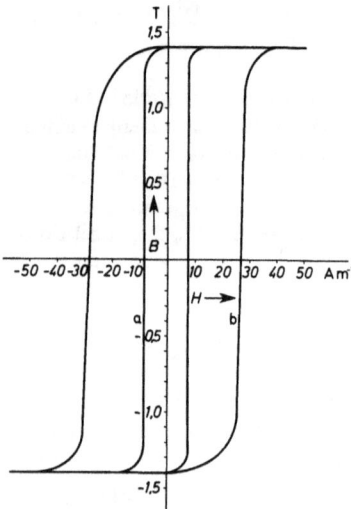

Abb. 6.8-14:
Einfluß der Wirbelströme
auf die Hystereseschleife
eines magnetisch weichen
Werkstoffs;
a) statische
b) dynamische Schleife bei
$f = 50$ Hz

Wirbelströme (Abb. 6.8-14) bemerkbar. Je höher die Frequenz, desto wichtiger ist also ein großer elektrischer Widerstand und eine Unterteilung des magnetischen Werkstoffs.

Ferner muß man beachten, daß die Vorzüge eines magnetisch weichen Werkstoffs nur bei geschlossenen magnetischen Kreisen voll zur Geltung kommen (6.8.4.1). Trotz hoher Sättigung sind magnetisch weiche Werkstoffe als Dauermagnete ungeeignet; wegen ihres kleinen Koerzitivfeldes ist nämlich beim Vorhandensein eines Luftspaltes die „scheinbare" Remanenz gering.

In der Tabelle 6.8-2 sind die Eigenschaften einiger magnetisch weicher Werkstoffe zusammengestellt.

Man spricht von einem magnetisch harten Werkstoff, wenn er eine breite Hystereseschleife und damit ein großes Koerzitivfeld hat (Abb. 6.8-13 b). Ein solcher Werkstoff ist erst bei einem relativ großen Feld gesättigt. Beim Vorhandensein eines Luftspaltes ist seine scheinbare Remanenz relativ groß. Er ist deshalb als Dauermagnet geeignet.

Zur Beurteilung eines Werkstoffs hinsichtlich seiner Eignung als Dauermagnet dient seine sogenannte Entmagnetisierungskurve, das ist das Kurvenstück seiner Hystereseschleife zwischen der wahren Remanenz B_r und der Koezitivfeldstärke $-H_c$ (Abb. 6.8-15 links).

magnetisierung ein. Die dabei durchlaufene „dynamische" Hystereseschleife ist aber breiter als die „statische" Schleife, wenn beidemal dieselbe magnetische Flußdichte erreicht wird. Im zweiten Fall machen sich nämlich mit wachsender Frequenz in steigendem Maße die

Tabelle 6.8-2
Eigenschaften einiger magnetisch weicher Werkstoffe

Werkstoff		$\mu_{r,a}$	$\mu_{r,\,max}$	$\dfrac{J_s}{T}$	$\dfrac{H_c}{A\,m^{-1}}$	$\dfrac{\rho}{\Omega\,m}$
Bezeichnung	Zusammensetzung in %					
Eisen(rein)	0,01 C	$7{,}0 \cdot 10^2$	$1{,}5 \cdot 10^4$	2,15	24	$1{,}0 \cdot 10^{-7}$
Dynamoblech II	99 Fe; 1,0 Si	$1{,}8 \cdot 10^2$	$4{,}0 \cdot 10^3$	2,00	65	$2{,}3 \cdot 10^{-7}$
Nickel (rein)	99 Ni	$1{,}1 \cdot 10^2$	$6{,}0 \cdot 10^2$	0,61	270	$0{,}8 \cdot 10^{-7}$
Permalloy C	79 Ni; 17,5 Fe; 3,5 Mo	$2{,}5 \cdot 10^4$	$8{,}0 \cdot 10^4$	0,90	2,5	$5{,}5 \cdot 10^{-7}$
Ultraperm 10	79 Ni; 15,5 Fe; 2 Mo; 0,5 Mn	$1{,}2 \cdot 10^5$	$3{,}0 \cdot 10^5$	0,80	0,5	$6{,}0 \cdot 10^{-7}$
Kobalt (rein)	99 Co	$0{,}7 \cdot 10^2$	$2{,}4 \cdot 10^2$	1,80	800	$0{,}7 \cdot 10^{-7}$

$\mu_{r,a}$ ist die Anfangspermeabilitätszahl,
$\mu_{r,max}$ die Maximalpermeabilitätszahl,
$J_s = B_s - B_0$ die Sättigungspolarisation,

H_c das Koerzitivfeld und
ρ der spezifische elektrische Widerstand.

Tabelle 6.8-3

Eigenschaften einiger magnetisch harter Werkstoffe

Werkstoff			J_s	H_c	B_r	$|BH|_{max}$
Bezeichnung	Zusammensetzung in %	Formgebung	T	A m^{-1}	T	kJ m^{-3}
Co 040	93,2 Fe; 4 Cr; 2,1 Co; 0,7 W	Schmieden, Walzen und Zerspanen	1,7	$5,6 \cdot 10^3$	0,94	2,7
Al Ni 120	59 Fe; 26 Ni; 12 Al; 3 Cu	Gießen, Sintern und Schleifen	1,0	$5,0 \cdot 10^4$	0,58	8,7
Al Ni Co 350	37 Fe; 32 Co; 14,5 Ni; 7,5 Al; 5 Ti; 4 Cu	Gießen, Sintern und Schleifen	1,4	$9,2 \cdot 10^4$	0,84	26
Ba-Ferrit 100	(BaO $\cdot$ 6 Fe$_2$O$_3$)	Sintern und Schleifen	0,45	$1,4 \cdot 10^5$	0,21	6,4

$J_s = B_s - B_0$ ist die Sättigungspolarisation,
H_c das Koezitivfeld (für $B = 0$),
B_r die wahre Remanenz,

$|BH|_{max}$ die größte Energiedichte eines Dauermagneten aus dem genannten Werkstoff im günstigsten Arbeitspunkt (B_a, H_a).

Durch das notwendige Vorhandensein eines Luftspalts ist nicht die wahre Remanenz B_r maßgebend, sondern die scheinbare Remanenz B_a, die bei einer magnetischen Feldstärke H_a erreicht wird. Der „Arbeitspunkt" (H_a, B_a) des Dauermagneten hängt von seiner Form ab. Diese ist am vorteilhaftesten, wenn im Arbeitspunkt A das Maximum der magnetischen Energiedichte $|BH|_{max}$ vorliegt (Abb. 6.8-15 rechts).

In der Tabelle 6.8-3 sind die Eigenschaften einiger magnetisch harter Werkstoffe zusammengestellt.

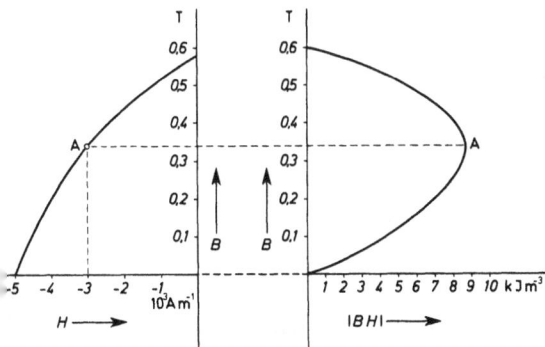

Abb. 6.8-15: „Entmagnetisierungskurve" und Kurve für die magnetische Energiedichte $|BH|$ eines magnetisch harten Materials für Dauermagnete

6.9 Elektromagnetisches Feld in Materie und Vakuum

Nachdem wir den Einfluß der Materie auf das elektrische (6.7) und das magnetische Feld (6.8) betrachtet haben, wollen wir abschließend die wichtigsten Gleichungen für die Felder und ihre Verknüpfung zum elektromagnetischen Feld zusammenstellen.

Die Grundgleichungen für die Feldvektoren haben wir durch die Einführung der Permittivität $\epsilon = \epsilon_r \epsilon_0$ und der Permeabilität $\mu = \mu_r \mu_0$ erweitert:

$$\boxed{\vec{D}(\vec{r}) = \epsilon \vec{E}(\vec{r})} \qquad (6.7.3.1)$$

und

$$\boxed{\vec{B}(\vec{r}) = \mu \vec{H}(\vec{r})} \qquad (6.8.1.1)$$

Im Vakuum ist speziell $\epsilon_r = 1$ und $\mu_r = 1$, also $\epsilon = \epsilon_0$ (6.2.3.1) und $\mu = \mu_0$ (6.3.3.1).

Im elektrischen Feld gilt das Gesetz von Gauß (6.7.3.2):

$$\boxed{\oint \vec{D}(\vec{r}) \cdot d\vec{A} = Q} \quad \text{bzw.} \quad \boxed{\oint \vec{E}(\vec{r}) \cdot d\vec{A} = \frac{1}{\epsilon_0}(Q + Q_p)}$$

Da im Vakuum die Polarisationsladung $Q_p = 0$ ist, reduzieren sich

diese Gleichungen auf $\oint \vec{D}(\vec{r}) \cdot d\vec{A} = \epsilon_0 \oint \vec{E}(\vec{r}) \cdot d\vec{A} = Q$ in Übereinstimmung mit 6.2.2.5.

Im magnetischen Feld ist, da es keine magnetische Ladungen gibt:

$$\oint \vec{B}(\vec{r}) \cdot d\vec{A} = 0$$

Für die Verknüpfung des elektrischen und des magnetischen Feldes gelten die beiden Maxwellschen Gleichungen.

1. Maxwellsche Gleichung:

$$\oint \vec{H}(\vec{r}) \cdot d\vec{r} = I + \int_A \dot{\vec{D}}(\vec{r}) \cdot d\vec{A} \qquad (6.3.3.3)$$

2. Maxwellsche Gleichung:

$$\oint \vec{E}(\vec{r}) \cdot d\vec{r} = - \int_A \dot{\vec{B}}(\vec{r}) \cdot d\vec{A} \qquad (6.4.3)$$

Bei allen elektromagnetischen Erscheinungen, die wir in 6.4 bis 6.6 besprochen haben, müssen wir bei Anwesenheit von Materie ϵ statt ϵ_0 und μ statt μ_0 setzen. Dann bleiben die abgeleiteten Gleichungen gültig.

So ist z.B. die Ausbreitungsgeschwindigkeit elektromagnetischer Wellen:

$$c = \frac{1}{\sqrt{\epsilon \mu}} \qquad \text{oder} \qquad c = \frac{1}{\sqrt{\epsilon_r \epsilon_0 \mu_r \mu_0}}$$

Bei dem von uns gewählten Aufbau der Behandlung elektrischer und magnetischer Felder war die Formulierung der Maxwellschen Gleichungen in der integralen Form einfacher als in der bekannteren differentiellen. Man könnte durch rein mathematische Operationen der Vektorrechnung aus der integralen Schreibweise die differentielle gewinnen. Wir wollen uns auf diesen Hinweis beschränken ohne die Rechnung durchzuführen.

6.10   Elektrizitätsleitung

Wegen ihrer großen physikalischen und technischen Bedeutung wollen wir die Elektrizitätsleitung in einem eigenen, die Elektrizitätslehre abschließenden, Kapitel besprechen. Dies ist allerdings im Rahmen unserer bisherigen Kenntnisse nur in einem unvollkommenen Grad möglich. Ein tieferes Eindringen in die physikalischen Deutungen der Elektrizitätsleitung setzt Kenntnisse der Quantenphysik voraus, die von uns noch nicht behandelt werden konnten.

6.10.1   Allgemeines über Trägerströme

6.10.1.1 *Bewegliche Träger positiver und negativer Ladungen*

Für die Entstehung eines elektrischen Trägerstroms sind sowohl *Ladungsträger* als auch deren *Bewegung* notwendig. Dabei ist es gleichgültig, woher die Ladungen stammen, von welchen Körpern diese getragen werden, und welche Kräfte die Ladungsträger in Bewegung setzen.

Man unterscheidet zwischen selbständiger und unselbständiger Elektrizitätsleitung. Sind von vornherein bewegliche Ladungsträger vorhanden oder werden solche durch den Leitungsvorgang selbst gebildet, so spricht man von selbständiger Leitung. Müssen dagegen die beweglichen Ladungsträger auf eine vom Leitungsvorgang unabhängige Weise erst erzeugt werden, so nennt man die Leitung unselbständig.

Geraten Träger positiver und negativer elektrischer Ladungen gleichzeitig durch die Kraftwirkung eines elektrischen Feldes in Bewegung (Abb. 6.10-1), so setzt sich die Gesamtstromstärke I des Trägerstroms zusammen aus der Stromstärke I_+, die von der Bewegung der positiven Ladungen, und I_-, die von der Bewegung der negativen Ladungen herrührt:

$$I = I_+ + I_-$$

Wir müssen die beiden Teilstromstärken addieren, weil der Transport positiver Ladungen nach der einen Seite dem Transport negativer Ladungen nach der andern Seite gleichwertig ist.

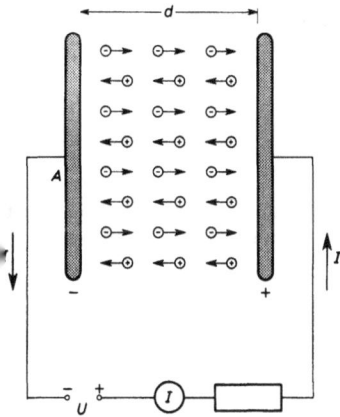

Abb. 6.10-1:
Trägerstrom positiver und
negativer Ladungen;
Modellvorstellung

Transportiert ein Teilchen die Ladung q mit der „Drift"-Geschwindigkeit $\vec{v}$ längs der Strecke d von einer Kondensatorplatte zur andern, so folgt aus der Definition der Stromstärke $I = \frac{q}{t}$ (6.1.1.2), wenn wir $t = \frac{d}{v}$ setzen:

$$I = q \frac{v}{d}$$

Bewegen sich N Teilchen, von denen jedes die Ladung q trägt, so ist die gesamte transportierte Ladung $Q = N q$ und die Stromstärke:

$$I = N q \frac{v}{d}$$

Bewegen sich schließlich N_+ Teilchen jedes mit der Ladung q_+ und der Geschwindigkeit v_+ sowie N_- Teilchen jedes mit der Ladung q_- und der Geschwindigkeit v_-, so ist $I = I_+ + I_-$; also:

$$I = \frac{1}{d} (N_+ q_+ v_+ + N_- q_- v_-)$$

Dabei haben sowohl die Ladungen q_+ und q_- als auch die Geschwindigkeiten v_+ und v_- entgegengesetzte Vorzeichen.

Sind sowohl die positiv geladenen als auch die negativ geladenen Teilchen im Kondensatorvolumen V gleichmäßig ver-

teilt, so ist die Teilchendichte der positiv bzw. negativ geladenen Träger

$$n_+ = \frac{N_+}{V} \quad \text{bzw.} \quad n_- = \frac{N_-}{V}$$

Mit $V = A d$, wobei A die Plattenfläche bedeutet, können wir dann schreiben:

$$I = A (n_+ q_+ v_+ + n_- q_- v_-)$$

Für die Stromdichte $J = \frac{I}{A}$ folgt daraus:

$$\boxed{J = n_+ q_+ v_+ + n_- q_- v_-}$$

Spezialfälle:

1. Ist der Körper über das ganze Volumen gemittelt elektrisch neutral, so ist

$$Q_+ = - Q_- \quad \text{oder} \quad n_+ q_+ = - n_- q_- = n q$$

und

$$J = n q (v_+ - v_-).$$

2. Ist die Teilchendichte gleich, also $n_+ = n_- = n$, und tragen alle Teilchen *eine* Elementarladung $+ e$ bzw. $- e$, so ist:

$$J = n e (v_+ - v_-)$$

6.10.1.2 *Elektrische Leitfähigkeit*

Nach 6.1.1.4 ist der elektrische Leitwert

$$G = \frac{\text{Stromstärke } I}{\text{Spannung } U}$$

und nach 6.1.2 die elektrische Leitfähigkeit $\gamma = G \frac{d}{A}$.

Hat das homogene elektrische Feld des Plattenkondensators die Feldstärke $\vec{E}$, so ist $U = E d$. Damit und mit

$$I = A (n_+ q_+ v_+ + n_- q_- v_-)$$

erhalten wir:

$$\gamma = \frac{1}{E}\left(n_+ q_+ v_+ + n_- q_- v_-\right)$$

Man definiert nun den absoluten Betrag des Quotienten $\frac{v}{E}$ als *Beweglichkeit u der Ladungsträger*, also:

Beweglichkeit $\boxed{u = \left|\dfrac{v}{E}\right|}$

Die Geschwindigkeit v_+ der positiven Ladungsträger hat dasselbe Vorzeichen wie E. Daher ist ihre Beweglichkeit:

$$u_+ = \frac{v_+}{E}$$

Die Geschwindigkeit v_- der negativen Ladungsträger hat das entgegengesetzte Vorzeichen wie E. Daher ist ihre Beweglichkeit:

$$u_- = \frac{-v_-}{E}$$

Daraus folgt für die elektrische Leitfähigkeit:

$$\boxed{\gamma = n_+ q_+ u_+ - n_- q_- u_-}$$

Wenn sich während des Leitungsvorgangs die Teilchendichten n_+ und n_-, ferner die Ladungen q_+ und q_- der Teilchen und schließlich die Beweglichkeiten u_+ und u_- nicht ändern, dann ist die Leitfähigkeit γ konstant. Es gilt dann das *Ohmsche Gesetz*. Dieses können wir schreiben (6.1.2):

$$R = \frac{U}{I} = \rho\,\frac{d}{A} = \frac{1}{\gamma}\frac{d}{A} = \text{const}$$

Daraus folgt für die Stromstärke: ·

$$I = \gamma\,\frac{A}{d}\,U = \gamma A E$$

Die Stromdichte ist dann:

$$\boxed{J = \gamma E}$$

Die Stromdichte kann auch als Vektor vom Betrag $J = I/A$ aufgefaßt werden. Seine Richtung stimmt im allgemeinen mit der Richtung des Vektors $\vec{E}$ überein. Dann gilt:

$$\boxed{\vec{J} = \gamma\,\vec{E}}$$

Konstante Beweglichkeit u bedeutet, daß die Teilchengeschwindigkeit v direkt proportional zum Betrag E der elektrischen Feldstärke und damit zum Betrag $F = qE$ der bewegenden Kraft ist. Es muß also, ähnlich wie bei der Bewegung eines Teilchens in einer zähen Flüssigkeit, Gleichgewicht zwischen der treibenden Kraft und einer „Reibungskraft" vorhanden sein.

6.10.1.3 *Halleffekt*

Die Teilchendichte n_+ bzw. n_- kann man, wenn nur *eine* Art von Ladungsträgern vorhanden ist, auf einfache Weise mit Hilfe eines von *Hall*[1] gefundenen Effektes ermitteln.

Ist außerdem die Teilchenladung q_+ bzw. q_- bekannt, so kann aufgrund einer Messung der Leitfähigkeit γ_+ bzw. γ_- die Beweglichkeit

$$u_+ = \frac{\gamma_+}{n_+ q_+} \qquad \text{bzw.} \qquad u_- = \frac{-\gamma_-}{n_- q_-}$$

berechnet werden.

Das *Prinzip des Halleffekts* können wir uns folgendermaßen klarmachen (Abb. 6.10-2):

In einer quaderförmigen Platte fließt durch ein elektrisches Feld der Stärke $\vec{E}_x$ angetrieben ein Strom positiver Ladungsträger in der $+x$-Richtung. Seine Stromdichte sei $\vec{J}_x$. Wird nun quer zur Platte in der $+z$-Richtung ein magnetisches Feld der Flußdichte $\vec{B}_z$ erzeugt, so wirkt auf jede der bewegten Ladungen die Lorentz-Kraft $\vec{F} = q_+\,\vec{v}_+ \times \vec{B}_z$, welche die Ladungsträger in der $-y$-Richtung ablenkt.

Dadurch entsteht ein elektrisches „Hall"-Feld der Stärke $\vec{E}_y$ in der $+y$-Richtung. Im Gleichgewichtszustand übt dieses Feld auf die Ladung q_+ eine Coulomb-Kraft $\vec{F}' = q_+\,\vec{E}_y$ aus, die

---

[1]   Edwin Herbert Hall, 1855 - 1938, amerik. Physiker

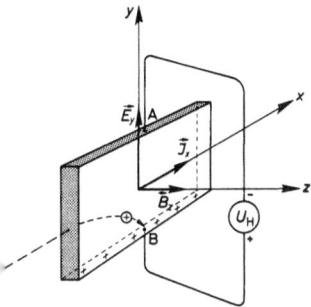

Abb. 6.10-2:
Zum Prinzip des Halleffekts

entgegengesetzt gleich der Lorentz-Kraft $\vec{F}$ ist. Dann gilt für die Kraftbeträge:

$$q_+ E_y = q_+ v_+ B_z$$

Multiplizieren wir die rechte und die linke Seite dieser Gleichung mit n_+ und setzen nach 6.10.1 $n_+ q_+ v_+ = J_x$, so erhalten wir:

$$n_+ q_+ E_y = J_x B_z$$

und daraus:

$$n_+ = \frac{J_x B_z}{E_y q_+}$$

Aus der Teilchenladung q_+, dem Betrag der magnetischen Flußdichte B_z, der Stromdichte J_x und dem Betrag der elektrischen Feldstärke E_y kann man also die Teilchendichte n_+ der positiven Ladungsträger ermitteln. E_y erhält man aus der zwischen den Punkten A und B gemessenen „Hall"-Spannung U_H und dem Abstand der Punkte A und B.

Wir können die Gleichung für n_+ umschreiben:

$$E_y = \frac{1}{n_+ q_+} J_x B_z$$

Da $n_+ q_+$ im allgemeinen konstant ist, ist auch

$$c_H = \frac{1}{n_+ q_+}$$

eine Konstante, die „Hall-Konstante". Da bei positiven Ladungen $n_+ q_+ > 0$ ist, ist auch $c_H > 0$. Damit erhalten wir:

$$E_y = c_H J_x B_z$$

Ist die Hall-Konstante eines Körpers bekannt, so kann man durch Messung von E_y und J_x den Betrag B_z der magnetischen Flußdichte bestimmen. Dieses Verfahren dient z.B. zur Messung der Magnetfelder von Maschinen. Man verwendet dabei sog. Hall-Generatoren aus Werkstoffen mit großer Hall-Konstante.

Wenn die beweglichen Teilchen negativ statt positiv geladen sind, ist sowohl das Vorzeichen der Ladung als auch die Bewegungsrichtung der Teilchen umgekehrt. Wird wieder ein Magnetfeld in der $+z$-Richtung erzeugt, so werden die Teilchen ebenfalls in der $-y$-Richtung abgelenkt. Da die abgelenkten Ladungen aber jetzt negativ sind, kehrt sich die Richtung von E_y um. Da bei negativen Ladungen $n_- q_- < 0$ ist, ist jetzt $c_H < 0$.

Aus dem Vorzeichen der Hall-Konstanten c_H kann man also entnehmen, ob es sich um positive oder negative Ladungsträger handelt.

Wenn positive und negative Ladungsträger gleichzeitig vorhanden sind, hängt die Hall-Konstante sehr viel komplizierter mit n_+, n_-, q_+ und q_- zusammen. Daher wollen wir diesen Fall von unsern Betrachtungen ausschließen.

Unter Beachtung der Richtungen von E_y, B_z und J_x (Rechtssystem) können wir für die Hall-Feldstärke $\vec{E}_H$ vektoriell schreiben:

$$\vec{E}_H = c_H \, \vec{B} \times \vec{J}$$

6.10.2 Elektrizitätsleitung in Metallen

6.10.2.1 Modellvorstellungen

Die Elektrizitätsleitung in Metallen kann man mit Hilfe folgender Modellvorstellungen erklären:

Die Metalle besitzen im festen Zustand Elektronen, die nicht an bestimmte Atome gebunden sind, sondern ähnlich wie Gasteilchen in den Zwischenräumen des Kristallgitters eine ungeordnete „Wärmebewegung" ausführen („Elektronengas"). Diese Elektronen sind die zur Elektrizitätsleitung notwendigen beweglichen Ladungsträger, die man deshalb „Leitungselektronen" nennt.

Jedes Metallatom gibt aus seiner Elektronenhülle etwa *ein* Elektron an das Elektronengas ab (6.10.2.3) und wird dadurch zu einem positiven Ion. Diese Metallionen sind an feste Gitterplätze gebunden, kommen also für die Elektrizitätsleitung nicht in Frage.

Das Metall ist dabei als Ganzes elektrisch neutral.

Mit einem von Tolman[1] angegebenen Versuch wird bewiesen, daß in festen Metallen nur die Elektronen beweglich sind. Beim Abbremsen einer rasch rotierenden Spule, entsteht durch die Trägheit der Elektronen zwischen den Leiterenden ein Spannungsstoß entsprechender Richtung.

6.10.2.2 *Leitfähigkeit der Metalle bei konstanter Temperatur*

In einem elektrischen Feld bewegen sich die Leitungselektronen mit der Driftgeschwindigkeit $\vec{v}_-$ entgegengesetzt zur Feldrichtung. Diese Bewegung überlagert sich der ungeordneten Bewegung des Elektronengases. Die Driftgeschwindigkeit der Metallionen ist $\vec{v}_+ = 0$. Damit vereinfacht sich die Gleichung von 6.10.1 für die Leitfähigkeit der Metalle mit $q = -e$ zu:

$$\boxed{\gamma = n_-\, e\, u_-}$$

Dabei ist n_- die Teilchendichte im Elektronengas, $q_- = -e$ die negative Elementarladung und $u_- = \dfrac{-\vec{v}_-}{\vec{E}}$ die Beweglichkeit der Elektronen. Die Leitfähigkeit γ der Metalle kann man z.B. durch Messen der Stromstärke I, der zugehörigen Spannung U und der Abmessungen des Leiters bestimmen.

Die Teilchendichte n_- ergibt sich unter Berücksichtigung von $e = 1{,}6021 \cdot 10^{-19}$ C aus der Hall-Konstanten c_H. Es ist nach 6.10.1.3:

$$n_- = -\frac{1}{e\, c_H}$$

---

[1]   R. C. Tolman, 1881-1948

Da c_H eine Konstante ist, ist auch die Teilchendichte n_- konstant. Aus γ und n_-e kann man die Beweglichkeit u_- der Leitungselektronen sowie ihre Geschwindigkeit v_- bei gegebenem Betrag E der elektrischen Feldstärke berechnen.

Beispiel: Kupfer hat die relative Atommasse 63,54. Demnach hat 1 kmol Kupfer, das sind $6{,}023 \cdot 10^{26}$ Atome, die Masse 63,54 kg. Kupfer der Masse 1 kg enthält demnach $9{,}48 \cdot 10^{24}$ Atome. Kupfer vom Volumen 1 m^3 hat die Masse $8{,}96 \cdot 10^3$ kg, enthält daher rund $8{,}5 \cdot 10^{28}$ Atome.

Die Hall-Konstante von Kupfer ist $c_H = -5{,}3 \cdot 10^{-11}$ $m^3\,A^{-1}\,s^{-1}$. Damit und mit $e = 1{,}6 \cdot 10^{-19}$ A s folgt für die Teilchendichte der Leitungselektronen:

$$n_- = \frac{10^{30}}{1{,}6 \cdot 5{,}3} \ m^{-3} \qquad \text{oder} \qquad n_- = 1{,}2 \cdot 10^{29} \ m^{-3}$$

Die Zahl der Leitungselektronen ist also etwa gleich der Zahl der Atome, nämlich etwa 10^{29}.

Die Leitfähigkeit von Kupfer ist $5{,}9 \cdot 10^7$ $A\,V^{-1}\,m^{-1}$. Die Beweglichkeit u_- der Leitungselektronen ist dann:

$$u_- = \frac{\gamma}{n_-\, e}$$

oder

$$u_- = \frac{5{,}9 \cdot 10^7}{1{,}2 \cdot 10^{29} \cdot 1{,}6 \cdot 10^{-19}} \ \frac{A\,V^{-1}\,m^{-1}}{m^{-3}\,A\,s} =$$

$$= 3{,}1 \cdot 10^{-3} \ m^2\,V^{-1}\,s^{-1}$$

Die größte technisch mögliche Stromdichte hat den Betrag $J = 6{,}0$ $A\,mm^{-2}$ oder $J = 6{,}0 \cdot 10^6$ $A\,m^{-2}$. Bei dieser Stromdichte ist die Driftgeschwindigkeit der Leitungselektronen:

$$v_- = -\frac{J}{n_-\, e} \qquad (6.10.1)$$

oder:

$$v_- = -u_- \frac{J}{\gamma},$$

also:

$$v_- = -3{,}1 \cdot 10^{-3} \ \frac{6{,}0 \cdot 10^6}{5{,}9 \cdot 10^7} \ m^2\,V^{-1}\,s^{-1} \ \frac{A\,m^{-2}}{A\,V^{-1}\,m^{-1}} =$$

$$= -3{,}2 \cdot 10^{-4} \ m\,s^{-1} = -0{,}32 \ mm\,s^{-1}$$

Die Driftgeschwindigkeit der Leitungselektronen ist also sehr klein im Gegensatz zur Ausbreitungsgeschwindigkeit der elektromagnetischen Felder (6.6.1.1). Die hohe Leitfähigkeit der Metalle ist daher nicht durch eine große Geschwindigkeit der Leitungselektronen sondern durch ihre sehr große Anzahl begründet.

Für die Elektrizitätsleitung in Metallen gilt, solange die Temperatur T unverändert bleibt, das Ohmsche Gesetz:

$$R = \frac{U}{I} = \text{konstant (6.1.2), oder anders ausgedrückt } \vec{J} = \gamma \vec{E}$$

mit γ = konstant (6.10.1.2). Die Gültigkeit des Ohmschen Gesetzes ist experimentell gesichert. Sie kommt zustande, weil in der Gleichung für die Leitfähigkeit der Metalle $\gamma = n_- e u_-$ sowohl n_- als auch u_- konstant sind (für T = konstant).

Die aus der Hall-Konstanten c_H berechnete konstante Teilchendichte n_- wird durch den Leitungsvorgang nicht geändert, da bei einem stationären Strom in jedem Volumenelement gleichviel Elektronen zu- und abfließen.

Wenn γ und n_- konstant sind, so muß auch die Beweglichkeit $u_- = -\dfrac{v_-}{E}$ konstant sein. Die Coulomb-Kraft $\vec{F} = -e\vec{E}$ des elektrischen Feldes würde aber ohne eine Bremskraft die Elektronen dauernd beschleunigen, wie dies im Vakuum der Fall ist (6.2.4.3). Die Geschwindigkeit $\vec{v}_-$ ist nur dann konstant, wenn auf die Elektronen eine Widerstandskraft $\vec{F}' = -\vec{F}$ wirkt. Es handelt sich um eine Art „Reibungskraft", welcher die Elektronen bei ihrer Bewegung durch das Ionengitter des

Metalls ausgesetzt sind. Die Beträge F und F' sind einander gleich, also ist:

$$F' = e E$$

Daraus folgt mit $E = -\dfrac{v_-}{u_-}$:

$$F' = -\frac{e}{u_-} v_-$$

Da e und u_- Konstante sind, ist F' direkt proportional zu v_-.

Die „Reibungskraft" auf die Elektronen wächst ebenso wie die Widerstandskraft auf einen festen Körper in einer zähen Flüssigkeit (3.2.5).

Beim Anlegen einer elektrischen Spannung werden die Leitungselektronen eines Metalls zunächst kurze Zeit beschleunigt. Mit der Geschwindigkeit wächst die „Reibungskraft", bis Gleichgewicht zwischen ihr und der treibenden Kraft des elektrischen Feldes herrscht. Dann bleibt die Driftgeschwindigkeit $\vec{v}_-$ der Elektronen konstant.

Die „Reibungskraft" kommt durch die Wechselwirkung zwischen den Leitungselektronen und den Metallionen des Kristallgitters zustande. Darauf können wir nicht näher eingehen.

In der Tabelle 6.10-1 sind die Hall-Konstante c_H, die Teilchendichte n_- der Leitungselektronen, ihre Beweglichkeit u_- und die Leitfähigkeit γ einiger Metalle zusammengestellt.

Die drei Metalle, Silber, Kupfer und Gold verhalten sich ähnlich. Die Teilchendichte ihrer Leitungselektronen ist von der gleichen Größenordnung ($\approx 10^{29}$ m^{-3}) und ähnlich der Teilchendichte ihrer Atome. Auch haben ihre Leitungselektronen etwa dieselbe Beweglichkeit ($\approx 4 \cdot 10^{-3}$ m^2 V^{-1} s^{-1}).

Tabelle 6.10-1
Hall-Konstante c_H, Teilchendichte n_- der Leitungselektronen und n_A der Atome, Leitfähigkeit γ und Beweglichkeit u_- der Leitungselektronen für einige Metalle bei 20 °C

Metall	$\dfrac{-c_H}{\text{m}^3\,\text{A}^{-1}\text{s}^{-1}}$	$\dfrac{n_-}{\text{m}^{-3}}$	$\dfrac{n_A}{\text{m}^{-3}}$	$\dfrac{\gamma}{\text{A V}^{-1}\text{m}^{-1}}$	$\dfrac{u_-}{\text{m}^2\,\text{V}^{-1}\text{s}^{-1}}$
Silber	$8{,}9 \cdot 10^{-11}$	$7{,}0 \cdot 10^{28}$	$5{,}9 \cdot 10^{28}$	$6{,}2 \cdot 10^{7}$	$5{,}5 \cdot 10^{-3}$
Kupfer	$5{,}3 \cdot 10^{-11}$	$1{,}2 \cdot 10^{29}$	$8{,}5 \cdot 10^{28}$	$5{,}9 \cdot 10^{7}$	$3{,}1 \cdot 10^{-3}$
Gold	$7{,}1 \cdot 10^{-11}$	$8{,}8 \cdot 10^{28}$	$5{,}9 \cdot 10^{28}$	$4{,}6 \cdot 10^{7}$	$3{,}3 \cdot 10^{-3}$
Wismut	$5 \cdot 10^{-7}$	$1{,}2 \cdot 10^{25}$	$2{,}8 \cdot 10^{28}$	$8{,}6 \cdot 10^{5}$	$4{,}5 \cdot 10^{-1}$

Wismut fällt dagegen völlig aus dem Rahmen. Seine Hall-Konstante ist um rund einen Faktor 10^4 größer, die Teilchendichte seiner Leitungselektronen entsprechend um einen Faktor 10^{-4} kleiner als bei den drei genannten Metallen. Der Vergleich mit der Teilchendichte der Wismutatome zeigt, daß auf rund 2000 Atome nur 1 Leitungselektron trifft. Aus der Leitfähigkeit ergibt sich dann eine rund 10^2-mal so große Beweglichkeit der Leitungselektronen als bei Silber, Kupfer und Gold. Man bezeichnet Wismut deshalb auch als ein „Halbmetall".

6.10.2.3 Abhängigkeit der Leitfähigkeit der Metalle von der Temperatur

Wie bereits in 6.10.2.2 betont wurde, gilt das Ohmsche Gesetz bei Metallen nur, wenn die Temperatur unverändert bleibt. Mit steigender Temperatur nimmt die Leitfähigkeit ab. Die Teilchendichte der Leitungselektronen ist, wie man aus dem Hall-Effekt schließen kann, von der Temperatur unabhängig. Die Abnahme der Leitfähigkeit mit der Temperatur muß also durch ein Absinken der Beweglichkeit der Leitungselektronen hervorgerufen werden.

Man kann sich dazu folgende Modellvorstellung machen: Je geringer die Wärmebewegung der Metallionen an ihren Gitterplätzen ist, desto ungehinderter können sich die Leitungselektronen durch das Kristallgitter hindurchbewegen. Je stärker die Schwingungen der Metallionen mit wachsender Temperatur werden, desto größer wird die Wechselwirkung zwischen Leitungselektronen und Metallionen und damit die „Reibungskraft" bei der Elektronenbewegung.

Statt der Leitfähigkeit γ verwendet man in der Praxis häufig ihren reziproken Wert, den spezifischen Widerstand

$\rho = \dfrac{1}{\gamma}$. In der Tabelle 6.1.1 haben wir bereits den spezifischen Widerstand einiger Metalle und Legierungen zusammengestellt.

In einem nicht zu großen Temperaturintervall $\Delta\vartheta$ kann man die relative Änderung des spezifischen Widerstandes $\dfrac{\Delta\rho}{\rho}$ direkt proportional zu $\Delta\vartheta$ setzen:

$$\boxed{\frac{\Delta\rho}{\rho} = \alpha\,\Delta\vartheta}$$

Die Proportionalitätskonstante α nennt man Temperaturkoeffizient des spezifischen Widerstandes. Als Bezugstemperatur wählt man in der Praxis meist 20 °C. Dann ist

$$\Delta\vartheta = \vartheta - 20\,°C \quad \text{und} \quad \Delta\rho = \rho_\vartheta - \rho_{20},$$

wobei ρ_ϑ der spezifische Widerstand bei der Temperatur ϑ und ρ_{20} der bei 20 °C bedeutet. Dann gilt:

$$\rho_\vartheta = \rho_{20}\left[1 + \alpha\,(\vartheta - 20\,°C)\right]$$

Die Tabelle 6.10-2 enthält den Temperaturkoeffizienten α einiger Metalle und Legierungen für die Bezugstemperatur 20 °C. Vergleichen wir diese Tabelle mit der Tabelle 6.1-1, so stellen wir fest, daß reine Metalle einen viel kleineren spezifischen Widerstand ρ haben als Legierungen, daß aber umgekehrt der Temperaturkoeffizient α von Metallen viel größer ist als der von Legierungen.

Tabelle 6.10-2

Temperaturkoeffizient α des spezifischen Widerstandes einiger Metalle und Legierungen für die Bezugstemperatur 20 °C

Metall	$\dfrac{\alpha}{K^{-1}}$	Legierung		$\dfrac{\alpha}{K^{-1}}$
		Name	Zusammensetzung in %	
Silber	$3{,}6\cdot10^{-3}$	Nickelin	67 Cu, 30 Ni, 3 Mn	$1{,}8\cdot10^{-4}$
Kupfer	$3{,}9\cdot10^{-3}$	Manganin	86 Cu, 2 Ni, 12 Mn	$1{,}5\cdot10^{-5}$
Aluminium	$4{,}0\cdot10^{-3}$	Konstantan	54 Cu, 45 Ni, 1 Mn	$-3\cdot10^{-5}$
Platin	$3{,}4\cdot10^{-3}$	Chromnickel	20 Cr, 80 Ni	$1{,}4\cdot10^{-4}$
Eisen	$6{,}5\cdot10^{-3}$	Megapyr	65 Fe, 30 Cr, 4 Al	$7\cdot10^{-5}$

6.10.3 Supraleitung

6.10.3.1 *Sprungtemperatur von Supraleitern*

Kamerlingh Onnes[1] gelang es im Jahre 1908 in seinem Kältelaboratorium in Leiden, Helium zu verflüssigen. Unter Normalbedingungen hat flüssiges Helium die Siedetemperatur $T_r = 4{,}2$ K. In den folgenden Jahren untersuchte man in Leiden die physikalischen Eigenschaften vieler Stoffe bei Temperaturen von 4,2 K abwärts, indem man flüssiges Helium als Kühlmittel verwendete. Dabei stieß man im Jahre 1911 auf die Tatsache, daß der elektrische Widerstand von sehr reinem Quecksilber bei etwa 4,2 K plötzlich auf einen unmeßbar kleinen Wert absank. Damit war die *Supraleitung* entdeckt.

Bereits im Jahre 1913 wurde Kamerlingh Onnes für die Heliumverflüssigung und die Entdeckung der Supraleitung mit dem Nobelpreis für Physik ausgezeichnet.

Nach und nach erwiesen sich viele Metalle und Legierungen als Supraleiter. Die Temperatur, bei der durch Abkühlung die Supraleitung einsetzt, nennt man *Sprungtemperatur* oder *kritische Temperatur* T_c. Bei Erwärmung eines Supraleiters wird er bei T_c wieder sprunghaft normalleitend.

Einige *Beispiele* von Sprungtemperaturen T_c:
Aluminium 1,2 K; Indium 3,4 K; Quecksilber 4,2 K; Blei 7,2 K.

6.10.3.2 *Supraleiter im Magnetfeld*

Befindet sich ein Supraleiter in einem Magnetfeld, so wird er bei Abkühlung erst bei einer Temperatur $T < T_c$ in den supraleitenden Zustand überführt. Oberhalb einer gewissen kritischen magnetischen Flußdichte B_c (T) stellt sich überhaupt keine Supraleitung mehr ein (Abb. 6.10-3).

Auf Grund dieses Sachverhalts kann man einen supraleitenden Körper nicht mit beliebig hohen Stromdichten J belasten; denn das vom Strom selbst erzeugte Magnetfeld hebt von einer kritischen Stromdichte J_c an die Supraleitung auf.

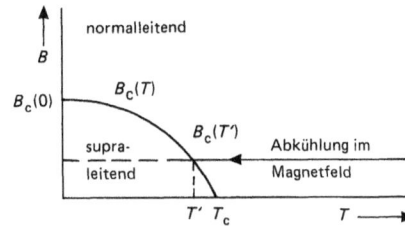

Abb. 6.10-3:
Trennungslinie zwischen normal- und supraleitendem Zustand

Einige *Beispiele* kritischer magnetischer Flußdichten B_c (0):
Indium 0,03 T; Quecksilber 0,04 T; Blei 0,08 T.
Der supraleitende Zustand wird also bei diesen Elementen schon durch magnetische Flußdichten $B_a < 0{,}1$ T zerstört. Sie sind deshalb nicht zum Bau starker Magnete geeignet.

Kühlt man eine Kugel aus einem Supraleiter bei konstanter magnetischer Flußdichte $B_a < B_c$ (0) ab (Abb. 6.10-3), so werden beim Überschreiten der Trennlinie zum supraleitenden Zustand (bei der Temperatur $T' < T_c$) die magnetischen Feldlinien aus der Kugel verdrängt (Abb. 6.10-4), d.h. es gilt: Im supraleitenden Zustand ist im Innern des Supraleiters die magnetische Flußdichte $B_i = 0$.

Diese Verdrängung des Magnetfelds im supraleitenden Zustand fand *Meißner*[1] zusammen mit seinem Mitarbeiter *Ochsenfeld* im Jahre 1933. Der *Meißner-Ochsenfeld-Effekt* dient, neben dem Verschwinden des elektrischen Widerstandes, zur Feststellung, ob ein Körper supraleitend ist oder nicht.

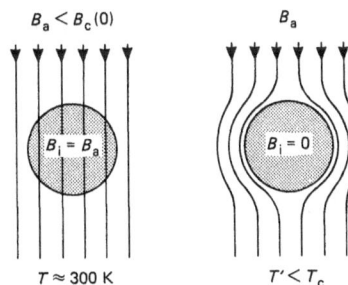

Abb. 6.10-4:
Verdrängung des Magnetfelds beim Übergang in den supraleitenden Zustand

---

[1] Heike Kamerlingh Onnes, 1853 - 1926, niederl. Physiker, Nobelpreis für Physik 1913

[1] Fritz Walther Meißner, 1882 - 1974, dt. Physiker

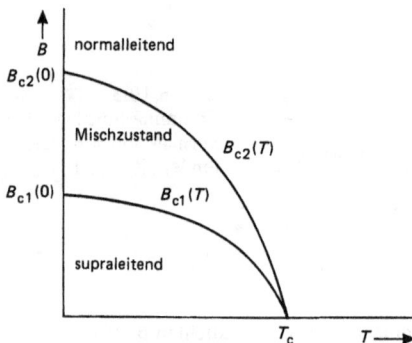

Abb. 6.10-5:
Kritische magnetische
Flußdichten B_{c1} (T)
und B_{c2} (T) von Supraleitern zweiter Art

6.10.3.3 *Supraleiter erster und zweiter Art*

Stoffe, bei denen der supraleitende Zustand entsprechend
Abb. 6.10-3 sofort in den normalleitenden Zustand übergeht,
sobald die magnetische Flußdichte B_a den kritischen Wert B_c
überschreitet, nennt man *Supraleiter erster Art*. Solche sind
kristalline Körper vieler chemischer Elemente. Von den Supraleitern erster Art unterscheiden sich die *Supraleiter zweiter
Art* dadurch, daß sie *zwei kritische magnetische Flußdichten*
B_{c1} und B_{c2} haben (Abb. 6.10-5). Im Gebiet zwischen diesen
beiden Werten befindet sich der Supraleiter zweiter Art in
einem *Mischzustand*.

Supraleiter zweiter Art sind einige chemische Elemente, z.B.
Niob und Vanadium, ferner sehr viele Legierungen, z.B. Blei/
Wismut und Niob/Zirkonium, sowie intermetallische Verbin-
dungen, z.B. V_3Ga und Nb_3Sn.

Einige *Beispiele* von Supraleitern zweiter Art seien mit ihren Sprungtemperaturen T_c und ihren kritischen magnetischen Flußdichten
B_{c2} (0) angegeben:

V_3Ga	$T_c =$ 14 K	B_{c2} (0) =	21 T
Nb_3Sn	18 K		24 T
Nb_3Al	19 K		32 T
$Nb_{79}(Al_{73}Ge_{27})_{21}$	21 K		42 T

Die Sprungtemperaturen vieler Supraleiter zweiter Art liegen
wesentlich höher als die aller Supraleiter erster Art. Die Werte B_{c2} sind ebenfalls viel größer als die Werte für B_c der Supraleiter erster Art.

Im Mischzustand (Abb. 6.10-5) wird der supraleitende Körper von normalleitenden Bereichen durchsetzt, die über den
Querschnitt verteilt sind. Diese Bereiche schleusen gewissermaßen als „magnetische Schläuche" das Magnetfeld durch
den Supraleiter zweiter Art hindurch.

Der elektrische Widerstand ist im Mischzustand wegen der
normalleitenden Bereiche nicht mehr Null, aber immer noch
sehr klein. Die elektrische Stromdichte $J = I/A$ darf aber eine
kritischen Wert J_c nicht überschreiten, wenn der supraleitend
Zustand erhalten bleiben soll.

Beispiel: Bei Nb_3Sn ist $J_c \approx 50$ kA cm^{-2}. Das bedeutet, daß bei einer
Drahtstärke von 1 mm ein sehr großer Strom von etwa 400 A fließen
kann.

6.10.3.4 *Hochtemperatur-Supraleiter*

Im Jahre 1987 erhielten *Bednorz* und *Müller*[1] den Nobelpreis
für Physik, weil sie eine ganz neue Gruppe von Supraleitern
gefunden haben. Es handelt sich um Metalloxide, die im richtigen Mischungsverhältnis durch Pressen und Sintern als keramische Körper, aber auch als Einkristalle oder als kristalline
dünne Schichten hergestellt werden. Da die Sprungtemperaturen relativ hoch liegen, bezeichnet man sie als *Hochtemperatur-Supraleiter* (keramische Supraleiter).

Inzwischen gelang es, die Sprungtemperaturen immer höher
zu schrauben.

Einige *Beispiele* seien angeführt:

$La_{2-x}Ba_xCuO_4$	mit x = 0,15;	T_c = 36 K
$YBa_2Cu_3O_{7-x}$	mit x $\approx$ 0,1;	T_c = 92 K
$Tl_2Ba_2Ca_2Cu_3O_{10}$		T_c = 125 K

Bis zur Entdeckung der Hochtemperatur-Supraleiter konnte man den
supraleitenden Zustand nur durch Abkühlung mit flüssigem *Helium*
(Siedetemperatur 4,2 K) herbeiführen. Helium ist ein seltenes Element
seine Verflüssigung ist kostspielig. Es hat eine niedrige spezifische Verdampfungsenergie von etwa 2 kJ/kg. Man braucht also eine große

[1]   J. G. Bednorz, geb. 1950, dt. Mineraloge und K. A. Müller, geb.
1927, schweiz. Physiker; sie erhielten 1987 zusammen den Nobelpreis.

Menge flüssiges Helium zum Kühlen. Flüssiger *Wasserstoff* (Siedetemperatur 20,2 K) scheidet wegen Explosionsgefahr als Kältemittel aus. Deshalb ist es von besonderer Bedeutung, daß man heute schon manche Hochtemperatur-Supraleiter mit flüssigem *Stickstoff* (Siedetemperatur 77,3 K) unter ihre Sprungtemperatur abkühlen kann. Flüssiger Stickstoff kostet nur etwa 1/30 von flüssigem Helium. Außerdem ist die spezifische Verdampfungsenergie von Stickstoff etwa das 100-fache von der des Heliums.

Die Hochtemperatur-Supraleiter sind Supraleiter zweiter Art. Ihre kritischen Größen B_{c2} und J_c zeigen eine große Abhängigkeit von der kristallographischen Richtung (Anisotropie).

Bei $YBa_2Cu_3O_{7-x}$ z.B. schwankt die kritische magnetische Flußdichte B_{c2} bei $T = 77$ K je nach Richtung zwischen 60 T und 2 T.

Die kritische Stromdichte J_c der *keramischen* Supraleiter liegt in der Größenordnung von 5 kA cm^{-2}; sie ist also um den Faktor 10 kleiner als die der *metallischen* Supraleiter zweiter Art.

6.10.3.5 *Technische Anwendungen*

Zur technischen Verwendung sind bis heute noch am besten geeignet die harten Supraleiter zweiter Art mit metallischer Struktur. Man kann diese Materialien zu Drähten verarbeiten und daraus Spulen wickeln.

Während normalleitende Elektromagnete nur Flußdichten bis etwa 1 T erreichen, werden *supraleitende Magnete* mit Flußdichten bis etwa 10 T bereits serienmäßig hergestellt. Supraleitende Magnete für sehr hohe Flußdichten bis etwa 50 T haben sich schon seit Jahren bei *Teilchenbeschleunigern* bewährt. Die Entwicklung von *Motoren und Generatoren* mit supraleitenden Spulen ist weitgehend abgeschlossen.

Die Leistung von *Elektronenmikroskopen* kann durch supraleitende magnetische Linsen wesentlich verbessert werden.

Medizinische Geräte zur Diagnose von Tumoren, insbesondere zur Untersuchung des menschlichen Gehirns, werden mit supraleitenden Magneten ausgerüstet. Die dabei verwendete Untersuchungsmethode hat den Vorteil, daß keine ionisierende Strahlung, wie z.B. bei Röntgenuntersuchungen, verwendet wird.

Hochtemperatur-Supraleiter sind trotz ihrer hohen Sprungtemperatur technisch nur eingeschränkt verwertbar. Da die keramischen Stoffe plastisch nicht verformbar sind, kann man sie nicht zu Drähten verarbeiten. Man versucht daher die keramischen Supraleiter in metallische Drähte einzubetten. Die größten Anwendungsgebiete liegen in Bereichen, in denen keine hohen Stromdichten benötigt werden und dünne Schichten als Bauelemente vorliegen, z.B. Antennen in der Weltraumforschung.

6.10.4 **Elektrizitätsleitung in Halbleitern**

Metalle haben einen spezifischen Widerstand $\rho \approx 10^{-7}$ Ωm. Bei Isolatoren ist $\rho > 10^{10}$ Ωm. Außerdem gibt es eine Gruppe von Festkörpern, deren spezifischer Widerstand bei mittleren Temperaturen (Raumtemperatur) dazwischen liegt. Bei diesen „*Halbleitern*" ist $\rho \approx 10^{-4}$ Ωm bis 10^4 Ωm. Bei tiefen Temperaturen sind die halbleitenden Kristalle Isolatoren; bei hohen Temperaturen tritt metallische Leitfähigkeit ein.

Die technisch wichtigsten Halbleiter sind Germanium, Silizium, Selen, Kupfer-I-Oxid und einige andere.

Der elektrische Strom kommt bei den Halbleitern in der Regel wie bei den Metallen ebenfalls durch Elektronen als Ladungsträger zustande. Die Verhältnisse sind aber verwickelter als bei den Metallen. Man unterscheidet „*Eigenleitung*" und „*Störstellenleitung*". Beim einzelnen Halbleiter überlagern sich in der Regel beide Leitungsarten. Des besseren Verständnisses wegen wollen wir sie jedoch nacheinander besprechen.

6.10.4.1 *Eigenleitung*

Beim störungsfrei gebauten Halbleiterkristall werden alle Elektronen für die Gitterbindung beansprucht. Die Abb. 6.10-6 zeigt das flächenhafte Schema des idealen Germaniumkristallgitters. Die Atome werden durch Elektronenpaarbindung an ihren Gitterplätzen festgehalten. Diesem Modell entsprechend ist der Kristall ein Isolator, weil keine Ladungsträger, speziell keine Leitungselektronen, für den Elektrizitätstransport zur Verfügung stehen. Das gilt auch tatsächlich bei tiefen Temperaturen. Bei höheren Temperaturen reicht jedoch bei Germanium und einigen andern Stoffen die thermische Ener-

Abb. 6.10-6:
Ideales Germanium-Kristall-
gitter; flächenhaftes Schema;
die Punkte deuten die Elektronen der äußeren Schale an.

gie der Gitterschwingungen aus, um zunächst einige, mit wachsender Temperatur immer mehr, Elektronen aus ihrer Bindung vorübergehend zu befreien („*Generation*"). Diese Elektronen stehen dann als bewegliche Ladungsträger zur Verfügung, bis sie an irgend einer frei gewordenen Stelle wieder an der Elektronenpaarbindung teilnehmen („*Rekombination*"). Generation und Rekombination stehen in einem von der Temperatur abhängigen Gleichgewicht. Die Teilchendichte n_- der Leitungselektronen steigt mit der Temperatur exponentiell an. Die Halbleiter haben also im Gegensatz zu den Metallen einen negativen Temperaturkoeffizienten des spezifischen Widerstandes.

Beim Ablösen eines Elektrons als Leitungselektron entsteht ein „*Loch*" oder „*Defektelektron*". Da dort eine negative Elementarladung fehlt, wirkt das Loch (Defektelektron) wie eine positive Elementarladung. Die Teilchendichte n_+ der Löcher ist gleich der Teilchendichte n_- der Leitungselektronen.

Sowohl die Leitungselektronen als auch die Löcher führen eine ungeordnete Wärmebewegung aus. In einem elektrischen Feld überlagern sich dieser Wärmebewegung Driftbewegungen mit den Geschwindigkeiten $\vec{v}_-$ und $\vec{v}_+$. Die Leitungselektronen wandern ähnlich wie bei einem Metall entgegengesetzt zur Feldrichtung (Negativer Elektronenstrom). Gleichzeitig werden durch die Kraftwirkung des Feldes zuvor noch gebundene Elektronen gelockert. Diese wandern ebenfalls entgegengesetzt zur Feldrichtung und füllen dabei benachbarte Löcher

auf. Das wirkt sich aber so aus, als ob sich positive Ladungsträger in der Feldrichtung bewegten (*positiver „Löcherstrom*"). Wir sprechen also im folgenden von (negativen) Elektronen und (positiven) Löchern als beweglichen Ladungsträgern. Die Beweglichkeiten u_- und u_+ der beiden Trägerarten sind allerdings wegen des unterschiedlichen Bewegungsmechanismus verschieden; es ist $u_- > u_+$. Die so beschriebene Art der Elektrizitätsleitung nennt man „*Eigenleitung*".

6.10.4.2 *Störstellenleitung*

Befinden sich in einem Halbleiterkristall irgendwelche Störstellen, so wird an diesen die Ablösung von Leitungselektronen bzw. die Bildung von Löchern gefördert. Durch den Einbau von Fremdatomen in das Kristallgitter eines Halbleiters kann man absichtlich Störstellen erzeugen und dadurch die Leitfähigkeit wesentlich beeinflussen. Es entstehen auf diese Weise zwei Arten von Halbleitern; sogenannte „n-Leiter" und „p-Leiter".

1. n-*Leiter*. Haben die eingebauten Fremdatome mehr Elektronen als die Halbleiteratome, so wird die Teilchendichte der Leitungselektronen n_- größer als die Teilchendichte n_+ der Löcher. Da die *negativen* Ladungsträger in diesem Fall überwiegen, spricht man von einem n-Leiter. (Elektronenüberschuß-Halbleiter). Die Fremdatome nennt man „*Donatoren*"[1], weil sie Leitungselektronen spenden.

Beispiel: Germanium hat vier Valenzelektronen. Sitzt nun an einem Gitterplatz statt eines vierwertigen Germaniumatoms ein fünfwertiges Arsenatom (Abb. 6.10-7), so ist dort ein Elektron überschüssig und mit geringem Energieaufwand als Leitungselektron abtrennbar.

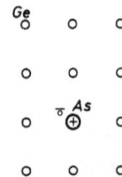

Abb. 6.10-7:
n-Leiter oder Elektronenüberschuß-Halbleiter; in das Kristallgitter aus vierwertigen Germaniumatomen sind einzelne fünfwertige Arsenatome eingebaut.

---

[1] don*a*re (lat.) schenken, spenden

2. p-*Leiter*. Haben die eingebauten Fremdatome weniger Elektronen als die Halbleiteratome, so wird die Teilchendichte n_+ der Löcher größer als die Teilchendichte n_- der Leitungselektronen. Da die *positiven* Löcher als „Ladungsträger" in diesem Fall überwiegen, spricht man von einem p-Leiter (Elektronendefekt-Halbleiter). Die Fremdatome nennt man „*Akzeptoren*"[2], weil sie von den Nachbaratomen Elektronen aufnehmen.

Beispiel: Baut man in das Gitter eines Germaniumkristalls dreiwertige Fremdatome, z.B. Indiumatome (Abb. 6.10-8) ein, so haben diese ein Elektron für die Gitterbindung zu wenig. Dieses fehlende Elektron kann durch das Elektron eines benachbarten Germaniumatoms ersetzt werden; es bleibt dann aber ein positives Loch im Kristall, das als positiver „Ladungsträger" wirkt.

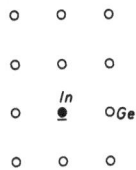

Abb. 6.10-8:
p-Leiter oder Elektronendefekt-Halbleiter; in das Kristallgitter aus vierwertigen Germaniumatomen sind einzelne dreiwertige Indiumatome eingebaut.

Meistens sind beide Störstellenarten (Donatoren und Akzeptoren) in ein und demselben Kristall vorhanden. In diesem Fall wird der Leitertyp (n- oder p-Leiter) durch den Überschuß einer der beiden Störstellenarten bestimmt. Durch Einlagerung von Fremdatomen in entsprechender Dosis kann der gewünschte Leitertyp eingestellt werden.

6.10.5 Elektrizitätsleitung in Flüssigkeiten

6.10.5.1 *Ionenleitung in Elektrolyten*

Je reiner Wasser ist, desto schlechter ist seine elektrische Leitfähigkeit. Es fehlen die für einen Trägerstrom notwendigen beweglichen Ladungsträger. Gibt man aber auch nur eine kleine Menge eines *Salzes,* einer *Säure* oder einer *Base* in das Wasser, so steigt seine Leitfähigkeit stark an. Die gelösten Stoffe liefern offensichtlich die nötigen Ladungsträger. Solche leitenden Flüssigkeiten nennt man *Elektrolyte.*

In Salzen sind die Bausteine des Kristallgitters Ionen, die durch die Coulomb-Kräfte zusammengehalten werden (Ionenbindung; 2.9.3). In Wasser ist diese Bindung viel schwächer als in Luft, da die Coulomb-Kraft in Wasser ($\epsilon_r = 81{,}6$) einen Betrag hat, der nur $\frac{1}{81{,}6}$ von dem in Luft ist (6.7.3.3). Beim Auflösen in Wasser zerfallen (dissoziieren) die Salze in positive Ionen (Kationen) und negative Ionen (Anionen). Auch die Moleküle von Säuren und Basen werden im Wasser in Ionen gespalten.

Es dissoziieren:
1. Säuren in positive Wasserstoffionen und negative Säurerestionen
2. Salze in positive Metallionen und negative Säurerestionen
3. Basen in positive Metallionen und negative (OH^+)-Ionen.

Befinden sich zwei Elektroden in der Flüssigkeit (Abb. 6.10-9), so bewegen sich beim Anlegen einer elektrischen Spannung die positiven Ionen (Kationen) im elektrischen Feld zur negativen Elektrode (Kathode) und die negativen Ionen (Anionen) zur positiven Elektrode (Anode). Die Metall- und die Wasserstoffionen wandern also zur Kathode.

In Flüssigkeiten (Elektrolyten) ist der elektrische Strom ein Ionenstrom. Die Ladungsträger sind Ionen beiderlei Vorzeichens.

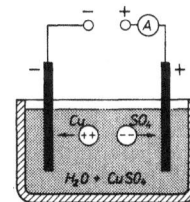

Abb. 6.10-9:
Elektrizitätsleitung in Flüssigkeiten

Die Ionen werden an den Elektroden durch Abgabe oder Aufnahme von Elektronen elektrisch neutral und bilden Beläge (elektrolytische Überzüge) auf den Elektroden oder steigen als Gase auf oder reagieren mit den Elektroden oder mit dem Wasser.

---
[2] acc*i*pere (lat.) aufnehmen

Beispiele:

1. Kupferelektroden befinden sich in einer wäßrigen $CuSO_4$-Lösung. $CuSO_4$ dissoziiert in Cu^{++}- und SO_4^{--}-Ionen. Die Cu^{++}-Ionen wandern zur Kathode und nehmen dort zwei Elektronen auf. Die neutral gewordenen Cu-Atome bilden einen Überzug auf der Kathode. Die SO_4^{--}-Ionen wandern zur Anode und reagieren mit dieser. Es bildet sich wieder $CuSO_4$, so daß die Konzentration der Lösung unverändert bleibt. Es wandert also gewissermaßen Kupfer von der Anode zur Kathode. Technisch wird dieser Prozeß zum Herstellen metallischer Überzüge und zur Gewinnung reiner Metalle ausgenützt.

2. Platinelektroden befinden sich in einer wäßrigen H_2SO_4-Lösung. H_2SO_4 dissoziiert in $2\ H^+$- und SO_4^{--}-Ionen. Die $2\ H^+$-Ionen wandern zur Kathode und nehmen dort zwei Elektronen auf. Es bilden sich neutrale H_2-Moleküle, die als Gas aufsteigen. Die SO_4^{--}-Ionen wandern zur Anode, geben dort zwei Elektronen ab und reagieren mit dem Wasser:

$$4\ H^+ + 2\ SO_4^{--} + 2\ H_2O \rightarrow 2\ H_2SO_4 + O_2 + 2\ H_2$$

Die Säure wird konzentrierter. Neutrale O_2-Moleküle steigen als Gas auf. Dabei bildet sich jedoch nur halb soviel Sauerstoff- wie Wasserstoffgas. Es findet gewissermaßen eine „Wasserzersetzung" statt. Die elektrolytische Gewinnung von gasförmigem Wasserstoff und Sauerstoff wird technisch in großem Maß betrieben.

6.10.5.2 *Leitfähigkeit der Elektrolyte*

Bei einem Trägerstrom ist nach 6.10.1.2 die elektrische Leitfähigkeit:

$$\gamma = n_+\, q_+\, u_+ - n_-\, q_-\, u_-$$

Bei einem Elektrolyten sind die Teilchendichten n_+ und n_- der Ionen gleich groß, also ist $n_+ = n_- = n$. Die Ladungen der Ionen sind $q_+ = +\,ze$ und $q_- = -\,ze$, wobei z die chemische Wertigkeit und e die Elementarladung bedeuten.

Damit vereinfacht sich bei Elektrolyten der Ausdruck für die Leitfähigkeit:

$$\gamma = n\,z\,e\,(u_+ + u_-)$$

Dabei sind nach 6.10.1.2 die Ionenbeweglichkeiten u_+ und u_-:

$$u_+ = \frac{v_+}{E} \quad \text{und} \quad u_- = \frac{-v_-}{E}$$

$\vec{v}_+$ und $\vec{v}_-$ sind die Driftgeschwindigkeiten der Ionen; $\vec{E}$ ist die elektrische Feldstärke. Die Anteile der beiden Ionenarten am elektrischen Strom sind durch die Verhältnisse

$$\frac{u_+}{u_+ + u_-} \quad \text{und} \quad \frac{u_-}{u_+ + u_-}$$

bestimmt. Man nennt diese Verhältnisse Hittorfsche[1] Überführungszahlen.

Die Ionenwanderung kann man sichtbar machen, wenn man *farbige Ionen* in einer klaren Lösung wandern läßt. Dazu kann folgender *Versuch* dienen:

In ein mit verdünnter Schwefelsäure gefülltes U-Rohr tauchen von oben her zwei Elektroden ein. Von unten wird vorsichtig CuSO$_4$-Lösung eingelassen, so daß eine scharfe Grenze zwischen den beiden Flüssigkeiten entsteht (Abb. 6.10-10). Legt man Spannung an die Elektroden, so wandern die blauen Cu^{++}-Ionen zur Kathode, wie man am Wandern der Schichtgrenzen in Richtung auf die Kathode erkennt. Nach Umpolen der Spannung wandert die Schichtgrenze in umgekehrter Richtung.

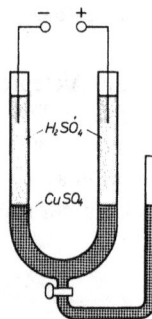

Abb. 6.10-10:
Driftgeschwindigkeit von Ionen in einer Flüssigkeit

Die Driftgeschwindigkeit der Cu^{++}-Ionen ist von der Größenordnung 3 mm min^{-1}, wenn die elektrische Feldstärke den Betrag 10 V cm^{-1} hat.

Die Tabelle 6.10-3 bringt Beispiele von der Beweglichkeit u_+ von Kationen und u_- von Anionen in stark verdünnten wäßrigen Lösungen.

---

[1] Johann Wilhelm Hittorf, 1824 - 1914, deutscher Physiker und Chemiker

Die Ionenbeweglichkeiten sind etwa 10^5-mal kleiner als die der Elektronen in Metallen.

Die relativ kleinen Driftgeschwindigkeiten der Ionen werden durch die innere Reibung der Flüssigkeiten erklärt. Im elektrischen Feld werden die Ionen zunächst kurze Zeit beschleunigt, bis Gleichgewicht zwischen der Kraft des Feldes und der mit der Geschwindigkeit wachsenden Reibungskraft herrscht. Dann bleibt die Driftgeschwindigkeit der Ionen konstant.

Tabelle 6.10-3
Ionenbeweglichkeiten u_+ und u_- in stark verdünnten wäßrigen Lösungen bei 18 °C

Kationen	$\dfrac{u_+}{10^{-8}\,\mathrm{m^2\,V^{-1}\,s^{-1}}}$	Anionen	$\dfrac{u_-}{10^{-8}\,\mathrm{m^2\,V^{-1}\,s^{-1}}}$
H^+	33	OH^-	17
Li^+	3,7	Cl^-	6,7
Na^+	4,6	SO_4^{--}	7,1
Mg^{++}	4,8	NO_3^-	6,4
K^+	6,8	CO_3^{--}	6,2
Ag^+	5,6	MnO_4^{--}	5,5

Experimentell stellt man fest, daß genügend stark verdünnte Elektrolyte in der Regel das *Ohmsche Gesetz* befolgen, solange die Temperatur konstant gehalten wird; es ist also γ = const für T = const. Das bedeutet, daß das Produkt aus ze, der Teil-

chendichte n und der Summe der Ionenbeweglichkeiten $u_+ + u_-$ konstant ist.

Da die innere Reibung der Flüssigkeiten mit wachsender Temperatur abnimmt, steigt die Leitfähigkeit γ der Elektrolyte mit wachsender Temperatur; d.h. ihr spezifischer Widerstand ρ nimmt ab. Die Elektrolyte haben also im Gegensatz zu den Metallen, einen negativen Temperaturkoeffizient α des spezifischen Widerstands. Die Tabelle 6.10-4 gibt Beispiele für den spezifischen Widerstand von Flüssigkeiten.

6.10.5.3 Faradaysche Gesetze

Die beiden Faradayschen Gesetze geben den Zusammenhang zwischen der transportierten Ladung und der abgeschiedenen Stoffmenge.

Fließt ein Gleichstrom der Stromstärke I durch einen Elektrolyten, so ist die in der Zeit t transportierte Ladung $Q = It$. Die Masse m des an einer Elektrode abgeschiedenen Stoffes ist direkt proportional zur Ladung Q:

1. Gesetz von Faraday $\boxed{m = kIt}$

Die Proportionalitätskonstante k heißt „elektrochemisches Äquivalent". Siehe dazu die Tabelle 6.10-5!

Tabelle 6.10-4
Spezifischer elektrischer Widerstand ρ von Wasser und einigen wäßrigen Lösungen bei 20 °C (Gewichtsprozente; die Salze wasserfrei gerechnet)

Flüssigkeit (Elektrolyt)	$\dfrac{\rho}{\Omega\,\mathrm{m}}$	Flüssigkeit (Elektrolyt)	$\dfrac{\rho}{\Omega\,\mathrm{m}}$
Wasser, reinst	$2,5 \cdot 10^5$	HCl; 5 %	$2,5 \cdot 10^{-2}$
Wasser, destilliert	$\approx 3 \cdot 10^4$	HCl; 10 %	$1,5 \cdot 10^{-2}$
Seewasser	$\approx 3 \cdot 10^{-1}$	HCl; 20 %	$1,3 \cdot 10^{-2}$
H_2SO_4; 5 %	$4,8 \cdot 10^{-2}$	HNO_3; 5 %	$3,8 \cdot 10^{-2}$
H_2SO_4; 10 %	$2,5 \cdot 10^{-2}$	HNO_3; 10 %	$2,1 \cdot 10^{-2}$
H_2SO_4; 20 %	$1,5 \cdot 10^{-2}$	HNO_3; 20 %	$1,4 \cdot 10^{-2}$
$CuSO_4$; 10 %	$3,0 \cdot 10^{-1}$	NaCl; 10 %	$7,9 \cdot 10^{-2}$
$AgNO_3$; 10 %	$2,1 \cdot 10^{-1}$	NaOH; 10 %	$3,1 \cdot 10^{-2}$

Tabelle 6.10-5
Elektrochemisches Äquivalent k und Wertigkeit z einiger Stoffe

Stoff	$\dfrac{k}{\text{mg A}^{-1}\text{s}^{-1}}$	z	Stoff	$\dfrac{k}{\text{mg A}^{-1}\text{s}^{-1}}$	z
Silber	1,118	1	Aluminium	0,0932	3
Kupfer	0,659	1	Chrom	0,180	3
Kupfer	0,329	2	Platin	0,506	4
Nickel	0,304	2	Wasserstoff	0,0104	1
Zink	0,339	2	Chlor	0,367	1
Eisen	0,289	2	Sauerstoff	0,0829	2
Eisen	0,193	3	Knallgas	0,0934	–

Bei gleicher Wertigkeit z transportieren gleichviel Ionen von beliebiger Art dieselbe Ladung Q. Haben die Ionen die Stoffmenge v, so ist ihre Ladung $Q = z e v n_0$, wobei n_0 die Loschmidtsche Konstante ist (5.1.1.3). Das Produkt der Konstanten n_0 und die Elementarladung e nennt man Faradaysche Konstante F. Es ist:

$$\| F = 0{,}6485 \cdot 10^7 \text{ C kmol}^{-1} \|$$

Die von z-wertigen Ionen der Stoffmenge v transportierte Ladung $Q = I t$ ist also:

$$\boxed{Q = v z F}$$

Setzen wir diesen Ausdruck für $Q = I t$ in das 1. Gesetz von Faraday ein, so folgt:

$$m = k v z F \qquad \text{oder} \qquad m_{\text{mol}} = k z F$$

Dabei ist

$$m_{\text{mol}} = \frac{m}{v}$$

die molare Masse (5.1.1.3). Ist M die relative Molekülmasse der Ionen, so ist $m_{\text{mol}} = M$ kg kmol^{-1}. Damit ergibt sich:

$$k = \frac{M}{z}\,\frac{1}{F} \text{ kg kmol}^{-1}$$

Den Quotient $\dfrac{M}{z} = A$ nennen wir relative Äquivalentmasse.

Damit ist:

$$k = A\,\frac{1}{F} \text{ kg kmol}^{-1}$$

Für zwei verschiedene Ionenarten gilt dann:

2. Gesetz von Faraday $\quad\boxed{k_1 : k_2 = A_1 : A_2}$

6.10.6 Elektrizitätsleitung in Gasen

6.10.6.1 *Unselbständige Elektrizitätsleitung*

Die Gase bestehen im allgemeinen aus elektrisch neutralen Atomen und Molekülen. Sie sind deshalb gute Isolatoren. Befindet sich ein solches Gas im elektrischen Feld eines Plattenkondensators (Abb. 6.10-1), so fließt kein elektrischer Strom, weil keine Ladungsträger vorhanden sind.

Sind vereinzelt geladene Teilchen im Gas vorhanden, so wandern sie, entsprechend dem Vorzeichen ihrer Ladung auf eine der beiden Platten, und geben dort ihre Ladung ab. Dadurch wird der Kondensatorraum ganz frei von Ladungsträgern.

Nur wenn laufend Ladungsträger von außen in das Gas hinein gebracht oder in ihm selbst erzeugt werden, kann ein elektrischer Strom aufrecht erhalten werden. Man spricht deshalb von *„unselbständiger"* Elektrizitätsleitung.

Die zur Elektrizitätsleitung notwendigen Ladungsträger können durch Ionisation des Gases gewonnen werden. Für die Stromleitung können dann positive oder negative Ionen oder auch abgespaltene Elektronen zur Verfügung stehen.

In der Abbildung 6.10-11 sind einige Möglichkeiten zur Ionisierung der Luft zwischen den Platten eines Kondensators dargestellt: Flammengase sind wegen ihrer hohen Temperatur teilweise ionisiert. Ultraviolettes Licht oder Röntgenstrahlen und radioaktive oder kosmische Strahlung wirken ionisierend. Die anfangs geladenen Platten des Kondensators werden durch die zufließenden Ladungsträger neutralisiert; die Elektroskopplättchen fallen zusammen.

Hält man die Spannung zwischen den Kondensatorplatten konstant und die Ionisierung des Gases dauernd aufrecht, so entsteht ein Gleichstrom konstanter Stromstärke. Da die Ladungsträger auf ihrem Weg zur ungleichnamig geladenen Platte immer wieder mit Gasmolekülen zusammenstoßen und dabei Bewegungsenergie austauschen, bewegen sie sich mit einer mittleren Driftgeschwindigkeit.

Bei Luft vom Druck 1 bar ist diese Driftgeschwindigkeit bei der elektrischen Feldstärke 1 kV m^{-1} ungefähr $v = 0,2$ m s^{-1}. Sie ist also

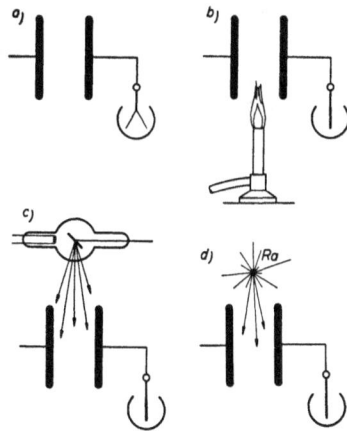

Abb. 6.10-11:
Ionisierung der Luft auf verschiedene Weise; der geladene Kondensator verliert in der ionisierten Luft seine Ladung.

wesentlich kleiner als die mittlere thermische Geschwindigkeit der Moleküle (5.2.5).

Die künstlich erzeugten Ionen haben nur eine beschränkte Lebensdauer, denn beim Zusammentreffen mit entgegengesetzt geladenen Ionen oder Elektronen können sie durch „Rekombination" elektrisch neutral werden, bevor sie ihre Ladung an der entsprechenden Kondensatorplatte abgeben können. Je nach dem Grad der Ionisation und der Rekombination bildet sich ein stationärer Bestand an Ionen aus.

Bei kleiner Spannung zwischen den Kondensatorplatten bleibt der Ionenbestand praktisch konstant. Da auch die Beweglichkeit der Ionen konstant ist, gilt in diesem Fall das Ohmsche Gesetz. Bei hinreichend großer Spannung werden

die Ladungsträger jedoch so rasch zu den Kondensatorplatten transportiert, daß man die Rekombination vernachlässigen kann, d.h. die Stromstärke ist praktisch durch alle erzeugten Ladungsträger bestimmt (Sättigungsstromstärke). Eine Steigerung der Spannung bewirkt dann keine weitere Steigerung der Stromstärke mehr.

6.10.6.2 *Selbständige Elektrizitätsleitung*

Werden die Ladungsträger im Gas nicht von außen her, sondern durch den Leitungsvorgang selbst erzeugt, so spricht man von einer selbständigen Elektrizitätsleitung. Voraussetzung dafür ist das Vorhandensein einiger Ladungsträger. Bei genügend hoher Spannung und genügend kleinem Gasdruck (etwa 10 mbar bis 10^{-3} mbar) bekommen diese Ladungsträger eine so große Bewegungsenergie, daß sie bei Stößen auf neutrale Moleküle (Atome) diese durch Wegschlagen von Elektronen *ionisieren*. Dieser Prozeß setzt sich lawinenartig fort *(Stoßionisation)*. Das Gas wird auf diese Weise kräftig ionisiert und bietet die Voraussetzung zu einer selbständigen Elektrizitätsleitung. Ein solches stark ionisiertes Gas nennt man „*Plasma*".

Der Mechanismus der selbständigen Elektrizitätsleitung in Gasen ist in verwickelter Weise durch elektrische, thermische und optische Vorgänge bedingt. Wir können darauf nicht näher eingehen.

Ein Beispiel für die selbständige Elektrizitätsleitung ist die *Glimmentladung* in verdünnten Gasen. Sie wird u.a. zu Reklamezwecken verwendet. In den *Leuchtstoffröhren* wird neben der Glimmentladung die fluoreszierende Wirkung von Leuchtstoffen ausgenützt, die auf die Innenwand der Glasröhren aufgebracht werden.

Bei sehr hohen Feldstärken ist eine selbständige Elektrizitätsleitung auch bei höheren Gasdrucken möglich. Ein Beispiel ist der *Blitz*.

Der *Lichtbogen* zwischen Kohle- oder Metallstäben ist ebenfalls ein Beispiel für eine selbständige Elektrizitätsleitung in Gasen. Hierbei ist die hohe Temperatur (5 000 K und mehr) für die Ionisation des Gases, also die Bildung des Plasmas, maßgebend.

7.   OPTIK

7.1   Zusammenstellung einiger Grundkenntnisse

7.1.1   Lichtwellen und ihre Ausbreitung

7.1.1.1   *Sichtbares Spektrum*

Das Licht breitet sich als elektromagnetische Welle aus (6.6.2.3). Es gelten dabei die allgemeinen Gesetze der Wellenlehre und speziell die für elektromagnetische Wellen.

Das menschliche Auge spricht auf Lichtwellen etwa im Frequenzbereich von $4 \cdot 10^{14}$ Hz bis $8 \cdot 10^{14}$ Hz an. Das Auge ist also nur für etwa eine Oktave empfindlich.

Die Teilbereiche des sichtbaren Spektrums vermitteln dem Auge verschiedene Farbeindrücke (Spektralfarben). Die folgende Zusammenstellung gibt die ungefähren Grenzen dieser Teilbereiche für die Frequenzen ν_1 bis ν_2 bzw. für die zugehörigen Wellenlängen im Vakuum λ_1 bis λ_2 an:

Spektralfarbe	$\dfrac{\nu_1 \text{ bis } \nu_2}{10^{14} \text{ Hz}}$	$\dfrac{\lambda_1 \text{ bis } \lambda_2}{\text{nm}}$
Rot	4,0 bis 4,7	750 bis 640
Orange	4,7 bis 5,0	640 bis 600
Gelb	5,0 bis 5,4	600 bis 555
Grün	5,4 bis 6,2	555 bis 485
Blau	6,2 bis 7,0	485 bis 430
Violett	7,0 bis 7,9	430 bis 380

In der Optik verwendet man den griechischen Buchstaben ν statt f für die Frequenz.

Den Zusammenhang zwischen ν und λ gibt die für alle Wellen gültige Gleichung $c = \nu \lambda$, wobei c die Ausbreitungsgeschwindigkeit ist.

Das Auge hat den Eindruck von *weißem* Licht, wenn es eine geeignete Mischung aus allen Spektralfarben empfängt.

7.1.1.2   *Lichtgeschwindigkeit*

Im Vakuum ist die Lichtgeschwindigkeit für alle Frequenzen (Spektralfarben) gleich, nämlich $c = 2,99793 \cdot 10^8$ m s^{-1}.

In durchsichtigen Stoffen ist die Lichtgeschwindigkeit kleiner als im Vakuum. Außerdem ist sie eine Funktion der Frequenz, also $c = f(\nu)$ (Dispersion 7.1.1.6). In der Regel nimmt die Lichtgeschwindigkeit mit der Frequenz ab. Violettes Licht breitet sich demnach langsamer aus als rotes.

Gehen Lichtwellen von einem Medium mit der Lichtgeschwindigkeit c in ein anderes mit der Lichtgeschwindigkeit c' über (Abb. 7.1-1), so bleibt die durch den Sender bestimmte Frequenz ν und damit die Farbe erhalten; es ändert sich dabei aber die Wellenlänge von λ nach λ'. Aus $c = \nu \lambda$ und $c' = \nu \lambda'$ folgt:

$$\lambda : \lambda' = c : c'$$

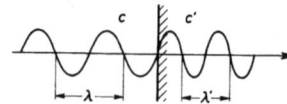

Abb. 7.1-1:
Übergang eines Lichtstrahls aus einem Medium (mit c) in ein anderes Medium (mit c'); senkrechter Einfall des Lichtes auf die Grenze; d.h., die Wellennormale steht senkrecht auf der Grenzfläche.

Steht die Ausbreitungsrichtung der Lichtwellen nicht senkrecht zur Grenze zwischen den beiden Medien, so tritt Lichtbrechung ein (7.1.1.4).

7.1.1.3   *Reflexion des Lichtes*

An rauhen Oberflächen, z.B. Zimmerdecken, wird das Licht nach allen Richtungen reflektiert (diffuse Reflexion), an glatten Oberflächen, z.B. Metallspiegeln, nur in bestimmte Richtungen (gerichtete Reflexion).

Bei gerichteter Reflexion gilt, wie allgemein bei Wellen (4.8.7), das *Reflexionsgesetz*:

$$\epsilon = \epsilon_r$$

Dabei ist ϵ der Einfalls- und ϵ_r der Reflexionswinkel (Abb. 7.1-2).

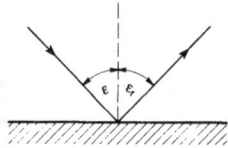

Abb. 7.1-2:
Zum Reflexionsgesetz

Der einfallende Strahl, die Normale zur Spiegelebene im Auftreffpunkt („Einfallslot") und der reflektierte Strahl liegen in einer Ebene.

7.1.1.4 Brechung des Lichtes

Treffen Lichtwellen auf die Grenze zweier durchsichtiger Medien mit verschiedenen Lichtgeschwindigkeiten c und c', so wird ein Teil des Lichtes nach dem Reflexionsgesetz reflektiert (Abb. 7.1-3). Der andere Teil tritt ins zweite Medium ein und ändert (bei nicht senkrechtem Einfall) seine Richtung.

Dabei gilt, wie allgemein bei Wellen (4.8.8), das Brechungsgesetz:

$$\sin \epsilon : \sin \epsilon' = c : c'$$

Dabei ist ϵ der Einfalls- und ϵ' der Brechungswinkel (Abb. 7.1-3).

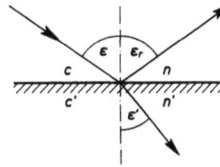

Abb. 7.1-3:
Zum Brechungsgesetz

Einfallender, reflektierter und gebrochener Strahl liegen zusammen mit dem Einfallslot in einer Ebene.

Statt der Lichtgeschwindigkeiten führt man in der Optik die Brechzahlen n und n' ein, indem man $c : c' = n' : n$ setzt und die Brechzahl des Vakuums $n_0 = 1$ wählt.

Dann lautet das *Brechungsgesetz:*

$$n \sin \epsilon = n' \sin \epsilon'$$

Das Produkt aus der Brechzahl und dem Sinus des Winkels zum Einfallslot ist in beiden Medien gleich.

Je kleiner die Lichtgeschwindigkeit in einem Medium ist, desto größer ist seine Brechzahl (Tabelle 7.1-1). In Luft ist $n \approx n_0 = 1$.

Anwendungsbeispiele:
1. Fällt ein Lichtstrahl schräg auf eine durchsichtige, *planparallele Platte* (Abb. 7.1-4), so wird er seitlich versetzt. Die Richtung des Strahls hinter der Platte ist parallel zur ursprünglichen Richtung. Die seitliche Verschiebung v können wir an Hand der Abb. 7.1-4 berechnen. Die Länge des Lichtstrahls in der Platte ist $\dfrac{d}{\cos \epsilon'}$ und:

$$v = \frac{d}{\cos \epsilon'} \sin (\epsilon - \epsilon')$$

Tabelle 7.1-1.
Brechzahl n_D für Licht der Vakuum-Wellenlänge $\lambda = 589{,}3$ nm (D-Linie) und Abbesche Zahl ν einiger Stoffe

Stoff	n	Stoff	n	ν
Lithiumfluorid	1,3917	Quarzglas	1,4584	63,7
Diamant	2,4173	Jenaer Gläser:		
Kanadabalsam	1,542	F 3	1,61279	36,95
Äthylalkohol	1,3617	S F 4	1,75496	27,53
Benzol	1,5014	S F S 1	1,91726	21,37
Schwefelkohlenstoff	1,6277	B K 7	1,51671	64,20
Wasser	1,3330	S K 1	1,61016	56,50

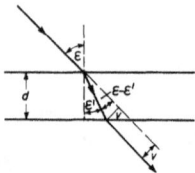

Abb. 7.1-4:
Parallelverschiebung eines Lichtstrahls durch eine planparallele Platte

2. *Glasprisma in Luft* (Abb. 7.1-5). Wir setzen $n_{Luft} = 1$ und $n_{Glas} = n$. Dann können wir den Strahlengang mit folgenden vier Gleichungen berechnen:

1. $\sin \epsilon_1 = n \sin \epsilon_1'$
   (Brechungsgesetz für die 1. Prismenfläche)

2. $\chi = \epsilon_1' + \epsilon_2$
   (Außenwinkelsatz des Dreiecks)

3. $n \sin \epsilon_2 = \sin \epsilon_2'$
   (Brechungsgesetz für die 2. Prismenfläche)

4. $\delta = \epsilon_1 + \epsilon_2' - \chi$
   (Gesamtablenkung)

Die Gleichung für δ ergibt sich aus

$$\delta = \delta_1 + \delta_2 = (\epsilon_1 - \epsilon_1') + (\epsilon_2' - \epsilon_2)$$

nach dem Außenwinkelsatz.

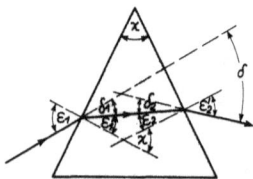

Abb. 7.1-5:
Strahlengang durch ein Glasprisma in Luft

7.1.1.5 Totalreflexion des Lichtes

Grenzen zwei Medien mit den Brechzahlen n und n' aneinander, so muß man für den Übergang eines Lichtstrahls vom ersten ins zweite Medium 2 Fälle unterscheiden:

1. Übergang von einem optisch dünneren in ein optisch dichteres Medium ($n < n'$):

Der Lichtstrahl wird zum Einfallslot hin gebrochen ($\epsilon' \leqq \epsilon$). Zu jedem Einfallswinkel $0 \leqq \epsilon \leqq 90°$ gibt es einen Brechungswinkel $0 \leqq \epsilon' < 90°$.

2. Übergang von einem optisch dichteren in ein optisch dünneres Medium ($n > n'$):
Der Lichtstrahl wird vom Einfallslot weg gebrochen ($\epsilon' > \epsilon$).

Bereits für einen bestimmten Einfallswinkel $\epsilon_g < 90°$ wird der Brechungswinkel $\epsilon' = 90°$. Für alle Einfallswinkel, die größer sind als ϵ_g, existiert kein gebrochener Strahl. Der Lichtstrahl wird an der Grenze der Medien total reflektiert. Den Winkel ϵ_g nennt man den Grenzwinkel der Totalreflexion. Aus $n \sin \epsilon_g = n' \sin 90°$ folgt:

$$\sin \epsilon_g = \frac{n'}{n}$$

7.1.1.6 Dispersion des Lichtes

Da die Lichtgeschwindigkeit c in durchsichtigen Stoffen eine Funktion der Frequenz ν ist (7.1.1.2), gilt dies auch für die Brechzahl n. Also ist $n = f(\nu)$. Man nennt diese Abhängigkeit *Dispersion des Lichtes.*

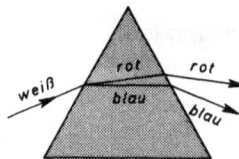

Abb. 7.1-6:
Zur Dispersion des Lichtes

Ein weißer Lichtstrahl wird wegen der Dispersion beim Durchgang durch ein Prisma in seine Spektralfarben zerlegt, da diese an beiden Prismenflächen verschieden stark gebrochen werden (Abb. 7.1-6). In der Regel (Glasprisma) wird violettes Licht stärker gebrochen als rotes (normale Dispersion).

7.1.2 Optische Abbildung

7.1.2.1 *Dünne Linsen*

Einen durchsichtigen Körper, der von zwei Kugelflächen begrenzt wird, nennt man Linse. Die Verbindungslinie der beiden Kugelmittelpunkte heißt die optische Achse der Linse.

Genauer muß man in unserm Fall von einer „sphärischen" Linse sprechen. Nichtsphärische oder „asphärische" Linsen werden nur in Spezialfällen verwendet.

Wir wählen die optische Achse als z-Achse (Abb. 7.1-7) und den Schnitt der „Linsenebene" mit der Zeichenebene als y-Achse eines Koordinatensystems. Die Lichtrichtung verlaufe, wenn nicht anders angegeben, von links nach rechts.

In Übereinstimmung mit DIN 1335 gilt dann für die *Vorzeichen:*

Strecken parallel zur z-Achse hinter der Linse > 0, vor der Linse < 0

und

Strecken parallel zur y-Achse über der optischen Achse > 0, unter der optischen Achse < 0.

Sammellinsen (Abb. 7.1-8) vereinigen parallel zur optischen Achse einfallende Lichtstrahlen im *bildseitigen Brennpunkt* F'.

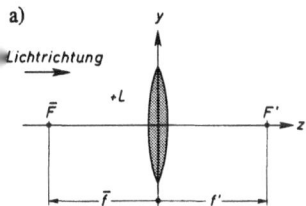

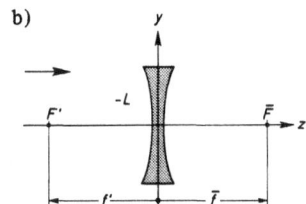

a)

b)

Abb. 7.1-7:
Zur Vorzeichenfestsetzung; Lage der Brennpunkte a) einer Sammellinse (+ Linse) b) einer Zerstreuungslinse (– Linse)

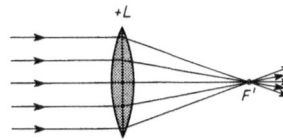

Abb. 7.1-8:
Bildseitiger Brennpunkt F' einer Sammellinse

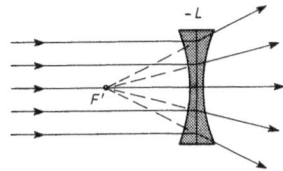

Abb. 7.1-9: Bildseitiger Brennpunkt F' einer Zerstreuungslinse

Die bildseitige Brennweite ist $f' > 0$ (Abb. 7.1-7).

Zerstreuungslinsen (Abb. 7.1-9) zerstreuen parallel zur optischen Achse einfallende Lichtstrahlen, so als ob sie vom *bildseitigen Brennpunkt* F' herkämen. Die bildseitige Brennweite ist $f' < 0$ (Abb. 7.1-7).

Sammellinsen (Abb. 7.1-10) machen Lichtstrahlen, die vom *objektseitigen Brennpunkt* $\bar{F}$ aus auf die Linse treffen, parallel. Die objektseitige Brennweite ist $\bar{f} < 0$ (Abb. 7.1-7).

Zerstreuungslinsen (Abb. 7.1-11) machen Lichtstrahlen, die vor der Linse auf den *objektseitigen Brennpunkt* $\bar{F}$ hin gerichtet sind, parallel. Die objektseitige Brennweite ist $\bar{f} > 0$ (Abb. 7.1-7).

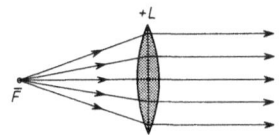

Abb. 7.1-10:
Objektseitiger Brennpunkt $\bar{F}$ einer Sammellinse

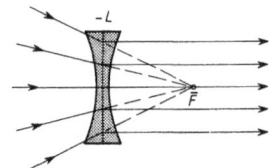

Abb. 7.1-11:
Objektseitiger Brennpunkt $\bar{F}$ einer Zerstreuungslinse

Bei dünnen Linsen in Luft ist sowohl bei Sammel- als auch bei Zerstreuungslinsen:

$$\boxed{\bar{f} = -f'}$$

Zur Konstruktion des Bildes P' eines leuchtenden Punktes P bzw. des Bildes y' eines leuchtenden Pfeiles y können wir zwei der folgenden drei *Konstruktionsstrahlen* verwenden (Abb. 7.1-12 und Abb. 7.1-13).

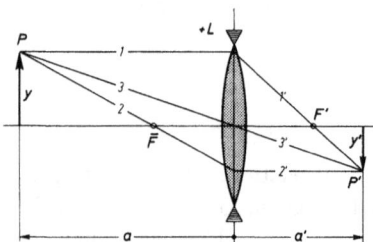

Abb. 7.1-12:
Strahlen zur Konstruktion des Bildes bei einer Sammellinse

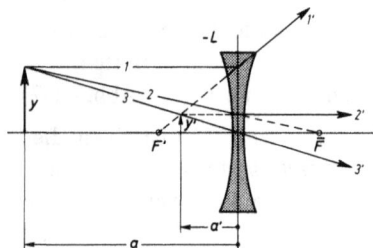

Abb. 7.1-13:
Strahlen zur Konstruktion des Bildes bei einer Zerstreuungslinse

1. Ein Strahl parallel zur optischen Achse wird Brennstrahl durch F'.
2. Ein Brennstrahl durch $\bar{F}$ wird ein Strahl parallel zur Achse.
3. Mittelstrahl bleibt Mittelstrahl.

Den Abstand von der Linse zum Objekt (Gegenstand) nennen wir die Objektweite a, den Abstand von der Linse zum Bild die Bildweite a'.

Auch wenn ein Konstruktionsstrahl gar nicht zum abbildenden Lichtbündel gehört, kann man sich seiner bedienen, um den Bildpunkt zu finden (Abb. 7.1 - 14).

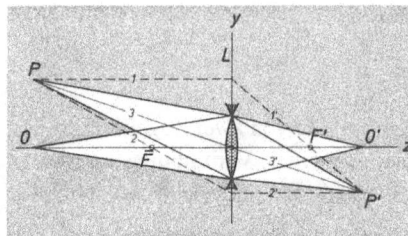

Abb. 7.1-14:
Konstruktionsstrahlen und Lichtbündel, die bei der Abbildung tatsächlich mitwirken

Schneiden sich die Strahlen nach dem Durchgang durch die Linse ($a' > 0$), so ist das Bild auffangbar oder „reell".

Sind die Strahlen nach dem Durchgang durch die Linse divergent ($a' < 0$), so schneiden sie sich nur in ihrer rückwärtigen Verlängerung. Man nennt dann das Bild ein „scheinbares" oder „virtuelles" Bild.

Steht ein Objekt der Größe y in der Objektweite a vor einer dünnen Linse (Brennweite $\bar{f} = -f'$), so kann man die Bildgröße y' und die Bildweite a' mit Hilfe folgender *Abbildungsgleichungen* berechnen:

1. Abbildungsmaßstab (Abb. 7.1-15):

$$\boxed{\beta' = \frac{y'}{y} = \frac{a'}{a}}$$

Objekt und Bild stehen bei $\beta' > 0$ gleichgerichtet, bei $\beta' < 0$ umgekehrt.

2. Zusammenhang zwischen Objektweite, Bildweite und Brennweiten (Abb. 7.1-16):

$$\boxed{\frac{\bar{f}}{a} + \frac{f'}{a'} = 1}$$

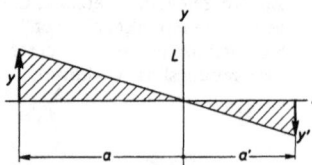

Abb. 7.1-15:
Zum Abbildungsmaßstab

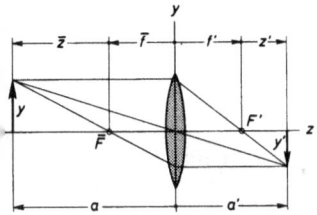

Abb. 7.1-16:
Zur Lage von Objekt und Bild

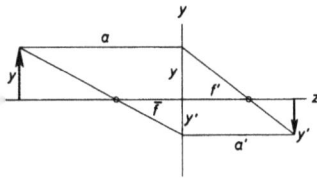

Abb. 7.1-17:
Zur Newtonschen Abbildungsgleichung

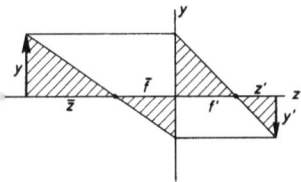

Aus $\bar{f} = -f'$ folgt:

$$-\frac{1}{a} + \frac{1}{a'} = \frac{1}{f'}$$

$\frac{1}{f'} = D$ heißt „Brechkraft" der Linse.

Die SI-Einheit der Brechkraft ist $[D] = 1\ \text{m}^{-1}$. In der Optik sagt man statt $1\ \text{m}^{-1}$ auch 1 Dioptrie (dpt).

Sammellinsen haben eine positive Brechkraft; sie werden deshalb auch + Linsen genannt. Zerstreuungslinsen haben eine negative Brechkraft; sie werden deshalb auch − Linsen genannt.

Die Lage von Objekt und Bild kann man statt durch Objekt- und Bildweite auch nach dem Vorschlag von *Newton* durch die Brennpunktabstände angeben (Abb. 7.1-17). Der objekt-

seitige Brennpunktsabstand $\bar{z}$ ist der Abstand des Objekt- punkts auf der Achse vom objektseitigen Brennpunkt $\bar{F}$. Der bildseitige Brennpunktsabstand z' ist entsprechend definiert.

Aus den schraffierten Paaren von ähnlichen Dreiecken vor bzw. hinter der Linse kann man die Newtonschen Abbil- dungsgleichungen ablesen. Der Abbildungsmaßstab ist:

$$\beta' = \frac{y'}{y} = -\frac{\bar{f}}{\bar{z}} = -\frac{z'}{f'}$$

Aus $\frac{\bar{f}}{\bar{z}} = \frac{z'}{f'}$ folgt für die Lage von Objekt und Bild:

$$\bar{z}z' = \bar{f}f'$$

Alle Abbildungsgleichungen gelten sowohl für Sammel- als auch für Zerstreuungslinsen. Man muß nur beachten, daß bei Sammellinsen $f' > 0$ und damit $D > 0$, bei Zerstreuungslinsen dagegen $f' < 0$ und damit $D < 0$ ist.

7.1.2.2 *Spiegel*

Bei einem *ebenen Spiegel* entsteht von einem Objektpunkt 0 ein virtueller Bildpunkt $0'$ hinter dem Spiegel. Der Abstand des Punktes 0 vom Spiegel ist ebenso groß wie der Abstand des Spiegels vom Punkt $0'$ (Abb. 7.1-18). Bei der Spiegelung wird aus einem Rechtssystem ein Linkssystem, was man bei der Spiegelung eines ausgedehnten Körpers beachten muß.

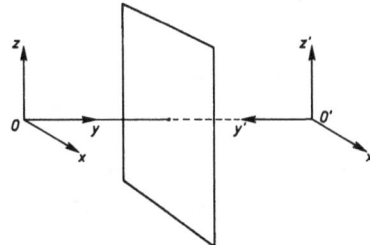

Abb. 7.1-18:
Ebener Spiegel; ein
Rechtssystem wird als
Linkssystem abgebildet.

Kugelspiegel haben wie sphärische Linsen objekt- und bildseitige Brennpunkte. Da sich bei der Reflexion die Lichtrichtung umkehrt, klappt man für Berechnungen am besten
den Strahlengang um die y-Achse um (Abb. 7.1-19) und
hinterher wieder zurück. Dann erhält man dieselben Abbildungsgleichungen wie bei dünnen Linsen:

$$\beta' = \frac{y'}{y} = \frac{a'}{a} \qquad \text{und} \qquad -\frac{1}{a} + \frac{1}{a'} = \frac{1}{f'}$$

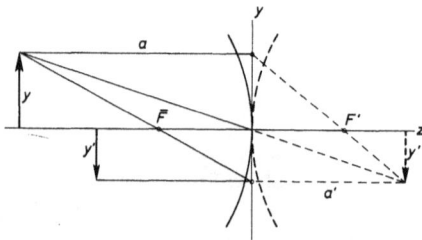

Abb. 7.1-19: Zu den Abbildungsgleichungen für Kugelspiegel

Ist r der Kugelradius, so ist:

$$f' = \frac{r}{2}$$

Bei einem Hohlspiegel ist $r > 0$, bei einem erhabenen Spiegel
ist $r < 0$ zu setzen.

Ist $a' > 0$, so liegt das Bild nach dem Zurückklappen *vor* dem Spiegel.

7.1.2.3. Optische Instrumente

Den physikalischen Vorgang des Sehens mit dem Auge erläutert die Abb. 7.1-20. Verschiedene Teile des Auges wirken zusammen wie eine Sammellinse, die ein Ding reell auf
der Netzhaut, dem lichtempfindlichen Organ des Auges, abbildet. Da die Bildweite a' unveränderlich ist, verändert ein
Ringmuskel die Krümmung der Augenlinse, um die Brenn-

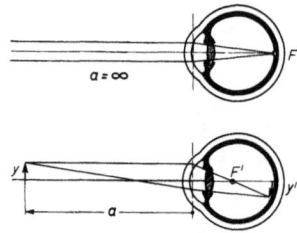

Abb. 7.1-20:
Physikalische Wirkungsweise
des Auges

weite f' an die verschiedenen Objektweiten a anzupassen.
Man nennt diesen Vorgang „akkommodieren".

Die kleinste Krümmung hat das Auge im entspannten Zustand. Beim
normalsichtigen Auge liegt dann F' auf der Netzhaut.

Alle unter dem gleichen Sehwinkel gesehenen Objekte erscheinen dem Auge gleich groß (Abb. 7.1-21), da die Bilder
aller dieser Dinge auf der Netzhaut gleich groß sind.

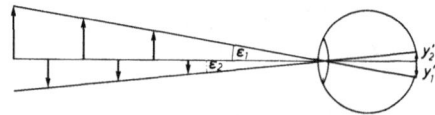

Abb. 7.1-21: Sehwinkel und scheinbare Größe eines Objekts; alle Objekte, die unter dem gleichen Sehwinkel ϵ_1 bzw. ϵ_2 gesehen werden,
haben ein gleich großes Netzhautbild y_1' bzw. y_2'.

Die vergrößernden optischen Instrumente haben die Aufgabe,
den Sehwinkel möglichst groß zu machen. Sieht man das
Ding ohne Instrument unter dem Sehwinkel ϵ und mit Instrument unter dem Sehwinkel ϵ', so definiert man als *Vergrößerung des Instruments*:

$$\Gamma' = \frac{\tan \epsilon'}{\tan \epsilon}$$

Beispiele von optischen Instrumenten:
1. Lupe (Leseglas, Okular optischer Instrumente)
   Den Sehwinkel kann man auf die einfachste Weise ver-

größern, indem man das Ding dem Auge nähert. Die Annäherung ist jedoch nur bis etwa $d = 25$ cm (vereinbarte „deutliche Sehweite") sinnvoll, da für kleinere Entfernungen das normalsichtige Auge nur noch unter Anstrengung akkommodieren kann. Unterstützt man das Auge durch eine *Lupe*, so kann man das Objekt dem Auge bedeutend näher bringen.

Eine Lupe soll man in der Regel so verwenden, daß das Objekt im dingseitigen Brennpunkt $\bar{F}$ der Lupe steht (Abb. 7.1-22). Dann akkommodiert das Auge auf Unendlich; es ist also entspannt.

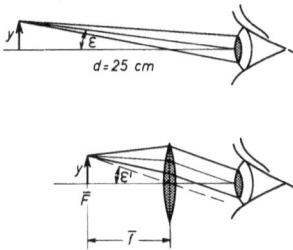

Abb. 7.1-22:
Zur Lupenvergrößerung

Bei Betrachtung in günstigster Entfernung gilt für die Sehwinkel ϵ und ϵ'

ohne Lupe: $\quad \tan \epsilon = \dfrac{y}{d}$

mit Lupe: $\quad \tan \epsilon' = \left| \dfrac{y}{\bar{f}} \right| = \dfrac{y}{f'}$

Daraus folgt für die *Lupenvergrößerung*:

$$\boxed{\Gamma_L' = \dfrac{d}{f'}}$$

Eine Lupe vergrößert also nur, wenn $f' < 25$ cm (echte Lupe). Bei einer 25-fachen Vergrößerung ist $f' = 1$ cm. Das bedingt bereits eine sehr starke Krümmung der Kugeloberflächen der Linse. Für Vergrößerungen $\Gamma_L' > 25$ verwendet man Mikroskope.

2. *Mikroskop* (Abb. 7.1-23)
Das Objektiv L_1 entwirft ein reelles, umgekehrtes Bild im Abbildungsmaßstab $|\beta_1'| > 1$. Dieses Zwischenbild y_1' betrachtet man vergrößert mit einer Lupe L_2, Okular genannt.

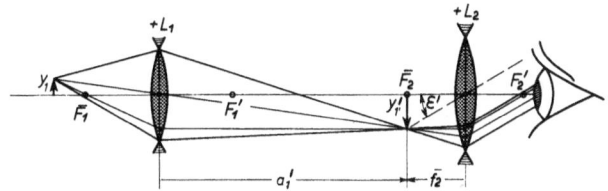

Abb. 7.1-23: Strahlengang in einem Mikroskop (schematisch); zur Mikroskopvergrößerung

Bei Betrachtung in günstigster Entfernung gilt für die Sehwinkel ϵ und ϵ':

ohne Mikroskop, wie bei der Lupe:

$$\tan \epsilon = \frac{y_1}{d}$$

mit Mikroskop:

$$\tan \epsilon' = \left| \frac{y_1'}{f_2'} \right|$$

Daraus folgt für die *Mikroskopvergrößerung*:

$$\Gamma_M' = \left| \frac{y_1'}{f_2'} \ : \ \frac{y_1}{d} \right| = \left| \frac{y_1'}{y_1} \cdot \frac{d}{f_2'} \right|$$

Mit

$$\left| \frac{y_1'}{y_1} \right| = |\beta_1'| \qquad \text{und} \qquad \frac{d}{f_2'} = \Gamma_L'$$

(Lupenvergrößerung des Okulars) erhalten wir:

$$\boxed{\Gamma_M' = |\beta_1'| \cdot \Gamma_L'}$$

7.2   Ergänzungen zur geometrischen Optik

7.2.1   Zentriertes System aus zwei dünnen Linsen (Duplet)

7.2.1.1   *Brennpunkte, Hauptpunkte und Brennweiten des Systems*

In der Optik verwendet man häufig statt einer Einzellinse ein System mehrerer Linsen. In der Regel handelt es sich dabei um „zentrierte" Systeme, bei denen die Linsen eine gemeinsame optische Achse haben. Wir betrachten zunächst ein solches System aus zwei dünnen Linsen, weil wir dadurch einige wichtige Zusammenhänge und Anwendungsmöglichkeiten verstehen lernen. Die Gleichungen, die wir dabei ableiten werden, können wir später (7.2.2.3) auch auf dicke Linsen übertragen.

In der Abb. 7.2-1 ist ein zentriertes System aus zwei dünnen Linsen schematisch dargestellt. Eine Sammellinse L_1 und eine Zerstreuungslinse L_2 stehen im Abstand d hintereinander. Wir können ohne Kenntnis besonderer Systemeigenschaften von einem Objektpunkt O den vom System entworfenen Bildpunkt O' finden, wenn wir mit Hilfe der Konstruktionsstrahlen von 7.1.2.1 den Punkt O zunächst durch die Linse L_1 in einen Zwischenbildpunkt O_1' abbilden und dann O_1' durch die Linse L_2 in den Bildpunkt O'.

Wir wollen dieses Verfahren für den unendlichen fernen Achsenpunkt vor der Linse L_1, also für $a_1 = -\infty$ anwenden. Den zugehörigen Bildpunkt hinter dem System bezeichnen wir in Anlehnung an 7.1.2.1 als bildseitigen Brennpunkt F' des Systems. Wir verfolgen dazu in der Abb. 7.2-1 den Strahl 1 der als Parallelstrahl auf L_1 trifft. Dort wird er zum Brennstrahl durch F_1'. Die Linse L_2 verändert nochmals die Richtung des Strahls.

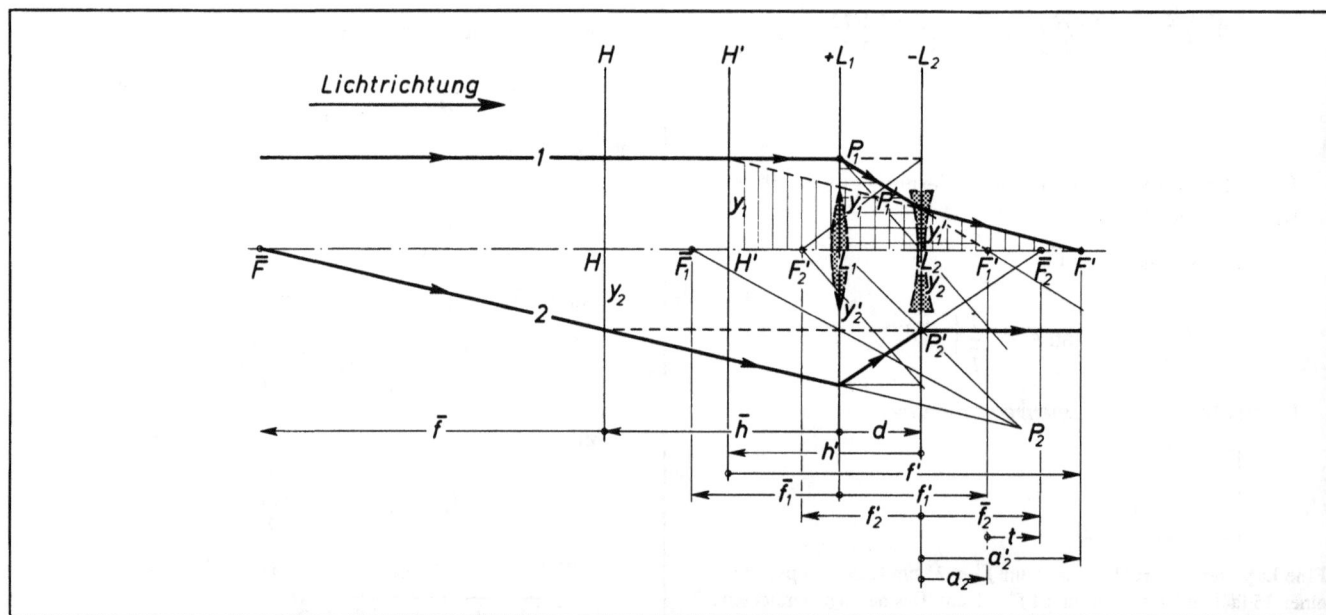

Abb. 7.2-1: Duplet aus zwei dünnen Linsen; Brennpunkte und Hauptpunkte des Systems

Diese Richtung finden wir durch eine Hilfkonstruktion: P_1 ist der Punkt, in dem der Strahl 1 die Linse L_1 durchsetzt. Den Bildpunkt P_1', den die Linse L_2 von P_1 erzeugt, finden wir durch den Parallelstrahl auf L_2, der durch F_2 geht, und durch den Mittelstrahl durch L_2. Der Strahl 1 muß dann − rückwärts verlängert − auch durch P_1' gehen.

Die *Lage* des so konstruierten *bildseitigen Brennpunkts* F' *des Systems* können wir folgendermaßen berechnen:

Aus $a_1 = -\infty$ folgt $a_1' = f_1'$, d.h. das von L_1 erzeugte Zwischenbild liegt in F_1'. Dieses Zwischenbild muß durch L_2 abgebildet werden. Dabei ist $a_2 = f_1' - d$. Die zugehörige Bildweite $a_2' = L_2 F'$ gibt die Lage von F'.

Nach der Abbildungsgleichung (7.1.2.1) ist:

$$-\frac{1}{f_1' - d} + \frac{1}{a_2'} = \frac{1}{f_2'}$$

Daraus folgt:

$$a_2' = \frac{f_2'(f_1' - d)}{f_1' + f_2' - d}$$

Durch folgende Überlegung können wir nun auch eine bildseitige Brennweite f' des Systems einführen:

Die Wirkung des Systems als Ganzes auf den Strahl 1 besteht darin, daß aus dem Parallelstrahl vor dem System ein Brennstrahl durch F' wird. Dieser verläuft hinter dem System genau so, wie wenn er in der sogenannten „bildseitigen Hauptebene" H', die im „bildseitigen Hauptpunkt" H' normal zur optischen Achse steht (Abb. 7.2-1), auf eine einzige dünne Linse mit der Brennweite $f' = H' F'$ treffen würde. Statt den tatsächlichen, aber komplizierteren Strahlenverlauf durch das System im einzelnen zu verfolgen, können wir den Parallelstrahl 1 fiktiv bis zur bildseitigen Hauptebene H' verlaufen lassen und dort auf den Brennpunkt F' ablenken; dann erhalten wir hinter dem System wieder den tatsächlichen Strahlenverlauf. Wir bezeichnen nun $f' = H' F'$ als *bildseitige Brennweite des Systems*. Diese können wir aus zwei Paaren von ähnlichen Dreiecken berechnen, die in der Abb. 7.2-1 quer und parallel zur Lichtrichtung schraffiert sind. Wir können folgende Proportionen ablesen:

$$\frac{y_1'}{y_1} = \frac{a_2'}{f'} \quad \text{und} \quad \frac{y_1'}{y_1} = \frac{f_1' - d}{f_1'}$$

Daraus folgt durch Gleichsetzen der beiden Ausdrücke für $\dfrac{y_1'}{y_1}$:

$$\frac{a_2'}{f'} = \frac{f_1' - d}{f_1'}$$

Setzen wir a_2' von oben ein, so erhalten wir nach Umformung:

$$f' = \frac{f_1' f_2'}{f_1' + f_2' - d}$$

Diese Gleichung können wir noch etwas vereinfachen, wenn wir die „*optische Tubuslänge*" t einführen. Darunter versteht man die Strecke $t = \overline{F_1' F_2}$. Aus der Abb. 7.2-1 können wir ablesen:

$$f_1' + t = d + \bar{f}_2 \quad \text{oder} \quad t = d - f_1' - f_2'$$

Damit erhalten wir für die bildseitige Brennweite f' des Systems:

$$\boxed{f' = -\frac{f_1' f_2'}{t}}$$

Den Zusammenhang zwischen den Brechkräften

$$D = \frac{1}{f'}, \quad D_1 = \frac{1}{f_1'} \quad \text{und} \quad D_2 = \frac{1}{f_2'}$$

erhalten wir aus dem reziproken Wert von f':

$$\frac{1}{f'} = \frac{f_1' + f_2' - d}{f_1' f_2'}$$

Daraus folgt:

$$\frac{1}{f'} = \frac{1}{f_1'} + \frac{1}{f_2'} - \frac{d}{f_1' f_2'}$$

oder:

$$\boxed{D = D_1 + D_2 - d\, D_1\, D_2}$$

Die Brechkraft des Systems kann also bei gegebenen Einzelbrechkräften wesentlich durch den Abstand d beeinflußt werden.

Ist $d = 0$, so ist $D = D_1 + D_2$.

Die Lage des bildseitigen Hauptpunktes H' können wir durch $h' = L_2 H'$ (Abb. 7.2-1) festlegen. Es ist:

$$L_2 H' = L_2 F' + F' H' \qquad \text{oder} \qquad h' = a_2' - f'$$

Mit den Ausdrücken für a_2' und f' folgt nach Umformung:

$$\boxed{h' = d\, \frac{f_2'}{t}}$$

Dafür können wir auch schreiben:

$$h' = \frac{d f_2'}{d - f_1' - f_2'} \cdot \frac{f_1'}{f_1'} \qquad \text{oder} \qquad h' = - d f' \frac{1}{f_1'}$$

Mit $D = \dfrac{1}{f'}$ und $D_1 = \dfrac{1}{f_1'}$ erhalten wir:

$$\boxed{h' = - d\, \frac{D_1}{D}}$$

Wir können nun alle bisherigen Überlegungen hinsichtlich des bildseitigen Brennpunkts F' übertragen auf den entsprechenden objektseitigen Brennpunkt $\bar{F}$ des Systems. Darunter verstehen wir den Punkt auf der optischen Achse, von dem aus ein Strahl 2 auf die Linse L_1 auftreffen muß, wenn dieser Strahl hinter dem System, also nach dem Verlassen von L_2, parallel zur optischen Achse verlaufen soll.

Die Lage des objektseitigen Brennpunkts $\bar{F}$ können wir analog zur Lage von F' konstruieren (Abb. 7.2-1) und berechnen.

Aus $a_2' = \infty$ folgt $a_2 = \bar{f}_2$, d.h. das von L_1 erzeugte Zwischenbild liegt in $\bar{F}_2$. Dieses Zwischenbild kommt durch die Abbildung des Objektpunkts $\bar{F}$ mit Hilfe der Linse L_1 zustande. Dabei ist $a_1' = d + \bar{f}_2$ oder $a_1' = d - f_2'$. Die zugehörige Objektweite $a_1 = L_1 \bar{F}$ gibt die Lage von $\bar{F}$.

Aus der Abbildungsgleichung folgt:

$$a_1 = - \frac{f_1'(f_2' - d)}{f_1' + f_2' - d}$$

Parallel zu unsern Überlegungen über die bildseitige Brennweite f' des Systems und die bildseitige Hauptebene H' (im Hauptpunkt H') können wir eine objektseitige Brennweite $\bar{f}$ des Systems und eine objektseitige Hauptebene H (im Hauptpunkt H) einführen (Abb. 7.2-1). Machen wir den Strahl 2, der vom Brennpunkt $\bar{F}$ herkommt, an der Hauptebene H zum Parallelstrahl, so ist zwar sein gestrichelter Verlauf bis L_2 nur fiktiv; er verläßt aber bei L_2 das System wieder seinem tatsächlichen Verlauf entsprechend.

Die *objektseitige Brennweite $\bar{f}$ des Systems* können wir wieder aus zwei Paaren ähnlicher Dreiecke (Abb. 7.2-1) berechnen. Wir können folgende Proportionen ablesen:

$$\frac{y_2'}{y_2} = \frac{a_1}{\bar{f}} \qquad \text{und} \qquad \frac{y_2'}{y_2} = \frac{d + \bar{f}_2}{\bar{f}_2}.$$

Daraus folgt durch Gleichsetzen der Ausdrücke für $\dfrac{y_2'}{y_2}$:

$$\frac{a_1}{\bar{f}} = \frac{d + \bar{f}_2}{\bar{f}_2}$$

Setzen wir a_1 von oben und $\bar{f}_2 = - f_2'$ ein, so erhalten wir nach Umformung:

$$\bar{f} = - \frac{f_1' f_2'}{f_1' + f_2' - d}$$

Vergleichen wir $\bar{f}$ mit dem oben berechneten f', so ergibt sich:

$$\boxed{\bar{f} = - f'}$$

Die Lage des objektseitigen Hauptpunktes H können wir durch $\bar{h} = L_1 H$ (Abb. 7.2-1) festlegen. Es ist:

$$L_1 H = L_1 \bar{F} + \bar{F} H \qquad \text{oder} \qquad \bar{h} = a_1 - \bar{f}$$

Mit den Ausdrücken für $a_1, \bar{f}$ und t folgt nach Umformung:

$$\boxed{\bar{h} = - d\, \frac{f_1'}{t}}$$

und mit den Brechkräften D und D_2:

$$\boxed{\bar{h} = d\, \frac{D_2}{D}}$$

Den Abstand der beiden Hauptpunkte HH' können wir berechnen aus:

oder:

$$HH' = HL_1 + L_1L_2 + L_2H'$$

$$HH' = -\overline{h} + d + h'$$

Mit den Ausdrücken für $\overline{h}$ und h' folgt daraus nach Umformung:

$$HH' = \frac{d^2}{t}$$

Spezialfälle:

1. Linsenabstand $d = 0$. Dann ist $HH' = 0$ und die beiden Hauptpunkte fallen zusammen. Die Brechkraft des Systems ist:
   $$D = D_1 + D_2.$$
2. Tubuslänge $t = 0$. Dann ist $F_1' = \overline{F}_2$ und $HH' = \infty$.
   Außerdem ist $f' = \infty$ und $\overline{f} = -\infty$. Man nennt ein solches *System teleskopisch*, weil es einem auf Unendlich eingestellten Fernrohr (Teleskop) entspricht.

Ist $t \neq 0$ und $d \neq 0$, so liegen die Hauptpunkte stets in einer endlichen Entfernung voneinander. HH' hat stets das gleiche Vorzeichen wie t. Ist, wie in Abb. 7.2-1, $t > 0$, so liegt H', in der Lichtrichtung gezählt, hinter H. Ist dagegen $t < 0$, so liegt H' vor H.

7.2.1.2 Bildkonstruktion mit Hilfe der Größen des Systems

Kennt man die Lage der Hauptebenen und der Brennpunkte eines Systems, so kann man das Bild eines beliebigen Objekts konstruieren, ohne den Strahlenverlauf durch die einzelnen Linsen des Systems zu verfolgen. Zur Bildkonstruktion dienen zwei der folgenden Strahlen (Abb. 7.2-2):

1. Ein Strahl parallel zur Achse wird an der bildseitigen Hauptebene H' zum Brennstrahl durch F'.
2. Ein Brennstrahl durch $\overline{F}$ wird an der objektseitigen Hauptebene H zu einem Strahl parallel zur Achse.
3. Ein Strahl, der im objektseitigen Hauptpunkt H die Achse trifft (Hauptstrahl), läuft vom bildseitigen Hauptpunkt H' aus in der ursprünglichen Richtung weiter.

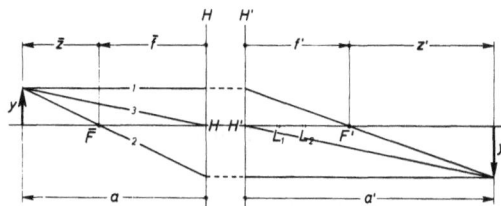

Abb. 7.2-2: Konstruktion eines Bildes, das vom System der Abb. 7.2-1 erzeugt wird; hier in verkleinertem Maßstab

Hat man das Bild mit Hilfe der ersten beiden Konstruktionsstrahlen gefunden, so ergibt sich der angegebene Verlauf des dritten Strahls (Hauptstrahls) aus ähnlichen Dreiecken.

Es genügen jeweils zwei der drei Konstruktionsstrahlen zur Ermittlung des Bildes.

Lassen wir die beiden Hauptebenen zusammenfallen, so entsteht aus der Abb. 7.2-2 die Abb. 7.1-12, die für eine dünne Linse gilt. Umgekehrt können wir uns die Abb. 7.2-2 aus der Abb. 7.1-12 entstanden denken durch Aufteilen der Linsenebene in die zwei Hauptebenen, die anschließend auseinander ($HH' > 0$) oder übereinander ($HH' < 0$) geschoben werden.

Die Lage der beiden Linsen des Systems ist in der Abb. 7.2-2 nur noch durch die Achsenpunkte L_1 und L_2 angedeutet. Für die Konstruktion und die folgenden Abbildungsgleichungen spielen sie keine Rolle mehr, wenn man die Daten des Systems kennt.

7.2.1.3 Abbildungsgleichungen für das System

Die Abbildungsgleichungen unterscheiden sich nicht von denen einer einzelnen dünnen Linse (7.1.2.1). Dies leuchtet sofort ein, wenn man die Abb. 7.2-2 mit den Abb. 7.1-15 bis 7.1-17 vergleicht. Die Zeichnung links vor der Hauptebene H ist identisch mit der Zeichnung links von der Einzellinse. Die Zeichnung rechts hinter der Hauptebene H' ist identisch mit der Zeichnung rechts von der Einzellinse. Man muß beachten, daß bei allen Strecken der Abstand HH' nicht mitzählt. Er muß getrennt zuvor festgelegt oder berechnet werden.

7.2.1.4 *Duplet als Teleobjektiv*

In der Abb. 7.2-1 hatten wir das gezeichnete Duplet so gewählt, daß sich eine übersichtliche Lage der Hauptpunkte und der Brennpunkte ergab. Zugleich können wir damit das Prinzip eines Teleobjektivs erläutern.

Ein Teleobjektiv hat den Zweck, ein sehr fernes Objekt möglichst groß auf der lichtempfindlichen Schicht eines Photoapparats abzubilden. Wird das „unendlich" ferne Objekt unter dem Winkel ϵ zwischen optischer Achse und Objektrand gesehen, so ist sein Bild in der bildseitigen Brennebene einer Einzellinse (Abb. 7.2-3 a):

$$y' = f' \tan \epsilon$$

Da ϵ vorgegeben ist, ist y' direkt proportional zu f'. Man muß also die bildseitige Brennweite f' eines Teleobjektivs möglichst groß wählen. Mit einem Duplet aus einer Sammellinse L_1 und einer Zerstreuungslinse L_2 (Abb. 7.2-3b) als Teleobjektiv erhält man bei gleicher Brennweite f' die gleiche Bildgröße. Der Vorteil des Teleobjektivs gegenüber einem einfachen Objektiv besteht in seiner kleineren Baulänge, die dadurch erreicht

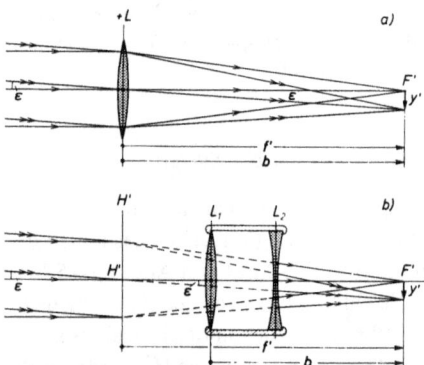

Abb. 7.2-3: Abbildung eines „unendlich" fernen Objekts, das unter dem Winkel ϵ gesehen wird, a) durch eine Einzellinse b) durch ein Teleobjektiv von gleicher Brennweite f'; die Baulänge b ist bei a) $b = f'$; b) $b < f'$.
Der Hauptpunkt H' liegt weit vor der ersten Linse des Teleobjektivs.

wird, daß die Hauptebene H' weit vor die Linse L_1 gelegt werden kann.

7.2.1.5 *Bemerkungen über die Bedeutung des Duplets*

Da wir bei der Ableitung der Gleichungen für das Duplet die Größen allgemein und vorzeichenrichtig genommen haben, gelten diese Gleichungen für ein beliebiges Duplet, nicht nur für das in Abb. 7.2-1 gezeichnete Teleobjektiv.

Viele wichtige optische Systeme bilden im Prinzip ein Duplet. Dazu gehören nicht nur bestimmte Objektive von Projektions- und Photoapparaten, sondern auch das Mikroskop und die Fernrohre, wenn man jeweils das Objektiv als L_1 und das Okular als L_2 des Duplets auffaßt.

Die Gleichungen für das Duplet sind aber auch wichtig für dreilinsige (Triplet) und vierlinsige (Quadruplet) Systeme. In diesen Fällen faßt man zunächst 2 Linsen zu einem Duplet zusammen und anschließend dieses mit der dritten Linse oder dem zweiten Duplet aus der dritten und vierten Linse zum Gesamtsystem zusammen.

Schließlich sind die Abbildungsgleichungen des Duplets verwandt mit denen einer dicken Linse in Luft (7.2.2.3).

Aufgaben:
1. Ein Teleobjektiv besteht aus 2 Linsengruppen, die je als eine dünne Linse mit der Brechkraft $D_1 = +5{,}0$ dpt und der Brechkraft $D_2 = -7{,}0$ dpt im Abstand $d = 15$ cm aufgefaßt werden können.
   a) Wie groß ist die Brennweite des Objektivs?
   b) Wo liegen die Hauptpunkte?
   c) Wie groß ist das vom Objektiv erzeugte Bild eines Objekts, das unter dem Winkel $12°$ gesehen wird?
   Antwort: a) $f' = 31$ cm; b) $\bar{h} = -32$ cm; $h' = -23$ cm; c) 6,6 cm

2. Ein Okular besteht aus 2 dünnen Linsen gleicher Brennweite $f_1' = f_2'$. Der Abstand der beiden Linsen ist $d = \frac{2}{3} f_1'$.

   Gesucht sind die Brechkraft und die Brennweiten des Okulars sowie die Lage der Hauptpunkte.

   Antwort: $D = \dfrac{4}{3 f_1'}$; $f' = \dfrac{3}{4} f_1'$; $\bar{h} = \dfrac{f_1'}{2}$; $h' = -\dfrac{f_1'}{2}$.

3. Ein Projektionsobjektiv besteht aus 2 Linsengruppen, die je als eine dünne Linse mit den Brechkräften D_1 = + 3,40 dpt und D_2 = + 2,00 dpt im Abstand d = 88,5 mm aufgefaßt werden können.

Gesucht sind:
a) Brechkraft und Brennweiten des Objektivs
b) Lage der Hauptpunkte
c) Objektweite für ein Diapositiv, wenn die Bildweite a' = 800 cm beträgt.

Antwort: a) D = 4,80 dpt; $\overline{f}$ = – 208 mm; f' = 208 mm;
b) $\overline{h}$ = 36,8 mm; h' = – 62,7 cm; c) a = – 214 mm.

7.2.2 Zentriertes System von brechenden Kugelflächen

7.2.2.1 *Eine brechende Kugelfläche*

Wir betrachten zunächst die Abbildung eines Punktes P durch eine einzige Kugelfläche (Abb. 7.2-4). Der Mittelpunkt der Kugel sei M. Die Verbindungslinie PM (optische Achse) schneidet die Kugeloberfläche im Scheitel S. Die Lichtrichtung ist wieder von links nach rechts gewählt. Alle Strecken auf der Achse messen wir von S aus in der Lichtrichtung positiv, entgegengesetzt negativ. $SP = s$ heißt objektseitige Schnittweite. Sie ist in Abb. 7.2-4 negativ. Der Kugelradius $SM = r$ ist im gezeichneten Fall positiv. Außerhalb der Kugel sei die Brechzahl n, in der Kugel n', wobei $n' > n$ sei.

Der unter dem Winkel σ gegen die optische Achse geneigte Lichtstrahl PA trifft in der Höhe h unter dem Einfallswinkel ϵ auf die Kugeloberfläche auf und wird in A zum Einfallslot hin gebrochen (Brechungswinkel ϵ'). Der Strahl trifft dann unter dem Winkel σ' wieder die optische Achse in P'.

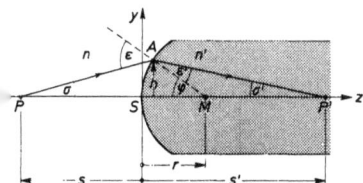

Abb. 7.2-4:
Brechung an einer Kugelfläche; Abbildung des Punktes P durch die Zone h in den Punkt P'

Rotiert die Abb. 7.2-4 um die optische Achse, so beschreibt der Strahl PA einen Kegelmantel (Öffnungswinkel des Kegels 2σ). Alle Lichtstrahlen, die von P ausgehen und in der „Zone" h auf die Kugeloberfläche fallen, treffen sich wieder im Punkt P' auf der optischen Achse. P' ist das durch die Zone h erzeugte Bild von P. Der *Idealfall*, daß *alle* bei der Bildentstehung mitwirkenden Zonen *dasselbe Bild* P' erzeugen, ist nur unter einschränkenden Bedingungen mit hinreichender Näherung zu verwirklichen. Bei Beschränkung auf den achsnahen („paraxialen") Raum, also auf kleine h, ist dies möglich.

Ehe wir die entsprechenden Gleichungen ableiten, legen wir noch die Vorzeichen für Winkel fest:

Das Vorzeichen des Zentriwinkels φ des Einfallslots ist durch die Beziehung $h = r \sin \varphi$ festgelegt. (In der Abb. 7.2-4 ist $\varphi > 0$, da $r > 0$ und $h > 0$ sind.) Das Vorzeichen der Öffnungswinkel σ und σ' ist positiv, wenn der Strahl von oben nach unten läuft. (In der Abb. 7.2-4 ist demnach $\sigma < 0$, dagegen $\sigma' > 0$). Das Vorzeichen des Einfallswinkels ϵ ergibt sich entsprechend dem Außenwinkelsatz für Dreiecke aus $\varphi + (-\sigma) = \epsilon$ oder $\varphi = \sigma + \epsilon$ bzw. für ϵ' aus $\varphi = \sigma' + \epsilon'$ (In der Abb. 7.2-4 ist $\epsilon > 0$ und $\epsilon' > 0$).

Aus der Abb. 7.2-4 können wir nun ablesen:

$$\tan \sigma \approx \frac{h}{s} \; ; \quad \tan \sigma' \approx \frac{h}{s'} \; ; \quad \tan \varphi \approx \frac{h}{r}$$

Die Näherung ist umso besser je kleiner h ist (paraxialer Bereich). Dann können wir auch den Tangens der Winkel durch die Winkel selbst ersetzen:

$$\sigma = \frac{h}{s} \; ; \quad \sigma' = \frac{h}{s'} \; ; \quad \varphi = \frac{h}{r}$$

Nach dem Brechungsgesetz ist $n \sin \epsilon = n' \sin \epsilon'$. Für kleine Winkel gilt angenähert:

$$n\epsilon = n'\epsilon'$$

Nach dem Außenwinkelsatz ist (unter Berücksichtigung der Vorzeichen):

$$\epsilon = \varphi - \sigma \qquad \text{bzw.} \qquad \epsilon' = \varphi - \sigma'$$

Wir multiplizieren die erste Gleichung mit n und die zweite mit n'.

Mit den Ausdrücken für σ, σ' und φ erhalten wir dann:

$$n\epsilon = n\left(\frac{h}{r} - \frac{h}{s}\right) \qquad \text{bzw.} \qquad n'\epsilon' = n'\left(\frac{h}{r} - \frac{h}{s'}\right)$$

Da $n\epsilon = n'\epsilon'$ ist, folgt daraus nach Division durch h:

$$n\left(\frac{1}{r} - \frac{1}{s}\right) = n'\left(\frac{1}{r} - \frac{1}{s'}\right)$$

Dafür können wir auch schreiben:

$$\boxed{-\frac{n}{s} + \frac{n'}{s'} = \frac{n'-n}{r}}$$

Ist das optische System durch n, n' und r gegeben, so können wir mit dieser Gleichung für das paraxiale Gebiet zu jeder objektseitigen Schnittweite s die bildseitige Schnittweite s' berechnen.

Wir führen analog zu früher Brennpunkte $\bar{F}$ und F' durch folgende *Definitionen* ein (Abb. 7.2-5):

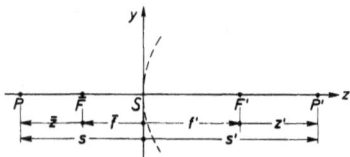

Abb. 7.2-5:
Eine abbildende Kugelfläche mit Brennpunkten und Brennweiten

Objektseitiger Brennpunkt $\bar{F}$ ist der Objektpunkt auf der optischen Achse, dessen Bildpunkt im Unendlichen liegt ($s' = \infty$).

Bildseitiger Brennpunkt F' ist der Bildpunkt auf der optischen Achse, dessen Objektpunkt im Unendlichen liegt ($s = -\infty$).

Man nennt dann:

$$S\bar{F} = \bar{f} \quad \text{die objektseitige Brennweite}$$

und

$$SF' = f' \quad \text{die bildseitige Brennweite}$$

Aus der Abbildungsgleichung folgt für $\bar{f}$, wenn wir $s = \bar{f}$, und $s' = \infty$ setzen:

$$-\frac{n}{\bar{f}} = \frac{n'-n}{r}$$

oder.

$$\boxed{\bar{f} = -\frac{nr}{n'-n}}$$

Entsprechend erhalten wir für f', wenn wir $s = -\infty$ und $s' = f'$ setzen:

$$\boxed{f' = \frac{n'r}{n'-n}}$$

Aus den beiden Gleichungen für $\bar{f}$ und f' folgt:

$$\boxed{\frac{\bar{f}}{f'} = -\frac{n}{n'}}$$

Wir führen die Brennweiten $\bar{f}$ und f' in die Abbildungsgleichung ein, indem wir diese auf beiden Seiten durch $\frac{n'-n}{r}$ dividieren.

Dadurch erhalten wir:

$$-\frac{nr}{n'-n}\frac{1}{s} + \frac{n'r}{n'-n}\frac{1}{s'} = 1$$

Die Faktoren bei $\frac{1}{s}$ bzw. $\frac{1}{s'}$ sind $\bar{f}$ bzw. f'. Daher können wir schreiben:

$$\boxed{\frac{\bar{f}}{s} + \frac{f'}{s'} = 1}$$

Als Brechkraft der Kugelfläche *definieren* wir:

$$D = \frac{n'-n}{r}$$

Dann ist:

$$D = -\frac{n}{f} \quad \text{und} \quad D = \frac{n'}{f'}$$

Wir wollen noch die Abbildung von Punkten betrachten, die zwar außerhalb der optischen Achse, jedoch in deren Nähe liegen (Abb. 7.2-6). Alle Objektpunkte Q auf einer Kugeloberfläche mit dem Radius MP haben ihre Bildpunkte Q' auf der entsprechenden Kugeloberfläche mit dem Radius MP'. Es tritt jetzt nur S_1 als Scheitel an die Stelle von S. Errichtet man in P und P' die Tangentialebenen an die beiden genannten Kugeloberflächen, so kann man sich jeweils ein hinreichend kleines Kugelflächenstück durch ein entsprechend kleines Flächenstück der Tangentialebene ersetzt denken. Man kann dann den Punkt P_1' (statt Q') als Bildpunkt von P_1 (statt Q) ansehen. Für P_1 und P_1' gelten dann dieselben Gleichungen hinsichtlich der Schnittweiten s und s' wie für die Punkte P und P'.

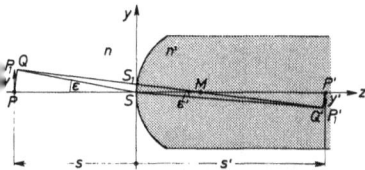

Abb. 7.2-6:
Abbildung von Punkten außerhalb, jedoch nahe der Achse; $MP = MQ$ und $MP' = MQ'$; die Punkte P_1 und Q bzw. P_1' und Q' fallen im achsnahen Bereich annähernd zusammen.

Der Lichtstrahl, der von P_1 aus unter dem Winkel ϵ auf den Scheitel S auftrifft, geht nach der Brechung unter dem Winkel ϵ' nach P_1' (Abb. 7.2-6). Dabei gilt nach dem Brechungsgesetz für kleine Winkel:

$$n\,\epsilon \doteq n'\epsilon'$$

Aus der Abb. 7.2-6 können wir, unter Beachtung von $\epsilon > 0$ und $\epsilon' > 0$, ablesen:

$$\tan \epsilon = \frac{y}{-s} \approx \epsilon \quad \text{und} \quad \tan \epsilon' = \frac{-y'}{s'} \approx \epsilon'$$

In $n\,\epsilon = n'\epsilon'$ eingesetzt:

$$\boxed{\frac{n\,y}{s} = \frac{n'y'}{s'}}$$

Bei der Abbildung eines kleinen Objekts durch eine Kugelfläche im paraxialen Gebiet ist $\frac{n\,y}{s}$ eine Invariante.

Daraus folgt für den *Abbildungsmaßstab* $\beta' = \frac{y'}{y}$:

$$\boxed{\beta' = \frac{n}{n'} \cdot \frac{s'}{s}}$$

7.2.2.2 Abbildung durch ein zentriertes System von Kugelflächen

Ein System aus mehreren brechenden Kugelflächen (Abb. 7.2-7) nennt man zentriert, wenn alle Kugelmittelpunkte $M_1, M_2, \ldots, M_k$ auf einer Geraden liegen, die dann die optische Achse ist. Das System soll einen Punkt P der optischen Achse abbilden. Den zugehörigen Bildpunkt P' kann man finden, indem man P schrittweise durch die einzelnen Kugelflächen abbildet, wobei jeweils der durch eine Kugelfläche erzeugte Bildpunkt als Objektpunkt für die nächste Kugelfläche dient.

Die Radien der brechenden Kugelflächen seien $r_1, r_2, \ldots, r_k$, die Brechzahlen vor und hinter den einzelnen Kugelflächen $n_1, n_2, \ldots n_{k+1}$. Ferner seien die Schnittweiten, bezogen auf die Scheitel $S_1, S_2, \ldots, S_k$, objektseitig $s_1, s_2, \ldots, s_k$ und bildseitig $s_1', s_2', \ldots, s_k'$. Die Abstände der Scheitel nennen wir $d_1, d_2, \ldots, d_{k-1}$.

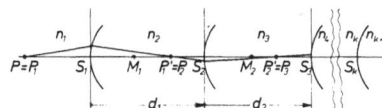

Abb. 7.2-7:
Abbildung eines Achsenpunktes P durch ein zentriertes System von Kugelflächen

Für die Abbildung von $P = P_1$ durch die 1. Kugelfläche in P_1' gilt:

$$-\frac{n_1}{s_1} + \frac{n_2}{s_1'} = \frac{n_2 - n_1}{r_1}$$

Für die Abbildung von $P_1' = P_2$ durch die 2. Kugelfläche in P_2' gilt:

$$-\frac{n_2}{s_2} + \frac{n_3}{s_2'} = \frac{n_3 - n_2}{r_2}$$

Der Abstand d_1 der beiden Scheitel ist:

$$S_1 S_2 = S_1 P_1' + P_1' S_2 \quad \text{oder} \quad S_1 S_2 = S_1 P_1' - S_2 P_1'$$

Also ist:

$$d_1 = s_1' - s_2$$

oder:

$$s_2 = s_1' - d_1$$

Damit wird die Abbildung durch die 1. Kugelfläche mit der Abbildung durch die 2. Kugelfläche verknüpft.

Allgemein gilt für die i-te brechende Kugelfläche:

$$-\frac{n_i}{s_i} + \frac{n_{i+1}}{s_i'} = \frac{n_{i+1} - n_i}{r_i} \quad \text{mit} \quad i = 1, 2, \ldots, k$$

und:

$$s_{i+1} = s_i' - d_i \quad \text{mit} \quad i = 1, 2, \ldots, k-1$$

7.2.2.3 System aus zwei brechenden Kugelflächen; sphärische Linsen in Luft

Am häufigsten ist in der technischen Optik der Fall zweier Kugelflächen, die außen an Luft grenzen. Ein solches System nennt man eine *sphärische Linse* in Luft (Abb. 7.2-8).

Es ist:

$$n_1 = 1 \quad \text{und} \quad n_3 = 1$$

Wir setzen:

$$n_2 = n$$

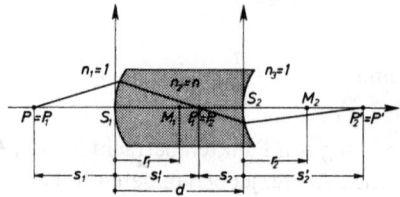

Abb. 7.2-8: Zwei brechende Kugelflächen; sphärische Linse in Luft

Damit erhalten wir:

1. $$-\frac{1}{s_1} + \frac{n}{s_1'} = \frac{n-1}{r_1}$$

2. $$-\frac{n}{s_2} + \frac{1}{s_2'} = \frac{1-n}{r_2}$$

Außerdem ist:

$$s_2 = s_1' - d$$

Bei einer *dünnen Linse* in Luft können wir $d = 0$ annehmen. Dann wird:

3. $$s_2 = s_1'$$

Aus 1. und 2. folgt dann:

$$-\frac{1}{s_1} + \frac{1}{s_2'} = (n-1)\left(\frac{1}{r_1} - \frac{1}{r_2}\right)$$

Bei der dünnen Linse ist die objektseitige Schnittweite s_1 gleich der Objektweite a und die bildseitige Schnittweite s_2' gleich der Bildweite a'. Damit erhalten wir:

$$-\frac{1}{a} + \frac{1}{a'} = (n-1)\left(\frac{1}{r_1} - \frac{1}{r_2}\right)$$

Durch Vergleich mit der Abbildungsgleichung für eine dünne Linse nach 7.1.2.1 ergibt sich für die Brechkraft $D = \frac{1}{f'}$, der dünnen Linse:

$$\boxed{D = (n-1)\left(\frac{1}{r_1} - \frac{1}{r_2}\right)}$$

Die Brechkraft der 1. Linsenfläche ist $D_1 = \dfrac{n-1}{r_1}$, die der

2. Linsenfläche $D_2 = -\dfrac{n-1}{r_2}$ (7.2.2.1). Daher kann man auch schreiben:

$$D = D_1 + D_2$$

Bei einer *dicken Linse* in Luft (Abb. 7.2-9) ist die Zusammenfassung zu einem System schwieriger als bei einer dünnen Linse. Es gelingt aber analog zu dem in 7.2.1 besprochenen System von zwei dünnen Linsen in Luft (Duplet). Bei der dicken Linse entsprechen die beiden Kugelflächen den beiden dünnen Linsen des Duplets. Der Unterschied besteht nur darin, daß sich zwischen den beiden Kugelflächen ein Medium mit einer Brechzahl $n \neq 1$ befindet. Wir können uns eine umständliche Rechnung sparen, wenn wir bedenken, daß bis jetzt bei allen Abbildungsgleichungen jeweils eine Strecke x in einem Medium der Brechzahl n als „reduzierte" Strecke $\dfrac{x}{n}$ aufgetreten ist. (7.2.2.1) Dementsprechend übernehmen wir die Gleichungen des Duplets für die dicke Linse in Luft, schreiben aber statt der Dicke d die *reduzierte Dicke*

$$d' = \frac{d}{n}.$$

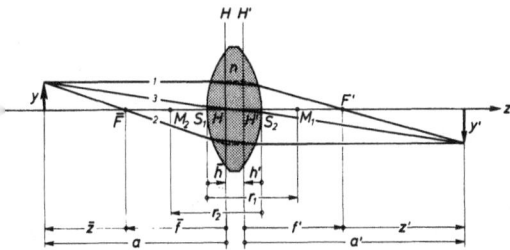

Abb. 7.2-9: Dicke Linse in Luft, Lage der Brennpunkte und der Hauptpunkte; Konstruktionsstrahlen 1, 2, 3 und Strahlengang durch die Linse

Im übrigen sind die Gleichungen dieselben wie beim Duplet (7.2.1.1). Es ist die Brechkraft der Linse:

$$D = D_1 + D_2 - \frac{d}{n}\,D_1\,D_2$$

Dabei sind die Einzelbrechkräfte der zwei Kugelflächen:

$$D_1 = \frac{n-1}{r_1} \quad \text{und} \quad D_2 = \frac{1-n}{r_2}$$

Die Brennweiten der Linse sind:

$$\bar{f} = -\frac{1}{D} \qquad f' = \frac{1}{D}$$

Die Lagen der Hauptpunkte sind:

$$\bar{h} = S_1\,H = \frac{d}{n}\,\frac{D_2}{D}$$

und

$$h' = S_2\,H' = -\frac{d}{n}\,\frac{D_1}{D}$$

Hat man die Brennweiten und die Lagen der Hauptpunkte berechnet, so gelten die Abbildungsgleichungen wie bei der dünnen Linse in Luft (7.1.2.1) mit der Maßgabe, daß die Strecken objektseitig von H, bildseitig von H' aus zu rechnen sind.

Aufgaben:
1. Eine Kugelfläche vom Radius $r = +20$ mm trennt Luft ($n = 1{,}0$) von Glas ($n' = 1{,}5$). Ein Objekt habe nacheinander folgende objektseitige Schnittweiten $s = -100$ mm; -80 mm; -40 mm; -20 mm. Berechnen Sie: a) die Brennweiten $\bar{f}$ und f'; b) die bildseitigen Schnittweiten s'; c) den Abbildungsmaßstab β' für die einzelnen Paare von s und s'!

Antwort: a) $\bar{f} = -40$ mm; $f' = +60$ mm; b) $s' = +100$ mm;
$+120$ mm; $+\infty$; -60 mm;

c) $-\dfrac{2}{3}$; -1; ∞; $+2$

2. Bei einer dünnen Linse sei $r_1 = +10$ cm, $r_2 = +20$ cm und $n = 1,5$. Berechnen Sie die Brechkraft und die Brennweiten der Linse!

   Antwort: $D = 2,5$ dpt; $\bar{f} = -40$ cm; $f' = +40$ cm.

3. Eine dünne Sammellinse L_1 hat die Radien $r_1 = 75$ mm, $r_2 = -90$ mm und die Brechzahl $n = 1,5$. Eine dünne Zerstreuungslinse L_2 hat die Radien $r_1 = -100$ mm, $r_2 = +120$ mm und die Brechzahl $n = 1,6$. Berechnen Sie a) die Brechkräfte und die Brennweiten der beiden Linsen für sich allein, b) die Gesamtbrechkraft und die Gesamtbrennweiten der ohne Abstand zusammengelegten Linsen!

   Antwort: a) $D_1 = 12,2$ dpt; $\bar{f}_1 = -82$ mm; $f_1' = +82$ mm;
   $D_2 = -11$ dpt; $\bar{f}_2 = +91$ mm; $f_2' = -91$ mm
   b) $D = 1,2$ dpt; $\bar{f} = -8,3$ dm; $f' = +8,3$ dm

4. Gegeben ist eine dicke Linse mit $r_1 = +100$ mm, $r_2 = 50$ mm, $d = 5,0$ mm und $n = 1,5$. Berechnen Sie die Brechkraft und die Brennweiten der Linse sowie die Lage der Hauptpunkte!

   Antwort: $D = -4\frac{5}{6}$ dpt; $\bar{f} = +207$ mm; $f' = -207$ mm;
   $\bar{h} = +6,9$ mm; $h' = +3,5$ mm.

7.2.3 Blenden in optischen Systemen

In 7.1.2.1 haben wir im Spezialfall einer Einzellinse darauf hingewiesen, daß die Konstruktionsstrahlen nicht immer zu den tatsächlich abbildenden Lichtstrahlen gehören.

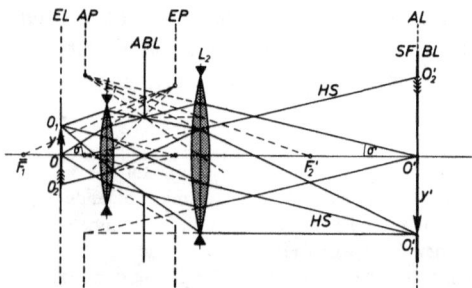

Abb. 7.2-10: Duplet aus zwei dünnen Linsen mit einer Zwischenblende; die Bezeichnungen bedeuten: *ABL* Aperturblende, *EP* Eintritts- und *AP* Austrittspupille, *SFBL* Sehfeldblende, *EL* Eintritts- und *AL* Austrittsluke, *HS* Hauptstrahl (durch den Achsenpunkt der Aperturblende)

Das abbildende Strahlenbündel wird durch eine Blende, z.B. durch eine Linsenfassung (Abb. 7.1-14) oder durch eine besondere Blende, begrenzt. Auch das Sehfeld ist nicht beliebig groß; es wird ebenfalls durch Blenden eingeengt. Alles Wesentl che über die Blendenwirkung bei einem optischen System können wir an einem Duplet aus zwei dünnen Linsen mit einer Zwischenblende erkennen (Abb. 7.2-10).

7.2.3.1 Öffnungsblende, Eintritts- und Austrittspupille

Die Öffnung der Zwischenblende sei im Verhältnis zu den Linsenfassungen so klein gewählt, daß diese Blende die Öffnung des Lichtbündels begrenzt, das vom Achsenpunkt O aus durch das Duplet hindurchtritt und den Bildpunkt O' erzeugt. Denken wir uns die Blende regulierbar, so würde bei Verkleinerung ihrer Öffnung das Lichtbündel schmäler. Eine solche Blende, die den Querschnitt des abbildenden Lichtbündels bestimmt, nennt man „*Öffnungs*"- oder „*Aperturblende*" *ABL*.

Ein Beispiel einer solchen Aperturblende ist die verstellbare Blende in einem photographischen Objektiv.

Um die Randstrahlen des abbildenden Lichtbündels zeichnen zu können, bilden wir die Aperturblende ABL durch die Linse L_1 in den Objektraum und durch die Linse L_2 in den Bildraum des Duplets ab. Die entsprechenden Bilder sind EP und AP. Ein Randstrahl von O aus zielt dann zunächst auf den Rand von EP, ändert an der Linse L_1 seine Richtung und geht durch den Rand von ABL, wird dann an der Linse L_2 nochmals gebrochen, so daß er vom Rand von AP herzukommen scheint. Das Blendenbild EP heißt „Eintrittspupille"; diese bestimmt objektseits den Öffnungswinkel σ des den Achsenpunkt O abbildenden Lichtbündels. Das Blendenbild AP heißt „Austrittspupille"; diese bestimmt bildseits den Öffnungswinkel σ' des Lichtbündels, das den Bildpunkt O' erzeugt. Die Eintrittspupille EP und die Austrittspupille AP werden durch die körperliche Blende ABL bestimmt. Aperturblende, Eintritts- und Austrittspupille sind stets zueinander konjugiert.

Die Aperturblende *ABL* ist immer eine körperliche Blende. Die Pupillen können, wie im Fall des betrachteten Duplets, Bilder der Aperturblende sein. Es können aber auch eine oder beide Pupillen mit der Aperturblende zusammenfallen. Das ist z.B. bei einer Einzellinse der Fall (Abb. 7.1-14); ihre Fassung ist zugleich *ABL*, *EP* und *AP*.

Hätte die Zwischenblende in Abb. 7.2-10 eine zu große Öffnung, so wäre nicht mehr sie, sondern eine der beiden Linsenfassungen Aperturblende. Diese würde dann auch die Pupillen bestimmen.

Wenn beim Vorhandensein mehrerer Blenden nicht ohne weiteres zu erkennen ist, welche Blende die Aperturblende ist, so kann man so verfahren:

Man bildet alle Blenden durch die vor ihnen liegenden Linsen in den Objektraum des Systems ab. Aperturblende ist dann die Blende, die selbst, oder deren Bild vom abzubildenden Objektpunkt *O* aus unter dem kleinsten Winkel 2σ erscheint. Damit ist zugleich die Eintritts- und Austrittspupille gefunden.

Wir können nun auch das abbildende Lichtbündel für einen Dingpunkt O_1 außerhalb der optischen Achse des Duplets zeichnen. Die Achse dieses Lichtbündels bildet ein Lichtstrahl, der durch die Mitte der Aperturblende und damit auch durch die Mitte der Pupillen bis zum Bildpunkt $O_1{}'$ geht. Man nennt einen solchen Strahl „*Hauptstrahl*". Die Randstrahlen des gesuchten Lichtbündels gehen durch die Ränder der Pupillen und der Aperturblende. Für einen zweiten Objektpunkt O_2 außerhalb der optischen Achse ist in der Abb. 7.2-10 nur der Hauptstrahl gezeichnet.

Die Aperturblende, die Eintrittspupille und die Austrittspupille sind jeweils eine gemeinsame Basis aller abbildenden Lichtbündel.

7.2.3.2 *Sehfeldblende, Eintritts- und Austrittsluke*

Die Blende eines optischen Systems, die das Objektfeld bzw. das Bildfeld begrenzt, nennt man „*Sehfeldblende*" *SFBL*. In Abb. 7.2-10 begrenzt eine Blende am Bildort die Bildgröße. Sie wirkt demnach als Sehfeldblende *SFBL*.

Ein Beispiel einer solchen Sehfeldblende ist das Bildfenster eines Photoapparates, welches das Bildformat bestimmt.

Die Sehfeldblende könnte auch am Objektort stehen.

Ein Beispiel einer solchen Sehfeldblende ist der Dia-Rahmen beim Projektionsapparat.

Schließlich kann die Sehfeldblende auch am Ort eines reellen Zwischenbildes angebracht werden, wie dies z.B. beim astronomischen Fernrohr geschieht (Abb. 7.2-11).

In allen genannten Fällen ist das Sehfeld klar und eindeutig abgegrenzt. Ehe wir kompliziertere Fälle erwähnen, halten wir fest:

Die Sehfeldblende ist immer eine körperliche Blende im optischen System. Ihr Bild im Objektraum des Systems nennt man „Eintrittsluke" *EL*; ihr Bild im Bildraum des Systems nennt man „Austrittsluke" *AL*. Die Sehfeldblende kann auch selbst Eintritts- oder Austrittsluke sein. Sehfeldblende, Eintritts- und Austrittsluke sind stets zueinander konjugiert.

In Abb. 7.2-10 ist die Sehfeldblende zugleich Austrittsluke.

Befindet sich weder am Objektort, noch am Bildort, noch am Ort eines reellen Zwischenbildes eine Sehfeldblende, so ist die Begrenzung des Sehfelds nicht eindeutig bestimmt. Die Helligkeit des Sehfeldes nimmt nach außen allmählich ab. Vor allem in solchen Fällen ist es oft nicht möglich ohne weiteres anzugeben, welche Blende des Systems die Sehfeldblende ist. Man kann dann so verfahren:

Man bildet, falls dies nicht bereits beim Aufsuchen der Aperturblende geschehen ist, alle Blenden durch die vor ihnen liegenden Linsen in den Objektraum des Systems ab. Gesichtsfeldblende ist dann die Blende, die selbst, oder deren Bild von der Mitte der Eintrittspupille aus unter dem kleinsten Winkel gesehen wird.

Von der Mitte der Eintrittspupille *EP* kann man durch die Eintrittsluke *EL* wie durch eine Fensterluke (Dachluke, Schiffsluke) durch das optische System hindurch zum Objekt sehen. Daher kommt die Bezeichnung Eintritts- und Austritts„luke".

7.2.3.3 *Astronomisches Fernrohr als Beispiel*

Die Abb. 7.2-11 zeigt das Schema eines astronomischen oder Keplerschen Fernrohrs. Das Objektiv L_1 und das Okular L_2 werden als dünne Linsen behandelt. Ein „unendlich" ferner Achsenpunkt wird im Brennpunkt F_1' des Objektivs L_1 abgebildet. Dieses Zwischenbild betrachtet man mit einer Lupe L_2 als Okular, indem man $\overline{F}_2$ mit F_1' und dem Zwischenbild zusammenfallen läßt.

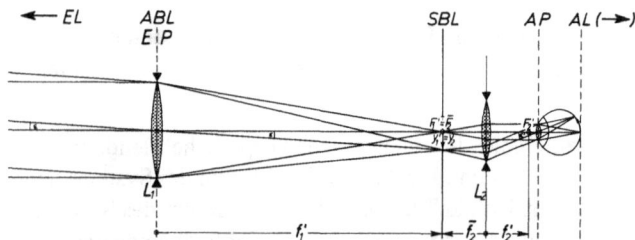

Abb. 7.2-11: Astronomisches Fernrohr (teleskopisches System); Lage der Blenden, Pupillen und Luken; Kombination des Fernrohrs mit dem Auge

Das Fernrohr verwandelt dabei ein auftreffendes zylinderförmiges Lichtbündel wieder in ein zylinderförmiges Lichtbündel mit kleinerem Querschnitt. Die Brennpunkte $\overline{F}$ und F' des Fernrohrsystems liegen daher vor und hinter dem Instrument im Unendlichen (Teleskopisches System).

Von einem zweiten „unendlich" fernen Punkt außerhalb der optischen Achse entsteht ein Zwischenbild in der Brennebene von F_1' etwas seitlich der optischen Achse. Das Okular macht auch in diesem Fall das abbildende Lichtbündel wieder zu einem zylinderförmigen Lichtbündel von kleinerem Querschnitt. Ein „unendlich" fernes Objekt (z.B. Doppelstern, Sonne, Mond), das ohne Instrument unter dem Winkel ϵ erscheint, wird mit dem Fernrohr unter dem Winkel ϵ' gesehen. Aus der Abb. 7.2-11 können wir ablesen:

$$\tan \epsilon = \frac{-y_1'}{f_1'} \qquad \tan \epsilon' = \frac{-y_1'}{\overline{f}_2} = \frac{y_1'}{f_2'}$$

Daraus ergibt sich die Fernrohrvergrößerung:

$$\boxed{\Gamma_F' = -\frac{f_1'}{f_2'}}$$

Beim astronomischen Fernrohr ist das Objektiv L_1 die gemeinsame Basis aller auftreffenden, abbildenden Lichtbündel. Daher ist die Objektivfassung die Aperturblende ABL und zugleich Eintrittspupille EP des Instruments. Bildet man die Objektivfassung durch das Okular L_2 ab, so erhält man die Austrittspupille AP als reelles Bild etwas hinter dem Brennpunkt F_2'.

Man kann das reelle Bild der Objektivfassung mit einem Blatt Papier auffangen. Hält man das Fernrohr mit gestreckten Armen gegen den hellen Himmel, so sieht man die Austrittspupille als helles Scheibchen hinter dem Okular schweben.

Bringt man die Augenpupille an die Stelle der Austrittspupille des Fernrohrs, so erfaßt das Auge alle abbildenden Lichtbündel. Daher ist dies die richtige Kombination von Fernrohr und Auge.

Ist der Durchmesser der Augenpupille kleiner als der Durchmesser der Austrittspupille des Fernrohrs, so ist die Augenpupille Aperturblende des Gesamtsystems aus Instrument und Auge. Bei gleichem Durchmesser kann man sowohl die Objektivfassung als auch die Augenpupille als Aperturblende des Gesamtsystems ansehen. Ist der Durchmesser der Augenpupille größer als der Durchmesser der Austrittspupille, so bleibt die Objektivfassung Aperturblende.

Die Lage der Austrittspupille AP des Fernrohrs soll so weit hinter dem Okular liegen, daß man die Augenpupille bequem an diesen Ort bringen kann. Dabei kann eine „Augenmuschel" helfen. Die Lage der Austrittspupille berechnen wir am einfachsten mit der Newtonschen Abbildungsgleichung (7.1.2.1) für L_2:

$$\overline{z}_{EP} = -f_1' \; ; \qquad z_{AP}' = -\frac{f_2'^2}{z_{EP}}$$

Daraus folgt für den Ort der Austrittspupille:

$$z_{AP}' = +\frac{f_2'^2}{f_1'}$$

Für den Abbildungsmaßstab bei der Abbildung der Eintrittspupille in die Austrittspupille erhalten wir:

$$\beta' = - \frac{\text{Durchmesser der } AP}{\text{Durchmesser der } EP} \quad \text{oder} \quad \beta' = \frac{f_2'}{\overline{z}_{EP}}$$

Daraus folgt:

$$\beta' = - \frac{f_2'}{f_1'}$$

Vergleichen wir mit der Fernrohrvergrößerung, so ist

$$\Gamma_F' = \frac{1}{\beta'}$$

Also ist die *Fernrohrvergrößerung:*

$$\boxed{\Gamma_F' = - \frac{\text{Durchmesser der } EP}{\text{Durchmesser der } AP}}$$

Um die Fernrohrvergrößerung zu messen, braucht man demnach das Fernrohr nicht zu zerlegen. Man mißt die Durchmesser der Objektivöffnung und der Austrittspupille und bildet ihren Quotienten.

Die Sehfeldblende SBL des Fernrohrs bringt man zweckmäßigerweise am Ort des Zwischenbildes y_1', also in der Brennebene F_1' des Objektivs, an. Die Eintrittsluke EL liegt dann im Unendlichen vor dem Fernrohr, also am Ort des Objekts.

Die Austrittsluke AL liegt im Unendlichen hinter dem Instrument. Beim Gesamtsystem Fernrohr und Auge bleibt die Eintrittsluke EL unverändert. Die Austrittsluke liegt dann auf der Netzhaut und begrenzt dort das Bildfeld.

Zugleich mit der Sehfeldblende kann man am Ort des Zwischenbildes Meßmarken (z.B. Fadenkreuz, Teilungsstriche) anbringen. Diese werden dann zusammen mit dem Objekt scharf gesehen.

7.2.4 Abbildungsfehler

Alle Abbildungsgleichungen von 7.1.2 und 7.2 gelten nur für den paraxialen Bereich. In der Praxis ist man aber gezwungen, Lichtstrahlen außerhalb dieses Bereichs zu verwenden:

1. Für eine lichtstarke Abbildung braucht man Lichtbündel mit großen Öffnungswinkeln.

2. Die Abbildung ausgedehnter Objekte kann nur durch Strahlen erfolgen, die große Neigungswinkel zur optischen Achse haben.

Die in diesen Fällen unvermeidlichen Abbildungsfehler („Schärfenfehler") sind auch bei der Verwendung von monochromatischem[1] Licht vorhanden. Dazu kommen noch „chromatische Fehler", die durch die Dispersion (7.1.1.6) des Lichtes bedingt sind. Wir wollen im folgenden eine kurze Beschreibung der wichtigsten Abbildungsfehler bringen.

7.2.4.1 Schärfenfehler

Zunächst nehmen wir an, daß monochromatisches Licht, z.B. das gelbe Licht einer Na-Dampflampe, zur Abbildung dient. Dann sind im wesentlichen fünf Schärfenfehler zu beachten:

1. Öffnungsfehler (sphärische Aberration[2]) und Sinusbedingung

Ein Objektpunkt auf der Achse wird durch die einzelnen Linsenzonen in verschiedenen Bildpunkten abgebildet. Zur gleichen Objektweite a gehören also verschiedene, von der Zone im Abstand h von der Achse abhängige Bildweiten a_h', die je nach der Linsenart kleiner oder größer als die Bildweite a' des paraxialen Bereichs sind. Die Abb. 7.2-12a zeigt dies speziell für einen unendlichen fernen Objektpunkt auf der Achse. Die Abweichungen der bildseitigen Brennweiten f_h' von der Brennweite f' der paraxialen Strahlen bewirken, daß in der „Brennebene" (Ebene im Brennpunkt senkrecht zur Achse) statt eines Bildpunktes ein rotationssymmetrisches Zerstreuungsscheibchen entsteht. Durch geeignete Linsenkombinationen kann man für eine oder mehrere Zonen diesen Öffnungsfehler beheben (Abb. 7.2-12b.) Für alle andern Zonen bleibt jedoch ein Restfehler.

---

[1] mo*n*os (griech.) allein, einmalig; chroma (griech.) Farbe
[2] aber*r*atio (lat.) Ablenkung

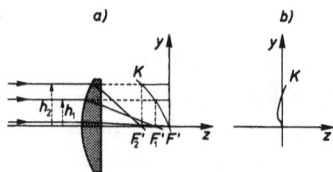

Abb. 7.2-12:
Zum Öffnungsfehler:
a) Abbildung des unendlich fernen Achsenpunktes durch verschiedene Linsenzonen; Abweichung der bildseitigen Brennpunkte F', F_1', F_2' dargestellt durch die Kurve K
b) Korrektur durch eine Linsenkombination

Ein optisches System sei für einen bestimmten Objektpunkt auf der Achse hinreichend korrigiert. Dann kann man aber nicht ohne weiteres annehmen, daß auch die Umgebung dieses Objektpunktes, also ein kleines achsensenkrechtes Flächenelement in diesem Punkt, durch das System scharf abgebildet wird (Abb. 7.2-13). Es kann nämlich trotz gleicher Bildweite a' ein verschwommenes Bild des Flächenelements dadurch zustandekommen, daß die einzelnen Zonen verschieden große Bilder erzeugen. Damit gleich große Bilder entstehen, muß die sogenannte *Abbesche*[1] *Sinusbedingung* erfüllt sein. Nach ihr muß für den Abbildungsmaßstab gelten:

$$\beta' = \frac{n \sin \sigma}{n' \sin \sigma'}$$

Die Ableitung dieser Gleichung würde zu weit führen.

Optische Systeme, bei denen der Öffnungsfehler für ein bestimmtes Paar von Objekt- und Bildpunkt korrigiert und gleichzeitig die Sinusbedingung erfüllt ist, nennt man nach Abbe *„Aplanate"*[2]. Das Punktepaar bezeichnet man als aplanatisch.

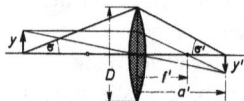

Abb. 7.2-13:
Zur Abbeschen Sinusbedingung

---

[1] Ernst Abbe, 1840-1905, dt. Physiker, Gründer d. Carl-Zeiss-Stiftung.
[2] a- (griech.) Verneinung: un-, ohne, nicht; planos (griech.) umherirrend, zerstreut

2. Asymmetriefehler (Koma)

Wird ein seitlich der Achse liegender Objektpunkt mit einem weit geöffneten Lichtbündel abgebildet, so wirkt sich bei entsprechender Blendenlage der Öffnungsfehler unsymmetrisch aus. Statt des rotationssymmetrischen Zerstreuungsscheibchens entsteht als Bild ein helles Scheibchen mit einer „Koma"[1].

3. Astigmatismus (Zweischalenfehler)

Ein seitlich der Achse liegender Objektpunkt wird aber auch bei der Verwendung eines Lichtbündels mit kleinem Öffnungswinkel nicht ohne weiteres punktförmig sondern „astigmatisch"[2] abgebildet. Dieser Abbildungsfehler, Astigmatismus genannt, kommt durch die verschiedene Brechung der Lichtbündel im Meridional[3]- und im Sagittalschnitt[4] zustande (Abb. 7.2-14).

Meridionalschnitt nennt man die Ebene $PM_1 M_2$, die durch die optische Achse und den Hauptstrahl (7.2.3.1) gebildet wird. Sagittalschnitt ist die Ebene $PS_1 S_2$, die längs des Hauptstrahls senkrecht auf der Meridionalebene steht.

Der Bildpunkt P'_m der in der Meridionalebene liegenden Lichtstrahlen liegt näher an der Linse als der Bildpunkt P'_s der in der Sagittalebene liegenden Lichtstrahlen. Am Ort von P'_m sind die sagittalen Lichtstrahlen noch nicht vereinigt, am Ort von P'_s sind die meridionalen Lichtstrahlen bereits wieder auseinandergezogen. In P'_m entsteht demnach eine horizontale, in P'_s eine vertikale Bildlinie. Den Abstand zwischen diesen beiden Bildlinien nennt man astigmatische Differenz.

Bringen wir im seitlichen Objektpunkt P entsprechend Abb. 7.2-15 einen Kreisbogen und einen Radius PO als Testfigur an, so wird einerseits der Kreisbogen als Zusammenfassung de

---

[1] coma (lat.) Haar; Schweif
[2] a- (griech.) un-, nicht; stigma (griech.) Punkt
[3] meridies (lat.) Mittag; Mittagslinie; durch Nord- und Südpol der Erde verlaufender Großkreis
[4] sagitta (lat.) Pfeil

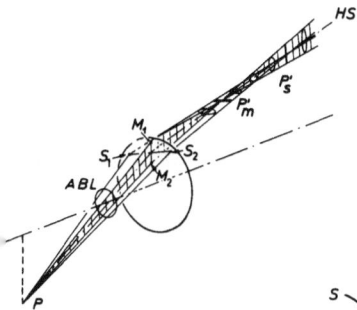

Abb. 7.2-14:
Zum Astigmatismus; meridionales und sagittales Bild eines achsenfernen Objektpunktes

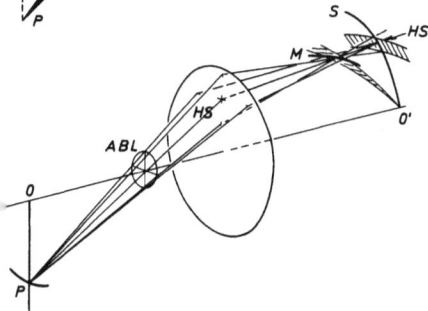

Abb. 7.2-15: Zum Astigmatismus; meridionale und sagittale Bildschale

Bildlinie in P_m' (Abb. 7.2-14) mit den benachbarten Bildlinien als relativ deutlicher Kreisbogen, andererseits der Radius als Zusammenfassung der Bildlinie in P_s' mit den benachbarten Bildlinien als eine relativ deutliche Linie durch P_s' abgebildet. Durch diese Art der Abbildung entstehen zwei getrennte rotationssymmetrische Bildschalen, die sich im paraxialen Bildpunkt O' berühren (Abb. 7.2-16).

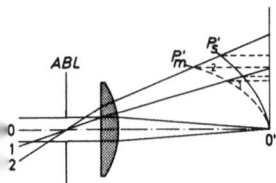

Abb. 7.2-16:
Graphische Darstellung der astigmatischen Bildschalen

4. Bildfeldwölbung

Es ist möglich, bei optischen Systemen geeigneter Bauart die beiden Bildschalen weitgehend zu vereinigen; dann entsteht auf dieser gemeinsamen Bildschale ein scharfes Bild eines ebenen Objekts. Der Astigmatismus ist behoben; es bleibt aber der Fehler der Bildfeldwölbung.

Wenn bei einem Mini-Photoapparat der Film dieser Wölbung angepaßt wird, braucht das Bildfeld nicht geebnet zu werden.

Durch Kombination mehrerer Linsen aus geeigneten Glassorten gelingt es der technischen Optik nicht nur die beiden Bildschalen zu vereinigen, sondern gleichzeitig das Bildfeld zu ebnen. Objektive dieser Art werden „*Anastigmate*"[1] genannt.

5. Verzeichnung

Verzeichnung ist vorhanden, wenn der Abbildungsmaßstab β' vom Neigungswinkel der Hauptstrahlen abhängt. Wird der Abbildungsmaßstab mit wachsendem Neigungswinkel σ größer (kleiner), wird ein Quadrat kissenförmig (tonnenförmig) abgebildet (Abb. 7.2-17). Die Verzeichnung wird durch die Lage der Aperturblende beeinflußt. Eine Vorderblende vor einer Linse bewirkt eine tonnenförmige, eine Hinterblende eine kissenförmige Verzeichnung.

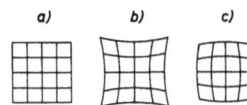

Abb. 7.2-17:
Zur Verzeichnung: a) Quadratnetz als Objekt b) kissenförmiges c) tonnenförmiges Bild

Eine verzeichnungsfreie Abbildung erzeugt ein symmetrisches Objektiv mit einer Mittelblende (beim Abbildungsmaßstab $\beta' = -1$). Verzeichnungsfrei abbildende Systeme nennt man „*orthoskopisch*"[2].

---

[1] an- (griech.) V rneinung; a- (griech.) Verneinung; doppelte Verneinung gibt Bejahung; st*i*gma (griech.) Punkt

[2] orth*o*s (griech.) gerade, richtig; skop*e*o (griech.) ich betrachte

7.2.4.2 Chromatische Fehler

Alle besprochenen Schärfenfehler sind von den Brechzahlen der verwendeten Gläser abhängig. Die Abhängigkeit der Brechzahlen von der Frequenz (Wellenlänge; Farbe) des verwendeten Lichtes (Dispersion) beeinflußt also auch alle Schärfenfehler. Darüber hinaus unterscheidet man zwei charakteristische chromatische Abbildungsfehler: 1. Farblängenfehler und 2. Farbvergrößerungsfehler.

1. Farblängenfehler

Nach 7.2.2.3 gilt für die Brechkraft $D = \dfrac{1}{f'}$ einer dünnen Linse:

$$D = (n - 1)\left(\frac{1}{r_1} - \frac{1}{r_2}\right) \quad \text{oder} \quad D = (n - 1)K \quad \text{mit}$$

$$K = \frac{1}{r_1} - \frac{1}{r_2}$$

Da die Brechzahl n bei allen Gläsern von der Spektralfarbe abhängt (Dispersion), hat eine Einzellinse verschiedene Brennweiten für die einzelnen Farben. Die Brennweite für rotes Licht ist größer als die für blaues Licht (Abb. 7.2-18).

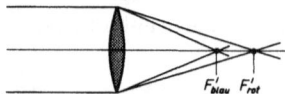

Abb. 7.2-18:
Chromatischer Längsfehler

Wir bezeichnen mit n_C, n_D, n_F die Brechzahlen für die Fraunhoferschen Linien C (rote Wasserstofflinie; $\lambda_C = 656$ nm), D (gelbe Natriumlinie; $\lambda_D = 589$ nm) und F (blaue Wasserstofflinie; $\lambda_F = 486$ nm). Dann können wir schreiben:

$$D_C = (n_C - 1)K \; ; \quad D_D = (n_D - 1)K \; ;$$
$$D_F = (n_F - 1)K$$

D_D nennt man die mittlere Brechkraft.

Die Differenz der Brechkräfte für C (rot) und F (blau) ist:

$$D_F - D_C = (n_F - n_C)K$$

Wir dividieren diese Differenz durch D_D:

$$\frac{D_F - D_C}{D_D} = \frac{n_F - n_C}{n_D - 1}$$

Den reziproken Wert des rechts stehenden Bruchs bezeichnet man als *Abbesche Zahl*:

$$\nu = \frac{n_D - 1}{n_F - n_C}$$

Damit erhalten wir:

$$\boxed{D_F - D_C = \frac{1}{\nu} D_D}$$

Die Differenz der Brechkräfte einer Linse zwischen blauem (F) und rotem (C) Licht ist gleich dem ν-ten Teil der mittleren Brechkraft.

Durch Kombination einer Sammellinse und einer Zerstreuungslinse aus verschiedenen Gläsern geeigneter Abbescher Zahlen kann man die Brennweiten für zwei Farben, z. B. für Rot und Blau, gleich machen. Für alle andern bleibt eine Restabweichung bestehen („Sekundäres Spektrum"). Ein so korrigiertes System nennt man „*achromatisch*".

Bei zwei dünnen Linsen der Brechkräfte D' und D'' ohne Luftabstand gilt nach 7.2.1.1 für die Gesamtbrechkraft:

$$D = D' + D''$$

Für die drei ausgewählten Spektralfarben ist:

$$D_C = D'_C + D''_C \; ; \quad D_D = D'_D + D''_D \; ; \quad D_F = D'_F + D''_F$$

Daraus folgt:

$$D_F - D_C = D'_F - D'_C + D''_F - D''_C$$

Die *Bedingung für Achromasie* ist:

$$D_F - D_C = 0$$

oder:

$$D'_F - D'_C + D''_F - D''_C = 0$$

Damit können wir mit den mittleren Brechkräften und den Abbeschen Zahlen für die Achromasiebedingung schreiben:

$$\frac{D_D'}{\nu'} + \frac{D_D''}{\nu''} = 0$$

Da ν' und ν'' dasselbe Vorzeichen haben, müssen die Brechkräfte D' und D'' entgegengesetzte Vorzeichen haben. Man muß also eine Sammellinse mit einer Zerstreuungslinse kombinieren, um einen *Achromaten* zu erhalten. Die Abbeschen Zahlen müssen verschieden sein; sonst ergibt sich die Gesamtbrechkraft $D_D = 0$.

Es gibt neuerdings Gläser, mit denen man die Brennweiten für mindestens drei Spektralfarben gleich machen kann. Dasselbe kann man natürlich auch mit mehr als zwei Linsen erreichen. Derartige Systeme werden nach Abbe „*Apochromate*"[1] genannt.

2. Farbvergrößerungsfehler

Bei dicken Linsen und andern optischen Systemen muß man zwischen Schnittweite und Brennweite unterscheiden (7.2.2.1).

Bei übereinstimmenden Schnittweiten, also zusammenfallenden Brennpunkten, für zwei verschiedene Spektralfarben können dann die Brennweiten infolge verschiedener Lage der Hauptebenen voneinander abweichen. Es entstehen dadurch von einem Flächenelement als Objekt Bilder von unterschiedlicher Größe. Diese ergeben zusammen ein unscharfes Bild mit farbigen Rändern.

Aufgaben:
1. Eine dünne Linse hat die Radien $r_1 = 200$ cm und $r_2 = -200$ cm. Sie besteht aus einer Glasart mit den Brechzahlen $n_C = 1,5153$, $n_D = 1,5179$ und $n_F = 1,5239$. Wie groß sind die drei entsprechenden bildseitigen Brennweiten der Linse?
   Antwort: 194,06 cm; 193,08 cm; 190,87 cm.
2. Ein Achromat besteht aus einer Sammel- und einer Zerstreuungslinse, die miteinander verkittet sind. Es ist also $r_2' = r_1''$. Die letzte Fläche hat den Radius $r_2'' = \infty$. Die mittlere Brechkraft des Achromaten ist $D_D = 1$ dpt. Die Gläser für die beiden Linsen haben folgende Werte: $n_D' = 1,5179$, $\nu' = 60,2$ und $n_D'' = 1,6202$, $\nu'' = 36,2$. Berechnen Sie die Radien r_1' und $r_2' = r_1''$.
   Antwort: 0,4147 m; − 0,4112 m

7.3 Wellenoptik

7.3.1 Interferenz und Beugung des Lichtes

Interferenz und Beugung sind physikalische Erscheinungen, die für Wellen charakteristisch sind. Die in 4.8 für mechanische Wellen beschriebenen Interferenz- und Beugungsversuche lassen sich im Prinzip auch auf Lichtwellen übertragen. Die Versuche gelingen jedoch nur unter bestimmten Bedingungen.

7.3.1.1 *Interferenzversuche*

Überlagert man zwei Lichtbündel, die von zwei verschiedenen Lichtquellen stammen, so beobachtet man im allgemeinen keine Interferenz. Der Grund dafür ist die Art der Lichtaussendung. Diese geschieht in kurzen Wellenzügen, die in der Regel kürzer sind als 1 Meter (Abb. 7.3-1). Die Länge eines solchen zusammenhängenden Wellenzugs nennt man *Kohärenzlänge*[1]. Zwischen der Aussendung der einzelnen Wellenzüge sind regellos verschieden lange Pausen eingeschaltet. Daher senden zwei verschiedene Lichtquellen, auch wenn sie von derselben Art sind, ihre Wellenzüge nicht synchron aus. Das Interferenzfeld, in dem sich die beiden Lichtwellen überlagern, wechselt dauernd, in äußerst kurzen Zeiten, seine Gestalt, so daß das Auge nicht folgen kann; denn die Wellen überlagern sich wegen der ungleichen Pausen dauernd mit anderer Phasenverschiebung.

Abb. 7.3-1:
Begrenzter Wellenzug einer Lichtwelle

Laser sind Lichtquellen mit sehr großer Kohärenzlänge (8.4.3.3). Auch kann man zwei gleiche Laser u.U. zu synchroner Lichtaussendung veranlassen, so daß in diesem Fall Interferenz mit zwei Lichtquellen beobachtet werden kann.

Interferenz kann man beobachten, wenn zwei oder mehr Wellenfelder sich überlagern, die von der *gleichen Lichtquelle*

---

[1] apo- (griech.) weg (Farbfehler weitgehend beseitigt)

[1] cohaerere (lat.) zusammenhängen

a)   b)   c)   d)

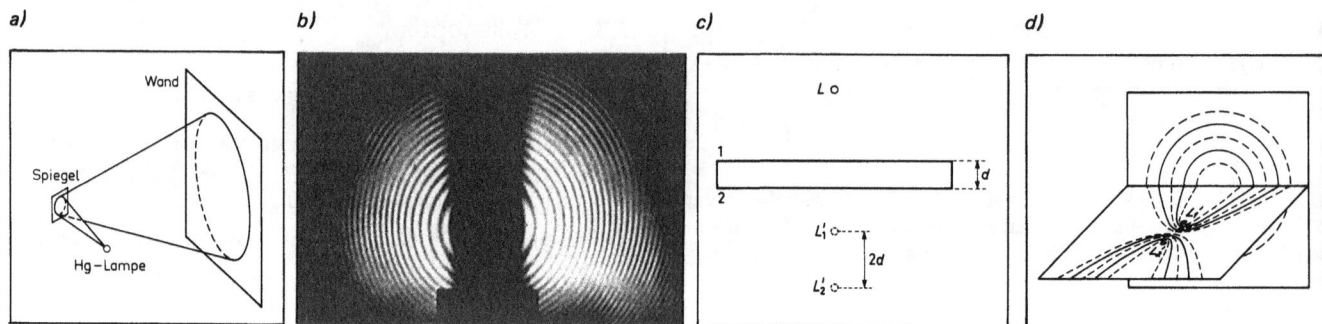

Abb. 7.3-2: Interferenz des Lichtes mit Hilfe zweier Spiegelflächen; Versuch von Pohl: a) Anordnung b) photographische Aufnahme der Interferenzerscheinung; c) Lage der zwei Wellenzentren d) Interferenzkurven

stammen. Dies läßt sich experimentell auf zweierlei Weise verwirklichen:

1. Durch *Reflexion* des Lichtes an zwei (oder mehr) *Spiegelflächen.*

2. Durch *Beugung* des Lichtes an zwei (oder mehr) *Spalten.*

Dabei darf der Weg- oder Gangunterschied der beiden Wellen von den beiden Wellenzentren bis zu dem Punkt, an dem die Interferenz beobachtet werden soll, nicht größer als die Kohärenzlänge sein, da sonst keine Überlagerung mehr eintritt.

Für jede der beiden Möglichkeiten sei ein Versuch kurz beschrieben:

1. Interferenz des Lichtes mit Hilfe zweier Spiegelflächen (Versuch von Pohl[1]):

Eine punktförmige Lichtquelle L (Abb. 7.3-2) steht vor einer planparallelen, dünnen Platte (z.B. einer dünnen Glimmerplatte). Durch Reflexion an der Vorderseite und an der Rückseite der Platte entstehen zwei Wellenfelder, die von den Zentren L_1' und L_2' herzukommen scheinen. Diese Anordnung entspricht dem Versuch in 4.8.3 mit Wasserwellen. Auf einer Wand in beliebigem Abstand sieht man ein Ringsystem von hellen und dunklen Interferenzstreifen

---
[1]   Robert Wichard Pohl, 1884-1976, dt. Physiker

2. Interferenz des Lichtes mit Hilfe der Beugung an zwei Spalten (Doppelspalt)

Entsprechend Abb. 7.3-3 steht eine fadenförmige, einfarbige Lichtquelle (z.B. ein mit Na-Licht beleuchteter Spalt) in der Brennebene der Linse L_1 und parallel zu zwei Spalten (Doppelspalt), die so eng sind, daß sie als neue Wellenzentren wirken (4.8.5). Die beiden Wellensysteme interferieren. In einer bestimmten Richtung ist dann der Gangunterschied der von

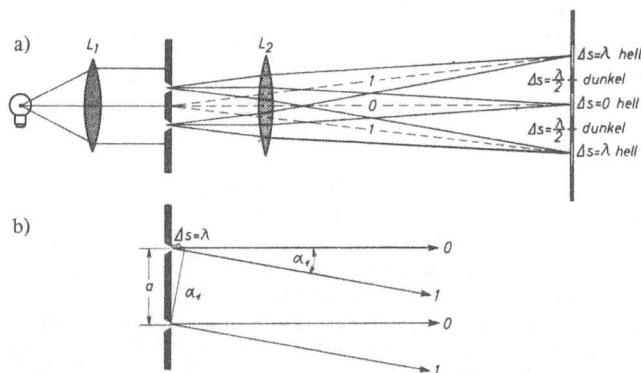

Abb. 7.3-3: Interferenz des Lichts mit Hilfe der Beugung an zwei engen Spalten a) Anordnung b) Erläuterung

den beiden Spalten ausgehenden Strahlen $\Delta s = \dfrac{\lambda}{2}$,

und demnach das Bild der Lichtquelle in der Brennebene von L_2 dunkel. In der Richtung α_1 sei $\Delta s = \lambda$. Dann ist das Bild der Lichtquelle hell. Geht man auf dem Schirm weiter nach der Seite, so wechseln dauernd helle und dunkle Streifen miteinander ab, und zwar sind in den Richtungen α_k helle Streifen zu beobachten, für die $\Delta s = k\lambda$ ist, mit $k = 0, 1, 2, \ldots$; k nennt man die Ordnung des Beugungsbildes.

Das Streifensystem ist symmetrisch zum Bild nullter Ordnung (für $\Delta s = 0$). Aus der Abb. 7.3-3 können wir für das Maximum 1. Ordnung ablesen:

$$\sin \alpha_1 = \frac{\lambda}{a}$$

Allgemein ist für das Maximum k-ter Ordnung:

$$\boxed{\sin \alpha_k = \frac{k\lambda}{a}} \quad \text{mit} \quad k = 0, 1, 2, \ldots$$

7.3.1.2 Messung der Wellenlänge des Lichts mit dem optischen Gitter

Nimmt man statt der zwei Spalte des letzten Versuchs von 7.3.1.1 *viele enge Spalte*, alle im gleichen Abstand a (Gitterkonstante), so erhält man ein *optisches Gitter*. Zur Wellenlängenmessung nehmen wir ein Gitter mit N Spalten in einer Anordnung, die auf *J. von Fraunhofer* (Abb. 7.3-4) zurückgeht. Eine Na-Dampflampe (Abb. 7.3-5) liefert gelbes monochromatisches Licht. Sie beleuchtet den Spalt S, der als sekundäre Lichtquelle wirkt. S steht im objektseitigen Brennpunkt der Linse L_1, so daß hinter der Linse ein paralleles Lichtbündel entsteht. Die N Gitterspalte machen durch Beugung N kohärente Kreiswellensysteme mit den Spalten als Zentren. Die Linse L_2 vereinigt Parallelbündel in ihrer bildseitigen Brennebene. Die dort entstehende Interferenzfigur soll anhand der Abb. 7.3-5 und der Abb. 7.3-6 erklärt werden.

Abb. 7.3-4:
Joseph von Fraunhofer, 1787-1826; er begann als Glasschleifer in München; 1806 Angestellter und 1809 Teilhaber einer optischen Werkstätte; 1823 Mitglied der Königlich-Bayerischen Akademie und Universitätsprofessor; J. v. Fraunhofer verbesserte wesentlich die optischen Instrumente, indem er einerseits einwandfreie optische Gläser herstellte, andererseits durch wissenschaftliche Untersuchungen ihre Bauweise vervollkommnete; – Entdecker der Absorptionslinien im Sonnenspektrum (1815) und des Beugungsgitters (1821)

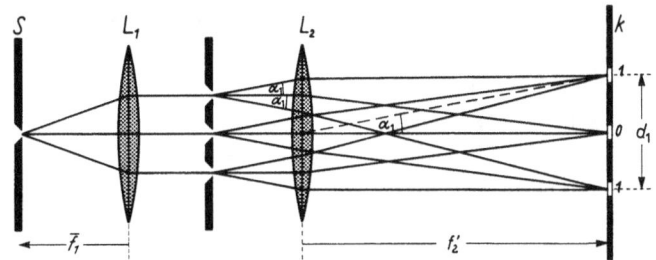

Abb. 7.3-5: Fraunhofersche Anordnung eines optischen Gitters

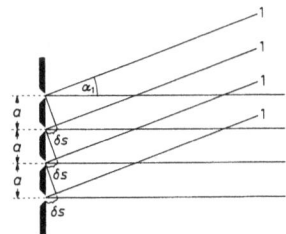

Abb. 7.3-6:
Erläuterung zur Interferenz am optischen Gitter

Da ein paralleles Lichtbündel auf das Gitter trifft, entstehen an den engen Spalten synchron schwingende Zentren von kreisförmigen Elementarwellen. In der bildseitigen Brennebene der Linse L_2 wird jedes vom Gitter ausgehende Parallelbündel dort vereinigt, wo sein Mittelstrahl auftrifft. Für $\alpha = 0$ überlagern sich im Punkt O der Brennebene N Parallelstrahlen ohne Gangunterschied. Für jeden Winkel $\alpha \neq 0$ haben zwei benachbarte parallele Lichtstrahlen den gleichen Gangunterschied δs. Für einen bestimmten Winkel α_1 ist $\delta s = \lambda$. Dann überlagern sich alle N parallelen Lichtstrahlen, die mit der Achse den Winkel α_1 bilden, zu einem Interferenzmaximum. Man spricht in diesem Fall von einem *Hauptmaximum* 1. Ordnung. Ein zweites Hauptmaximum entsteht beim Winkel α_2 mit $\delta s = 2\lambda$ usw.

Für das Hauptmaximum k-ter Ordnung erhalten wir wie für die Maxima des Doppelspalts (7.3.1.1):

$$\sin \alpha_k = \frac{k\lambda}{a} \quad \text{mit} \quad k = 0, 1, 2, \ldots$$

Zwischen diesen Hauptmaxima entstehen beim Beugungsgitter noch schwache Nebenmaxima (Abb. 7.3-7), deren Zahl mit N wächst. Zugleich nimmt aber auch ihre Höhe ab, so daß sie bei großem N praktisch nicht mehr beobachtet werden. Je größer die Zahl N der Spalte ist, desto lichtstärker und schärfer werden die Hauptmaxima.

Mit Hilfe eines Beugungsgitters kann man aus der Lage der Hauptmaxima die Wellenlänge des Lichtes messen. Nach Abb. 7.3-5 ist:

$$\tan \alpha_k = \frac{d_k}{2 f_2'}$$

Bei kleinem α_k ist annähernd $\tan \alpha_k = \sin \alpha_k$ und damit:

$$\frac{d_k}{2 f_2'} = \frac{k\lambda}{a}$$

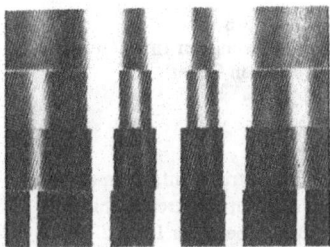

Abb. 7.3-7:
Interferenzbilder von Mehrfachspalten;
N = 2, 3, 4, 100

Daraus folgt für die Wellenlänge:

$$\lambda = \frac{a \, d_k}{2 \, k \, f_2'}$$

Zahlenbeispiel: Bei einem Versuch mit Na-Licht war $k = 1$, $a = 10$ µm $f_2' = 4{,}0$ m; $d_1 = 0{,}48$ m. Daraus ergibt sich $\lambda = 0{,}60$ µm.

Nehmen wir statt des gelben Na-Lichts, blaues bzw. rotes Licht, das wir etwa mit Hilfe von Filtergläsern aus weißem Bogenlampenlicht aussondern, so werden die Abstände d_k auf dem Schirm in der Brennebene von L_2 kleiner bzw. größer als beim gelben Licht (Abb. 7.3-8).

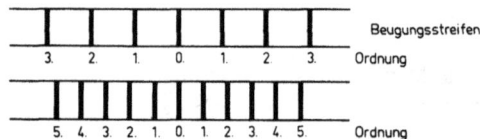

Abb. 7.3-8: Interferenzmaxima für verschiedene Farben; oben: rotes, unten: blaues Licht

7.3.1.3 *Spektren*

Die Anordnung der Abb. 7.3-5 kann man zu einem *Spektralapparat* ausbauen, mit dem man das Licht verschiedenartiger Lichtquellen analysieren kann (Abb. 7.3-9). Der Spalt und die Linse L_1 werden im „*Spaltrohr*" vereinigt. Das Licht wird durch das Beugungsgitter in seine Spektralfarben zerlegt. Die Linse L_2 und die Photoplatte, statt des Schirms, werden im „*Kamerarohr*" vereinigt. Den ganzen Apparat nennt man „*Spektrograph*" (Abb. 7.3-9 a).

Betrachtet man die Hauptmaxima (Spaltbilder; Spektrallinien) in der Brennebene von L_2 visuell durch eine Lupe L_3, statt sie zu photographieren, so hat man statt des Kamerarohres ein *Fernrohr* mit L_2 als Objektiv und L_3 als Okular. Man nennt den ganzen Apparat dann „*Spektroskop*" (Abb. 7.3-9 b).

a)

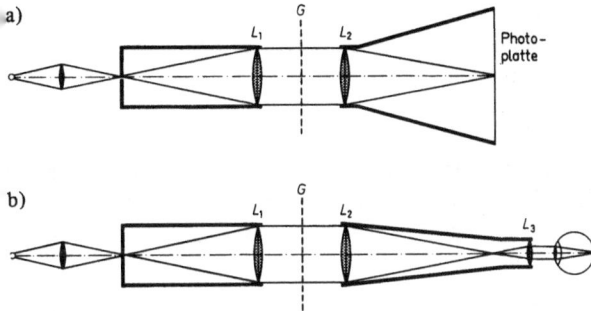

b)

Abb. 7.3-9: Schema eines a) Gitterspektrographen b) Gitterspektroskops

Betrachten wir mit einem Spektralapparat das Licht leuchtender Gase, so sehen wir nur einzelne Linien, deren Lage und Zahl sich nach der Gasart richtet *(Linienspektrum)*. Na-Dampf strahlt z.B. Licht der Frequenz $\nu = 5{,}09 \cdot 10^{14}$ Hz aus. Die Wellenlänge $\lambda = \dfrac{c}{\nu}$ dieses Lichtes ist im Vakuum (in Luft):

$$\lambda = \frac{2{,}998 \cdot 10^8 \text{ m s}^{-1}}{5{,}09 \cdot 10^{14} \text{ s}^{-1}} = 589 \text{ nm}$$

Bei genaueren Untersuchungen zeigt sich, daß es sich um zwei Spektrallinien sehr benachbarter Frequenz handelt.

Wasserstoff leuchtet unter anderem mit den Frequenzen:

$$\nu_1 = 4{,}57 \cdot 10^{14} \text{ Hz} ; \quad \nu_2 = 6{,}17 \cdot 10^{14} \text{ Hz} ;$$
$$\nu_3 = 6{,}91 \cdot 10^{14} \text{ Hz} ; \quad \nu_4 = 7{,}31 \cdot 10^{14} \text{ Hz} .$$

Diesen Frequenzen entsprechen im Vakuum (in Luft) die Wellenlängen:

$$\lambda_1 = 656 \text{ nm} ; \quad \lambda_2 = 486 \text{ nm} ;$$
$$\lambda_3 = 434 \text{ nm} ; \quad \lambda_4 = 410 \text{ nm} .$$

Die Abb. 7.3-10 zeigt die stärksten Linien der Linienspektren von Wasserstoff, Natrium und Quecksilber im sichtbaren Bereich.

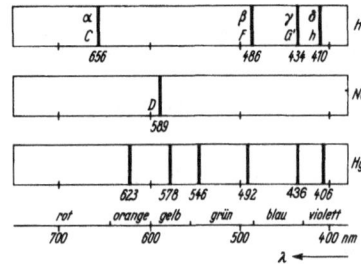

Abb. 7.3-10: Beispiele von Linienspektren

Wird ein Gasgemisch zum Leuchten gebracht, so emittiert[2] jedes Gas sein charakteristisches Spektrum; darauf beruht die *Emissions-Spektralanalyse* von Gasen.

Glühende Gase unter sehr hohem Druck, Flüssigkeiten und Festkörper senden im glühenden Zustand ein Spektrum aus, das sich lückenlos über alle Frequenzen erstreckt *(Kontinuierliches Spektrum;* Abb. 7.3-11).

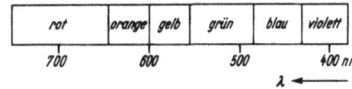

Abb. 7.3-11: Kontinuierliches Spektrum

Außer den bisher betrachteten *Emissionsspektren* gibt es auch *Absorptionsspektren*[3], die dadurch zustandekommen, daß ein Teil des von einer Lichtquelle emittierten Spektrums beim Durchgang durch einen Körper (z.B. ein Farbglas) absorbiert wird. Die absorbierten Frequenzen sind für den durchstrahlten Körper charakteristisch.

Fraunhofer beobachtete als erster im Sonnenspektrum eine Vielzahl von Absorptionslinien *(Fraunhofersche Linien)*, die dadurch zu erklären sind, daß das Sonnenlicht durch die kälteren Schichten der Sonnenatmosphäre (und Erdatmosphäre) hindurchgeht. Die Fraunhoferschen Linien (Abb. 7.3-12) geben also Aufschlüsse über die Bestandteile der Sonnenatmosphäre. Es ist interessant, daß man die Existenz des Heliums[3] mit Hilfe der Fraunhoferschen Linien zuerst

---

1 em*i*ttere (lat.) aussenden
2 absor*be*re (lat.) verschlucken
3 *he*lios (griech.) Sonne, Helium also „Sonnenstoff"

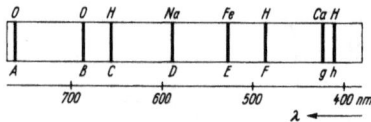

Abb. 7.3-12:
Lage der wichtigsten
Fraunhoferschen Linien
im Sonnenspektrum

auf der Sonne festgestellt, und dann erst nachträglich auf der Erde nachgewiesen hat.

Die Untersuchung von Spektren lieferte die Grundlage für die Erforschung des Atom- und Molekülbaus. Wichtige Kenntnisse über die Gestirne verdanken wir der Analyse ihrer Spektren.

In der Tabelle 7.3-1 sind die Wellenlängen einiger wichtiger Spektrallinien sowie verschiedener Fraunhoferscher Linien zusammengestellt.

7.3.1.4 Interferenzkurven gleicher Dicke

1. Optische Dicke

Hat ein Medium die Brechungszahl n, so liegen auf der geometrischen Dicke d in diesem Medium n-mal so viel Wellen-

längen wie in der Luft (Abb. 7.3-13). Zwei Schichten der geometrischen Dicken d_1 und d_2 enthalten demnach gleich viele Wellenlängen, wenn:

$$n_1 d_1 = n_2 d_2$$

Bei der Interferenz des Lichtes ist für den Gangunterschied die Zahl der Wellenlängen maßgebend. Deshalb verwendet man in diesem Fall statt der geometrischen Dicke d die *optische Dicke* nd.

Bei unsern bisherigen Versuchen war $n = 1$, so daß geometrische und optische Dicke gleich waren.

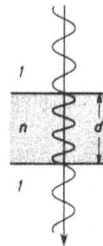

Abb. 7.3-13:
Zur optischen Dicke eines Mediums

Tabelle 7.3-1.
Wellenlänge λ einiger wichtiger Spektrallinien und Fraunhoferscher Linien in Luft

Element	Fraunhofersche Linie	$\dfrac{\lambda}{nm}$	Element	Fraunhofersche Linie	$\dfrac{\lambda}{nm}$
Wasserstoff	C (H_α)	656,5	Kalium	–	769,9
	F (H_β)	486,3		–	766,5
	G' (H_γ)	434,2		–	404,7
	h (H_δ)	410,3		–	404,4
Helium	–	667,8	Cadmium	C'	643,8
	D_3	587,6		F'	480,0
	–	501,6	Quecksilber	–	579,1
	–	492,2		–	577,0
	–	471,3		e	546,1
	–	447,1		–	491,6
Lithium	–	670,8		g	435,8
				–	407,8
Natrium	D_1	589,6		h	404,7
	D_2	589,0			

2. Phasensprung bei der Reflexion am dichteren Medium

Wie bei der Reflexion mechanischer Wellen an einer festen Wand (4.10.2.2), so tritt bei der Reflexion von Licht am dichteren Medium ein Phasensprung um π, also ein Gangunterschied von $\frac{\lambda}{2}$ ein. Dieser Phasensprung muß gegebenenfalls bei interferierenden Wellenzügen beachtet werden.

3. Interferenzen bei der Reflexion an einer planparallelen Schicht

Eine Luftschicht befinde sich *zwischen zwei planparallelen Glasplatten.* Bei senkrecht einfallendem Licht (in der Abb. 7.3-14 der Übersichtlichkeit halber etwas schräg gezeichnet) ist der Gangunterschied des an der Vorderseite der Schicht reflektierten Strahls 1 und des an der Rückseite reflektierten Strahls 2:

$$\Delta s = 2nd - \frac{\lambda}{2}$$

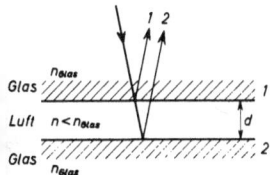

Abb. 7.3-14:
Interferenz bei der Reflexion an einer planparallelen Schicht

Die optische Dicke nd wird zweimal genommen wegen des Hin- und Herwegs des Strahls 2 durch die Schicht. $\frac{\lambda}{2}$ berücksichtigt den Gangunterschied wegen des Phasensprungs bei der Reflexion des Strahls 2 an der Rückseite der Schicht.

Das *reflektierte Licht* hat nun ein *Maximum,* wenn:

$$\Delta s_1 = k\lambda \quad \text{mit} \quad k = 0, 1, 2, \ldots$$

also wenn:

$$k\lambda = 2nd_1 - \frac{\lambda}{2}$$

Daraus folgt als Bedingung für *Maxima:*

$$\boxed{nd_1 = \frac{\lambda}{4} + k\frac{\lambda}{2}}$$

Das *reflektierte Licht* hat dagegen ein *Minimum,* wenn:

$$\Delta s_2 = \frac{2k+1}{2}\lambda \quad \text{mit} \quad k = 0, 1, 2, \ldots$$

also wenn:

$$\frac{2k+1}{2}\lambda = 2nd_2 - \frac{\lambda}{2}$$

Daraus folgt als Bedingung für *Minima:*

$$\boxed{nd_2 = \frac{\lambda}{2} + k\frac{\lambda}{2}}$$

Mit wachsender Schichtdicke steigt die Reflexion von Null zunächst auf das 1. Maximum ($k = 0$) bei der optischen Dicke $\frac{\lambda}{4}$, fällt dann auf das 1. Minimum ($k = 0$) bei der optischen Dicke $\frac{\lambda}{2}$. Dann kommt das 2. Maximum ($k = 1$) bei $\frac{3}{4}\lambda$ und das 2. Minimum bei λ usw.

Von einem Maximum zum nächsten steigt die optische Schichtdicke jeweils um $\frac{\lambda}{2}$; von einem Minimum zum nächsten ebenfalls jeweils um $\frac{\lambda}{2}$.

4. Interferenzkurven bei der Reflexion an einer Schicht unterschiedlicher Dicke

Bei einer keilförmigen Luftschicht zwischen zwei Glasplatten hat man verschiedene Dicken gleichzeitig. Die Stellen sind *hell,* bei denen (Abb. 7.3-15) gilt:

$$nd_1 = \frac{\lambda}{4} + k\frac{\lambda}{2}$$

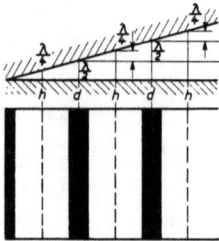

Abb. 7.3-15:
Interferenzstreifen bei der Reflexion
an einer keilförmigen Schicht

Die Stellen sind *dunkel,* bei denen gilt:

$$n d_2 = \frac{\lambda}{2} + k \frac{\lambda}{2}$$

Es zeigen sich bei Betrachtung mit einfarbigem Licht, d. h. einem bestimmten λ, abwechselnd helle und dunkle gerade Streifen parallel zur Keilkante. Der optische Dickenunterschied zwischen zwei benachbarten hellen (oder dunklen) Streifen beträgt jeweils $\frac{\lambda}{2}$.

Hat man statt eines Luftkeils zwischen den Glasplatten eine Luftschicht unterschiedlicher Dicke, so erhält man für jedes *k* eine helle bzw. dunkle *Interferenzkurve gleicher Dicke.*

5. Farben dünner Blättchen

Beleuchtet man eine dünne Luftschicht zwischen Glasplatten statt mit einfarbigem Licht mit Tageslicht oder mit einer Bogenlampe, so sieht man statt abwechselnd heller und dunkler Kurven lebhafte Farben. Diese Farben entstehen dadurch, daß bei der Interferenz des an der Vorder- und an der Rückseite reflektierten Lichtes an einer bestimmten Stelle der Dicke d_0 *nur die zu dieser Dicke passende Wellenlänge* λ_0 ein Reflexionsminimum zeigt, während die benachbarten Wellenlängen reflektiert werden. Das reflektierte Licht ist also eine *Mischfarbe* aus den reflektierten Wellenlängen. Wird z.B. an einer Stelle der Schicht das grüne Licht nur minimal reflektiert, so ist der Reflex an dieser Stelle purpurfarbig, nämlich aus rotem und violettem Licht gemischt.

Blickt man schräg statt senkrecht auf eine dünne Schicht, so ist der Gangunterschied der interferierenden Strahlen und damit der Farbton anders.

Beispiele von Farben dünner Blättchen: Ölflecken auf Wasser; Anlauffarben der Metalle, hervorgerufen durch dünne durchsichtige Oxidschichten; Perlmutterglanz; Schmetterlingsflügel.

6. Oberflächenprüfung

In der *optischen Fertigung* wird auf den Prüfling ein Probeglas gelegt, und es werden die Interferenzkurven gleicher Dicke beobachtet, die an der zwischenliegenden Luftschicht entstehen. Wird mit weißem Licht beleuchtet, wie es die Regel ist, so entstehen farbige Interferenzstreifen. Ist über die ganze Fläche nur eine einheitliche Farbe zu sehen, so ist die Luftschicht überall gleich dick („Auf Farbe polieren"). Bei Kugelflächen (Linsen) ist das Probeglas ein Negativ der gewünschten Fläche. Die Zahl der Interferenzringe ist ein Maß für die Abweichung des Prüflings vom Probeglas.

Die Güte von feinbearbeiteten, z.B. polierten *Metallstücken,* kann ebenfalls durch Auflegen eines Probeglases untersucht werden. Man verwendet meistens einfarbiges Licht und beobachtet mit einem Mikroskop. Feinste Kratzer verursachen deutlich Zacken in den Interferenzkurven der Luftzwischenschicht. Ragt ein solcher Zacken bis zum nächsten Interferenzstreifen, so ist der Kratzer $\frac{\lambda}{2}$, also ≈ 250 nm tief (Abb. 7.3-16).

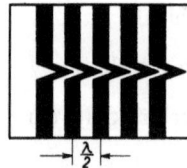

Abb. 7.3-16:
Oberflächenprüfung mit Hilfe der Interferenz des Lichtes

7.3.1.5 Einfluß der Beugung auf die optische Abbildung

1. Beugung am Spalt und an einer kreisförmigen Öffnung

Trifft einfarbiges Licht auf einen sehr engen Spalt, so entsteht an der Spaltöffnung ein neues Wellenzentrum (4.8.4).

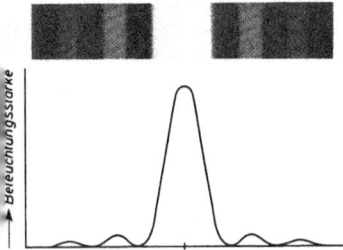

Abb. 7.3-17:
Beugung am Spalt; oben: Beugungsfigur auf einem Schirm; unten: Beleuchtungsstärke längs der Beugungsfigur

Macht man die Spaltweite etwas größer, so sieht das Wellenfeld hinter dem Spalt komplizierter aus. Fällt z. B. ein paralleles Lichtbündel senkrecht auf den Spalt, so ist die Lichtverteilung auf einem entfernten Schirm entsprechend Abb. 7.3-17.

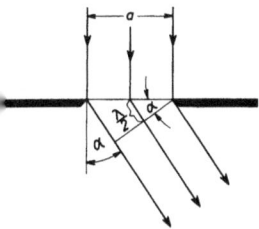

Abb. 7.3-18:
Richtung für das erste Interferenzminimum bei der Beugung am Spalt

Erklärung: Nach dem Prinzip von Huygens ist jeder Punkt des Spaltes ein neues Wellenzentrum. Alle Elementarwellen interferieren miteinander. In der Mitte ($\alpha = 0$) ist der Schirm natürlich hell (Maximum nullter Ordnung). Bei einem Winkel α (Abb. 7.3-18), der die Bedingung

$$a \sin \alpha = \lambda \qquad \text{oder} \qquad \sin \alpha = \frac{\lambda}{a}$$

erfüllt, ist die erste dunkle Stelle auf dem Schirm. Denkt man sich nämlich das Lichtbündel halbiert, so ist der Gangunterschied zwischen dem rechten Randstrahl und dem Mittelstrahl $\Delta s = \dfrac{\lambda}{2}$. Diese Strahlen löschen sich also durch Interferenz aus. Geht man vom rechten Rand zur Mitte, so gibt

es zu jedem Strahl dieser rechten Hälfte des Lichtbündels einen Strahl in der linken Hälfte, der den Gangunterschied $\dfrac{\lambda}{2}$ hat. Daher löschen sich alle Strahlen paarweise aus.

Allgemein liegen Minima in den Richtungen, für die gilt:

$$\boxed{a \sin \alpha_k = k \lambda} \qquad \text{mit} \quad k = 1, 2, 3, \ldots$$

Entsprechend entsteht das 1. seitliche Maximum, wenn:

$$a \sin \alpha = \frac{3}{2} \lambda$$

allgemein das k-te seitliche Maximum, wenn:

$$\boxed{a \sin \alpha_k = k \lambda + \frac{\lambda}{2}} \qquad \text{mit} \quad k = 1, 2, 3, \ldots$$

Bei Verwendung von Licht verschiedener Wellenlängen liegen diese Maxima natürlich an verschiedenen Stellen. Trifft weißes Licht auf einen Spalt, so sind daher die seitlichen Maxima farbig.

Die Beugung an einer *kreisförmigen Öffnung* vom Durchmesser a ist im Prinzip gleich der Beugung am Spalt. Die Beugungsfigur hat das Aussehen und die Lichtverteilung der Abb. 7.3-19. Die Abstände der Maxima und der Minima von der Mitte entsprechen annähernd den beim Spalt angegebenen Gleichungen.

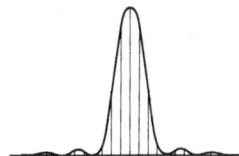

Abb. 7.3-19:
Beugung an einem kreisrunden Loch; oben: Beugungsfigur auf einem Schirm; unten: Beleuchtungsstärke längs der Beugungsfigur

Die genaue Rechnung ergibt, daß man $\dfrac{a}{1,22}$ statt a setzen müßte.

2. Bildpunkte einer Linse als Beugungsfiguren

Jedes von einer Linse entworfene Bild eines leuchtenden Punktes ist eine Beugungsfigur. Die Linsenfassung ist dabei die beugende Öffnung (Abb. 7.3-20). Betrachten wir als Beispiel die Abbildung eines unendlich fernen Punktes. Die

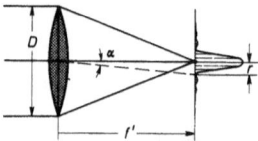

Abb. 7.3-20:
Linsenfassung als beugende Öffnung

Winkel für die Minima und Maxima werden dann durch die oben abgeleiteten Formeln angegeben. So ist der Winkel für das erste Minimum gegeben durch die Beziehung:

$$\sin \alpha \approx \alpha = \frac{\lambda}{D}$$

Dadurch, daß jetzt die Linse der Brennweite f' in der Öffnung sitzt, werden die zu den Winkeln α_k gehörenden Parallelbündel in der Brennebene vereinigt. Der Radius des Beugungsscheibchens bis zum ersten Minimum ist dann:

$$r = f' \frac{\lambda}{D} \qquad \text{(Abb. 7.3-20)}$$

Man nennt $D : f'$ das „Öffnungsverhältnis" der Linse.

Damit ist:

$$r = \frac{\text{Wellenlänge } \lambda}{\text{Öffnungsverhältnis } D : f'}$$

Zahlenbeispiel: Ein Fernrohrobjektiv von $f' = 100$ cm und $D = 40$ mm bildet einen Fixstern ab. Der Winkel α für das erste Minimum ist

$$\alpha = \frac{0,5 \cdot 10^{-3} \text{ mm}}{40 \text{ mm}} = 1,25 \cdot 10^{-5},$$

in Winkelsekunden umgerechnet ist $\alpha \approx 2,5''$.

Je größer D ist, desto kleiner wird α. Der Radius r des Beugungsscheibchens bis zum ersten dunklen Ring ist jedoch nur vom Öffnungsverhältnis $D : f' = 1 : 25$ abhängig.

Es ist $r = 0,5 \cdot 25 \ \mu\text{m} = 12,5 \ \mu\text{m}$. Der erste dunkle Ring hat also einen Durchmesser von 25 μm.

3. Auflösungsvermögen einer Linse

Die Beugungsfiguren zweier Bildpunkte überlagern sich, wenn die Punkte nahe benachbart sind. Man kann dann noch erkennen, daß es sich um das Bild zweier Punkte handelt, wenn das Maximum nullter Ordnung des einen Punktes auf das erste Minimum des zweiten Punktes fällt (Abb. 7.3-21). Zwei solche Punkte haben von der Linse aus gesehen den Winkelabstand $\alpha = \dfrac{\lambda}{D}$. Der lineare Abstand ihrer Bildpunkte in der Brennebene ist:

$$y' = f' \frac{\lambda}{D}.$$

Durch Angabe von α charakterisiert man das *winkelmäßige Auflösungsvermögen*, durch Angabe von y' das *lineare Auflösungsvermögen*.

Beispiele:

1. Auflösungsvermögen des Auges
Die Augenpupille hat bei heller Beleuchtung einen Durchmesser $D = 2$ mm. Dann ist für $\lambda = 0,5$ μm der Winkelabstand zweier ge-

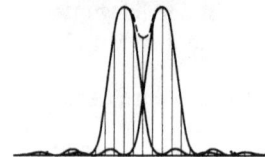

Abb. 7.3-21:
Überlagerung der Beugungsfiguren zweier benachbarter Punkte

trennt wahrnehmbarer Punkte $\alpha = 0,5 \cdot 10^{-3} : 2$, also $\alpha \approx 1'$.
Das stimmt tatsächlich für angestrengtes Sehen. Die Brennweite des
Auges ist $f' = 23$ mm. Die Augenflüssigkeit hat die Brechzahl $n = 1,33$.
Daher ist die Wellenlänge im Auge

$$\lambda' = \frac{\lambda}{n} = \frac{0,5}{1,33} \, \mu m \quad \text{und} \quad y' = \frac{0,5}{1,33} \cdot \frac{23}{2} \, \mu m \approx 4 \, \mu m.$$

Die lichtempfindliche Schicht des Auges, die Netzhaut, besteht aus
Elementen, deren Durchmesser etwa 4 μm ist. Daher ist das netz-
hautbedingte Auflösungsvermögen gleich dem beugungsbedingten.

Da man beim Bau optischer Instrumente sich nicht auf angestrengtes,
sondern auf bequemes Sehen einstellen will, nimmt man für das
Auflösungsvermögen des Auges $\alpha = 2'$ an.

2. Auflösungsvermögen des Fernrohres

Dieses ist gegeben durch das Auflösungsvermögen des Objektivs.
Denn, was das Objektiv nicht auflöst, kann durch eine noch so hohe Vergrößerung des Okulars nicht sichtbar gemacht werden. Je
größer der Durchmesser D des Objektivs ist, desto kleiner kann der
Winkelabstand zweier unendlich ferner Objektpunkte sein, die noch
getrennt wahrnehmbar sind.

Bei endlichem Objektabstand ist das Auflösungsvermögen
etwas komplizierter abzuleiten, weshalb hier darauf verzich-
tet wird. Für den kleinsten noch trennbaren Abstand y_{min}
zweier Objektpunkte in endlicher Entfernung erhält man:

$$\boxed{y_{min} = \frac{\lambda}{2} \frac{1}{n \sin \sigma}}$$

Dabei ist λ die Wellenlänge des verwendeten Lichtes, n die
Brechzahl des Mediums zwischen Objekt und Linse, σ der
objektseitige Öffnungswinkel.

$A = n \sin \sigma$ nennt man die numerische Apertur der Linse.

Beispiel:
Auflösungsvermögen des Mikroskops
Dabei ist, wie beim Fernrohr, das Auflösungsvermögen des Objektivs
maßgebend. Man erhält ein großes Auflösungsvermögen durch möglichst große numerische Apertur A und kleine Wellenlänge λ.

In Luft ($n = 1$) erreicht man den erstaunlich hohen Wert $A = 0,95$.
Mit einer Immersionsflüssigkeit ($n = 1,5$) zwischen Objekt und Objektiv wird A gesteigert auf $A = 1,4$; dann ist $y_{min} \approx \frac{\lambda}{3}$.

Die Verwendung von ultraviolettem ($\lambda = 0,3 \, \mu$m) statt sichtbarem
($\lambda = 0,5 \, \mu$m) Licht gibt nochmals etwa einen Faktor 2, bedeutet
aber einen größeren Aufwand. Man muß vor allem ultraviolett-
durchlässiges Material, z.B. Lithiumfluorid, für die Linsen verwenden. Ferner kann man nicht mehr visuell beobachten, sondern muß
photographieren.

Einen wesentlichen Fortschritt bringt das *Elektronenmikroskop*
gegenüber dem *Lichtmikroskop* wegen der bedeutend kleineren
Wellenlänge der Elektronen (8.3.2.4).

7.3.2 Polarisation des Lichtes

In 6.6.2.3 haben wir bereits darauf hingewiesen, welche Bedeutung die durch *Malus* entdeckte Polarisation des Lichtes
auf die Wellentheorie des Lichtes hatte. Der durch die Polarisation bewiesene Querwellencharakter der Lichtwellen war
eine Stütze der Maxwellschen elektromagnetischen Licht-
theorie. Wir wollen uns hier mit dem experimentellen Nachweis der Polarisation des Lichtes beschäftigen.

7.3.2.1 Herstellung linear polarisierten Lichtes durch Filter

Versuch: Läßt man entsprechend der Abb. 7.3.-22 ein Lichtbündel
auf eine weiße Wand fallen und stellt zwei sogenannte Polarisations-
filter in den Strahlengang, so ändert der Lichtfleck auf der Wand
seine Helligkeit bei Drehung eines dieser Polarisatoren. Es gibt eine
Stellung maximaler Helligkeit. Geht man von dieser Stellung aus,
so wird bei Drehung eines Polarisators um 90° der Fleck dunkel.
Dreht man weiter um 90°, so hat man wieder maximale Helligkeit
und nach weiterer Drehung um 90° wieder Dunkelheit.

Dieser Versuch kann folgendermaßen erklärt werden: Natür-
liches Licht enthält Wellen der verschiedensten Schwingungsebenen. Davon läßt der erste Polarisator nur Licht einer einzigen Schwingungsebene hindurch. Nur die Komponente je-

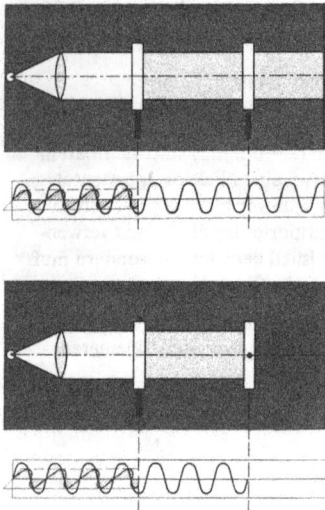

a)

b)

Abb. 7.3-22:
Versuch zur Polarisation des
Lichtes
a) Die Schwingungsrichtun-
gen der beiden Polarisa-
toren stehen parallel;
oben: Anordnung;
unten: Erläuterung
b) Die Schwingungsrichtun-
gen der beiden Polarisatoren stehen zueinander ge-
kreuzt; oben: Anordnung;
unten: Erläuterung

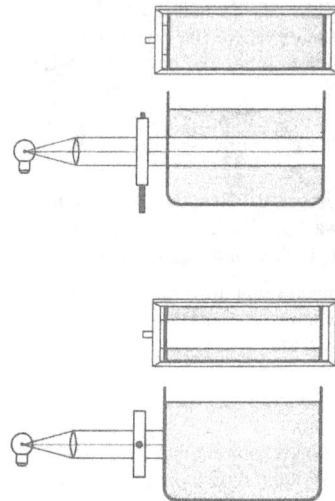

a)

b)

Abb. 7.3-23:
Versuch zur Polarisation des
Lichtes
a) Das Lichtbündel ist im
Wassertrog von vorn sichtbar, von oben im Spiegel
dagegen unsichtbar;
b) Das Lichtbündel ist im
Wassertrog von vorn
unsichtbar, von oben im
Spiegel dagegen sichtbar.

der Welle, die in der Schwingungsebene des Polarisators liegt, wird hindurchgelassen. Der Polarisator wirkt also wie ein Schlitz bei mechanischen Wellen (4.8.10). Hinter dem Polarisator ist das Licht linear polarisiert. Je nach der Stellung des zweiten Polarisators (auch Analysator[1] genannt), senkrecht oder parallel zum ersten Polarisator, ist der Fleck auf dem Schirm dunkel oder hell.

Versuch: Die Wirkung des ersten Polarisators läßt sich sehr schön durch einen Versuch entsprechend der Abb. 7.3-23 demonstrieren. Der Lichtstrahl geht hinter dem Polarisator durch einen Trog mit Wasser, das durch eine alkoholische Kolophoniumlösung getrübt worden ist. Man sieht das Lichtbündel im Wasser nur dann hell, wenn man senkrecht zur Schwingungsebene des Lichtes auf das Lichtbündel schaut. Je nach der Stellung des Polarisators sieht man also das Lichtbündel a) von der Seite hell und von oben dunkel oder b) von oben hell und von der Seite dunkel.

Erklärung: Die Teilchen der Emulsion streuen das Licht senkrecht zur Schwingungsebene.

7.3.2.2 *Polarisation des Lichtes bei der Reflexion an der Grenze zweier durchsichtiger Medien*

Brewster [1] fand, daß das an der Grenze zweier durchsichtiger Medien reflektierte Licht linear polarisiert ist, wenn es unter dem sogenannten Polarisationswinkel ϵ_p auf die Grenze auftrifft. Der Polarisationswinkel ϵ_p ist dadurch bestimmt, daß das reflektierte Lichtbündel und das gebrochene Lichtbündel einen rechten Winkel miteinander bilden (Abb. 7.3-24). Setzen wir $\epsilon' = 90° - \epsilon_p$ in das Brechungsgesetz $n \sin \epsilon_p = n' \sin \epsilon'$ ein, so erhalten wir:

$$\tan \epsilon_p = \frac{n'}{n}$$

Die Schwingungsebene des reflektierten, linear polarisierten Lichtes steht senkrecht auf der Einfallsebene.

Diese Aussagen können wir mit der Anordnung der Abb. 7.3-24 nachprüfen. Der Analysator A löscht das reflektierte Lichtbündel aus,

---

[1] an*a*lysis (griech.) Auflösung

[1] Sir David Brewster, 1781 - 1868, schott. Physiker

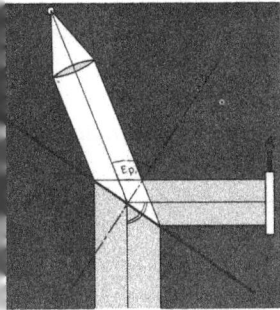

Abb. 7.3-24:
Polarisation des Lichtes bei der
Reflexion an der Grenze zweier
Medien

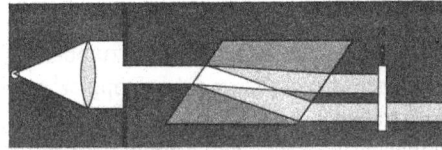

Abb. 7.3-25: Polarisation des Lichtes bei Doppelbrechung

wenn das einfallende Lichtbündel unter dem Polarisationswinkel ϵ_p auf die Glasplatte auftrifft, und die Schwingungsebene des Analysators parallel zur Einfallsebene liegt.

Für die Grenze Luft gegen Glas ($n' = 1,5$) folgt $\epsilon_p \approx 57°$.

7.3.2.3 Polarisation durch Doppelbrechung bei anisotropen Medien

Gase, Flüssigkeiten, amorphe Körper (z.B. Gläser) verhalten sich optisch isotrop[1]. Das gilt auch für kubische Kristalle, bei denen im Mittel alle drei Richtungen im Raum gleichberechtigt sind. Alle andern Kristalle haben dagegen ein anisotropes[2] Verhalten, das sich in der „Doppelbrechung" zeigt.

Fällt ein Lichtbündel auf einen doppelbrechenden Kristall, so wird es bei der Brechung an der Kristallgrenze in zwei Lichtbündel aufgespalten. Mit einer Versuchsanordnung nach Abb. 7.3-25 kann man feststellen, daß die beiden durch Doppelbrechung entstandenen Lichtbündel linear polarisiert sind mit Schwingungsebenen, die senkrecht aufeinander stehen.

Doppelbrechende Kristalle werden u.a. in der Form „Nicolscher[3] Prismen" als Polarisatoren verwendet. In einem solchen Prisma wird das eine Lichtbündel durch Totalreflexion zur Seite reflektiert und an der geschwärzten Prismenwand absorbiert, während das andere Lichtbündel im Strahlengang weitergeht.

Optisch isotrope Körper kann man künstlich anisotrop und damit doppelbrechend machen. So werden Flüssigkeiten mit polaren oder leicht polarisierbaren Molekülen (z.B. Nitrobenzol und Nitrotoluol) in einem elektrischen Feld doppelbrechend (Kerr[1]-Effekt).

Auch durch mechanische Spannungen können isotrope Stoffe doppelbrechend werden. Diese Spannungsdoppelbrechung vermeidet man einerseits bei der Herstellung optischer Gläser durch entsprechend langsames Abkühlen. Andererseits nützt man die Spannungsdoppelbrechung bei der Untersuchung von Spannungszuständen von Bauwerken und Maschinenteilen aus, indem man an durchsichtigen Modellen Spannungen mit Hilfe der Doppelbrechung mißt.

7.3.2.4 Dichroismus

Dichroitische[2] Kristalle sind doppelbrechende Kristalle mit verschiedenem Absorptionsvermögen für die beiden Lichtbündel im Kristall. Während das eine Lichtbündel schon nach kurzer Schichtdicke so stark absorbiert wird, daß von ihm praktisch nichts mehr aus dem Kristall austritt, geht das andere Lichtbündel fast ungeschwächt hindurch.

Kunststoffolien kann man durch einseitiges Verspannen doppelbrechend und durch Einlagerung geeigneter Farbstoffe außerdem dichroitisch machen. Solche Folien werden zur Herstellung von Polarisatoren verwendet.

---

[1] isos (griech.) gleich; tropos (griech.) Wendung, Richtung
[2] an- (griech.) Vorsilbe un-
[3] William Nicol, 1768 - 1851, engl. Physiker

[1] John Kerr, 1824 - 1907, schottischer Physiker
[2] dichroos (griech.) zweifarbig

7.3.3 Optischer Dopplereffekt

Bewegt sich eine Lichtquelle auf einen Beobachter zu oder
von ihm weg, so verschieben sich auf Grund des Doppler[1]-
effekts (4.8.9) die Spektrallinien nach blau bzw. nach rot.
Diese Tatsache kann man an Spektren beobachten, die von
Sternenlicht erzeugt werden, wenn man die Sternspektren
mit den Spektren irdischer Lichtquellen vergleicht. Die Größe der Linienverschiebung ist ein Maß für die Geschwindigkeit der Sterne auf uns zu bzw. von uns weg.

Abb. 7.3-26:
Optischer Dopplereffekt; unten: Spektrum
eines Doppelsterns; oben: irdisches
Vergleichsspektrum

Die Abb. 7.3-26 zeigt unten das Spektrum eines Doppelsterns und
oben das irdische Vergleichsspektrum. Alle Linien des Sternspektrums
sind doppelt und gegenüber den einfachen Linien der irdischen Lichtquelle nach rechts und links verschoben. Während die beiden Sterne
umeinander kreisen, bewegt sich der eine auf die Erde zu, der andere
von der Erde weg.

7.4 Strahlungs- und Lichtmessung

Das menschliche Auge reagiert nur auf einen sehr schmalen
Frequenzbereich (etwa eine Oktave) des elektromagnetischen
Spektrums (7.1.1.1). Außerdem ist seine Empfindlichkeit für
die einzelnen Frequenzen (Farben) sehr verschieden. Um dieselbe Helligkeitsempfindung hervorzurufen, bedarf es im roten und im violetten Spektralbereich einer viel größeren Strahlungsleistung als im grünen.

Daher ist es notwendig, zwischen den physikalischen Größen
der Strahlungsmessung und den physiologisch beeinflußten
Größen der Lichtmessung (Photometrie) zu unterscheiden.

---

[1] Christian Doppler, 1803 - 1853, österr. Physiker

7.4.1 Physikalische Größen der Strahlung

7.4.1.1 *Strahlungsfluß (Strahlungsleistung)*

Wird durch die Strahlung in der Zeit $\mathrm{d}t$ die Energie $\mathrm{d}W$ übertragen, so ist die Strahlungsleistung Φ, die meist *Strahlungsfluß* genannt wird:

$$\Phi = \frac{\mathrm{d}W}{\mathrm{d}t}$$

Die SI-Einheit des Strahlungsflusses ist $[\Phi] = 1\ \mathrm{J\ s}^{-1} = 1\ \mathrm{W}$.
Der Strahlungsfluß Φ ist eine Größe des Strahlungsfeldes ohne unmit-
telbaren Bezug auf die geometrischen Abmessungen von Strahler oder
Empfänger.

7.4.1.2 *Strahlstärke*

Geht von einem Strahler in eine bestimmte Richtung der
Strahlungsfluß $\mathrm{d}\Phi$ aus und wird dabei das Raumwinkelele-
ment $\mathrm{d}\Omega$ durchstrahlt, so definiert man als Strahlstärke des
Strahlers in der gegebenen Richtung:

$$I = \frac{\mathrm{d}\Phi}{\mathrm{d}\Omega}$$

Die SI-Einheit der Strahlstärke ist $[I] = 1\ \mathrm{W\ sr}^{-1}$.

Abb. 7.4-1:
Zum Raumwinkel $\Omega = \frac{A}{r^2}$

Der Raumwinkel Ω (Abb. 7.4-1) ist definiert als Quotient der Fläche A
die ein Kegel aus einer Kugeloberfläche ausschneidet, und dem Quadrat r^2 des Kugelradius. Dabei ist der Kugelmittelpunkt die Kegel-
spitze. Es ist also $\Omega = \frac{A}{r^2}$.

Die SI-Einheit des Raumwinkels ist:

$$[\Omega] = 1 \text{ Steradiant} = 1 \text{ sr} = 1 \frac{\text{m}^2}{\text{m}^2} = 1$$

Da die ganze Kugeloberfläche $A = 4\pi r^2$ ist, hat der volle Raumwinkel den Wert 4π sr. Die Strahlstärke I ist eine physikalische Größe, die den Strahler charakterisiert.

7.4.1.3 Spezifische Ausstrahlung

Geht von einem Oberflächenelement dA_1 eines Strahlers der Strahlungsfluß $d\Phi$ aus, so definiert man als *spezifische Ausstrahlung*:

$$M = \frac{d\Phi}{dA_1}$$

Die SI-Einheit der spezifischen Ausstrahlung ist $[M] = 1 \text{ W m}^{-2}$.

Die spezifische Ausstrahlung M charakterisiert den Strahler. Wir bezeichnen ein Flächenelement des Strahlers mit dem Index 1, während wir unten bei der Bestrahlungsstärke ein Flächenelement des Empfängers mit dem Index 2 versehen.

7.4.1.4 Strahldichte

Es sei dI die Strahlstärke, die von einem Flächenelement dA_1 eines Strahlers ausgeht (Abb. 7.4-2). Die Strahlrichtung bilde mit der Flächennormalen den Winkel ϑ_1. Dann ist $dA_1 \cos\vartheta_1$ die Projektion des Flächenelements dA_1 auf die Normalebene zur Strahlrichtung.

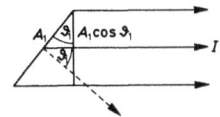

Abb. 7.4-2:
Scheinbare Strahlerfläche $A_1 \cos\vartheta_1$

Man bezeichnet diese projizierte Fläche auch als „scheinbare Strahlerfläche", weil sie in dieser Größe erscheint, wenn man entgegengesetzt zur Strahlrichtung auf die Strahlerfläche dA_1 blickt.

Als Strahldichte L definiert man dann:

$$L = \frac{dI}{dA_1 \cdot \cos\vartheta_1}$$

Aus $\quad I = \frac{d\Phi}{d\Omega} \quad$ folgt: $\quad dI = \frac{d^2\Phi}{d\Omega}$

Damit erhalten wir:

$$L = \frac{d^2\Phi}{dA_1 \cdot \cos\vartheta_1 \cdot d\Omega}$$

Die SI-Einheit der Strahldichte ist $[L] = 1 \text{ W m}^{-2} \text{ sr}^{-1}$. Die Strahldichte L ist eine Größe, die für den Strahler charakteristisch ist.

7.4.1.5 Bestrahlungsstärke

Fällt der Strahlungsfluß $d\Phi$ auf das Flächenelement dA_2 eines Empfängers, so definiert man als *Bestrahlungsstärke der bestrahlten Fläche*:

$$E = \frac{d\Phi}{dA_2}$$

Die SI-Einheit der Bestrahlungsstärke $[E] = 1 \text{ W m}^{-2}$.
Die Bestrahlungsstärke ist eine Größe, die sich auf den Empfänger (Index 2) bezieht.

7.4.1.6 Grundgesetz der Strahlungsmessung

Eine Verbindung zwischen dem Strahlungsfluß, der von einer Strahlerfläche dA_1 ausgeht und auf eine Empfängerfläche dA_2 auftrifft, wobei diese Flächen den Abstand r haben, erhalten wir durch folgende Überlegung (Abb. 7.4-3):

Die Strahldichte des Strahlers ist:

$$L = \frac{d^2\Phi}{dA_1 \cdot \cos\vartheta_1 \cdot d\Omega}$$

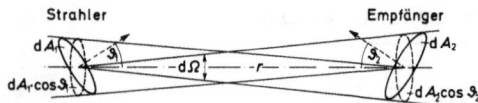

Abb. 7.4-3: Zum Grundgesetz der Strahlungsmessung

Der Raumwinkel $d\Omega$, in dem die Strahlung auf die Empfängerfläche dA_2 gestrahlt wird, ist:

$$d\Omega = \frac{\cos\vartheta_2 \cdot dA_2}{r^2}$$

Setzen wir $d\Omega$ in L ein, so erhalten wir nach kurzer Umformung:

$$d^2\Phi = L\,\frac{dA_1 \cdot \cos\vartheta_1 \cdot dA_2 \cdot \cos\vartheta_2}{r^2}$$

Stehen die beiden Flächen dA_1 und dA_2 normal zur Richtung von r, so vereinfacht sich die Gleichung:

$$d^2\Phi = L\,\frac{dA_1 \cdot dA_2}{r^2}$$

7.4.1.7 Spektrale Strahlungsgrößen

In den vorstehenden Definitionen strahlungsphysikalischer Größen ist keine Rücksicht auf die spektrale Verteilung der Strahlung genommen worden. Bezieht man diese Größen jeweils auf einen differentiellen Bereich $d\lambda$ der Wellenlänge λ bzw. auf einen differentiellen Bereich $d\nu$ der Frequenz ν, so bezeichnet man sie kurz als „spektrale Größen" und gibt den einzelnen Größenzeichen den Index λ bzw. ν.

So ist z.B. der „spektrale Strahlungsfluß":

$$\Phi_\lambda = \frac{d\Phi}{d\lambda}$$

7.4.1.8 Reflexions-, Absorptions- und Transmissionsgrad

Trifft ein Strahlungsfluß Φ_0 auf einen Körper, so kann ein Teil davon reflektiert oder absorbiert oder hindurchgelassen (transmittiert) werden. Es kann dabei auch der eine oder andere Anteil fehlen; häufig sind alle drei gleichzeitig vorhanden.

Man setzt den reflektierten Strahlungsfluß Φ_r, den absorbierten Strahlungsfluß Φ_a und den transmittierten Strahlungsfluß Φ_{tr} jeweils ins Verhältnis zu dem auftreffenden Strahlungsfluß Φ_0 und definiert:

Reflexionsgrad $\qquad \rho = \dfrac{\Phi_r}{\Phi_0}$

Absorptionsgrad $\qquad \alpha = \dfrac{\Phi_a}{\Phi_0}$

Transmissionsgrad $\qquad \tau = \dfrac{\Phi_{tr}}{\Phi_0}$

Nach dem Energieerhaltungssatz ist:

$$\Phi_0 = \Phi_r + \Phi_a + \Phi_{tr}$$

Daraus folgt:

$$\rho + \alpha + \tau = 1$$

7.4.2 Temperaturstrahlung

Temperaturstrahlung nennen wir jede elektromagnetische Strahlung, die thermisch angeregt wird. Sie wird in erster Linie von der Temperatur des strahlenden Körpers bestimmt. Im übrigen hängt sie auch von der Art des Körpers, z.B. von seiner Oberflächenbeschaffenheit, ab.

7.4.2.1 Schwarzer Körper

Als einen „schwarzen Körper" bezeichnet man einen Körper, der bei jeder Temperatur die gesamte auftreffende Strahlung in allen Wellenlängenbereichen absorbiert.

Bei einem schwarzen Körper ist also für alle Wellenlängen λ und alle Temperaturen T:

$$\rho = 0\,; \qquad \tau = 0\,; \qquad \alpha = 1$$

Es ist schwierig, einen schwarzen Körper zu realisieren. Auch Körper, die dem Auge vollkommen schwarz erscheinen, reflektieren in der Regel einen Teil der auftreffenden Strahlung in unsichtbaren Frequenzbereichen.

Einem schwarzen Körper sehr nahe kommt ein Hohlraum, z.B. eine Hohlkugel, mit einer kleinen Öffnung (Abb. 7.4-4). Seine innen geschwärzten Wände müssen wärmeundurchlässig sein und die gleiche Temperatur besitzen.

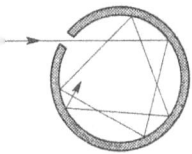

Abb. 7.4-4:
Hohlraum als schwarzer Strahler

Fällt irgendeine Strahlung durch das Loch, so wird sie von den geschwärzten Wänden zum größten Teil sofort absorbiert; der kleine reflektierte Anteil wird nach wenigen Reflexionen vollständig absorbiert, ehe er wieder aus der kleinen Öffnung austreten kann.

Der schwarze Körper strahlt aber auch selbst entsprechend seiner eigenen Temperatur elektromagnetische Strahlung aus. Man nennt diese Strahlung des schwarzen Körpers „*schwarze Strahlung*" oder „*Hohlraumstrahlung*".

7.4.2.2 *Emissionsgrad eines Temperaturstrahlers*

Für die folgenden Betrachtungen setzen wir $\tau = 0$ voraus. Wir nehmen also an, daß es sich um strahlungsundurchlässige Körper oder um große Schichtdicken handelt.

Um die Strahlungseigenschaften eines beliebigen Temperaturstrahlers zu charakterisieren, vergleicht man ihn mit einem schwarzen Körper der gleichen Temperatur. Das Verhältnis entsprechender Strahlungsgrößen der beiden Körper nennt man allgemein „*Emissionsgrad*".

Wir bilden speziell das Verhältnis der spektralen Strahldichte L_λ eines beliebigen Temperaturstrahlers in einer bestimmten Richtung zu der spektralen Strahldichte $L_{\lambda, s}$ des schwarzen Strahlers gleicher Temperatur. Dann ist der (gerichtete) *spektrale Emissionsgrad*:

$$\epsilon(\lambda, T) = \frac{L_\lambda}{L_{\lambda, s}}$$

Für einen beliebigen Strahler ist:

$$\epsilon(\lambda, T) < 1 ;$$

nur für den schwarzen Körper ist $\epsilon(\lambda, T) = 1$.

7.4.2.3 *Kirchhoffsches Strahlungsgesetz*

Das Kirchhoffsche Strahlungsgesetz gibt den Zusammenhang zwischen dem Emissionsgrad und dem Absorptionsgrad eines Temperaturstrahlers. Es gilt folgende einfache, experimentell bestätigte Beziehung:

$$\boxed{\epsilon(\lambda, T) = \alpha(\lambda, T)}$$

Bei einem Temperaturstrahler ist der spektrale Emmisionsgrad für eine bestimmte Strahlungsrichtung bei jeder Temperatur T und für jede Wellenlänge λ gleich dem spektralen Absorptionsgrad für eine in umgekehrter Richtung einfallende Strahlung.

Da für den schwarzen Körper $\alpha(\lambda, T) = 1$ ist (7.4.2.1), gilt für ihn auch $\epsilon(\lambda, T) = 1$. Der schwarze Körper hat von allen Körpern den größten Absorptions- und den größten Emissionsgrad.

7.4.2.4 *Plancksches Strahlungsgesetz*

Gegen Ende des 19. Jahrhunderts beschäftigten sich die Physiker intensiv mit der Strahlung des schwarzen Körpers. Erst als *Max Planck* (Abb. 7.4-5) im Jahre 1900, abweichend von den Vorstellungen der klassischen Physik, die *Quantelung der Energie* annahm, gelang es ihm ein Strahlungsgesetz aufzustellen, das mit den präzisen Messungen von *Lummer*[1] und *Pringsheim*[2] übereinstimmte.

---

[1] Otto Lummer, 1860 - 1925, dt. Physiker
[2] Ernst Pringsheim, 1859 - 1917, dt. Physiker

Abb. 7.4-5:
Max Planck, 1858-1947;
Professor für Theoretische
Physik 1885-1889 an der
Universität Kiel, 1889-1947
an der Universität Berlin;
Präsident der Kaiser-Wil-
helm-Gesellschaft 1930-
1937 in Berlin, 1945-1947
in Göttingen; diese wissenschaftliche Gesellschaft
trägt heute den Namen Max
Plancks; Nobelpreis für Physik 1918. Max Planck legte
durch sein Strahlungsgesetz
die Grundlagen zur Quan-
tenphysik.

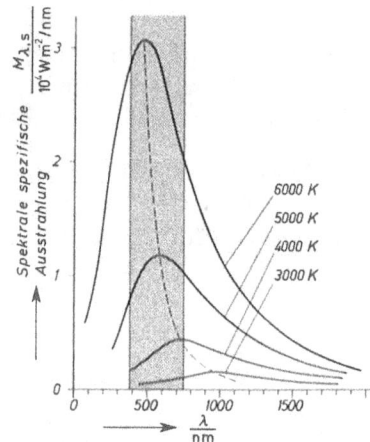

Abb. 7.4-6:
Zum Planckschen Strah-
lungsgesetz: Spektrale
spezifische Ausstrahlung
$M_{\lambda,s}$ als Funktion der
Wellenlänge λ; sichtbarer
Spektralbereich gerastert

Plancks Hypothese lautete:

**Energie wird nur in ganzzahligen Vielfachen bestimmter Energie-
quanten emittiert und absorbiert. Diese Energiequanten sind das
Produkt aus der Frequenz ν der Strahlung und einer universellen
Konstanten h.**

Das Produkt Energie mal Zeit nennt man *„Wirkung"*.

Die Konstante h bezeichnet man Planck zu Ehren als
„Plancksche Konstante" oder „Plancksches Wirkungsquantum". Zur Zeit gilt als genauester Wert:

$$\|h = 6{,}6260755 \cdot 10^{-34}\ \mathrm{J\,s} = 4{,}1356692 \cdot 10^{-15}\ \mathrm{eV\,s}\|$$

Die Ableitung des Planckschen Strahlungsgesetzes ist im
Rahmen dieses Buches nicht möglich. Wir können es nur angeben (Abb. 7.4-6):

$$M_{\lambda,\,s} = c_1 \cdot \lambda^{-5} \cdot (e^{c_2/\lambda T} - 1)^{-1}$$

Dabei ist $M_{\lambda,s} = \dfrac{\mathrm{d}M}{\mathrm{d}\lambda}$ die spektrale spezifische Ausstrahlung
des schwarzen Körpers.

$M = \dfrac{\mathrm{d}\Phi}{\mathrm{d}A_1}$ ist die spezifische Ausstrahlung, wobei vom Flä-

chenelement $\mathrm{d}A_1$ der Strahlungsfluß $\mathrm{d}\Phi$ ausgeht.

$c_1 = 2\ \pi h\ c^2$ ist die 1. Strahlungskonstante und

$c_2 = \dfrac{ch}{k}$ die 2. Strahlungskonstante.

c ist die Lichtgeschwindigkeit im Vakuum und
k die Boltzmannsche Konstante (Tabelle Seite 227).

Plancks Hypothese von den Energiequanten begründete eine
neue Ära der Physik. Während Planck seine Quantenvorstel-
lung zunächst auf die Hohlraumstrahlung eingeschränkt wissen wollte, übertrug Einstein sie kühn auf alle Vorgänge im
atomaren Bereich (8.2.1.3). In der sich daraus entwickelnden
Quantenphysik spielt das Plancksche Wirkungsquantum h
eine hervorragende Rolle.

7.4.2.5 *Wiensches Verschiebungsgesetz*

Das *Wiensche*[1] *Verschiebungsgesetz* sagt folgendes aus:

Das Maximum der spezifischen Ausstrahlung eines schwarzen
Körpers verschiebt sich mit steigender Temperatur so zu kür-

---

[1] Wilhelm Wien, 1864 - 1928, dt. Physiker, Nobelpreis 1911

zeren Wellenlängen, daß das Produkt aus der Wellenlänge λ_{max} und der Temperatur T konstant ist:

$$\lambda_{max}\, T = b$$

$b = 2{,}897756 \cdot 10^{-3}$ Km heißt „Wiensche Konstante".

Das Wiensche Verschiebungsgesetz kann aus dem Planckschen Strahlungsgesetz abgeleitet werden. Wien hatte es aber bereits einige Jahre vorher gefunden.

Beispiele:
1. Die Sonne strahlt ein kontinuierliches Spektrum mit λ_{max} = 555 nm aus. Dann ist

$$T = \frac{b}{\lambda_{max}} \quad \text{oder} \quad T = 5220 \text{ K}.$$

2. Glühlampendrähte haben die Temperatur $T \approx 3000$ K. Daraus folgt $\lambda_{max} \approx 1$ μm.

7.4.2.6 *Stefan-Boltzmannsches Gesetz*

Das *Stefan[1]-Boltzmannsche Gesetz* bezieht sich auf die über den gesamten Wellenlängenbereich integrierte Strahlung eines schwarzen Körpers, die in den Halbraum ($\Omega = 2\,\pi$ sr) ausgestrahlt wird. Es ist:

$$M_s = \sigma\, T^4$$

Die Stefan-Boltzmannsche Konstante ist:

$$\| \sigma = 5{,}6703 \cdot 10^{-8} \text{ W m}^{-2} \text{ K}^{-4} \|$$

Das Stefan-Boltzmannsche Gesetz kann ebenso wie das Wiensche Verschiebungsgesetz aus dem später gefundenen Planckschen Strahlungsgesetz abgeleitet werden. Dabei ergibt sich:

$$\sigma = \frac{2\,\pi^5\, k^4}{15\, h^3\, c^2}$$

---

[1] Josef Stefan, 1835 - 1893, österr. Physiker

7.4.3 Photometrische (lichttechnische) Größen

7.4.3.1 *Zusammenhang zwischen den physikalischen Strahlungsgrößen und den photometrischen Größen*

Die photometrischen Größen berücksichtigen die *Bewertung* der physikalischen Strahlungsgrößen *durch das menschliche Auge*. Sie sind also physiologische Größen.

Die Netzhaut des menschlichen Auges hat zweierlei Arten lichtempfindlicher Zellen. Die „Zapfen" sprechen beim Tagsehen an; sie sind farbempfindlich. Die „Stäbchen" sprechen beim Nachtsehen, von der Dämmerung bis fast zur Dunkelheit, an; sie reagieren nur auf Hell-Dunkel, vermitteln jedoch keinen Farbeindruck. Bei größerer Helligkeit wird der Nachtsehapparat durch Blendung ausgeschaltet.

Die Empfindlichkeit des Auges hängt von der Wellenlänge der auftreffenden Strahlung ab. Sie ist für Tagsehen anders als für Nachtsehen. Der *spektrale Hellempfindlichkeitsgrad* V_λ für Tagsehen und V_λ' für Nachtsehen wurden als physiologische Funktionen auf Grund der Helligkeitseindrücke sehr vieler Versuchspersonen international vereinbart (DIN 5031). Siehe dazu Tabelle 7.4-1!

Die Abb. 7.4-7 zeigt diese Funktionen. Beim Tagsehen liegt das Maximum V_λ = 1 bei λ = 555 nm; beim Nachtsehen ist V_λ' = 1 bei λ = 510 nm.

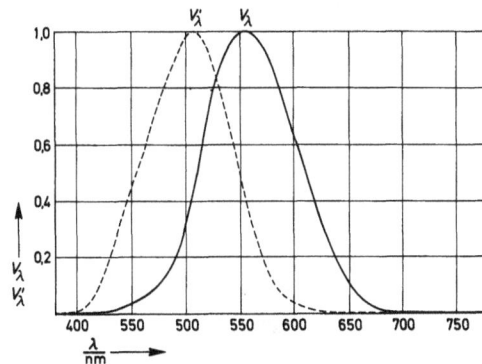

Abb. 7.4-7: Spektraler Hellempfindlichkeitsgrad
a) beim Tagsehen (V_λ); b) beim Nachtsehen (V_λ')

Tabelle 7.4-1.
Spektraler Hellempfindlichkeitsgrad für Tagsehen V_λ und für Nachtsehen V'_λ

$\dfrac{\lambda}{nm}$	V_λ	V'_λ	$\dfrac{\lambda}{nm}$	V_λ	V'_λ
380	0,0000	$0,589 \cdot 10^{-3}$	580	0,870	0,1212
390	$0,1 \cdot 10^{-3}$	$0,2209 \cdot 10^{-2}$	590	0,757	$0,655 \cdot 10^{-1}$
400	$0,4 \cdot 10^{-3}$	$0,929 \cdot 10^{-2}$	600	0,631	$0,3315 \cdot 10^{-1}$
410	$0,12 \cdot 10^{-2}$	$0,3484 \cdot 10^{-1}$	610	0,503	$0,1593 \cdot 10^{-1}$
420	$0,40 \cdot 10^{-2}$	$0,966 \cdot 10^{-1}$	620	0,381	$0,737 \cdot 10^{-2}$
430	$0,161 \cdot 10^{-1}$	0,1998	630	0,265	$0,3335 \cdot 10^{-2}$
440	$0,23 \cdot 10^{-1}$	0,3281	640	0,175	$0,1497 \cdot 10^{-2}$
450	$0,38 \cdot 10^{-1}$	0,455	650	0,107	$0,677 \cdot 10^{-3}$
460	$0,60 \cdot 10^{-1}$	0,567	660	$0,61 \cdot 10^{-1}$	$0,3129 \cdot 10^{-3}$
470	$0,91 \cdot 10^{-1}$	0,676	670	$0,32 \cdot 10^{-1}$	$0,1480 \cdot 10^{-3}$
480	0,193	0,793	680	$0,17 \cdot 10^{-1}$	$0,715 \cdot 10^{-4}$
490	0,208	0,904	690	$0,82 \cdot 10^{-2}$	$0,3533 \cdot 10^{-4}$
500	0,323	0,982	700	$0,41 \cdot 10^{-2}$	$0,1780 \cdot 10^{-4}$
510	0,503	0,997	710	$0,21 \cdot 10^{-2}$	$0,914 \cdot 10^{-5}$
520	0,710	0,935	720	$0,105 \cdot 10^{-2}$	$0,478 \cdot 10^{-5}$
530	0,862	0,811	730	$0,52 \cdot 10^{-3}$	$0,2546 \cdot 10^{-5}$
540	0,954	0,650	740	$0,25 \cdot 10^{-3}$	$0,1379 \cdot 10^{-5}$
550	0,995	0,481	750	$0,12 \cdot 10^{-3}$	$0,760 \cdot 10^{-6}$
560	0,995	0,3288	760	$0,6 \cdot 10^{-4}$	$0,425 \cdot 10^{-6}$
570	0,952	0,2076	770	$0,3 \cdot 10^{-4}$	$0,2413 \cdot 10^{-6}$
			780	$0,15 \cdot 10^{-4}$	$0,1390 \cdot 10^{-6}$

Zu jeder in 7.4.1 definierten Strahlungsgröße gibt es eine entsprechende Lichtgröße. Dabei verstehen wir unter Licht die vom Auge bewertete elektromagnetische Strahlung.

Wenn Verwechslungen zu befürchten sind, schreibt man die physikalischen Strahlungsgrößen mit dem Index e (energetisch), die photometrischen Größen mit dem Index v (visuell).

Dem spektralen Strahlungsfluß

$$\Phi_{\lambda, e} = \frac{d \Phi_e}{d\lambda}$$

entspricht z.B. der spektrale Lichtfluß, meist Lichtstrom genannt:

$$\Phi_{\lambda, v} = \frac{d \Phi_v}{d\lambda}$$

Diese beiden Größen sind proportional zueinander:

$$\boxed{\Phi_{\lambda, v} = K(\lambda)\, \Phi_{\lambda, e}}$$

Da das Auge für jede Wellenlänge λ eine andere Empfindlichkeit hat, gilt die Proportionalitätskonstante $K(\lambda)$ jeweils nur für ein bestimmtes λ. Berücksichtigt man die Wellenlängenabhängigkeit durch die physiologische Funktion V_λ, so kann man schreiben:

$$\boxed{K(\lambda) = K_m\, V_\lambda}$$

$K(\lambda)$ nennt man „photometrisches Strahlungsäquivalent" für monochromatische Strahlung der Wellenlänge λ. K_m ist dann das „maximale photometrische Strahlungsäquivalent" für $V_\lambda = 1$, also für $\lambda = 555$ nm.

Es ist:

$$K_m = 6{,}8 \cdot 10^2 \text{ lm W}^{-1}$$

1 Lumen (lm) ist dabei die SI-Einheit des Lichtstroms (7.4.3.2). Den gesamten Lichtstrom Φ_v erhält man durch Multiplikation von $\Phi_{\lambda,\,e}$ mit $K(\lambda) = K_m V_\lambda$ und Integration über alle λ:

$$\boxed{\Phi_v = K_m \int_0^\infty \Phi_{\lambda,\,e}\, V_\lambda \, d\lambda}$$

Allgemein gilt für den Zusammenhang einer photometrischen Größe X_v mit der entsprechenden physikalischen Strahlungsgröße X_e:

$$X_v = K_m \int_0^\infty X_{\lambda,\,e}\, V_\lambda \, d\lambda$$

Wenn man den Lichtstrom Φ_v ermittelt hat, kann man die andern photometrischen Größen auch durch die Definitionen finden, die unten zusammengestellt sind.

Die vereinfachten Definitionen der Zusammenstellung gelten nur, wenn der Lichtstrom zeitlich konstant bzw. in der betrachteten Fläche oder in dem Raumwinkel gleichmäßig verteilt ist; sonst gelten sie nur für Mittelwerte.

7.4.3.2 Einheiten der photometrischen Größen

In der Zusammenstellung werden auch die Einheiten der photometrischen Größen und Beziehungen zwischen ihnen angegeben.

Watt als Einheit der Strahlungsleistung und Lumen als Einheit der Lichtleistung (des Lichtstroms) entsprechen einander. Alle anderen photometrischen Einheiten werden aus dem Lu-

Zusammenstellung von Strahlungs- und Lichtgrößen

Physikalische Strahlungsgrößen					Physiologische Lichtgrößen (photometrische Größen)				
Größe	Zeichen	Definition		SI-Einheit	Größe	Zeichen	Definition		SI-Einheit
		allgemein	vereinfacht				allgemein	vereinfacht	
Strahlungsfluß (-leistung)	Φ_e	$\dfrac{dW}{dt}$	$\dfrac{W}{t}$	W	Lichtstrom (-leistung)	Φ_v	$K_m \int_0^\infty \Phi_{\lambda,\,e}\, V_\lambda\, d\lambda$	–	lm = cd sr (Lumen)
Strahlstärke	I_e	$\dfrac{d\Phi_e}{d\Omega}$	$\dfrac{\Phi_e}{\Omega}$	$\dfrac{W}{sr}$	Lichtstärke	I_v	$\dfrac{d\Phi_v}{d\Omega}$	$\dfrac{\Phi_v}{\Omega}$	$\dfrac{\text{lm}}{\text{sr}}$ = cd (Candela)
Spezifische Ausstrahlung	M_e	$\dfrac{d\Phi_e}{dA_1}$	$\dfrac{\Phi_e}{A_1}$	$\dfrac{W}{m^2}$	Spez. Lichtausstrahlung	M_v	$\dfrac{d\Phi_v}{dA_1}$	$\dfrac{\Phi_v}{A_1}$	$\dfrac{\text{lm}}{m^2} = \dfrac{\text{cd sr}}{m^2}$
Strahldichte	L_e	$\dfrac{dI_e}{dA_1 \cdot \cos\vartheta_1} = \dfrac{d^2\Phi_e}{dA_1 \cdot \cos\vartheta_1 \cdot d\Omega}$	$\dfrac{I_e}{A_1 \cos\vartheta_1} = \dfrac{\Phi_e}{A_1 \cos\vartheta_1 \cdot \Omega}$	$\dfrac{W}{m^2\, sr}$	Leuchtdichte	L_v	$\dfrac{dI_v}{dA_1 \cdot \cos\vartheta_1} = \dfrac{d^2\Phi_v}{dA_1 \cdot \cos\vartheta_1 \cdot d\Omega}$	$\dfrac{I_v}{A_1 \cos\vartheta_1} = \dfrac{\Phi_v}{A_1 \cos\vartheta_1 \cdot \Omega}$	$\dfrac{\text{lm}}{m^2\, sr} = \dfrac{\text{cd}}{m^2}$
Bestrahlungsstärke	E_e	$\dfrac{d\Phi_e}{dA_2}$	$\dfrac{\Phi_e}{A_2}$	$\dfrac{W}{m^2}$	Beleuchtungsstärke	E_v	$\dfrac{d\Phi_v}{dA_2}$	$\dfrac{\Phi_v}{A_2}$	$\dfrac{\text{lm}}{m^2} = \dfrac{\text{cd sr}}{m^2}$ = lx (Lux)

men und geometrischen Einheiten (m^2; sr) auf die gleiche Weise abgeleitet wie die entsprechenden physikalischen Einheiten aus dem Watt.

Lediglich die Tatsache, daß man statt der Lichtstromeinheit Lumen die Lichtstärkeeinheit Candela zur Basiseinheit gewählt hat (1.1.3), verdeckt etwas die Parallelität zwischen den physiologischen und den physikalischen Einheiten.

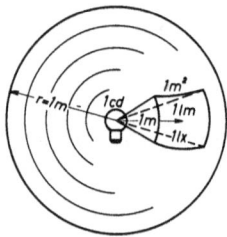

Abb. 7.4-8:
Zu den photometrischen Einheiten

Die Abb. 7.4-8 gibt einen Überblick über die wichtigsten photometrischen Einheiten: Eine Lichtquelle der Lichtstärke $I_v = 1$ cd strahlt in den Raumwinkel $\Omega = 1$ sr den Lichtstrom $\Phi = 1$ lm und erzeugt im Abstand $r = 1$ m auf einer Kugeloberfläche $A_2 = 1$ m^2 die Beleuchtungsstärke $E_v = 1$ lx.

7.4.3.3 *Photometrisches Grundgesetz*

Wie wir in 7.4.1.6 eine Gleichung für den Strahlungsfluß Φ_e abgeleitet haben, können wir dies entsprechend für den Lichtstrom Φ_v tun (Abb. 7.4-3), der von einer Lichtquelle (Flächenelement dA_1, Lichtrichtung ϑ_1) auf einen im Abstand r stehenden Empfänger (Flächenelement dA_2, Lichtrichtung ϑ_2) gestrahlt wird. Diese Gleichung wird *photometrisches Grundgesetz* genannt. Sie lautet:

$$d^2\,\Phi_v = L_v\ \frac{dA_1 \cdot \cos\vartheta_1 \cdot dA_2 \cdot \cos\vartheta_2}{r^2}$$

Stehen die beiden Flächenelemente dA_1 und dA_2 normal zur Richtung von r, so vereinfacht sich die Gleichung:

$$d^2\,\Phi_v = L_v\ \frac{dA_1\,dA_2}{r^2}$$

In der Photometrie kann man häufig annehmen, daß der Lichtstrom zeitlich konstant ist, ferner, daß der Abstand r der beiden kleinen Flächen A_1 und A_2 relativ groß ist. Dann können wir vereinfacht schreiben:

$$\Phi = L\ \frac{A_1\,A_2}{r^2}$$

Wir lassen den Index v jetzt weg, da nur noch photometrische Größen vorkommen. Setzen wir

$$\frac{\Phi}{A_2} = E \qquad \text{und} \qquad L\,A_1 = I,$$

so erhalten wir für die Beleuchtungsstärke in A_2:

$$E = \frac{I}{r^2}$$

Die Beleuchtungsstärke wächst also mit der Lichtstärke und nimmt mit dem Quadrat der Entfernung ab.

Die Abb. 7.4-9 veranschaulicht den Inhalt der letzten beiden Gleichungen. Die Lichtquelle der Leuchtdichte L und der Fläche A_1 hat die Lichtstärke $I = L\,A_1$. Sie strahlt in den Raumwinkel $\Omega = \dfrac{A_2}{r^2}$ den Lichtstrom

$$\Phi = I\,\Omega \qquad \text{oder} \qquad \Phi = L\,A_1\,\frac{A_2}{r^2}$$

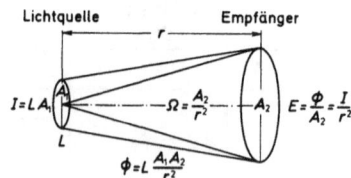

Abb. 7.4-9:
Zum photometrischen Grundgesetz (vereinfachte Form)

gegen den Empfänger der Fläche A_2 aus. Dort ist dann die Beleuchtungsstärke:

$$E = \frac{\Phi}{A_2} \quad \text{oder} \quad E = \frac{I}{r^2}$$

Die Gleichung für Φ ist so symmetrisch, daß man die gleichen Überlegungen auch in Umkehrung der Lichtrichtung anstellen kann (Lichtquelle in A_2, Empfängerfläche A_1).

Visuelle Photometer sind so gebaut, daß man zwei gleiche Flächen mit zwei verschiedenen Lichtquellen so beleuchtet, daß sie gleich hell erscheinen, ihre Beleuchtungsstärke also dieselbe ist. Das kann man durch entsprechende Abstandsänderung einer Lichtquelle erreichen. Sind I_1 und I_2 die Lichtstärken der beiden Lichtquellen, r_1 und r_2 ihre Abstände von den Photometerflächen, so ist:

$$E_1 = \frac{I_1}{r_1^2} \quad \text{und} \quad E_2 = \frac{I_2}{r_2^2}$$

Ist $E_1 = E_2$, so erhalten wir:

$$\boxed{I_1 : I_2 = r_1^2 : r_2^2}$$

Ist die Lichtstärke I_1 bekannt (Lichtstärkenormal), so kann man durch Abstandsmessungen die Lichtstärke I_2 bestimmen.

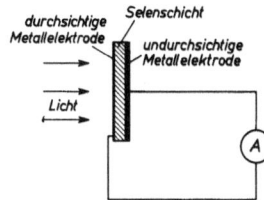

Abb.7.4-10: Aufbau eines Selen-Photoelements

In *objektiven Photometern* verwendet man anstelle des Auges ein Selen-Photoelement (Abb. 7.4-10), dessen spektrale Empfindlichkeit annähernd der Augenempfindlichkeit entspricht. Durch geeignete Farbfilter kann eine noch bessere Anpassung erreicht werden.

Aufgaben:
1. Welche Lichtstärke muß eine Lichtquelle haben, wenn auf einem Schirm in 8 m Entfernung die Beleuchtungsstärke 25 lx sein soll? Wie groß ist der auf den Schirm treffende Lichtstrom, wenn der Schirm eine Fläche von 0,5 m² hat? Antwort: 1600 cd; 12,5 lm.

2. Ein Diaprojektor soll eine Bildwand mit 125 lx beleuchten. Das Objektiv hat die Brennweite $f' = 7,5$ cm. Es sollen Diapositive 5 cm · 5 cm in 4 m Entfernung von der Linse auf der Wand abgebildet werden. Wie groß sind die Bilder auf der Wand? Wie groß muß der Lichtstrom zwischen Linse und Wand sein? Wie groß ist die Lichtstärke des Projektors? Antwort: 2,62 m · 2,62 m; 858 lm; 2000 cd.

8.   QUANTEN- UND ATOMPHYSIK

8.1   Zusammenstellung einiger Grundkenntnisse

8.1.1   Licht als elektromagnetische Welle und als Quant

Die Ausbreitung des Lichtes in Form elektromagnetischer Wellen ist durch viele Experimente sichergestellt (6.6.2). Alle bisher besprochenen optischen Erscheinungen (7) können zwanglos durch die Wellentheorie des Lichtes gedeutet werden. Besonders eindrucksvoll zeigen Interferenz, Beugung und Polarisation des Lichtes seinen Wellencharakter.

Bei der Untersuchung der Lichtaussendung und der Wechselwirkung zwischen Licht und Materie werden jedoch Vorgänge beobachtet, die nicht mehr durch die Wellentheorie beschrieben werden können. Auf Grund dieser Befunde muß man vielmehr dem Licht, ähnlich wie der Materie oder wie der elektrischen Ladung, einen quantenhaften Charakter zuschreiben. Die *„Lichtquanten"* oder *„Photonen"* können mit materiellen Teilchen in Wechselwirkung treten, haben aber andere Eigenschaften als diese.

8.1.2   Elektronenhülle der Atome

Jedes Atom besteht aus einem positiv elektrisch geladenen Kern und einer Elektronenhülle. Die Kernladung ist ein ganzzahliges Vielfaches der Elementarladung e, also $+ke$, wobei k eine positive ganze Zahl ist. Das neutrale Atom hat k Elektronen in seiner Hülle. Die Ladung der Hülle ist also $-ke$.

Die Ordnungszahl Z eines chemischen Elements stimmt mit der Zahl k der positiven Elementarladungen bzw. der Hüllenelektronen des neutralen Atoms überein.

Im Periodensystem der Elemente (siehe Grundkurs der Physik 1, S. 214) wächst also bei neutralen Atomen die Zahl der Hüllenelektronen von einem Element zum nächsten jeweils um 1.

Eingriffe in die Elektronenhülle sind mit relativ kleiner Energie möglich. Alle chemischen Vorgänge spielen sich in der Elektronenhülle ab; der Atomkern wird durch sie nicht verändert.

Werden aus der Hülle des neutralen Atoms Elektronen entfernt, so entsteht ein positiv geladenes Ion.

Werden in die Hülle des neutralen Atoms Elektronen eingefügt, so entsteht ein negativ geladenes Ion.

8.1.3   Linienspektren der Atome

Die Linienspektren der Atome (7.3.1.3) können mit Hilfe der Lichtquanten in Zusammenhang mit Vorgängen in der Elektronenhülle der Atome gebracht werden. Zunächst wurde das Spektrum von Wasserstoff eingehend untersucht. Dann folgten auch kompliziertere Linienspektren.

8.2   Lichtquanten (Photonen)

8.2.1   Lichtelektrischer Effekt (Photoeffekt)

8.2.1.1   *Experimentelle Ergebnisse*

Versuch (Abb. 8.2-1): Eine Metallplatte, z.B. eine frisch geschmirgelte Zinkplatte, wird elektrisch geladen. Wird die Platte dann mit dem Licht einer Hg-Dampflampe bestrahlt, so verliert sie sofort ihre Ladung, wenn diese negativ ist; sie behält jedoch ihre Ladung, wenn diese positiv ist.

Hallwachs[1] entdeckte im Jahre 1887 diesen *„äußeren lichtelektrischen Effekt"* oder *„Photoeffekt"* und deutete ihn so: Durch die Bestrahlung mit kurzwelligem Licht werden aus einer Metallplatte Elektronen herausgelöst.

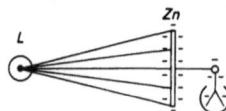

Abb. 8.2-1:
Versuch zum lichtelektrischen Effekt

[1]   Wilhelm Hallwachs, 1859 - 1922, dt. Physiker

Den experimentellen Beweis für die Richtigkeit dieser Deutung lieferte *Lenard*[1] im Jahre 1899, indem er zeigte, daß von einer „Photokathode" in einem Vakuumgefäß negativ geladene Teilchen abgelöst werden, deren spezifische Ladung gleich der von Elektronen ist. Die spezifische Ladung bestimmte er nach der Methode von 6.3.4.2.

Lenard untersuchte ferner den Einfluß der Bestrahlungsstärke sowie der Frequenz des eingestrahlten Lichtes auf die Geschwindigkeit der Elektronen (Photoelektronen) bei ihrem Austritt aus dem Metall. Die experimentellen Ergebnisse Lenards, die durch die Untersuchungen anderer Forscher bestätigt und ergänzt wurden, können wir folgendermaßen *zusammenfassen:*

1. Der Photoeffekt setzt sofort ohne Verzögerung nach dem Beginn der Bestrahlung des Metalls ein.
2. Die Stärke des Photostroms ist direkt proportional zur Bestrahlungsstärke.
3. Die kinetische Energie der Photoelektronen beim Austritt aus dem Metall ist unabhängig von der Bestrahlungsstärke.
4. Die kinetische Energie der Photoelektronen nimmt mit der Frequenz des eingestrahlten Lichtes zu.
5. Unterhalb einer von der Kathodenart abhängigen Grenzfrequenz werden keine Photoelektronen ausgelöst.

Neben dem äußeren gibt es auch einen *inneren lichtelektrischen Effekt.* Bei ihm werden im Innern durchsichtiger Halbleiter-Kristalle, z.B. Selen, Germanium oder Silizium, durch Bestrahlen mit Licht Elektronen freigemacht. Diese können dann als zusätzliche Leitungselektronen den elektrischen Widerstand herabsetzen („*Photowiderstände*"). Wir beschränken uns im folgenden auf den äußeren Photoeffekt.

8.2.1.2 *Versagen der Wellentheorie des Lichtes*

Die experimentellen Befunde des äußeren lichtelektrischen Effektes sind mit der Wellentheorie des Lichtes nicht zu erklären.

Bei dem kleinen Durchmesser eines Atoms würden viele Stunden vergehen, bis es soviel Energie aus einer Lichtwelle

absorbiert hätte, daß diese zur Ablösung eines Elektrons ausreichen würde. Der Photoeffekt setzt aber praktisch ohne Verzögerungszeit ein; diese ist $< 10^{-11}$ s. Ferner sollte man nach der Wellentheorie erwarten, daß die kinetische Energie der Photoelektronen mit der Bestrahlungsstärke wächst; sie ist aber von dieser unabhängig. Das Anwachsen des Photostroms mit der Bestrahlungsstärke ist demnach auf eine Zunahme der *Zahl der Elektronen und nicht ihrer Geschwindigkeit* zurückzuführen. Schließlich ist der beobachtete Einfluß der Frequenz des Lichtes auf die kinetische Energie der Photoelektronen nach dem Wellenbild unverständlich.

8.2.1.3 *Deutung des Photoeffekts durch Einstein mit Hilfe der Photonen*

Der lichtelektrische Effekt konnte erst gedeutet werden, nachdem *Einstein* im Jahre 1905 das Plancksche Wirkungsquantum h (7.4.2.4) zur Erklärung heranzog. Er entwickelte folgende Vorstellungen:

Das Licht besteht aus „*Lichtquanten*" oder „*Photonen*". Strahlt eine Lichtquelle mit der Frequenz ν, so setzt sich die gesamte von ihr ausgestrahlte Energie aus vielen gleichen Energiequanten $h\nu$ der Photonen zusammen.

Der lichtelektrische Effekt besteht dann nach Einstein in einer Wechselwirkung zwischen *einem* Photon und *einem* Elektron, also in einem *Elementarprozeß* zwischen einem „Lichtteilchen" und einem materiellen Teilchen. Die Energie $h\nu$ des Photons dient zum Teil dazu, das Photoelektron aus dem Metall herauszulösen, also dazu, die „*Austrittsarbeit*" W zu verrichten; der Rest wird in kinetische Energie des Elektrons verwandelt. Danach gilt folgende *Energiebilanz* beim Stoß zwischen einem Photon und einem Elektron:

$$h\nu = W + \frac{1}{2}\, m\, v^2$$

Dabei ist $\vec{v}$ die Geschwindigkeit des Elektrons beim Austritt aus dem Metall, *m* ist seine Masse.

---

[1] Philipp Lenard, 1862 - 1947, dt. Physiker, Nobelpreis 1905

Die Deutung des lichtelektrischen Effekts durch Einstein erklärt alle in 8.2.1.1 zusammengestellten experimentellen Ergebnisse:

1. Wenn die Energie der Photonen ausreicht, um Elektronen abzulösen, so kann dieser Prozeß sofort einsetzen.

2. Die Bestrahlungsstärke ist proportional zur Zahl der Photonen; die Stärke des Photostroms ist proportional zur Zahl der abgelösten Elektronen. Da beide Zahlen gleich sind, ist der Photostrom proportional zur Bestrahlungsstärke.

3. Mit der Bestrahlungsstärke wächst nur die Zahl, aber nicht die kinetische Energie der Photoelektronen.

4. Die Energie der Photonen wächst proportional zu ihrer Frequenz. Da die Austrittsarbeit eine frequenzunabhängige Materialkonstante des Metalls ist, bleibt für die kinetische Energie des ausgelösten Elektrons ein umso größerer Anteil übrig, je höher die Frequenz des Photons ist.

5. Ist die Energie des Photons kleiner als die Austrittsarbeit, so ist es nicht mehr im Stande, ein Elektron aus dem Metall zu lösen. Bei der Grenzfrequenz ν_g kann ein Elektron gerade noch mit der Geschwindigkeit $\vec{v} = 0$ das Metall verlassen. Aus der Energiebilanz erhalten wir dann für die Grenzfrequenz:

$$\nu_\mathrm{g} = \frac{W}{h}$$

Die Vorstellung vom quantenhaften Charakter des Lichtes hat sich über die Deutung des Photoeffekts hinaus als außerordentlich fruchtbar erwiesen, sobald Wechselwirkungen zwischen Licht und Materie im atomaren Bereich betrachtet werden. Die Quantentheorie des Lichtes steht aber in einem gewissen Widerspruch zur Wellentheorie, da sie die typischen Wellenerscheinungen Interferenz und Beugung nicht erklären kann, jedenfalls nicht so einfach wie die Wellentheorie. Auf Grund der experimentellen Befunde müssen wir zunächst festhalten, daß das Licht sowohl einen Wellen- als auch einen Teilchencharakter zeigt. Auf diesen Dualismus zwischen Wellen- und Quantenbild werden wir in 8.3 zurückkommen.

8.2.1.4 *Experimentelle Prüfung der Energiebilanz und Bestimmung des Planckschen Wirkungsquantums*

Die durch Licht der Frequenz ν ausgelösten Photoelektronen haben keine einheitliche Geschwindigkeit, da sie aus verschieden tiefen Schichten ausgelöst werden. Die von der Metalloberfläche abgelösten Elektronen haben die größte Geschwindigkeit, weil für sie die Austrittsarbeit am kleinsten ist.

Man kann die kinetische Energie dieser schnellsten Photoelektronen mit der „Gegenfeldmethode" messen. Die Abb. 8.2-2 zeigt schematisch die dabei verwendete *Versuchsschaltung*:

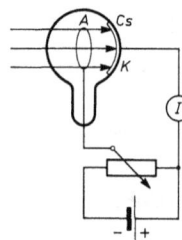

Abb. 8.2-2:
Schaltschema zur Gegenfeldmethode

Ein Vakuumgefäß enthält eine Photokathode K und davor eine ringförmige Auffangelektrode A. Durch diese hindurch wird die Photokathode nacheinander mit Licht verschiedener Frequenzen bestrahlt, die durch Filtergläser aus dem Licht einer Hg-Dampflampe ausgefiltert werden. Die bei der Bestrahlung von K ausgelösten Photoelektronen werden durch ein elektrisches Gegenfeld abgebremst. Mit einem Potentiometer kann man die Gegenspannung $-U$ so einregulieren, daß die schnellsten Photoelektronen die Auffangelektrode gerade nicht mehr erreichen. Dies zeigt sich im Verschwinden des Photostroms.

Die zum Abbremsen eines der schnellsten Elektronen nötige elektrische Arbeit $(-e)(-U) = eU$ ist gleich seiner kinetischen Energie beim Austritt aus der Metalloberfläche (6.2.4.3) Also ist:

$$eU = \frac{1}{2} m v^2$$

Aus der Energiebilanz von 8.2.1.3 folgt:

$$\frac{1}{2}\, m\, v^2 = h\nu - W \qquad \text{oder} \qquad e\, U = h\nu - W$$

Millikan führte im Jahre 1916 Präzisionsmessungen mit der Gegenfeldmethode zum lichtelektrischen Effekt an verschiedenen Metallen durch. Er bestimmte durch die elektrische Abbremsarbeit die kinetische Energie der schnellsten Photoelektronen in Abhängigkeit von der Frequenz (bzw. der Wellenlänge) des eingestrahlten Lichtes. Für Natrium und Lithium erhielt er die Werte der Abb. 8.2-3, die auf zwei parallelen Geraden liegen, in Übereinstimmung mit der oben angeschriebenen Gleichung. Für andere Metalle ergaben sich andere Geraden, die aber alle untereinander parallel waren.

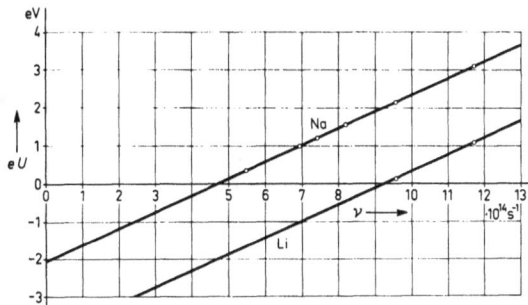

Abb. 8.2-3: Meßergebnisse Millikans zur Bestimmung der Planckschen Konstante mit der Gegenfeldmethode

Die Steigung aller Geraden ist gleich dem Planckschen Wirkungsquantum h. Der Schnittpunkt der Geraden mit der Energieachse (Ordinate) gibt jeweils die Austrittsarbeit. Diese beträgt einige Elektronvolt (Tabelle 8.2-1).

Die Austrittsarbeit hängt nicht nur von der Art des Metalls sondern auch von der Beschaffenheit seiner Oberfläche ab. Millikan verwendete bei seinen Messungen eine frisch geschnittene Na-Oberfläche, so daß die Austrittsarbeit relativ klein war.

Der Wert für das Plancksche Wirkungsquantum h ergab sich aus den Messungen von Millikan in sehr guter Übereinstimmung mit dem nach andern Methoden gewonnenen Wert. Diese Tatsache, sowie die Experimente anderer Physiker, bestätigen die Deutung des lichtelektrischen Effekts durch Einstein.

Bei den meisten Lichtquellen ist die Dichte der Photonen so klein, daß nur Stöße zwischen *einem* Photon und *einem* Elektron zustandekommen. Bei lichtstarken *Lasern* kann die Photonendichte so groß werden, daß gleichzeitig mehrere Photonen auf dasselbe Elektron treffen. Dann muß man in der Energiebilanz $k\,h\nu$ statt $1\,h\nu$ schreiben, wobei k eine positive ganze Zahl bedeutet.

Aufgaben:
1. Ein Metall hat die Austrittsarbeit 3,1 eV.
   a) Welche Frequenz muß das Licht mindestens haben, damit Photoelektronen austreten?
   b) Wie groß ist die Geschwindigkeit der austretenden Elektronen, wenn mit Licht der Wellenlänge 300 nm bestrahlt wird?
   Antwort: a) $7{,}5 \cdot 10^{14}$ Hz; b) $6{,}0 \cdot 10^5$ m s^{-1}.

Tabelle 8.2-1
Austrittsarbeit W und Grenzwellenlänge λ_g für den lichtelektrischen Effekt einiger Elemente; es handelt sich nur um Näherungswerte, da der Oberflächenzustand die Messungen stark beeinflußt.

Element	Zeichen	$\dfrac{W}{\text{eV}}$	$\dfrac{\lambda_g}{\text{nm}}$	Element	Zeichen	$\dfrac{W}{\text{eV}}$	$\dfrac{\lambda_g}{\text{nm}}$
Lithium	Li	2,46	504	Kupfer	Cu	4,84	256
Natrium	Na	2,28	543	Zink	Zn	4,34	285
Magnesium	Mg	3,70	335	Silber	Ag	4,43	279
Aluminium	Al	4,20	295	Cadmium	Cd	4,11	302
Kalium	K	2,25	551	Cäsium	Cs	1,94	639
Titan	Ti	3,87	320	Barium	Ba	2,52	492
Eisen	Fe	4,63	268	Wolfram	W	4,57	271
Nickel	Ni	5,09	243	Platin	Pt	5,66	219

2. Auf die Kathode einer Vakuumphotozelle fällt blaues Licht der Wellenlänge 436 nm. Bei der Gegenfeldmethode verschwindet der Photostrom bei der Gegenspannung 1,5 V.

a) Bei welcher Gegenspannung wird die Photostromstärke Null, wenn statt mit blauem mit gelbem Licht der Wellenlänge 580 nm bestrahlt wird?

b) Welches ist die Grenzwellenlänge bei dieser Photozelle?

Antwort: a) 0,79 V; b) 930 nm.

3. Bei der Bestrahlung einer Metallplatte mit Licht der Hg-Linien λ_1 = 546 nm, λ_2 = 436 nm und λ_3 = 405 nm wurden mit der Gegenfeldmethode die Gegenspannungen U_1 = 0,90 V, U_2 = 1,5 V und U_3 = 1,7 V gemessen. Bestimmen Sie daraus den Mittelwert für h!

Antwort: $6,6 \cdot 10^{-34}$ J s.

8.2.2 Eigenschaften der Photonen

Die Photonen besitzen nicht nur Energie, sondern weitere Teilcheneigenschaften wie Masse und Impuls. Um diese Größen für die Photonen angeben zu können, müssen wir eine allgemeingültige Beziehung zwischen Energie und Masse von Einstein heranziehen.

8.2.2.1 *Einsteinsche Masse-Energie-Äquivalenzbeziehung*

Einstein leitete aus seiner speziellen Relativitätstheorie folgenden Zusammenhang zwischen Energie E und Masse m ab:

$$\boxed{E = m c^2}$$

Dabei ist c die Lichtgeschwindigkeit im Vakuum.

In einem ruhenden Körper der Masse m_0 (Ruhemasse) ist demnach die außerordentlich große Energie (Ruhenergie) konzentriert:

$$E_0 = m_0 c^2$$

Bewegt sich ein Körper mit der Geschwindigkeit $\vec{v}$, so hat er außer der Ruhenergie E_0 noch die kinetische Energie E_k. Seine Gesamtenergie E ist:

$$E = E_0 + E_k$$

Der bewegte Körper hat zugleich auch eine Masse m, die größer als seine Ruhemasse m_0 ist. Nach der Einsteinschen Gleichung ist $E = m c^2$ und $E_0 = m_0 c^2$. Damit erhalten wir:

$$E_k = (m - m_0) c^2$$

Wir können entsprechend 2.5.3.1 setzen:

$$m = \frac{m_0}{\sqrt{1 - \left(\frac{v}{c}\right)^2}}$$

Damit ist:

$$E_k = m_0 c^2 \left(\frac{1}{\sqrt{1 - \left(\frac{v}{c}\right)^2}} - 1 \right)$$

Für kleine Geschwindigkeiten v, d.h. $v \ll c$, wird $E_k = \frac{1}{2} m_0 v^2$, wie es uns geläufig ist (2.5.7.3). Das zeigt folgende Rechnung: Für

$$\left(\frac{v}{c}\right)^2 < 1$$

gilt die Reihenentwicklung:

$$\frac{1}{\sqrt{1 - \left(\frac{v}{c}\right)^2}} = 1 + \frac{1}{2} \left(\frac{v}{c}\right)^2 + \frac{3}{8} \left(\frac{v}{c}\right)^4 + \dots$$

Also ist

$$E_k = \frac{1}{2} m_0 v^2 + \frac{3}{8} \frac{m_0 v^4}{c^2} + \dots$$

Für $v \ll c$ ist bereits das zweite Glied der Reihe für E_k verschwindend klein.

Der Ausdruck für die kinetische Energie E_k entsprechend der Einsteinschen Beziehung wird u.a. bei Energiebilanzen von Kernprozessen benötigt und dabei unmittelbar experimentell bestätigt (9.3).

8.2.2.2 *Energie, Masse und Impuls der Photonen*

Ein Photon hat die *Energie* $E = h\nu$ (8.2.1.3). Dieser Energie entspricht nach Einstein eine Masse m nach der Beziehung (8.2.2.1):

$$h\nu = m c^2$$

Daher ist die *Masse des Photons*:

$$m = \frac{h\nu}{c^2}$$

Da sich ein Photon stets mit Lichtgeschwindigkeit bewegt, hat es *keine Ruhemasse*; es ist:

$$m_0 = 0$$

Darin besteht der wesentliche Unterschied zwischen den Photonen und den materiellen Teilchen, bei denen stets $m_0 \neq 0$ ist.

Wir können jetzt auch den *Impuls eines Photons* $\vec{p} = m\vec{c}$ (2.5.3.1) berechnen, indem wir für die Masse m den oben angegebenen Ausdruck setzen. Wir erhalten damit den Betrag des Impulses eines Photons:

$$p = \frac{h\nu}{c}$$

oder, wenn wir mit $c = \nu\lambda$ die *Wellenlänge des Photons* einführen:

$$p = \frac{h}{\lambda}$$

Beispiele für Energie, Masse und Impuls von Photonen gibt die Tabelle 8.2-2 für verschiedene Frequenzbereiche des elektromagnetischen Spektrums.

Der Teilchencharakter elektromagnetischer Strahlung tritt umso klarer in Erscheinung, je größer die *Energie eines Photons* ist. Bei niedrigen Frequenzen ist es schwierig, einzelne Photonen zu registrieren; man beobachtet im UKW- und UR-Bereich in der Regel die Wirkung einer Summe vieler Photonen. Daher tritt hier mehr der Wellencharakter in den Vordergrund.

Im Bereich der Röntgen- und Gammastrahlen dagegen hat ein Photon eine so große Energie, daß es einzeln nachgewiesen werden kann. Hier ist es deshalb leichter den Teilchencharakter als den Wellencharakter der Strahlung zu beobachten. Bei sehr hohen Frequenzen kann man sogar die Wellenlänge nicht mehr direkt messen; man muß sie aus der Energie der Photonen berechnen.

Das sichtbare Licht bildet das Übergangsgebiet zwischen diesen beiden Extremen. Deshalb kann man im sichtbaren Frequenzbereich sowohl Experimente durchführen, die das Wellenbild, als auch solche, die das Teilchenbild offenbaren.

Wir werden in 8.3 auf diesen „Dualismus" zurückkommen.

Aus der *Masse der Photonen* folgt ihre *Ablenkung* in einem starken *Gravitationsfeld*. Ein von einem Stern kommender Lichtstrahl, der auf dem Weg zur Erde nahe an der Sonne vorbeigeht, wird im Gravitationsfeld der Sonnenmasse etwas abgelenkt. Einstein sagte den Ablenkwinkel 1,75″ vorher. Bei einer totalen Sonnenfinsternis wurde der Winkel 2,2″ gemessen.

Der *Photonenimpuls* äußert sich u.a. im *Lichtdruck*. Durch diesen wird z.B. die Tatsache erklärt, daß Kometenschweife, die aus fein verteilter Materie bestehen, stets von der Sonne abgewandt sind.

Aufgaben:
1. Berechnen Sie die Energie, die Masse und den Impuls eines Photons, das zu Na-Licht der Wellenlänge $\lambda = 5{,}9 \cdot 10^{-7}$ m gehört!
Antwort: 2,1 eV; $3{,}7 \cdot 10^{-36}$ kg; $1{,}1 \cdot 10^{-27}$ kg m s^{-1}.

Tabelle 8.2-2
Energie E, Masse m und Impulsbetrag p von Photonen verschiedener Frequenz ν bzw. Vakuum-Wellenlänge λ

$\dfrac{\nu}{\text{Hz}}$	$\dfrac{\lambda}{\text{m}}$	$\dfrac{E}{\text{eV}}$	$\dfrac{m}{\text{kg}}$	$\dfrac{p}{\text{kg m s}^{-1}}$	Frequenzbereich
10^8	3	$4 \cdot 10^{-7}$	$7 \cdot 10^{-43}$	$2 \cdot 10^{-34}$	UKW
10^{12}	$3 \cdot 10^{-4}$	$4 \cdot 10^{-3}$	$7 \cdot 10^{-39}$	$2 \cdot 10^{-30}$	Ultrarot
$5 \cdot 10^{14}$	$6 \cdot 10^{-7}$	2	$3{,}5 \cdot 10^{-36}$	$1 \cdot 10^{-27}$	Sichtbar
10^{16}	$3 \cdot 10^{-8}$	$4 \cdot 10^1$	$7 \cdot 10^{-35}$	$2 \cdot 10^{-26}$	Ultraviolett
10^{19}	$3 \cdot 10^{-11}$	$4 \cdot 10^4$	$7 \cdot 10^{-32}$	$2 \cdot 10^{-23}$	Röntgenstrahlen
10^{24}	$3 \cdot 10^{-16}$	$4 \cdot 10^9$	$7 \cdot 10^{-27}$	$2 \cdot 10^{-18}$	Gammastrahlen

2. Mit welcher Kraft wird ein Photon der Aufgabe 1 von der Sonne angezogen, wenn es sich an der Sonnenoberfläche befindet? Die Sonne hat die Masse $2,0 \cdot 10^{30}$ kg und den Radius $6,9 \cdot 10^8$ m.
Antwort: $1,0 \cdot 10^{-33}$ N.

3. Ein Registriergerät zeigt einen bestimmten Ausschlag, wenn in 1 Sekunde 10^5 Photonen von Licht der Wellenlänge $\lambda = 5 \cdot 10^{-7}$ m auftreffen. Welche Frequenz müßte eine elektromagnetische Strahlung haben, damit bereits 1 Photon pro Sekunde im Registriergerät den gleichen Ausschlag hervorruft.
Antwort: $6 \cdot 10^{19}$ Hz.

8.2.3   Einige Wechselwirkungen zwischen Photonen und materiellen Teilchen

Die Erklärung des lichtelektrischen Effekts führte zur Einführung der Photonen. Diese Vorstellung erwies sich aber über den Photoeffekt hinaus als fruchtbar für die Deutung von Wechselwirkungen zwischen Licht und Materie. Dazu bringen wir einige Beispiele.

8.2.3.1   *Röntgenbremsstrahlung*

Prallen Elektronen nach dem Durchlaufen einer hohen Beschleunigungsspannung U, also mit großer kinetischer Energie eU, auf eine Anode auf, so entstehen Röntgenstrahlen (Abb. 8.2-4). Dieser von *Röntgen*[1] im Jahre 1895 entdeckte Vorgang stellt die Umkehrung des lichtelektrischen Effektes dar.

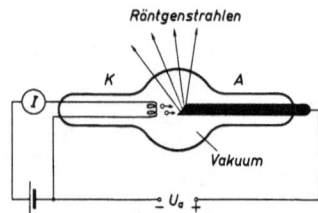

Abb. 8.2-4:
Röntgenröhre

---

[1]   Wilhelm Conrad Röntgen, 1845 - 1923, dt. Physiker, Nobelpreis 1901

Die Einordnung der Röntgenstrahlen in das elektromagnetische Spektrum (6.6.2.4) gelang *M. v. Laue* im Jahre 1912 durch Nachweis ihrer Beugung an Kristallgittern (2.9.3).

Im Teilchenbild können wir uns die Entstehung der Röntgenstrahlen als einen Energieaustausch zwischen Elektron und Röntgenphoton vorstellen. Die kinetische Energie eU des auf die Anode aufprallenden Elektrons wird in einem einzigen Prozeß oder in mehreren, statistisch regellosen Stufenprozessen in Photonenenergie $h\nu$ oder $h\nu_1, h\nu_2, \ldots$ umgewandelt, bis das Elektron vollständig abgebremst ist. Auf diese Weise entsteht ein *kontinuierliches „Röntgenbremsspektrum"*. Dieses hat eine scharfe hochfrequente (kurzwellige) Grenze, die sich folgendermaßen berechnen läßt:

Die Energie $h\nu$ eines Röntgenphotons ist *maximal*, nämlich beim sofortigen Abbremsen eines Elektrons in einem einzigen Vorgang, gleich der kinetischen Energie eU des auftreffenden Elektrons. Aus $h\nu_g = eU$ folgt für die Grenzfrequenz:

$$\nu_g = \frac{eU}{h}$$

Diese Gleichung gibt die in Röntgen-Spektrographen auftretenden Grenzfrequenzen (Grenzwellenlängen) richtig wieder.

Umgekehrt kann man aus der scharfen, hochfrequenten (kurzwelligen) Grenze von Röntgenspektren mit großer Genauigkeit das Plancksche Wirkungsquantum h bestimmen.

Die Grenzfrequenz ν_g ist unabhängig vom Anodenmaterial. Es gibt aber neben dem kontinuierlichen Röntgenspektrum auch *Röntgen-Linienspektren*, die in charakteristischer Weise durch das Anodenmaterial bestimmt sind (8.4.4.2).

8.2.3.2   *Compton-Effekt*

Eine besonders eindrucksvolle Bestätigung der Photonentheorie des Lichtes ist ein von *Compton*[1] im Jahre 1922 gefunde-

---

[1]   Arthur Holly Compton, 1892 - 1962, amer. Physiker, Nobelpreis 1927

ner Effekt. Er untersuchte die Streuung hochfrequenter Röntgenstrahlen an Elektronen und deutete diesen Prozeß in Übereinstimmung mit den experimentellen Ergebnissen als *elastischen Stoß* (2.5.8) *zwischen Photon und Elektron* (Abb. 8.2-5).

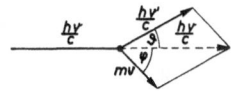

Abb. 8.2-5:
Zum Compton-Effekt; elastischer Stoß eines Photons auf ein ruhendes freies Elektron; Pfeile-Symbole für Impulsvektoren

Ein freies Elektron sei zunächst in Ruhe. Ein Photon stößt mit großer Energie $h\nu$ auf das Elektron. Beim Stoß gibt das Photon einen Teil seiner Energie und seines Impulses an das Elektron ab. Nach dem Stoß fliegt das Photon unter dem Winkel ϑ zur Einfallsrichtung „gestreut" weiter. Das Elektron, *Rückstoßelektron* genannt, bewegt sich unter dem Winkel φ fort. Das gestreute Photon hat eine geringere Energie $h\nu'$ als vor dem Stoß. Daher ist seine Frequenz $\nu' < \nu$ und seine Wellenlänge $\lambda' > \lambda$.

Für die Änderung der Wellenlänge $\Delta\lambda = \lambda' - \lambda$ gilt:

$$\boxed{\Delta\lambda = \lambda_C\,(1 - \cos\vartheta)} \quad \text{mit} \quad 0 \leqq \vartheta \leqq \pi$$

Dabei ist $\lambda_C = 2{,}43$ pm und heißt „*Compton-Wellenlänge*" des Elektrons. Die Gleichung für $\Delta\lambda$ können wir aus den Erhaltungssätzen von Energie und Impuls ableiten. Dabei müssen wir wegen der möglichen großen Geschwindigkeit des Rückstoßelektrons die Masse und die Energie relativistisch ansetzen (8.2.2.1)

Der *Energieerhaltungssatz* lautet:

$$m\,c^2 = m_0\,c^2 + h(\nu - \nu')$$

Die *Impulserhaltung* ist gewährleistet, wenn folgende zwei Gleichungen gelten:

1. Impuls in der Einfallsrichtung:

$$\frac{h\nu}{c} = \frac{h\nu'}{c}\cos\vartheta + m\upsilon\cos\varphi$$

2. Impuls normal zur Einfallsrichtung:

$$0 = \frac{h\nu'}{c}\sin\vartheta + m\upsilon\sin\varphi$$

Durch Quadrieren und Addieren dieser beiden Gleichungen erhalten wir nach kurzer Umformung:

$$m^2\,\upsilon^2 = \frac{h^2}{c^2}\,(\nu^2 + \nu'^2 - 2\nu\nu'\cos\vartheta)$$

oder für den *Impulsbetrag des Rückstoßelektrons*:

$$m\upsilon = \frac{h}{c}\sqrt{\nu^2 + \nu'^2 - 2\nu\nu'\cos\vartheta}$$

Quadrieren wir die Energiegleichung und subtrahieren von ihr den Ausdruck $m^2\,\upsilon^2\,c^2$, den wir aus der Impulsgleichung berechnen, so erhalten wir:

$$m^2\,c^4\left(1 - \frac{\upsilon^2}{c^2}\right) = m_0^2\,c^4 - 2\,h^2\,\nu\nu'\,(1 - \cos\vartheta) + {} $$
$$+ 2\,m_0\,h\,c^2\,(\nu - \nu')$$

Aus

$$m^2\left(1 - \frac{\upsilon^2}{c^2}\right) = m_0^2 \quad (2.5.3.1)$$

folgt, daß die linke Seite der Gleichung gleich dem ersten Glied auf der rechten Seite ist.

Daher ist:

$$0 = -2\,h^2\,\nu\nu'\,(1 - \cos\vartheta) + 2\,m_0\,c^2\,(\nu - \nu')$$

Daraus folgt:

$$\frac{1}{\nu'} - \frac{1}{\nu} = \frac{h}{m_0\,c^2}\,(1 - \cos\vartheta)$$

Setzen wir

$$\nu = \frac{c}{\lambda}, \quad \nu' = \frac{c}{\lambda'} \quad \text{und} \quad \Delta\lambda = \lambda' - \lambda,$$

so erhalten wir:

$$\Delta\lambda = \frac{h}{m_0\,c}\,(1 - \cos\vartheta)$$

Vergleichen wir diesen Ausdruck mit dem oben angegebenen $\Delta\lambda = \lambda_C\,(1 - \cos\vartheta)$, so erhalten wir für die *Compton-Wellenlänge des Elektrons*:

$$\boxed{\lambda_C = \frac{h}{m_0\, c}}$$

Setzen wir die Werte für h, m_0 und c ein, so ergibt sich $\lambda_C = 2{,}43$ pm in Übereinstimmung mit dem Experiment.

Die Compton-Wellenlänge λ_C hat eine anschauliche Bedeutung: Das stoßende Photon hat *selbst* die Wellenlänge λ_C, wenn die Masse des Photons und die Masse des ruhenden Elektrons gleich sind. In diesem Fall ist:

$$m_0 = \frac{h\nu}{c^2} \quad \text{oder} \quad \nu = \frac{m_0\, c^2}{h}$$

Mit $c = \nu\lambda$ ergibt sich daraus:

$$\lambda = \frac{h}{m_0\, c} \quad \text{oder} \quad \lambda = \lambda_C$$

Aus $\Delta\lambda = \lambda_C (1 - \cos\vartheta)$ folgt, daß die *Wellenlängenänderung* $\Delta\lambda$ unabhängig von der Wellenlänge λ der Primärstrahlung und vom Material des Streukörpers ist. Es ist nur notwendig, daß er „freie", d.h. nur leicht gebundene, Elektronen enthält. Dies ist z.B. bei Paraffin der Fall.

Die relative Wellenlängenänderung $\frac{\Delta\lambda}{\lambda}$ ist umso größer, je kleiner die Wellenlänge λ der Primärstrahlung ist. Bei harter γ-Strahlung ist $\lambda \approx \lambda_C$; dann ist $\Delta\lambda \approx \lambda$. Bei sichtbarem Licht ist $\lambda \gg \lambda_C$; dann ist $\Delta\lambda \ll \lambda$ und unmeßbar klein.

Aus den beiden Erhaltungssätzen kann man auch den Zusammenhang zwischen den Winkeln ϑ und φ berechnen. Experimentell wurde dieser Zusammenhang bestätigt. Es konnte sogar nachgewiesen werden, daß zu jedem einzelnen gestreuten Photon ein Rückstoßelektron gehört, und daß die Richtungen der Theorie entsprechen. Damit wurde bewiesen, daß die *Erhaltungssätze von Energie und Impuls* im atomaren Bereich *beim einzelnen Elementarprozeß gelten* und nicht etwa nur im statistischen Mittel.

Aufgaben:
1. Eine Röntgenröhre wird mit der Spannung 50 kV betrieben. Berechnen Sie die höchste Frequenz und die zugehörige Wellenlänge der Röntgenstrahlung!
   Antwort: $1{,}2 \cdot 10^{19}$ Hz; $2{,}5 \cdot 10^{-11}$ m.

2. Beim Compton-Effekt hat die Primärstrahlung die Wellenlänge $\lambda = 2{,}43 \cdot 10^{-12}$ m. Berechnen Sie:
   a) Energie und Impuls eines Photons der Primärstrahlung.
   b) Energie und Impuls eines unter dem Winkel $\vartheta = \frac{\pi}{2}$ gestreuten Photons.
   c) Energie, Impulsbetrag und Richtung des Impulses des zugehörigen Rückstoßelektrons.

   Antwort: a) $5{,}09 \cdot 10^5$ eV; $2{,}72 \cdot 10^{-22}$ N s;
   b) $2{,}545 \cdot 10^5$ eV; $1{,}36 \cdot 10^{-22}$ N s;
   c) $2{,}545 \cdot 10^5$ eV; $3{,}04 \cdot 10^{-22}$ N s; $26{,}6°$

8.3 Dualismus: Welle - Teilchen

8.3.1 Licht als Welle und Teilchen

Beugungs- und Interferenzversuche sind die experimentelle Grundlage der *Wellentheorie des Lichtes*.

Photo- und Comptoneffekt sowie eine Reihe anderer Erscheinungen können nur mit der *Teilchen- oder Photonentheorie* befriedigend gedeutet werden.

Auf Grund der experimentellen Erfahrungen müssen wir festhalten, daß sich das Licht unter bestimmten Versuchsbedingungen *wie ein Wellenvorgang,* unter andern Versuchsbedingungen *wie ein Teilchenvorgang* verhält. Man spricht deshalb vom *Dualismus: Wellenmodell – Teilchenmodell.* Beide Modelle sind als Bilder der einen physikalischen Erscheinung Licht aufzufassen, von denen jedes eine Teilansicht des Phänomens Licht bietet.

Im Rahmen der „klassischen" Physik sind die beiden Bilder widersprüchlich. Die beiden mathematischen Beschreibungen des Lichtes als Welle durch die Maxwellschen Gleichungen und als Teilchen durch die Newtonsche Punktmechanik sind nicht ineinander überführbar.

Erst die von *Heisenberg* (Abb. 8.3-1) und *Schrödinger*[1] entwickelte Quantenmechanik lieferte eine widerspruchsfreie Theorie. Die Übertragung der Quantenmechanik auf das elektromagnetische Strahlungsfeld („Quantenelektrodyna-

---

[1] Erwin Schrödinger, 1887 - 1961, österr. Physiker, Nobelpreis 1933

Abb. 8.3-1:
Werner Heisenberg,
1901 - 1976; Professor
für Theoretische Physik
an den Universitäten Leip-
zig (1927-1941), Berlin
(1941-1945), Göttingen
(1945-1956), München
seit 1956; Direktor eines
Max-Planck-Instituts seit
1947 in Göttingen, seit
1956 in München. Heisen-
berg ist ein Begründer der
Quantenmechanik; seine
Unschärfe-Relationen gehören zu den wichtigsten Er-
kenntnissen der Atomphy-
sik; er erklärte den Aufbau
der Atomkerne aus Proto-
nen und Neutronen; Nobel-
preis 1932

mik") erlaubt eine quantitative Beschreibung aller experimentellen Ergebnisse der Optik. Daher kann man sagen: Das
Licht ist weder Welle noch Teilchen, sondern etwas Drittes,
was durch die Quantenelektrodynamik beschrieben wird.

Im allgemeinen Fall handelt es sich dabei nur um eine mathematische, keine anschauliche Beschreibung. Wellenbild und
Teilchenbild erweisen sich jedoch als Grenzfälle, die der An-
schauung zugänglich sind. Grenzfälle haben aber stets nur
eine beschränkte Gültigkeit.

Wann das eine oder das andere Bild brauchbar ist, wird
durch die von Heisenberg mit Hilfe der Quantenmechanik
abgeleiteten „*Unschärfe-Relationen*" bestimmt.

8.3.1.1 *Unschärfe-Relationen von Heisenberg*

Die Heisenbergschen Unschärfe-Relationen besagen folgendes:

Zwei, in bestimmter Weise einander zugeordnete, physikalische Größen können nicht gleichzeitig beliebig genau gemessen werden. Je präziser man die eine Größe eines solchen
Paares mißt, desto unbestimmter wird die andere. Es handelt sich dabei nicht etwa um Abweichungen, die in der Meß-

methode oder im Meßvorgang begründet sind, sondern um
eine naturgegebene prinzipielle Unmöglichkeit einer genaueren Festlegung der Größen.

Eine dieser Unschärfe-Relationen betrifft den Ort und den
Impuls eines Teilchens. Ist x die Ortskoordinate des Teilchens und p_x seine Impulskomponente in der x-Richtung, so
gilt für die Unschärfen Δx und Δp_x von Ort und Impuls:

$$\Delta x\, \Delta p_x \geqq \frac{h}{2\,\pi}$$

Aus dieser Unschärfe-Relation folgt:

Wäre die Impulskomponente p_x eines Teilchens präzis festgelegt, also $\Delta p_x = 0$, so könnte man keine Aussage über seinen Ort machen. Wäre umgekehrt der Ort exakt bestimmt,
also $\Delta x = 0$, so wäre eine Aussage über den Impuls ausge-
schlossen.

Wir wollen uns anhand von zwei Beispielen klar machen, warum die
Unschärfe-Relation in der Makrophysik keine Bedeutung hat und warum sie in der Mikrophysik (Atomphysik) eine wesentliche Rolle spielt.

1. Der Ort eines makroskopischen Teilchens der Masse $m = 0,1$ g
   werde auf $\Delta x = 1$ µm genau gemessen. Setzen wir in der Unschärfe-
   Relation $\Delta p_x = m\Delta v_x$, wobei v_x die Geschwindigkeitskomponente
   in der x-Richtung ist, so ergibt sich:

$$\Delta v_x \geqq \frac{h}{2\,\pi\, m\, \Delta x}$$

oder

$$\Delta v_x \geqq \frac{6,6 \cdot 10^{-34}\,\text{N m s}}{2\,\pi \cdot 10^{-4}\,\text{kg} \cdot 10^{-6}\,\text{m}} = 1,1 \cdot 10^{-24}\,\text{m s}^{-1}.$$

Dieser Wert liegt weit unter jeder denkbaren Meßgenauigkeit. Der
Betrag der Geschwindigkeit des makroskopischen Teilchens kann also
so genau bestimmt werden, wie es das Meßverfahren erlaubt.

2. Der Ort eines Elektrons in einem Atom soll mit der Unsicherheit
   $\Delta x = 2 \cdot 10^{-12}$ m, das ist etwa 1 % des Atomdurchmessers, bestimmt werden; dann folgt für Δv_x mit $m = 9,1 \cdot 10^{-31}$ kg:

$$\Delta v_x \geqq \frac{6,6 \cdot 10^{-34}\,\text{N m s}}{2\,\pi \cdot 9,1 \cdot 10^{-31}\,\text{kg} \cdot 2 \cdot 10^{-12}\,\text{m}} = 5,8 \cdot 10^{7}\,\text{m s}^{-1}$$

Die Bestimmung der Geschwindigkeit mit einer solchen Unsicherheit, nämlich nahe der Lichtgeschwindigkeit, wäre sinnlos. Um eine einigermaßen erträgliche Geschwindigkeitsmessung durchführen zu können, müßte man eine sehr viel ungenauere Ortsmessung in Kauf nehmen.

Weitere Unschärfe-Relationen kann man für die Größenpaare: Energie und Zeit, Frequenz und Zeit, elektrische und magnetische Feldstärke u.a. formulieren. Wir wollen uns aber mit der oben besprochenen Unschärfe-Relation für das Größenpaar Ort und Impuls begnügen.

In der Makrophysik kann man aus gemessenen Anfangswerten von Ort und Impuls mit Hilfe der Newtonschen Mechanik den weiteren Bewegungsablauf, z.B. eines Planeten, sehr genau berechnen. Durch die Anfangsdaten ist die Bewegung bestimmt („determinierte Teilchen"). Im atomaren Bereich („Mikrophysik") ist dies wegen der Unschärfe-Relation grundsätzlich unmöglich, da die Anfangsdaten gar nicht bestimmt werden können („indeterminierte Teilchen").

Newton wollte bereits eine Teilchentheorie des Lichtes entwickeln. Dieser Versuch scheiterte, weil Newton von determinierten Teilchen ausging. Erst die Erkenntnis, daß die Teilchen im atomaren Bereich (Elektronen, Photonen usw.) indeterminierte Teilchen sind, ermöglichte eine Teilchentheorie des Lichtes, die im Einklang mit den experimentellen Befunden steht.

8.3.1.2 *Zusammenhang zwischen Wellen- und Teilchenbild nach Born*

Born (Abb. 8.3-2) gelang es durch die statistische Deutung der Quantentheorie den Widerspruch zwischen Wellen- und Teilchenbild aufzulösen und den Zusammenhang zwischen beiden Bildern aufzuzeigen.

Wir denken uns ein monochromatisches Lichtbündel gegeben. Die Bestrahlungsstärke in irgend einem Punkt P ist direkt proportional

1. im Wellenbild zum Amplitudenquadrat der mit dem Lichtbündel verbundenen elektromagnetischen Welle (6.6.2.3) in P,

2. im Teilchenbild zur Photonendichte in P.

Abb. 8.3-2:
Max Born, 1882-1970, Professor für Physik an den Universitäten Breslau (1915-1919), Frankfurt (1919-1921), Göttingen (1921-1933); 1933 seines Lehramts enthoben emigrierte er nach Großbritannien; Professor für Naturphilosophie an der Universität Edinburgh (1936-1953); Born kehrte 1954 nach Deutschland zurück; im gleichen Jahr erhielt er den Nobelpreis für die statistische Deutung der Quantenmechanik und seine Kristallgittertheorie.

Der Zusammenhang zwischen den Photonen des Lichtbündels und der damit verbundenen elektromagnetischen Welle ist also:

Die Photonendichte in einem Raumpunkt P ist direkt proportional zum Amplitudenquadrat der elektromagnetischen Welle in P.

Ein *Gedankenexperiment* soll diese Auffassung erläutern: Eine Photoplatte sei so empfindlich, daß jedes einzelne Photon eine erkennbare Schwärzung hervorruft. Wir denken uns den Doppelspaltversuch (7.3.1.1), ein typisches Wellenexperiment, durchgeführt (Abb. 8.3-3). Wird der Doppelspalt kräftig, d. h. durch viele Photonen, beleuchtet, so erhalten wir bei einer photographischen Aufnahme geeigneter Belichtungsdauer das bekannte Interferenzbild (Abb. 8.3-3b). Wird die Beleuchtungsstärke, also die Photonendichte stark herabgesetzt, so sind bei gleicher Belichtungsdauer die geschwärzten Stellen in einzelne Pünktchen aufgelöst (Abb. 8.3-3c); dabei entspricht die Verteilung der Schwärzung noch der Photonendichte. Das einzelne Photon ruft jedoch nur an einer ganz bestimmten Stelle ein Schwärzungspünktchen hervor. Seine Energie wird also nicht entsprechend dem Wellenbild auf eine größere Fläche zu einer Interferenzfigur verteilt.

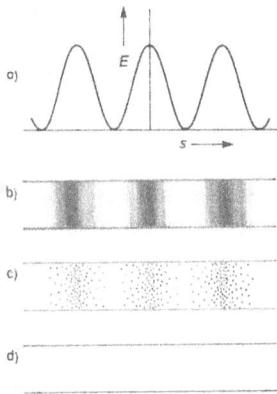

Abb. 8.3-3:
Interferenzbild des Doppelspalt-
versuchs (Gedankenexperiment)
a) Bestrahlungsstärke E in Abhängigkeit vom Abstand s von
   der Mitte des Interferenzbildes;
Schwärzungsverteilung auf der
Photo-Platte beim Versuch mit:
b) sehr vielen Photonen;
c) wenigen Photonen;
d) einem Photon

Das Photon trifft dabei an irgend einer Stelle auf, an der das Amplitudenquadrat der elektromagnetischen Welle nicht verschwindet. Für das einzelne Photon hat diese Welle also durchaus eine Bedeutung. Sie wirkt als *„Führungswelle"* in folgender Weise: Je größer in einem Raumpunkt P das Amplitudenquadrat der Welle ist, desto größer ist die *Wahrscheinlichkeit*, daß sich ein Photon dort aufhält. Genauere Angaben darüber, wo sich ein einzelnes Photon tatsächlich befindet, lassen sich auf Grund der Heisenbergschen Unschärfe-Relation grundsätzlich nicht machen.

Sind an einem Versuch viele Photonen beteiligt, so werden die gegebenen, mehr oder minder wahrscheinlichen Bewegungsmöglichkeiten der Photonen weitgehend realisiert. Wir erhalten dann als statistische Verteilung der Photonendichte das Bild, wie es sich aus der Wellenvorstellung ergibt. Da in den üblichen Beugungs- und Interferenzversuchen im allgemeinen viele Photonen zusammenwirken, erhalten wir bei diesen Versuchen eine Verteilung der Beleuchtungsstärke entsprechend dem Wellenbild.

Bei Elementarprozessen, z.B. zwischen Photonen und Elektronen (Photoeffekt, Compton-Effekt), tritt der Teilchencharakter des Lichtes in den Vordergrund. Je größer die Energie eines Photons ist, desto leichter kann es in einem

Nachweisgerät festgestellt werden. Bei sehr energiereichen Photonen ist es schwierig, überhaupt Interferenzen zu erzeugen.

Das Übergangsgebiet zwischen beiden Extremen liegt etwa im sichtbaren Frequenzbereich. Hier lassen sich Experimente durchführen, die einfacher im Wellenbild, und solche, die einfacher im Teilchenbild zu deuten sind.

8.3.2 Materiewellen

8.3.2.1 *De Broglie-Wellenlänge materieller Teilchen*

Der in 8.3.1 dargelegte Zusammenhang zwischen Wellen- und Teilchencharakter des Lichtes brachte *de Broglie*[1] im Jahre 1924 auf den kühnen Gedanken den „Dualismus" oder, wie man jetzt besser sagt, die „Komplementarität"[2] von Welle und Teilchen auf materielle Teilchen zu übertragen. De Broglie war der Ansicht, daß eine so grundlegende gegenseitige Ergänzung von Welle und Teilchen, wie sie sich beim Photon zeigte, allgemeine Bedeutung haben müsse. Er versuchte deshalb materiellen Teilchen eine Welle zuzuordnen. Diese zunächst hypothetische *Materiewelle* steht mit der Energie und dem Impuls des materiellen Teilchens in demselben Zusammenhang wie die elektromagnetische Lichtwelle mit der Energie und dem Impuls des Photons.

Beim Photon ist (8.2.2):

$$\text{Energie: } m\,c^2 = h\,\nu \qquad \text{und} \qquad \text{Impuls: } mc = \frac{h}{\lambda}$$

Beim materiellen Teilchen ist entsprechend nach de Broglie:

$$\text{Energie: } m\,c^2 = h\,\nu \qquad \text{und} \qquad \text{Impuls: } mv = \frac{h}{\lambda}$$

Durch die Energiegleichung wird dem Teilchen eine Frequenz zugeordnet:

---

[1] Louis de Broglie, 1892-1987, frz. Physiker, Nobelpreis 1929
[2] complementum (lat.) Ergänzung

$$\nu = \frac{m c^2}{h}$$

Aus der Impulsgleichung erhalten wir für die Wellenlänge λ der Materiewelle:

$$\lambda = \frac{h}{m\upsilon}$$

Dabei ist

$$m = \frac{m_0}{\sqrt{1 - \left(\frac{\upsilon}{c}\right)^2}}$$

die Masse des mit der Geschwindigkeit υ bewegten Teilchens.

Von der Geschwindigkeit υ des Teilchens ist die Ausbreitungsgeschwindigkeit oder Phasengeschwindigkeit u der Materiewelle zu unterscheiden.

Bei jeder Welle gilt:

$$u = \lambda \nu \qquad (4.6.3)$$

Wir wählen hier den Buchstaben u für die Phasengeschwindigkeit, weil der Buchstabe c hier für die Lichtgeschwindigkeit benötigt wird.

Setzen wir die Ausdrücke für λ und ν in $u = \lambda \nu$ ein, so erhalten wir:

$$u = \frac{h}{m\upsilon} \frac{mc^2}{h} \qquad \text{oder} \qquad u = \frac{c^2}{\upsilon} ;$$

also ist

$$u\upsilon = c^2$$

Da die Teilchengeschwindigkeit υ stets kleiner als die Lichtgeschwindigkeit c ist, muß die Phasengeschwindigkeit u der Materiewelle größer als die Lichtgeschwindigkeit sein.

Nach der Relativitätstheorie ist eine Energieausbreitung mit größerer Geschwindigkeit als Lichtgeschwindigkeit unmöglich. Bei den Materiewellen erfolgt die Energieausbreitung mit der Teilchengeschwindigkeit υ, nicht mit der Phasengeschwindigkeit u.

Die drei eingerahmten Gleichungen für Materiewellen gelten für Photonen, wenn man $\upsilon = u = c$ setzt.

8.3.2.2 *Interferenzen von Strahlen materieller Teilchen*

Die von de Broglie hypothetisch eingeführten Materiewellen konnten bereits drei Jahre später 1927 von *Davisson*[1] und *Germer*[2] experimentell durch Versuche mit Elektronen nachgewiesen werden. Sie konnten zeigen, daß bei der Reflexion von Elektronenstrahlen an Nickelkristalloberflächen Interferenzfiguren entstehen, wie sie seit langem mit Röntgenstrahlen zur Untersuchung von Kristallstrukturen als „*Laue-Diagramme*" (2.9.3) hergestellt wurden. Bald darauf glückten Interferenzversuche auch mit Strahlen anderer materieller Teilchen (Neutronen, Atomen).

Aus solchen Interferenzversuchen mit Materiewellen erhält man ihre Wellenlänge λ wie bei den Lichtwellen. Die Geschwindigkeit υ der Teilchen und ihre Masse m sind ebenfalls meßbar. Man konnte die Gleichung

$$\lambda = \frac{h}{m\upsilon}$$

von de Broglie bestätigen.

Dagegen sind die Frequenz ν und die Phasengeschwindigkeit u der Materiewelle der direkten experimentellen Bestimmung nicht zugänglich. Sie können nur mit Hilfe der entsprechenden Gleichungen berechnet werden.

8.3.2.3 *Materiewellen als Führungswellen für Teilchenstrahlen*

Die experimentellen Befunde lassen keinen Zweifel an der Existenz der Materiewellen. Sie haben aber einen abstrakteren Charakter als die Lichtwellen; denn sie sind nicht wie die Lichtwellen mit Schwingungen von Feldgrößen verknüpft. Eine Materiewelle hat die Bedeutung, und nur diese, Führungswelle für ihren Teilchenstrahl zu sein (8.3.1.2). Ihr Amplitudenquadrat ist direkt proportional zur Teilchendichte. Das einzelne Teilchen ist umso wahrscheinlicher an einem be-

[1] Clinton Joseph Davisson, 1881 - 1958, amer. Physiker, Nobelpreis 1937
[2] Lester Halbert Germer, 1896 - 1971, amer. Physiker

stimmten Ort anzutreffen, je größer das Quadrat der Wellen-amplitude an diesem Ort ist.

Zur Veranschaulichung denken wir uns den Doppelspaltversuch mit materiellen Teilchen statt mit Photonen ausgeführt (8.3.1.2):

Das einzelne Teilchen trifft an irgendeiner Stelle, an der die Amplitude der Materiewelle nicht verschwindet, auf die Photoplatte. Erst nach dem Auftreffen sehr vieler Teilchen ergibt sich die Dichtever-teilung, die der Interferenzfigur des Doppelspaltes entspricht. Eben-so wie bei Photonen ergibt sich für materielle Teilchen die Interfe-renzfigur als statistische Gesetzmäßigkeit, während die Auftreffstelle des einzelnen Teilchens nicht vorhergesagt werden kann.

Auch hier zeigt sich die Bedeutung der Heisenbergschen Unschärfe-Relation.

Lichtwellen und Materiewellen wirken beide als *Führungswel-len;* im übrigen unterscheiden sie sich jedoch, wie oben aus-geführt wurde.

Photonen und materielle Korpuskeln haben beide *Teilchen-charakter.* Es bestehen jedoch auch hier wichtige *Unterschie-de:* Die Photonen bewegen sich stets mit der Lichtgeschwin-digkeit c. Die Geschwindigkeit v materieller Teilchen bleibt immer kleiner als c.

Die Photonen haben keine Ruhemasse; die materiellen Teil-chen besitzen alle eine Ruhemasse $m_0 \neq 0$.

Photonen der Frequenz v haben die unveränderliche Masse

$m = \dfrac{h v}{c^2}$. Die Masse materieller Teilchen ist dagegen mit ihrer

Geschwindigkeit entsprechend der Einsteinschen Beziehung (2.5.3.1) veränderlich.

8.3.2.4 *Anwendung der Materiewellen beim Elektronenmi-kroskop*

Der Wellencharakter der Elektronen hat zur Entwicklung des Elektronenmikroskops geführt.

Die Ablenkbarkeit von Elektronen durch elektrische und ma-gnetische Felder ermöglicht eine Strahlenführung ähnlich der von Lichtstrahlen. Ruska[1] fand, daß es elektrische und magne-

---

[1] Ernst Ruska, geb. 1906, dt. Physiker; Nobelpreis 1986

tische „Linsen" gibt, die alle von einem Objektpunkt ausge-henden Elektronenstrahlen in einem Bildpunkt vereinigen. Die Bildpunkte können photographiert oder auf einem Zink-sulfidschirm sichtbar gemacht werden. Der Aufbau eines Elek-tronenmikroskops mit magnetischen Linsen wird in Abb. 8.3-4 mit dem eines Lichtmikroskops (beide in Transmission) ver-glichen.

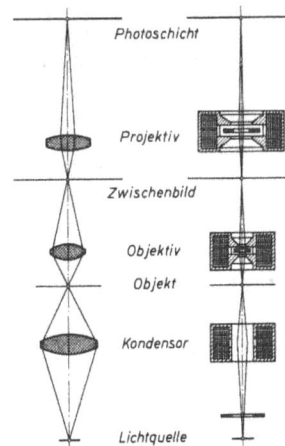

Abb. 8.3-4:
Vergleich zwischen dem Aufbau eines Licht- und eines Elektro-nenmikroskops in Transmission

Der Vorteil des Elektronenmikroskops gegenüber dem Licht-mikroskop besteht in der wesentlich kleineren Wellenlänge der Elektronen ($\lambda_e \approx 5 \cdot 10^{-11}$ m) gegenüber der des Lichtes ($\lambda_L \approx 5 \cdot 10^{-7}$ m). Das Auflösungsvermögen (7.3.1.5) des Elektronenmikroskops ist also bei gleicher numerischer Apertur 10^4 mal so groß wie das des Lichtmikroskops. Beim Elektronenmikroskop erreicht man wegen der Unvollkom-menheit der „Linsen" nur eine Apertur $A_e \approx 10^{-2} A_L$. Dann ist aber trotzdem das Auflösungsvermögen des Elektro-nenmikroskops 100-mal so groß wie das des Lichtmikroskops.

Aufgaben:
1. Welche elektrische Spannung muß Elektronen aus dem Ruhezustand beschleunigen, damit sie bei einem Interferenzversuch dieselbe Wellenlänge haben, wie Röntgenstrahlen der Frequenz $1,3 \cdot 10^{19}$ Hz?

Antwort: 2,8 kV

2. Elektronen haben die einheitliche Geschwindigkeit $2,9 \cdot 10^7$ m s^{-1}. Berechnen Sie:

   a) die Ruhe- und die Gesamtenergie eines dieser Elektronen

   b) das Verhältnis der kinetischen Energie zur Ruhe- bzw. Gesamtenergie

   c) die Frequenz und die Phasengeschwindigkeit der zugeordneten Materiewelle.

   Antwort: je $8,2 \cdot 10^{-14}$ J; je 0,47%; $1,2 \cdot 10^{20}$ Hz; $3,1 \cdot 10^9$ m s^{-1}.

3. Elektronen bzw. Protonen bewegen sich mit der halben Lichtgeschwindigkeit. Berechnen Sie die Wellenlängen und Frequenzen der zugeordneten Materiewellen!

   Antwort: $1,3 \cdot 10^{-14}$ m; $2,3 \cdot 10^{23}$ Hz; bzw. $2,3 \cdot 10^{-15}$ m; $2,6 \cdot 10^{23}$ Hz.

8.4 Atombau und Spektrallinien

8.4.1 Atommodelle für verschiedene Bereiche

Ein Atommodell hat den Zweck, alle experimentellen Ergebnisse eines bestimmten Gebietes richtig wiederzugeben. Je universeller ein Atommodell anwendbar ist, desto komplizierter ist es.

Das einfache Atommodell der kinetischen Gastheorie (5.2.2) ist in seinem Anwendungsbereich richtig. Es hätte keinen Sinn, in diesem Bereich mit einem komplizierteren Modell zu arbeiten. Da die thermischen Stöße mit so geringer Energie erfolgen, daß die Elektronenhüllen zweier Atome kaum ineinander eindringen, ist eine Unterscheidung zwischen Kern und Hülle noch nicht notwendig.

Die chemische Bindung von Atomen zu Molekülen (2.9.2) kann man aber nur verstehen, wenn man den Aufbau der Atome aus dem positiv geladenen Kern und der Elektronenhülle berücksichtigt. Dieses Atommodell genügt wieder für viele Bereiche der Physik und der Chemie. Man braucht dabei zunächst noch keine Angaben über die Größenverhältnisse von Kern und Hülle zu machen.

Versuche von *Lenard* (1903) zur Streuung von Elektronenstrahlen und von *Rutherford*[1] (ab 1906) zur Streuung von Alpha-Strahlen an dünnen Metallfolien zeigten, daß der Kerndurchmesser nur einen geringen Bruchteil des Atomdurchmessers ausmacht. Dieser Umstand veranlaßte Rutherford zur Entwicklung eines Atommodells, in dem die Elektronen in Kreisbahnen um einen Kern kreisen, ähnlich wie die Planeten um die Sonne. Die Stelle der Gravitationskraft nimmt beim Atom die Coulomb-Kraft zwischen den ungleichnamigen Ladungen von Kern und Elektronen ein.

Abb. 8.4-1:
Niels Bohr, 1885-1962, dänischer Physiker; Professor für Theoretische Physik an der Universität Kopenhagen (1916-1943 und 1945-1962); 1943 floh er aus Norwegen über Schweden und England nach Amerika bis er 1945 zurückkehren konnte; Bohr gelangen grundlegende Forschungen auf dem Gebiete der Atomphysik (1913 Bohrsches Atommodell), der Quantenmechanik und der Kernspaltung; Nobelpreis 1922

Mit diesem Rutherfordschen Atommodell konnte zwar die Durchdringungsfähigkeit von materiellen Teilchenstrahlen durch Körper hindurch erklärt werden. Die Lichtemission der Atome konnte aber damit noch nicht gedeutet werden. Dies gelang erst Bohr (Abb. 8.4-1) mit seinem Atommodell, das im folgenden besprochen werden soll.

---

[1] Ernest Rutherford, 1871-1937, engl. Physiker; siehe auch Abb. 9.2

8.4.2 Bohrsches Modell des Wasserstoffatoms

8.4.2.1 Serien des Wasserstoffspektrums

Balmer[1] bestimmte die Wellenlängen der Wasserstofflinien im Sichtbaren und im nahen Ultraviolett (U V) und fand im Jahre 1885, daß sich diese Linien gesetzmäßig zu einer Serie verbinden lassen. In der heute üblichen Schreibweise lautet die Gleichung für die Balmer-Serie:

$$\boxed{\frac{1}{\lambda} = R_H \left(\frac{1}{2^2} - \frac{1}{n^2} \right)} \quad \text{mit } n = 3, 4, 5 \ldots$$

Dabei ist λ die Wellenlänge. $R_H = 1{,}0967758 \cdot 10^7 \text{ m}^{-1}$ ist die „*Rydberg*[2]*–Konstante*" des Wasserstoffs.

Für $n = 3$ erhält man aus der Gleichung die Wellenlänge der roten H_α-Linie $\lambda = 656{,}5$ nm, für $n = 4$ die Wellenlänge der blau-grünen H_β-Linie $\lambda = 486{,}3$ nm usw.

Für $n = \infty$ ergibt sich die Wellenlänge für die Seriengrenze $\lambda = 364{,}7$ nm (Abb. 8.4-2).

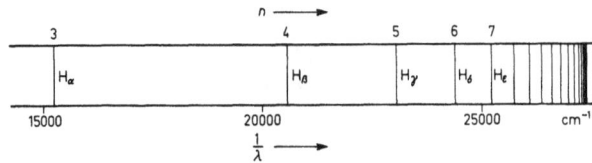

Abb. 8.4-2: Balmerserie der Spektrallinien des Wasserstoffatoms

In der Folgezeit wurden noch weitere Serien des Wasserstoffspektrums gefunden. Diese sind einschließlich der Balmer-Serie im folgenden zusammengestellt:

1. Lyman[3]-Serie:

$$\frac{1}{\lambda} = R_H \left(\frac{1}{1^2} - \frac{1}{n^2} \right); \quad n = 2, 3, 4 \ldots$$

2. Balmer-Serie:

$$\frac{1}{\lambda} = R_H \left(\frac{1}{2^2} - \frac{1}{n^2} \right); \quad n = 3, 4, 5 \ldots$$

3. Paschen[1]-Serie:

$$\frac{1}{\lambda} = R_H \left(\frac{1}{3^2} - \frac{1}{n^2} \right); \quad n = 4, 5, 6 \ldots$$

4. Brackett[2]-Serie:

$$\frac{1}{\lambda} = R_H \left(\frac{1}{4^2} - \frac{1}{n^2} \right); \quad n = 5, 6, 7 \ldots$$

5. Pfund[3]-Serie:

$$\frac{1}{\lambda} = R_H \left(\frac{1}{5^2} - \frac{1}{n^2} \right); \quad n = 6, 7, 8 \ldots$$

Die Lyman-Serie liegt im U V-Gebiet; die Paschen-, Brackett- und Pfund-Serie liegen im U R-Gebiet.

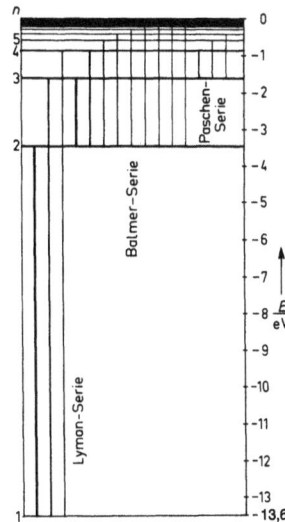

Abb. 8.4-3: Energieniveauschema des Wasserstoffatoms; Überblick über die Spektralserien

---

[1] Johann Jakob Balmer, 1825 - 1898, schweiz. Physiker
[2] Johann Robert Rydberg, 1854 - 1919, schwed. Physiker
[3] Theodore Lyman, 1874 - 1954, amer. Physiker

[1] Friedrich Paschen, 1865 - 1942, dt. Physiker
[2] Frederick Summer Brackett, geb. 1896, amer. Physiker
[3] A. Hermann Pfund, geb. 1879, amer. Physiker

Für $\dfrac{1}{\lambda}$ aller Spektrallinien sämtlicher 5 Serien gilt:

$$\frac{1}{\lambda} = R_H \left(\frac{1}{k^2} - \frac{1}{n^2} \right)$$

Man erhält daraus für $k = 1$; $n = 2, 3 \ldots$ die Lyman-Serie, für $k = 2$; $n = 3, 4 \ldots$ die Balmer-Serie usw. Die Abb. 8.4-3 zeigt das Schema der Wasserstoffserien.

Wenn wir $\dfrac{1}{\lambda} = \dfrac{\nu}{c}$ setzen, erhalten wir eine entsprechende Gleichung für die Frequenz:

$$\nu = R_H c \left(\frac{1}{k^2} - \frac{1}{n^2} \right)$$

8.4.2.2 *Bohrsche Postulate für sein Atommodell*

Das Rutherfordsche Atommodell der um den Kern kreisenden Elektronen (Planetenmodell) kann die Linienspektren der Atome nicht erklären. Ein kreisendes Elektron müßte dauernd Energie in Form einer elektromagnetischen Welle ausstrahlen. Durch die dauernde Energieabgabe würde die Kreisbahn immer enger. Die Frequenz des ausgestrahlten Lichtes müßte gleich der Umlaufsfrequenz des Elektrons sein, was im Widerspruch zur Erfahrung steht. Zudem müßte das Atom bei immer enger werdender Kreisbahn ein kontinuierliches Spektrum aussenden und kein Linienspektrum. Diese und noch weitere Widersprüche mit der experimentellen Erfahrung zeigen die Unzulänglichkeit des Rutherfordschen Atommodells für den Bereich der Lichtemission.

Bohr gelang es im Jahre 1913, das Rutherfordsche Atommodell so abzuändern, daß sich u.a. die Spektrallinien des Wasserstoffs genau berechnen lassen.

Zunächst nahm Bohr an, daß es bestimmte, stabile Bahnen für die Elektronen der Atomhülle gibt, auf denen sie ohne Energieausstrahlung kreisen können. Diese Bahnen brachte er in Zusammenhang mit dem Planckschen Wirkungsquantum, indem er zwei Postulate[1] aufstellte. Für das Elektron des Wasserstoffatoms lauten sie:

---
[1] postul*are* (lat.) fordern

1. *Bohrsches Postulat:* Für das um den Kern kreisende Elektron sind nur bestimmte Bahnen erlaubt. Der mit 2π multiplizierte Drehimpuls des Elektrons auf seiner Kreisbahn

$$I\omega = m\, r_n^2\, \frac{v_n}{r_n}$$

muß ein ganzzahliges Vielfaches des Planckschen Wirkungsquantums h sein:

$$\boxed{2\pi r_n\, m\, v_n = nh} \quad \text{mit} \quad n = 1, 2, 3 \ldots$$

Die so ausgezeichneten Bahnen heißen *Quantenbahnen*; die Zahl n wird Quantenzahl genannt.

Auf den verschiedenen Quantenbahnen befindet sich das Elektron jeweils in einem andern Energiezustand. Auf der 1. Quantenbahn ($n = 1$) hat es den niedrigsten Energiezustand (Grundzustand). Je größer die Quantenzahl n ist, desto höher ist der Energiezustand des Elektrons.

Auf die Quantenbahnen höherer Energie kommt das Elektron, wenn dem Atom in geeigneter Weise Energie zugeführt wird (Anregungsenergie).

Nach Bohr fällt das Elektron, das sich auf einer Quantenbahn höherer Energie befindet, spontan auf eine niedrigere Quantenbahn. Dabei wird Licht emittiert, dessen Frequenz sich aus dem 2. Postulat ergibt.

2. *Bohrsches Postulat.* Bei dem Übergang des Elektrons von einer Quantenbahn höherer Energie auf eine Quantenbahn niedrigerer Energie wird *ein* Photon emittiert. Die Energie dieses Photons $h\nu$ ist dem Energieerhaltungssatz entsprechend gleich der Energiedifferenz ΔE der beiden Quantenbahnen.

Also ist:

$$\boxed{h\nu = \Delta E}$$

Umgekehrt wird das Elektron durch Absorption der Energiedifferenz $\Delta E = h\nu$ auf eine Quantenbahn höherer Energie angehoben.

Die Energiezustände des Elektrons im Wasserstoff können wir durch das 1. Bohrsche Postulat berechnen. Die Frequenzen der Spektrallinien folgen dann aus dem 2. Postulat. Dadurch erhalten wir die Möglichkeit, die Serien des Wasserstoffspektrums zu deuten.

8.4.2.3 *Radien der Quantenbahnen, Geschwindigkeiten und Energiestufen des Elektrons im Wasserstoffatom*

Das Elektron des Wasserstoffatoms wird vom positiv geladenen Kern mit der Coulomb-Kraft (2.6.5.2) vom Betrag

$$F = \frac{1}{4 \pi \epsilon_0} \frac{e^2}{r_n^2}$$

angezogen. Diese Kraft liefert die Zentripetalkraft (2.6.1.2), die das Elektron auf die Kreisbahn zwingt. Also gilt:

$$\frac{m v_n^2}{r_n} = \frac{1}{4 \pi \epsilon_0} \frac{e^2}{r_n^2} \quad \text{oder} \quad v_n^2 = \frac{1}{4 \pi \epsilon_0} \frac{e^2}{r_n m}$$

Setzen wir v_n^2 in die quadrierte Gleichung des 1. Bohrschen Postulats ein, so erhalten wir nach kurzer Umformung für die *Radien der Quantenbahnen*.

$$r_n = \frac{\epsilon_0 h^2}{\pi e^2 m} n^2$$

Daraus folgt mit $n = 1$ für die 1. Quantenbahn
$r_1 = 5,29 \cdot 10^{-11} \text{m}.$

Dieser Wert entspricht der Größenordnung der Atomradien, die sich aus andern Überlegungen ergeben.

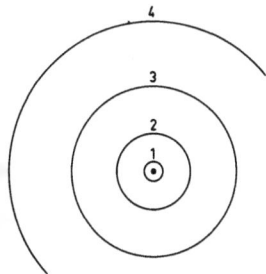

Abb. 8.4-4:
Die ersten vier Quantenbahnen des Wasserstoffatoms

Die Radien der verschiedenen Quantenbahnen sind proportional zum Quadrat der Quantenzahlen (Abb. 8.4-4)

$$r_1 : r_2 : r_3 : \dots : r_n = 1 : 4 : 9 : \dots : n^2$$

Für v_n ergibt sich aus dem 1. Bohrschen Postulat:

$$v_n = \frac{n h}{2 \pi m r_n}$$

Setzen wir r_n in diesen Ausdruck ein, so erhalten wir für die *Geschwindigkeiten*:

$$v_n = \frac{e^2}{2 \epsilon_0 h} \frac{1}{n}$$

Daraus folgt mit $n = 1$ für die 1. Quantenbahn
$v_1 = 2,19 \cdot 10^6 \text{ m s}^{-1}$. Die Geschwindigkeiten in den verschiedenen Quantenbahnen sind indirekt proportional zu den Quantenzahlen:

$$v_1 : v_2 : v_3 : \dots : v_n = 1 : \frac{1}{2} : \frac{1}{3} : \dots : \frac{1}{n}$$

Die größte Geschwindigkeit hat also das Elektron im Wasserstoffatom auf der 1. Quantenbahn. Bilden wir ihr Verhältnis zur Lichtgeschwindigkeit, so ist

$$\frac{v_1}{c} = \frac{2,19 \cdot 10^6 \text{ m s}^{-1}}{3,00 \cdot 10^8 \text{ m s}^{-1}} = \frac{1}{137}$$

Da $v_1 \ll c$ ist, können wir die relativistische Massenveränderlichkeit unberücksichtigt lassen.

Wir wollen nun die *Energiestufen des Elektrons* auf den verschiedenen Quantenbahnen berechnen.

Die Energie E des Elektrons setzt sich aus seiner kinetischen Energie E_{kin} und seiner potentiellen Energie E_{pot} zusammen:

$$E = E_{\text{kin}} + E_{\text{pot}}$$

Die kinetische Energie ist:

$$E_{\text{kin}} = \frac{1}{2} m v_n^2 \quad (2.5.7.3)$$

Setzen wir den berechneten Ausdruck für v_n ein, so erhalten wir:

$$E_{kin} = \frac{1}{\epsilon_0^2} \; \frac{m \, e^4}{8 \, n^2 \, h^2}$$

Die potentielle Energie ist:

$$E_{pot} = -\frac{1}{4 \, \pi \, \epsilon_0} \; \frac{e^2}{r_n} \quad (2.6.5.2)$$

Setzen wir den berechneten Ausdruck für r_n ein, so erhalten wir:

$$E_{pot} = -\frac{1}{\epsilon_0^2} \; \frac{m \, e^4}{4 \, n^2 \, h^2}$$

Die Energie $E_n = E_{kin} + E_{pot}$ des Elektrons ist also auf der n-ten Quantenbahn:

$$\boxed{E_n = -\frac{1}{\epsilon_0^2} \; \frac{m \, e^4}{8 \, n^2 \, h^2}} \quad \text{mit} \quad n = 1, 2, 3, \ldots$$

Die Abb. 8.4-3 zeigt rechts die Energiebeträge für die verschiedenen Quantenbahnen des Wasserstoffatoms.

Die Energie hat ein negatives Vorzeichen, weil das Bezugsniveau für die potentielle Energie so gewählt wurde, daß es der vollständigen Entfernung des Elektrons aus dem Atomverband entspricht. Es ist nämlich $E_n = 0$ für $n = \infty$.

Den niedrigsten und damit stabilsten Energiezustand hat das Elektron auf der 1. Quantenbahn (Grundzustand):

$$E_1 = -\frac{1}{\epsilon_0^2} \; \frac{m \, e^4}{8 \, h^2}$$

Daraus folgt mit den Werten von ϵ_0, h, m und e:

$$E_1 = -13,6 \text{ eV}$$

Zur Ionisierung des Wasserstoffatoms wird demnach die Energie 13,6 eV benötigt.

8.4.2.4 *Deutung des Wasserstoffspektrums durch das Bohrsche Atommodell*

Vom Grundzustand ($n = 1$) kann das Elektron durch Energieaufnahme in bestimmten Beträgen $\Delta E = h \nu$ auf höhere Quantenbahnen gehoben werden.

Auf diesen Bahnen ist zwar die kinetische Energie kleiner, die potentielle Energie aber um den doppelten Betrag größer als auf der 1. Quantenbahn. Dies kann man aus den Gleichungen für E_{kin} und E_{pot} ablesen.

Die Energiebeträge $\Delta E = h \nu$ müssen von außen dem Wasserstoffatom zugeführt werden. Dies kann auf verschiedene Weise geschehen, z.B. durch

1. Zufuhr von thermischer Energie (thermische Anregung),
2. Anregung durch Stöße von geladenen Teilchen z.B. von Elektronen,
3. Absorption von Photonen.

Ist das Elektron auf eine höhere Quantenbahn angehoben, so ist das Wasserstoffatom in einem „angeregten" Zustand. Dieser ist instabil; das Elektron kehrt alsbald direkt oder in Stufen in den Grundzustand zurück. Bei jedem Übergang auf eine niedrigere Quantenbahn emittiert es ein Photon *(spontane Emission)*.

Ist n die Quantenzahl für die Quantenbahn des angeregten Zustands, so hat das Elektron in dieser Quantenbahn die Energie:

$$E_n = -\frac{1}{\epsilon_0^2} \; \frac{m \, e^4}{8 \, h^2} \; \frac{1}{n^2}$$

Ist k die Quantenzahl einer Quantenbahn mit geringerer Energie ($k < n$), so hat das Elektron in dieser Quantenbahn die Energie:

$$E_k = -\frac{1}{\epsilon_0^2} \; \frac{m \, e^4}{8 \, h^2} \; \frac{1}{k^2}$$

Für die Energiedifferenz $\Delta E = E_n - E_k$ erhalten wir:

$$\Delta E = \frac{1}{\epsilon_0^2} \; \frac{m \, e^4}{8 \, h^2} \left(\frac{1}{k^2} - \frac{1}{n^2} \right)$$

Nach dem 2. Bohrschen Postulat ist $\Delta E = h\nu$. Also ist:

$$h\nu = \frac{1}{\epsilon_0^2}\ \frac{m\,e^4}{8\,h^2}\ \left(\frac{1}{k^2} - \frac{1}{n^2}\right)$$

oder:

$$\nu = \frac{1}{\epsilon_0^2}\ \frac{m\,e^4}{8\,h^3}\ \left(\frac{1}{k^2} - \frac{1}{n^2}\right)$$

Setzen wir in dieser Gleichung

$$\frac{1}{\epsilon_0^2}\ \frac{m\,e^4}{8\,h^3} = R\,c$$

so erhalten wir:

$$\nu = R\,c\left(\frac{1}{k^2} - \frac{1}{n^2}\right)$$

Diese Gleichung ist identisch mit der Serienformel für die Frequenzen des Wasserstoffspektrum von 8.4.2.1, da

$$R = \frac{1}{\epsilon_0^2}\ \frac{m\,e^4}{8\,h^3\,c}$$

mit dem experimentell gefundenen Wert der Rydberg-Konstanten für Wasserstoff übereinstimmt. Mit den Werten für ϵ_0, c, h, m und e erhalten wir nämlich $R_H = 1{,}0974 \cdot 10^7\ \text{m}^{-1}$.

Das Bohrsche Atommodell deutet demnach das Linienspektrum des Wasserstoffs in befriedigender Weise. Jeder Serie von Spektrallinien ist die untere Quantenbahn gemeinsam (Abb. 8.4-5). Bei der Lyman-Serie ist dies die Quantenbahn mit $k = 1$, bei der Balmer-Serie die Quantenbahn mit $k = 2$ usw. Die Balmer-Serie wird also emittiert, wenn Elektronen von Wasserstoffatomen von irgend einer höheren Bahn ($n = 3, 4 \ldots$) auf die Quantenbahn mit $k = 2$ zurückkehren. Fällt das Elektron z.B. von der 3. auf die 2. Quantenbahn zurück, so wird die H_α-Linie emittiert usw.

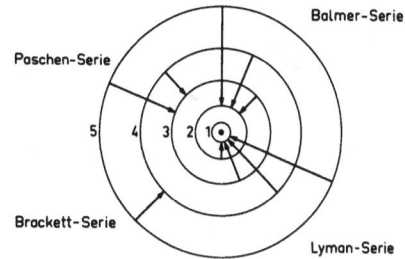

Abb. 8.4-5: Quantenbahnen einiger Spektralserien des Wasserstoffatoms; die Radien sind hier nicht maßstabgerecht, damit mehr Quantenbahnen zu sehen sind.

Eine noch bessere Übereinstimmung der berechneten Rydberg-Konstante R_H des Wasserstoffs mit dem spektroskopisch gemessenen Wert (mittlerer Fehler $\approx 10^{-5}$!) erhält man, wenn man die Mitbewegung des Atomkerns berücksichtigt. Es wird dann:

$$R_H = R\ \frac{1}{1 + m/M} \qquad \text{mit} \qquad R = \frac{1}{\epsilon_0^2}\ \frac{m\,e^4}{8\,h^3\,c}$$

Dabei ist R die Rydberg-Konstante bei sehr großer Kernmasse, m die Masse des Elektrons, M die Masse des Kerns (Protons).

Mit der verfeinerten Gleichung ergibt sich $R_H = 1{,}0967758 \cdot 10^7\ \text{m}^{-1}$ in erstaunlicher Übereinstimmung zwischen theoretischem und experimentellem Ergebnis. Hierin zeigt sich überzeugend die Leistungsfähigkeit des Bohrschen Atommodells.

Wie das Wasserstoffatom haben das einfach ionisierte He^+, das zweifach ionisierte Li^{++}, das Be^{+++}-Ion usw. nur *ein* Elektron (Einelektronen-Systeme). Die Energiestufen dieser Ionen unterscheiden sich von denen des Wasserstoffatoms wegen der höheren Kernladung und der größeren Kernmasse. Dadurch werden die Frequenzen ihrer Spektrallinien zu höheren Frequenzen verschoben. Sie bilden aber ebenfalls Serien. Im Prinzip kann man die für das Wasserstoffatom angestellten Überlegungen übertragen.

Zum Abschluß dieser Bemerkungen sei eine interessante Folge solcher Überlegungen erwähnt. Gewöhnlicher Wasserstoff enthält 0,14 % schweren Wasserstoff (Deuterium). Die Kernladung des Deuteriums ist ebenfalls $+e$. Seine Kernmasse ist aber etwa doppelt so groß wie die des Protons. Daher sind alle Spektrallinien des Deuteriums etwas nach höheren Frequenzen verschoben. Auf diese Weise wurde das Deuterium entdeckt.

Aufgaben:
1. Berechnen Sie für das Bohrsche Modell des Wasserstoffatoms die Bahndurchmesser, Bahngeschwindigkeiten und Umlaufzeiten des Elektrons für die 1., 2. und 3. Quantenbahn!
Antwort: $1{,}1 \cdot 10^{-10}$ m; $4{,}2 \cdot 10^{-10}$ m; $9{,}5 \cdot 10^{-10}$ m; $2{,}2 \cdot 10^6$ m s^{-1}; $1{,}1 \cdot 10^6$ m s^{-1}; $0{,}73 \cdot 10^6$ m s^{-1}; $1{,}5 \cdot 10^{-16}$ s; $12 \cdot 10^{-16}$ s; $41 \cdot 10^{-16}$ s.
2. Welche Frequenz und Wellenlänge hat ein Photon, das beim Sprung des Elektrons von der 4. auf die 3. Quantenbahn des Wasserstoffatoms abgestrahlt wird?
Antwort: $1{,}6 \cdot 10^{14}$ Hz; $1{,}9$ μm

8.4.3 Spontane und induzierte Lichtemission

8.4.3.1 *Spontane Lichtemission*

Wie in 8.4.2.4 beschrieben, können Elektronen auf höhere Quantenbahnen angeregt werden und durch spontane Emission wieder in den Grundzustand übergehen. Die mittlere Lebensdauer τ der angeregten Zustände bestimmt die Länge dieser Wellengruppe zu $c\,\tau$ (Kohärenzlänge).

Die mittlere Lebensdauer bestimmt auch die Anzahl N der Atome im Volumen V, die sich im angeregten Zustand befinden.

Da sich in der Regel die Elektronen der meisten Atome auf dem niedrigsten Energieniveau (Grundzustand) befinden, werden vor allem solche Frequenzen absorbiert, deren niedrigeres Niveau der Grundzustand ist (Resonanzfrequenzen).

8.4.3.2 *Induzierte Lichtemission – Energiebilanz*

Außer durch spontane Emission kann das angeregte Atom auch unter dem Einfluß eines einfallenden Lichtquants durch Lichtemission in den Grundzustand übergehen *(induzierte Emission)*. Im Gegensatz zur spontanen Emission, bei der das Licht in alle Raumrichtungen abgestrahlt wird, erfolgt die induzierte Emission nur in Richtung des einfallenden Photons, woraus eine Verstärkung des einfallenden Lichtes resultiert.

Die Energiebilanz für die Lichtwelle kann man folgendermaßen bilden: Die Zahl der effektiv erzeugten Lichtquanten Z_q ergibt sich als Differenz zwischen induziert emittierten Quanten Z_i und absorbierten Quanten Z_a:

$$Z_q = Z_i - Z_a, \text{ mit } Z_a = n_1\, u\, B_{12}\, f(\nu) \text{ und } Z_i = n_2\, u\, B_{21}\, f(\nu).$$

Dabei sind n_1 und n_2 die Anzahlen der Atome im Grundzustand bzw. im angeregten Zustand. u ist die Strahlungsdichte und $f(\nu)$ beschreibt die Frequenzabhängigkeit der Übergangswahrscheinlichkeiten. B_{12} und B_{21}, die sogenannten Einstein-Koeffizienten, sind die Wahrscheinlichkeiten für den Übergang von der Quantenbahn 1 nach 2 und umgekehrt. Für Z_q erhält man:

$$Z_q = u\, B_{12}\, (n_2 - n_2)\, f(\nu) = u\, B_{12}\, \Delta n\, f(\nu).$$

Für einfache optische Übergänge kann man $B_{12} = B_{21}$ setzen. Ist $n_2 < n_1$, d.h. $\Delta n < 0$, dann überwiegt die Absorption; die Lichtwelle ist geschwächt. Sind n_1 und n_2 gleich, d.h. $\Delta n = 0$, so sind Absorption und Emission gleich groß, d.h. die Lichtwelle ist unbeeinflußt. Gilt $n_2 > n_1$, d.h. $\Delta n > 0$, dann überwiegt die Emission, d.h. die Lichtwelle wird verstärkt.

8.4.3.3 *Laserprinzip*

Das *Laserprinzip* wurde entwickelt von Bassow, Prochorow in der Sowjetunion und von Townes in den USA.[1]

Der Fall, daß die Lichtwelle verstärkt ist ($n_2 > n_1$), ist nur gegeben, wenn *Besetzungsinversion* vorliegt. Das ist im thermischen Gleichgewicht nur dann möglich, wenn geeignete *metastabile Niveaus* vorliegen. Das sind solche Niveaus, die sehr hoch besetzt werden können, bis sie z.B. durch ein einfallendes Lichtquant geeigneter Energie entleert werden. Dann spricht man von laseraktiven Medien (siehe Tabelle 8.4-1).

---

[1] Nikolai Bassow, geb. 1922 und Alexander Prochorow, geb. 1916, beide SU, und Charles Townes, geb. 1915, USA; gemeinsam Nobelpreis 1964.

Tabelle 8.4-1
Übersicht über Lasersysteme

Laser-System	Aktives Medium	Anregung	Typi-sche Länge in cm	Ausgangsleistung in Watt	
				konti-nuierlich	gepulst
Gas-Laser	Edelgase Molekülgase Metall-dämpfe	Gasentladung, Chemische Anregung	50	$10^{-3}-10^{-4}$	10^3-10^5
Flüssig-keits-Laser	Organische Farbstoffe in Lösungs-mitteln	Blitzlicht Laserlicht	5	10^{-1}	10^4
Halb-leiter-Laser	Halbleitere-lemente mit Zn oder Se dotiert	elektrischer Strom	0,1	10^{-1}	10^4
Fest-körper-Laser	Kristalle und Gläser mit Me-tallatomen oder seltenen Erden dotiert	Blitzlichtlam-pen, kontinu-ierliche Gas-entladungs-Lampen, Wolfram-Band-Lampen	5	$10^{-2}-10^2$	10^4-10^9

Die entstehende Laser-Strahlung (Laser: *L*ight *A*mplification by *S*timulated *E*mission of *R*adiation) hat durch das Entste-hungsprinzip bedingte Eigenschaften, die von besonderer Be-deutung für die technische Einsatzfähigkeit der Laser sind.

Die Strahlung kann durch Einbau des laseraktiven Mediums in optische Resonatoren gezielt für einzelne Wellenlängen verstärkt werden. Die dann emittierte Strahlung ist nahezu monochromatisch. Der Wellenlängenbereich erstreckt sich vom ultraroten bis zum ultravioletten Spektralbereich (Abb. 8.4-6).

Wegen der langen Lebensdauern der metastabilen Niveaus be-sitzt die Laserstrahlung große Kohärenzlängen. Je nach Auf-bau des Resonators ist die ausgesandte Laserstrahlung linear polarisiert und gut gebündelt. Je nach Art der Anregung wird sie kontinuierlich oder gepulst ausgesandt. Die Pulsdauern

lassen sich vom quasikontinuierlichen Betrieb bis zu Nano-oder Femtosekunden variieren.

Abb. 8.4-6
Verteilung der Laser-Linien im Spektrum:

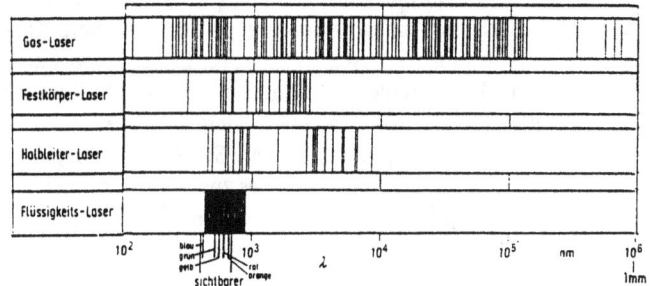

8.4.4 Elektronenschalen und Röntgenspektren

8.4.4.1 *Schalenaufbau der Elektronenhülle*

Wir haben in 8.4.2 vorwiegend das Wasserstoffatom betrachtet, da sein Aufbau am einfachsten ist. Jetzt wenden wir uns dem Aufbau der Elektronenhülle bei Atomen mit höherer Kernladungs- und damit höherer Elektronenzahl zu.

Die Hüllenelektronen sind nicht regellos verteilt, sondern in Schalen angeordnet.

Den ersten Hinweis auf den schalenförmigen Aufbau der Atomhülle gibt eine Betrachtung der Atomdurchmesser der verschiedenen chemischen Elemente. Die Alkalimetalle Lithium, Natrium, Kalium usw. haben relativ zu ihren Nach-barn im Perioden-System (Teil 1 S. 214) einen besonders großen Atomdurchmesser. Die Elektronenhülle des voraus-gehenden Edelgases ist demnach besonders abgeschlossen. Das beim Alkalimetall dazukommende Elektron wird weiter außen angebaut.

Noch klarer erkennt man den Aufbau der Elektronenhülle, wenn man diese schrittweise abbaut, indem man den Atomen ein Elektron nach dem anderen wegnimmt und die dazu je-weils notwendige Arbeit mißt. Diese Ionisierungsarbeiten kann man z.B. den Seriengrenzen der Spektren entnehmen (8.4.2).

In Abb. 8.4-7 sind für die ersten 22 Elemente die Ionisierungsarbeiten aufgetragen. Die untere Kurve bezieht sich auf die Ablösung des ersten Elektrons von den neutralen Atomen, die mittlere auf die Ablösung des zweiten und die obere Kurve auf die Ablösung des dritten Elektrons. Es fällt sofort auf, daß bei den Alkalimetallen Lithium, Natrium und Kalium das erste Elektron (Valenzelektron) besonders leicht gebunden ist. Mit ihnen beginnt jeweils eine neue Schale. Bei den gleichen Elementen ist das Abtrennen des zweiten Elektrons besonders schwierig. Sie sind jetzt edelgasähnlich mit abgeschlossenen Schalen.

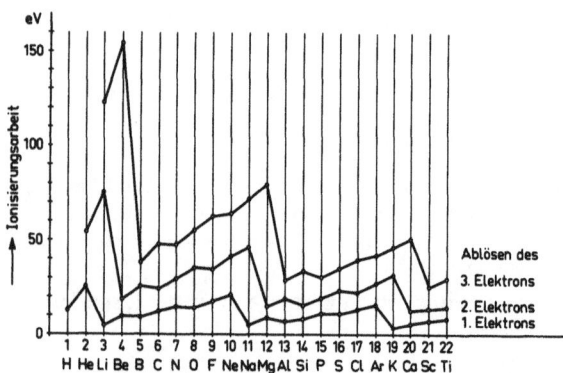

Abb. 8.4-7: Ionisierungsarbeit für das Ablösen des ersten, zweiten und dritten Elektrons der ersten 22 Elemente des Perioden-Systems

Diese Vorstellung vom Bau der Alkalimetalle wird durch ihre Spektren bestätigt. Diese sind dem Wasserstoffspektrum verwandt. Das Valenzelektron des Alkalimetalls übernimmt als „Leuchtelektron" die Rolle des *einen* Elektrons beim Wasserstoffatom. Die übrigen Elektronen eines Alkalimetalls gelangen nicht auf höhere Quantenbahnen, sondern schirmen nur die Kernladung bis auf *eine* positive Elementarladung ab.

Die Abb. 8.4-7 zeigt ferner, daß Be^{++} und alle weiteren doppelt ionisierten Erdalkalien edelgasähnlich sind. So rücken die Extrema der Ionisierungsarbeiten von Kurve zu Kurve um 1 Element weiter nach rechts.

Die Auswertung der geschilderten Ergebnisse führt zu dem Schluß:

Die erste (innerste) Schale der Elektronen in der Atomhülle, *K-Schale* genannt, ist voll besetzt bei He, Li^+, Be^{++} usw. Sie enthält maximal 2 Elektronen.

Die zweite Schale, *L-Schale* genannt, ist voll besetzt bei Ne, Na^+, Mg^{++} usw. Sie enthält maximal 8 Elektronen.

Die dritte Schale, *M-Schale* genannt, enthält maximal 18 Elektronen.

Es folgen noch weitere Schalen (N, O, P, Q). Von der M-Schale ab ist der Einbau der Elektronen komplizierter. Er soll hier nicht weiter verfolgt werden. Das Gesagte reicht für das Verständnis der Röntgenspektren aus. Die Abb. 8.4-8 zeigt schematisch 2 Beispiele für den Schalenaufbau der Atomhülle.

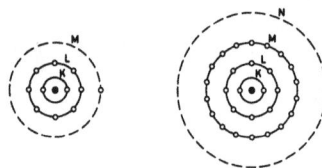

Abb. 8.4-8: Schalenaufbau der Atomhülle; links Schema eines Natriumatoms, rechts eines Kupferatoms

8.4.4.2 Röntgen-Linienspektren (Charakteristische Röntgenstrahlung)

Wir haben in 8.2.3.1 das Röntgenbremsspektrum kennengelernt. Außer dieser kontinuierlichen Strahlung geht von der Anode einer Röntgenröhre eine Strahlung mit einem Spektrum diskreter Linien aus. Dieses Linienspektrum ist charakteristisch für die Atome des Anodenmaterials.

Das Bohrsche Atommodell erklärt das Zustandekommen der Röntgen-Linienspektren der Atome folgendermaßen:

Die charakteristische Röntgenstrahlung entsteht durch Elektronensprünge zwischen den Schalen der Elektronenhülle. Dazu muß zunächst ein Hüllenelektron von einem auf die Anode prallenden freien Elektron aus einer inneren Schale herausgeschlagen werden. Fällt dann ein Hüllenelektron aus einer äußeren Schale in die Lücke, so wird entsprechend der

Energiedifferenz zwischen den Schalen ein Photon emittiert. Die Energiedifferenzen zwischen den Schalen sind so groß, daß die Wellenlänge des Photons im Bereich der Röntgenstrahlung liegt.

Die freiwerdende Energie kann statt als Röntgen-Quant abgestrahlt zu werden, auch an ein anderes Elektron abgegeben werden. Dieses Elektron *(Auger[1]-Elektron)* verläßt dann das Atom mit charakteristischer kinetischer Energie.

Wegen der verschiedenen Möglichkeiten der Elektronensprünge zwischen den einzelnen Schalen der Atomhülle gibt es auch bei den Röntgen- und den Augerelektronen-Spektren *Spektralserien*. Die sogenannte *K-Serie* wird emittiert bei Elektronensprüngen, durch die eine Lücke in der K-Schale aufgefüllt wird. Entsprechend entsteht die *L-Serie* bei Elektronensprüngen, die auf der L-Schale enden usw.

In Abb. 8.4-9 sind schematisch die Elektronensprünge dargestellt, die zur Emission von optischen Spektrallinien und Röntgenlinien führen.

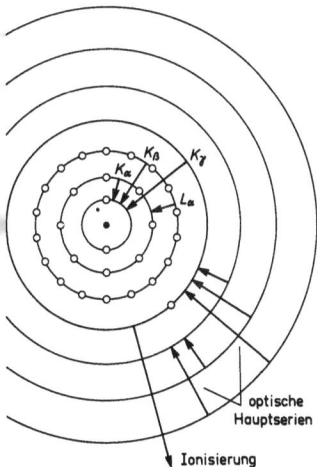

Abb. 8.4-9:
Zur Entstehung der optischen und der Röntgen-Emissionslinien von Kupfer

---

[1]   Pierre Victor Auger, geb. 1899, frz. Physiker.

8.4.4   Weiterentwicklung des Bohrschen Atommodells

Wir haben gesehen, daß das Bohrsche Atommodell viele experimentelle Befunde, so z.B. die Linienspekten der Einelektronensysteme und die Röntgen-Linienspektren, quantitativ richtig wiedergibt. Doch weist dieses Modell auch Mängel auf. Es kann nicht alle experimentellen Ergebnisse im atomaren Bereich richtig deuten.

Bohr verläßt zwar in seinen Postulaten den Boden der klassischen Physik. Er stellt sich aber die Elektronen der Atomhülle auf ihren Bahnen wie determinierte Teilchen der Newtonschen Mechanik vor. Wir haben in 8.3.2 bereits ausgeführt, warum dies im atomaren Bereich nicht zulässig ist. Daher mußte das Bohrsche Atommodell im Sinne der Quantenmechanik weiterentwickelt werden. Dadurch wird das Atommodell richtiger, so daß es vollständig alle experimentellen Befunde beschreibt; es wird jedoch weniger anschaulich.

Das quantenmechanische Atommodell können wir hier nicht mathematisch formulieren, sondern nur auf einige Punkte hinweisen:

Bestimmte Vorstellungen des Bohrschen Atommodells bleiben erhalten. Das gilt vor allem für die experimentell fundierte Existenz diskreter Energiezustände. Auch das 2. Bohrsche Postulat für den Übergang zwischen zwei Energieniveaus wird übernommen, da es der Photonentheorie entspricht. Dagegen wird das 1. Bohrsche Postulat modifiziert, so daß dem Wellencharakter der Elektronen Rechnung getragen wird. In der Quantenmechanik ergeben sich statt der Bohrschen Elektronenbahnen für die einzelnen Energiezustände eines Elektrons in der Atomhülle stehende, räumliche Materiewellen, deren Amplitudenquadrat der Aufenthaltswahrscheinlichkeit des Elektrons proportional ist (8.3.2.3). Das Elektron läuft in diesem weiterentwickelten, quantenmechanischen Atommodell nicht mehr auf einer genau fixierten Bahn um, sondern kann sich in dem durch die stehende Welle erfaßten Raum an irgend einer Stelle befinden.

Man bezeichnet diesen Raum (vor allem in der Chemie) als *„Orbital"*. An die Stelle der Bohrschen Quantenbahnen treten die Orbitale.

9. KERNPHYSIK

9.1 Zusammenstellung einiger Grundkenntnisse

9.1.1 Aufbau der Atomkerne

Die Atomkerne bestehen aus zweierlei „*Nukleonen*"[1] . Diese sind:

1. *Proton* p.
   Es ist dem Kern des normalen Wasserstoffatoms gleich.
   Das Proton hat also die Ladung + *e*.
   Seine Ruhemasse ist $m_p = 1{,}6726231 \cdot 10^{-27}$ kg.

2. *Neutron* n.
   Das Neutron hat keine elektrische Ladung.
   Seine Ruhemasse ist $m_n = 1{,}6749286 \cdot 10^{-27}$ kg.

Die Massen der beiden Nukleonen sind annähernd gleich, was für Überschlagsrechnungen zu beachten ist.

Die Zahl der Protonen eines Kerns ist gleich der Ordnungszahl Z. Hat ein Kern, außer Z Protonen noch N Neutronen, so gilt:

Massenzahl A = Protonenzahl Z + Neutronenzahl N, kurz:

$$A = Z + N$$

9.1.2 Nuklide

Nuklid nennt man eine Atomart, deren Kerne dieselbe Protonenzahl Z und dieselbe Massenzahl (Nukleonenzahl) A haben.

Isotope Nuklide nennt man solche mit gleichem Z, aber verschiedenen N und A.

Isobare Nuklide nennt man solche mit gleichem A, aber verschiedenen Z und N.

---

[1] nu*cleus* (lat.) Kern

Für Nuklide ist folgende symbolische Schreibweise üblich:

$$_Z^A \text{Atomsymbol}$$

Beispiel
$_{13}^{27}$ Al bedeutet Aluminium mit Z = 13, also mit 13 Protonen, und mit A = 27, also mit $N = A - Z$ oder N = 14 Neutronen.

Da die Ordnungszahl Z durch die Angabe des Atomsymbols bekannt ist, kann man Z auch weglassen.

Die Nukleonen werden durch besondere „Kernkräfte" in den Nukliden zusammengehalten, die größer sind als die abstoßenden Coulomb-Kräfte der Protonenladungen (10.4).

9.2 Kernumwandlungen

9.2.1 Natürliche Radioaktivität

Die von *Becquerel*[1] im Jahre 1896 entdeckte Radioaktivität erwies sich später als ein Vorgang, bei dem sich die *radioaktiven Nuklide* unter Abstrahlung von korpuskularer und elektromagnetischer Strahlung *verändern*.

9.2.1.1 *Radioaktive Strahlen*

Im Rahmen der natürlichen Radioaktivität unterscheidet man drei Strahlenarten:

1. Alpha-Strahlen (α-Strahlen). Sie bestehen aus Heliumkernen $_2^4$ He.

2. Beta-Strahlen (β-Strahlen). Sie bestehen aus Elektronen.

3. Gamma-Strahlen (γ-Strahlen). Sie bestehen aus sehr kurzwelliger elektromagnetischer Strahlung, also aus Photonen (Lichtquanten) großer Energie (8.2).

---

[1] Henri Antoine Becquerel, 1852 - 1908, frz. Physiker, Nobelpreis 1903 zusammen mit dem Ehepaar Pierre Curie, 1859 - 1906, und Marie, geb. Sklodowska, 1867 - 1934.

Ein bestimmtes radioaktives Nuklid ist entweder ein α-Strahler oder ein β-Strahler. Beide können zusätzlich γ-Strahlen aussenden.

9.2.1.2 Verschiebungssätze

1. Durch die Emission eines α-Teilchens ($^4_2$ He-Teilchens) wird die Massenzahl des zerfallenden Nuklids um 4, seine Kernladungszahl (Ordnungszahl) um 2 kleiner.
2. Bei der Emission eines β-Teilchens (Elektrons) bleibt die Massenzahl unverändert; die Kernladungszahl (Ordnungszahl) nimmt um 1 zu.
3. Durch die γ-Strahlung ändert sich weder die Massenzahl noch die Kernladungszahl (Ordnungszahl).

Tabelle 9.2-1.
Beispiel einer radioaktiven Zerfallsreihe: Thorium-Reihe

Nuklid	Zerfallsart	Tochternuklid	Halbwertszeit
$^{232}_{90}$Th	α	$^{228}_{88}$Ra	$1,4 \cdot 10^{10}$ a
$^{228}_{88}$Ra	β$^-$	$^{228}_{89}$Ac	6,7 a
$^{228}_{89}$Ac	β$^-$	$^{228}_{90}$Th	6,1 h
$^{228}_{90}$Th	α	$^{224}_{88}$Ra	1,9 a
$^{224}_{88}$Ra	α	$^{220}_{86}$Rn	3,6 d
$^{220}_{86}$Rn	α	$^{216}_{84}$Po	52 s
$^{216}_{84}$Po	{ α β$^-$	$^{212}_{82}$Pb $^{216}_{85}$At	0,15 s
$^{216}_{85}$At	α	$^{212}_{83}$Bi	0,3 ms
$^{212}_{82}$Pb	β$^-$	$^{212}_{83}$Bi	10,6 h
$^{212}_{83}$Bi	{ β$^-$ α	$^{212}_{84}$Po $^{208}_{81}$Tl	60,5 min
$^{212}_{84}$Po	α	$^{208}_{82}$Pb	0,3 μs
$^{208}_{81}$Tl	β$^-$	$^{208}_{82}$Pb	3,1 min
$^{208}_{82}$Pb	stabil	–	–

9.2.1.3 Zerfallsreihen

Die beim radioaktiven Zerfall auftretenden „Tochter-Elemente" sind in der Regel wieder radioaktiv. Erst nach einer ganzen Reihe von Zerfallsprozessen entstehen schließlich stabile Endprodukte:

1. *Uran-Radium-Reihe:*
   Ausgangskern $^{238}_{92}$U ;   Endkern $^{206}_{82}$Pb
2. *Uran-Actinium-Reihe:*
   Ausgangskern $^{235}_{92}$U ;   Endkern $^{207}_{82}$Pb
3. *Thorium-Reihe:*
   Ausgangskern $^{232}_{90}$Th ;   Endkern $^{208}_{82}$Pb

In allen drei Fällen sind also die Endkerne stabile Bleiisotope. Die Tabelle 9.2-1 gibt als Beispiel die Thorium-Reihe.

9.2.1.4 Radioaktives Zerfallsgesetz

Die Zahl der zur Zeit t vorhandenen unzerfallenen Nuklide sei N (Abb. 9.2-1). Die Zerfallsrate $-\dfrac{dN}{dt}$ ist zu jedem Zeitpunkt proportional zu N; also ist:

$$\frac{dN}{dt} = -\lambda N \quad \text{oder} \quad \frac{dN}{N} = -\lambda\, dt$$

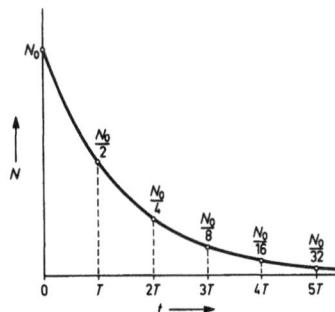

Abb. 9.2-1:
Radioaktives Zerfallsgesetz

Durch Integration erhalten wir:

$$N = C\, e^{-\lambda t}$$

oder:

$$N = N_0\, e^{-\lambda t}$$

λ heißt Zerfallskonstante.

Dabei ist N_0 die Zahl der zur Zeit $t = 0$ vorhandenen unzerfallenen Nuklide. Die Konstante λ kennzeichnet die Geschwindigkeit des radioaktiven Zerfalls.

Als Maß für diese Geschwindigkeit gibt man häufig auch die „Halbwertszeit" T an. Darunter versteht man die Zeit, die vergeht, bis die Zahl der unzerfallenen Nuklide auf die Hälfte gesunken ist. Zwischen λ und T besteht eine einfache Beziehung:

Aus

$$N = \frac{1}{2}\, N_0 \quad \text{folgt} \quad N_0 = 2\, N_0\, e^{-\lambda T}$$

und daraus:

$$T = \frac{\ln 2}{\lambda} = \frac{0{,}693}{\lambda}$$

Die Halbwertszeit ist eine für jede radioaktive Nuklidart charakteristische Größe.

Das radioaktive Zerfallsgesetz ist ein statistisches Gesetz. Es gilt nur, wenn sehr viele Nuklide beteiligt sind. Die Halbwertszeit sagt also nichts darüber aus, wann das einzelne Nuklid zerfällt.

9.2.1.5 Aktivität

Die Zerfallsrate nennt man Aktivität A:

$$A = -\frac{\mathrm{d}N}{\mathrm{d}t}$$

Die SI-Einheit von A ist:
1 Becquerel = 1 Bq = 1 s^{-1}
Früher: 1 Curie = 1 Ci = $3{,}700 \cdot 10^{10}$ Bq.

9.2.2 Künstliche Kernumwandlung durch geladene Teilchen

Beobachtet man die Bahnen von α-Teilchen (9.2.1.1) in einer mit Sauerstoff gefüllten Wilsonkammer (5.4.4), so bemerkt man gelegentlich, meist gegen Ende einer Bahn, eine Gabelung (Abb. 9.2-1 a). Aus der Länge der Nebelspuren und dem Zwi-

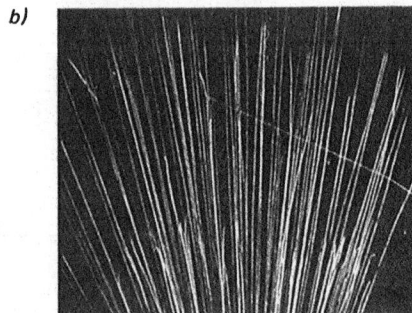

Abb. 9.2-1: Zusammenstoß eines α-Teilchens mit einem
a) Sauerstoffnuklid (Nebelkammerbild)
b) Stickstoffnuklid, der zu einer Kernumwandlung führte (Nebelkammerbild)

schenwinkel kann man mit Hilfe der Erhaltungssätze von Energie und Impuls erkennen, daß es sich um einen Stoß zwischen einem α-Teilchen und einem Sauerstoffatom handelt. Das Sauerstoffatom wird dabei ionisiert, so daß seine Bahn sichtbar wird. Nach dem Stoß gehört die längere Bahn zum α-Teilchen, die kürzere zum Sauerstoffion.

Abb. 9.2-2:
Lord Ernest Rutherford, 1871-1937, englischer Physiker; Professor für Physik an den Universitäten Montreal (Kanada) (1898-1907), Manchester (1907-1919), Cambridge (1919-1937); Rutherford gelangen bahnbrechende Arbeiten auf dem Gebiet der Kernphysik: Radioaktive Zerfallstheorie (1903), Theorie über den Aufbau der Atome (1911), erste künstliche Kernumwandlung (1919), Neutronenquellen (1934); er erhielt 1908 den Nobelpreis für Chemie für seine Erklärung der Radioaktivität.

Bei derartigen Untersuchungen mit α-Teilchen und Stickstoff entdeckte Rutherford (Abb. 9.2-2) 1919 einen bis dahin unbekannten Vorgang. Er beobachtete nach einem Stoß eines α-Teilchens auf ein Stickstoffatom wieder die gabelförmigen Bahnen zweier Teilchen. Die längere Bahn war aber dünner und viel länger als die eines α-Teilchens (Abb. 9.2-1 b). Die Berechnung der Massen mit Hilfe der Stoßgesetze ergab, daß das Teilchen mit der langen Bahn ein Proton, das mit der kurzen Bahn ein Sauerstoffion war. Rutherford hatte damit die erste künstliche Kernumwandlung gefunden.

Dieser Kernprozeß läuft folgendermaßen ab: Bei einem zentralen Stoß eines α-Teilchens auf einen Stickstoffkern vereinigen sich beide Teilchen zu einem Zwischenkern, der wegen seiner kurzen Lebensdauer nicht beobachtet wird. Er zerfällt in ein Proton und in einen Sauerstoffkern (Abb. 9.2-3).

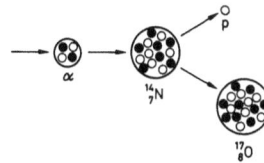

Abb. 9.2-3:
Kernumwandlung eines $^{14}_{7}$N-Nuklids durch Zusammenstoß mit einem α-Teilchen (schematisch)

Die Reaktionsgleichung dieses Prozesses ist:

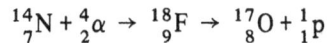

$$^{14}_{7}N + ^{4}_{2}\alpha \rightarrow ^{18}_{9}F \rightarrow ^{17}_{8}O + ^{1}_{1}p$$

oder abgekürzt:

$$^{14}_{7}N\,(\alpha, p)\,^{17}_{8}O$$

Das Sauerstoffisotop $^{17}_{8}O$ kommt, allerdings nur zu 0,04 %, auch im natürlichen Sauerstoff vor.

Heute kennt man sehr viele künstliche Kernumwandlungen, die durch Beschießen von Atomkernen mit energiereichen positiv geladenen Teilchen zustandekommen. Außer α-Teilchen radioaktiver Substanzen kann man künstlich beschleunigte Protonen ($^{1}_{1}p$) und Deuteronen ($^{2}_{1}d$) verwenden. Zur Teilchenbeschleunigung dienen große Anlagen wie z.B. das Zyklotron (6.3.4.4).

Alle derartigen Kernumwandlungen sind relativ seltene Ereignisse, weil zentrale Stöße sehr unwahrscheinlich sind. Da der positiv geladene Kern ein ebenfalls positiv geladenes Teilchen abstößt, muß dessen kinetische Energie ausreichen, um dem Kern genügend nahe zu kommen.

Als Beispiele solcher Kernumwandlungen seien genannt:

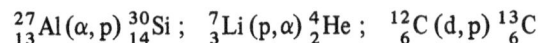

$$^{27}_{13}Al\,(\alpha, p)\,^{30}_{14}Si\,;\quad ^{7}_{3}Li\,(p, \alpha)\,^{4}_{2}He\,;\quad ^{12}_{6}C\,(d, p)\,^{13}_{6}C$$

9.2.3 Künstliche Kernumwandlungen mit Neutronen

Neutronen können sich als ungeladene Teilchen viel leichter Atomkernen nähern als geladene Teilchen. Daher sind Neutronen zu künstlichen Kernumwandlungen besonders gut geeignet.

9.2.3.1 *Entdeckung des Neutrons*

Bothe[1] und *Becker*[2] entdeckten im Jahre 1930, daß durch Beschuß von Beryllium mit α-Strahlen eine durchdringende Strahlung ausgelöst wurde. Da diese in der Wilsonkammer keine Spuren hinterließ, nahmen sie an, daß es keine Korpuskularstrahlung sei.

Im Jahre 1932 konnte *Chadwick*[3] nachweisen, daß es sich bei dieser „Berylliumstrahlung" um ungeladene Teilchen handelte, die er deshalb *Neutronen* nannte. Chadwick beobachtete nämlich, daß in einigem Abstand von der Stelle, an der ein α-Teilchen auf einen Berylliumkern stieß, eine *neue Nebelspur* begann. Er schloß daraus, daß beim Stoß zwischen α-Teilchen und Berylliumkern ein *neutrales* Teilchen (ohne Nebelspur) mit so großer Energie ausgestoßen wurde, daß es bei einem anschließenden Stoß auf ein Atom dieses ionisieren und mit großer Energie wegstoßen konnte (neue Nebelspur). Aus den sichtbaren Bahnen der Rückstoßkerne berechnete Chadwick die Masse und die Geschwindigkeit des Neutrons mit Hilfe der Erhaltungssätze von Energie und Impuls. Die Masse ergab sich annähernd gleich der Protonenmasse.

Der Kernprozeß, durch den Chadwick das Neutron entdeckte, hat die Reaktionsgleichung (Abb. 9.2-4):

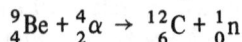

$$^9_4\text{Be} + ^4_2\alpha \rightarrow ^{12}_6\text{C} + ^1_0\text{n}$$

oder kurz:

$$^9_4\text{Be}\,(\alpha, \text{n})\,^{12}_6\text{C}$$

---

[1] Walter Bothe, 1891 - 1957, dt. Physiker, Nobelpreis 1954.
[2] August Becker, 1879 - 1953, dt. Physiker.
[3] Sir James Chadwick, 1891 - 1974, engl. Physiker, Nobelpreis 1935.

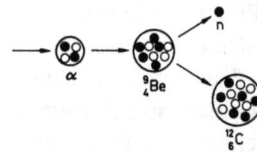

Abb. 9.2-4:
Kernumwandlung eines $^9_4$Be-Nuklids durch ein α-Teilchen (schematisch)

Dieser Prozeß wird bei einer sogenannten *Radium-Beryllium-Neutronen-Quelle* ausgenützt: Berylliumpulver befindet sich, gut vermischt mit einem Radiumsalz, in einem zugeschmolzenen Glasrohr. Die beim radioaktiven Zerfall des Radiums entstehenden α-Strahlen wandeln Beryllium in Kohlenstoff und Neutronen um.

9.2.3.2 *Freie Neutronen*

Freie Neutronen, wie sie aus Kernumwandlungen gewonnen werden, sind instabil. Sie zerfallen mit der Halbwertszeit $T = 11$ min so, daß aus jedem Neutron ein Proton und ein Elektron entsteht. Die naheliegende Annahme Rutherfords, das Neutron sei aus einem Proton und einem Elektron zusammengesetzt, erwies sich aber als unzutreffend, da genaue Bestimmungen der Neutronenmasse zeigten, daß sie *größer* als die Summe aus Protonen- und Elektronenmasse ist. Das Neutron muß deshalb als ein eigenes Elementarteilchen angesehen werden. Da es instabil ist, kommt es in der Natur nicht als freies Teilchen vor. Es muß eigens durch eine Kernumwandlung erzeugt werden.

9.2.3.3 *Kernprozesse mit Neutronen*

Freie Neutronen haben beim Verlassen der Neutronenquelle eine Geschwindigkeit, die bei gleicher Energie mit der Geschwindigkeit von Protonen übereinstimmt *(schnelle Neutronen)*. Wie bereits erwähnt, dringen Neutronen leichter in Atomkerne ein als geladene Teilchen.

Langsame Neutronen sind dabei noch wirkungsvoller als schnelle, da sie länger in Kernnähe verweilen. Deshalb bremst man schnelle Neutronen durch wasserstoffhaltige Stoffe z.B. Paraffin auf Geschwindigkeiten, ab, die der Wärmebewegung der Moleküle entsprechen *(thermische Neutronen)*.

Wegen der starken Wechselwirkung freier Neutronen mit fast allen Nukliden kommt es in der Regel zu einem Kernprozeß, ehe das Neutron in ein Proton und ein Elektron zerfällt.

Wie freie Neutronen können sich auch Neutronen *innerhalb* von Nukliden in Protonen und Elektronen umwandeln. Die Elektronen werden dabei ausgestrahlt. Die Nuklide sind dann radioaktive β-Strahler (9.2.1.1).

Neutronen werden uns in vielen Kernprozessen begegnen. Sie dienen zur Herstellung künstlich radioaktiver Nuklide, zur Erzeugung neuer künstlicher Nuklide und zur Kernspaltung.

9.2.4 Künstliche Radioaktivität – Positron

9.2.4.1 *Entdeckung des Positrons*

Im Jahre 1932, also im selben Jahr, in dem das Neutron entdeckt wurde, fand *Anderson*[1] bei der Untersuchung der kosmischen Strahlung ein weiteres neues Teilchen, das *Positron*. Anderson beobachtete mit der Wilsonkammer eine Nebelspur wie von einem Elektron, dessen Bahnkrümmung in einem Magnetfeld aber umgekehrt zu der eines Elektrons verlief. Die weitere Untersuchung ergab, daß die Eigenschaften des neuen Teilchens, mit Ausnahme des Vorzeichens der Ladung, mit denen des Elektrons (β^-) übereinstimmen. Wegen seiner positiven Ladung erhielt es den Namen Positron (β^+).

Das Positron gehört wie das Elektron, das Proton und Neutron zu den sogenannten Elementarteilchen (10.).

Zu den einzelnen Teilchen gibt es Anti[2]-Teilchen, die mit ihnen in der Ruhemasse übereinstimmen. Bei geladenen Teilchen ist die Ladung von Teilchen und Antiteilchen gleich groß, hat aber entgegengesetztes Vorzeichen. Das Positron ist das Antiteilchen des Elektrons.

Freie Positronen vereinigen sich mit Elektronen unter Aussendung energiereicher γ-Photonen (Zerstrahlung). Deshalb existieren freie Positronen nicht lange.

9.2.4.2 *Künstliche Radioaktivität*

Bei den meisten künstlichen Kernumwandlungen entstehen instabile Nuklide. Diese wandeln sich unter Emission von α-, β^+- oder β^--Teilchen in stabile Nuklide um. Wie bei der natürlichen Radioaktivität tritt dabei oft zusätzlich γ-Strahlung auf. Die bei der natürlichen Radioaktivität fehlende β^+-Strahlung ist charakteristisch für die künstliche Radioaktivität.

Es gibt heute fast kein chemisches Element, das nicht in einen künstlich radioaktiven Strahler verwandelt werden kann. Den ersten derartigen Kernprozeß entdeckte das Ehepaar *F. Joliot* und *I. Curie*[1] bei der Untersuchung der Kernumwandlung $^{27}_{13}\text{Al}\,(\alpha, n)\,^{30}_{15}\text{P}$. Das entstehende radioaktive Phosphornuklid zerfällt unter Abstrahlung eines Positrons mit einer Halbwertszeit von 2,5 min in ein stabiles $^{30}_{14}\text{Si}$-Nuklid.

Bei β^+-Strahlern werden neben den Positronen auch Neutrinos $^0_0\nu$ ausgestoßen, entsprechend bei den β^--Strahlern Antineutrinos $^0_0\bar{\nu}$. Neutrino und Antineutrino haben die Ruhemasse Null und die elektrische Ladung Null.

Weitere Beispiele von β^+-Strahlern sind die Radionuklide $^{13}_7\text{N}$ (Halbwertszeit 9,9 min), $^{22}_{11}\text{Na}$ (2,6 a), $^{55}_{27}\text{Co}$ (18,2 h).

Künstliche β^--Strahler sind u.a. die Radionuklide $^{31}_{14}\text{Si}$ (Halbwertszeit 2,6 h), $^{32}_{15}\text{P}$ (14,3 d), $^{110}_{47}\text{Ag}$ (24 s), $^{128}_{53}\text{J}$ (25 min).

Es gibt heute zahlreiche Anwendungen der künstlichen Radioaktivität.

Beispiele:

1. Bei *medizinischen Bestrahlungen* kranker Gewebe kann man das teure Radium durch billigere künstliche Radioisotope wie Radiokobalt $^{60}_{27}\text{Co}$ oder Radiogold $^{198}_{79}\text{Au}$ ersetzen.

2. *Indikatormethode.* Da die radioaktiven Isotope eines Elements sich chemisch nicht von den stabilen Isotopen des gleichen Elements unterscheiden, ist es möglich, mit Hilfe eines Zählrohrs den Weg eines Elements in einem Organismus zu verfolgen. Man

---

[1] Carl David Anderson, geb. 1905, amer. Physiker, Nobelpreis 1936.
[2] anti- (griech.) gegen- (Vorsilbe).

[1] Irène Curie, 1897 - 1956, frz. Physikerin, Tochter von P. u. M. Curie, verheiratet mit Frédéric Joliot, 1900 - 1958, frz. Physiker, beide Nobelpreis 1935.

mischt dem Element eines seiner radioaktiven Isotope als „Indikator" bei und untersucht dessen Auftreten an den verschiedenen Stellen des Organismus mit dem Zählrohr.

3. *Altersbestimmung organischer Stoffe mit der C 14-Methode (Radiokarbonmethode).* Die Atmosphäre enthält zu einem kleinen bestimmten Prozentsatz das radioaktive Kohlenstoffisotop $^{14}_{6}$C, das mit einer Halbwertszeit von 5570 Jahren unter Aussendung von β^{-}-Strahlen zerfällt. Dieser Prozentsatz bleibt zeitlich konstant, da durch die kosmische Strahlung der zerfallene Radiokohlenstoff immer wieder neu gebildet wird. Der Kohlenstoff der Atmosphäre wird als Kohlensäure (CO_2) von den Pflanzen (und diese von Tieren) aufgenommen und gespeichert. Da aber eine tote Pflanze, z.B. ein gefällter Baum, keine Kohlensäure mehr aufnimmt, nimmt der radioaktive Kohlenstoff $^{14}_{6}$C (kurz „C 14" genannt) entsprechend dem radioaktiven Zerfallsgesetz ab. Aus dem später noch vorhandenen Anteil C 14 am gesamten Kohlenstoff kann man rückwärts auf das Alter des abgestorbenen Organismus schließen. So wurde z.B. das Alter eines ägyptischen Sargs zu 2190 Jahren bestimmt. Sein geschichtliches Alter ist 2280 Jahre.

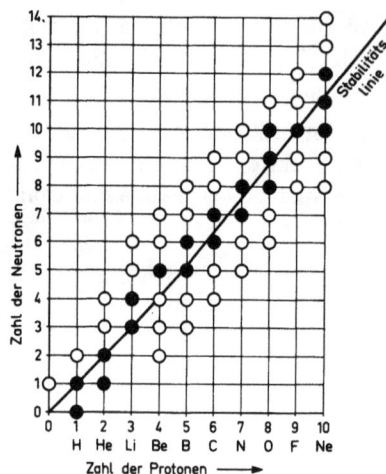

Abb. 9.2-5:
Zahl der Neutronen und Protonen der Nuklide der ersten zehn Elemente des Perioden-Systems; Stabilitätslinie; schwarz: stabile Kerne

9.2.5   Stabile und instabile Kerne

9.2.5.1   *Stabilitätslinie*

Nuklide sind instabil, wenn sie zuviel oder zuwenig Neutronen im Verhältnis zu den Protonen haben. Bei den ersten 20 Elementen des Perioden-Systems ist das Verhältnis der Neutronenzahl zur Protonenzahl etwa 1 : 1. Mit wachsender Ordnungszahl nimmt das Verhältnis immer mehr zu. Bei Uran ist es etwa 1,6:1. Die Abb. 9.2-5 zeigt die sogenannte Stabilitätslinie für die ersten 10 chemischen Elemente. Die hellen Kreise bedeuten die instabilen, die schwarzen Kreise die stabilen Isotope dieser Elemente.

Ein oberhalb der Stabilitätslinie liegendes instabiles Nuklid hat zuviel Neutronen. Es ist ein β^{-}-Strahler. Bei seinem β^{-}-Zerfall verwandelt sich ein Neutron in ein Proton unter Emission eines Elektrons. Dadurch nähert sich das Nuklid der Stabilitätslinie.

Ein unterhalb der Stabilitätslinie liegendes instabiles Nuklid hat zuviel Protonen. Es ist ein β^{+}-Strahler. Bei seinem β^{+}-Zerfall verwandelt sich ein Proton in ein Neutron unter Emission

eines Positrons. Dadurch nähert sich das Nuklid der Stabilitätslinie.

9.2.5.2   *Wechselweise Umwandlung von Proton und Neutron in Nukliden*

Da alle Nuklide aus den Nukleonen Proton und Neutron bestehen, ist es zunächst überraschend, daß überhaupt Elektronen und Positronen abgestrahlt werden. Der Elektronen (β^{-})- und Positronen (β^{+})-Zerfall wurde erst verständlich, als man erkannte, daß beide Nukleonen sich *innerhalb* eines Nuklids ineinander umwandeln können. Während sich auch freie Neutronen in Protonen umwandeln (9.2.3.2) sind freie Protonen stabil. Im Nuklid aber kann ein Proton sich in ein Neutron verwandeln nach der Gleichung:

$$^{1}_{1}\text{p} \rightarrow {}^{1}_{0}\text{n} + {}^{0}_{1}\beta + {}^{0}_{0}\nu$$

Außer dem Neutron $^{1}_{0}$n und dem Positron $^{0}_{1}\beta$ tritt bei diesem Prozeß noch ein *Neutrino* auf (9.2.4.2).

Die Umwandlung des Neutrons in ein Proton geschieht sowohl bei freien Neutronen als auch bei Neutronen in Nukliden nach der Reaktionsgleichung:

$$_0^1n \rightarrow {}_1^1p + {}_{-1}^0\beta + {}_0^0\bar{\nu}$$

Bei diesem Prozeß tritt außer dem Proton $_1^1p$ und dem Elektron $_{-1}^0\beta$ ein *Antineutrino* auf.

9.2.5.3 *γ-Strahlung beim radioaktiven Zerfall*

Die meisten Radionuklide emittieren bei ihrem Zerfall neben der Korpuskularstrahlung auch γ-Strahlung in Form von Linienspektren. Ähnlich wie die Elektronen der Atomhülle, so können auch die Nuklide in verschiedenen diskreten Energiestufen existieren. Beim Übergang von einem höheren, angeregten Energieniveau auf ein niedrigeres Niveau emittiert das Nuklid ein γ-Photon, dessen Frequenz aus der Gleichung $\Delta E = h\nu$ folgt.

9.2.6   Neue künstliche Nuklide — Transurane

Ehe man künstliche Kernumwandlungen durchführen konnte, gab es noch zwei Lücken im Periodensystem der Elemente. In der Natur kommen nämlich die Elemente mit den Ordnungszahlen 43, das *Technetium*[1], und 61, das *Promethium*[2], nicht vor. Durch künstliche Kernumwandlungen kann man eine ganze Anzahl ihrer Isotope herstellen. Diese sind aber alle instabil und zerfallen daher radioaktiv.

Außerdem gelang es vom Jahre 1940 an, neue Elemente mit Ordnungszahlen über 92, sogenannte *Transurane*[1], künstlich zu erzeugen. Diese Elemente haben entweder in der Natur nie existiert, oder sind seit der Entstehung des Universums zerfallen, da sie alle radioaktiv sind.

Durch Anlagerung eines Neutrons an das Uranisotop $_{92}^{238}U$ entsteht $_{92}^{239}U$, das unter Abgabe von β^--Strahlen (Halbwertszeit 23 min) in das Neptuniumisotop $_{93}^{239}NP$ zerfällt. Neptunium ist das erste Transuran mit der Ordnungszahl 93. Es ist selbst wieder ein β^--Strahler (Halbwertszeit 2,3 d). Dabei entsteht ein zweites Transuran, das Plutonium $_{94}^{239}Pu$. Man konnte inzwischen Transurane bis zur Ordnungszahl 109 herstellen

Abb. 9.2-6:
Otto Hahn, 1879-1968; dt. Chemiker und Physiker; seit 1912 Mitglied, seit 1926 Direktor am Kaiser-Wilhelm-Institut für Chemie; 1946-1960 Präsident der Max-Planck-Gesellschaft; grundlegende Arbeiten auf dem Gebiet der Radiochemie; 1944 Nobelpreis für Chemie für die Spaltung des $_{92}^{235}$Uran-Nuklids

9.2.7   Kernspaltung

Hahn (Abb. 8.5-6) und *Straßmann*[2] versuchten bereits 1938 durch Anlagerung von Neutronen an Uran Transurane künstlich herzustellen. Sie erreichten dieses Ziel zwar nicht, doch entdeckten sie bei ihren Versuchen die *Kernspaltung,* einen Vorgang von größter technischer Bedeutung.

---

[1]   techne (griech.) Kunst.
[2]   nach Prometheus, in der griechischen Sage ein Titan, der den Menschen das Feuer brachte.

[1]   trans (lat.) darüber hinaus.
[2]   Fritz Straßmann, 1902 - 1980, dt. Chemiker.

Hahn und Straßmann wollten durch Anlagerung thermischer Neutronen an Kerne des Uranisotops $^{235}_{92}$U ein neues Nuklid herstellen. Es entstanden aber statt dessen ein Krypton- und ein Barium-Isotop sowie zusätzlich drei Neutronen nach der Reaktionsgleichung (Abb. 9.2-7).

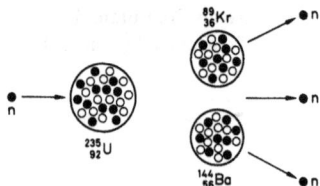

$$^{235}_{92}\text{U} + ^1_0\text{n} \rightarrow ^{89}_{36}\text{Kr} + ^{144}_{56}\text{Ba} + 3\,^1_0\text{n}$$

Abb. 9.2-7:
Kernspaltungsprozeß von $^{235}_{92}$U (schematisch)

In der Folge zeigte es sich, daß bei der Spaltung des Uranisotops $^{235}_{92}$U auch andere Spaltkerne mittlerer Ordnungszahlen entstehen können, z.B. die Paare: Strontium – Xenon und Brom – Lanthan.

Nuklide mittlerer Ordnungszahlen haben relativ weniger Neutronen als die schweren Kerne. Da deshalb bei der Kernspaltung mehr Neutronen frei werden, als zur Einleitung des Prozesses nötig sind, kann eine *„Kettenreaktion"* entstehen. Die bei der Spaltung entstehenden Neutronen können neue Urannuklide spalten. Dieser Vorgang verstärkt sich lawinenartig nach dem Schema der Abb. 9.2-8. Darauf beruht die Explosion von Atombomben. In Kernreaktoren gelingt es dagegen, den Prozeß so zu steuern, daß von den entstehenden Neutronen jeweils nur eines eine neue Spaltung hervorruft (9.3.2.4).

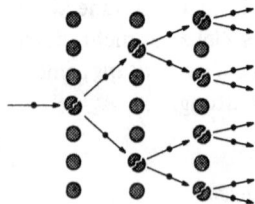

Abb. 9.2-8:
Kettenreaktion bei der Kernspaltung; in der schematischen Zeichnung ist angenommen worden, daß je Spaltungsprozeß zwei Neutronen entstehen, die ihrerseits neue Spaltungsprozesse auslösen.

9.3 Kernenergie

9.3.1 Massendefekt und Kernbindungsenergie

9.3.1.1 *Masse der Nukleonen*

In der Atomphysik verwendet man eine eigene „atomare Masseneinheit" 1 u, die in der Größenordnung der Masse eines Nukleons liegt. Sie ist folgendermaßen definiert:

$$1\,\text{u} = \frac{1}{12} \text{ der Masse } m_\text{a} \text{ eines Atoms des Nuklids } ^{12}_{6}\text{C}$$

Für die Umrechnung in Kilogramm gilt:

$$1\,\text{u} = 1{,}660540 \cdot 10^{-27}\,\text{kg}.$$

Die *Masse des Protons* kann man mit dem Massenspektrographen (6.3.4.3) mit großer Genauigkeit messen. Die Ruhemasse m_p des Protons ist:

$$m_\text{p} = 1{,}007276\,\text{u}$$

Die Masse des Neutrons kann man aus Reaktionen mit Nukliden, deren Masse mit dem Massenspektrographen ermittelt wurde, berechnen.

Die Ruhemasse m_n des Neutrons ist:

$$m_\text{n} = 1{,}008665\,\text{u}$$

Siehe auch Tabelle Seite 227!

9.3.1.2 *Massendefekt*

Da alle Nuklide aus Protonen und Neutronen bestehen, könnte man annehmen, daß die Nuklidmasse gleich der Summe der Masse seiner Nukleonen ist. Dies gilt jedoch nur in grober Näherung. Bei exakter Nachprüfung im Massenspektrographen zeigt sich:

Die Masse m_N eines Nuklids ist stets kleiner als die Summe der Massen seiner Nukleonen $Z\,m_\text{p} + N\,m_\text{n}$. Die Differenz nennt man Massendefekt $\Delta\,m_\text{N}$. Es ist also:

$$\boxed{\Delta\,m_\text{N} = (Z\,m_\text{p} + N\,m_\text{n}) - m_\text{N}}$$

Beispiele:
1. Ein *Deuteron* $^2_1$H besteht aus 1 Proton und 1 Neutron. Demnach ist die Summe der Nukleonenmassen $m_p + m_n = 2{,}015942$ u. Mit dem Massenspektrograph erhält man $m_N = 2{,}013554$ u. Der Massendefekt ist demnach $\Delta m_N = 0{,}002388$ u.

2. Ein $^4_2$He-Nuklid (*α-Teilchen*) besteht aus 2 Protonen und 2 Neutronen. Die Summe der Nukleonenmasse ist $2\,(m_p + m_n) = 4{,}031884$ u. Da die Nuklidmasse $m_N = 4{,}001506$ u ist, beträgt der Massendefekt $\Delta m_N = 0{,}030378$ u.

Der $^4_2$He-Kern hat unter den leichten Kernen einen besonders großen Massendefekt. Die Massendefekte der Nuklide nehmen mit wachsender Nukleonenzahl zu. Die Zunahme ist aber nicht gleichmäßig. Beim $^{238}_{92}$U-Nuklid erreicht der Massendefekt fast 2 u.

9.3.1.3 Bindungsenergie

Die Tatsache des Massendefekts wird verständlich, wenn man die Einsteinsche Masse-Energie-Beziehung $E = m\,c^2$ berücksichtigt (8.2.2.1).

Die atomare Masseneinheit 1 u entspricht einer Energie ≈ 1 GeV. Der genaue Wert ist:

$$1 \text{ u} \cong 931{,}50 \text{ MeV.}$$

Daraus folgt

$$1 \text{ MeV} \cong 1{,}07354 \cdot 10^{-3} \text{ u.}$$

Bei Kernreaktionen kann man nicht mehr den Erhaltungssatz der Energie und den Erhaltungssatz der Masse jeden für sich allein ansetzen, sondern nur als gemeinsamen Erhaltungssatz von Energie und Masse zusammen.

Beispiel:
Die Kernreaktion $^7_3$Li(p, α) $^4_2$He läuft ausführlich geschrieben nach der Reaktionsgleichung ab:

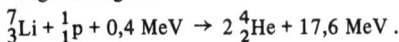

$$^7_3\text{Li} + ^1_1\text{p} + 0{,}4 \text{ MeV} \rightarrow 2\,^4_2\text{He} + 17{,}6 \text{ MeV .}$$

Auf das Lithiumnuklid trifft ein Proton mit der kinetischen Energie $E_k = 0{,}4$ MeV. Der getroffene Kern zerplatzt in 2 $^4_2$He-Nuklide (2 α-Teilchen), die jeder mit der kinetischen Energie 8,8 MeV auseinanderfliegen.

Der Prozeß wurde in der Wilsonkammer beobachtet, die Energien der α-Teilchen wurden aus ihrer Reichweite ermittelt.

Das $^7_3$Li-Nuklid hat die Masse $m_N = 7{,}014359$ u. Setzen wir diesen Wert und die Massen von Protonen und α-Teilchen in die Reaktionsgleichung ein, so erhalten wir:

$$7{,}014359 \text{ u} + 1{,}007277 \text{ u} + 0{,}4 \text{ MeV} \rightarrow$$
$$2 \cdot 4{,}001506 \text{ u} + 17{,}6 \text{ MeV}$$

oder:
$$7{,}014359 \text{ u} + 1{,}007277 \text{ u} + 0{,}000429 \text{ u} \rightarrow$$
$$8{,}003012 \text{ u} + 0{,}018894 \text{ u}$$

oder:
$$8{,}022065 \text{ u} \rightarrow 8{,}021906 \text{ u.}$$

Die beiden Seiten stimmen weitgehend miteinander überein. Dementsprechend kann man den Massendefekt folgendermaßen deuten: Beim Zusammenbau eines Nuklids aus seinen Nukleonen wird die Energie frei, die seinem Massendefekt entspricht. Umgekehrt muß man die dem Massendefekt entsprechende Energie aufwenden, um das Nuklid in seine Nukleonen zu zerlegen. Diese erscheint dann als Massenzunahme der freien Nukleonen.

Mit der dem Massendefekt entsprechenden Energie sind die Nukleonen eines Nuklids aneinander gebunden. Man nennt sie deshalb *Bindungsenergie*. Dem Zustand der getrennten Nukleonen ordnet man die Energie Null zu. Beim Zusammenschluß der Nukleonen wird ihre Energie um die Bindungsenergie kleiner. Daher rechnet man die Bindungsenergie negativ.

Abb. 9.3-1 zeigt die Bindungsenergie je Nukleon in Abhängigkeit von der Massenzahl A. Je größer der Betrag der Bindungsenergie je Nukleon ist, desto stabiler ist das Nuklid. Die Stabilität nimmt deshalb bei leichten Nukliden mit wachsender Massenzahl zu, erreicht bei mittleren Nukliden ein Maximum und nimmt bei schweren Nukliden wieder ab. Die mittleren Kerne sind demnach die stabilsten. Die schweren Kerne werden stabiler, wenn sie positiv geladene Teilchen abstoßen (α-Zerfall), oder wenn sie in zwei mittlere Kerne zerbrechen (Kernspaltung). Umgekehrt werden die leichten Nuklide stabiler, wenn sie zu schwereren Nukliden verschmelzen (Kernfusion).

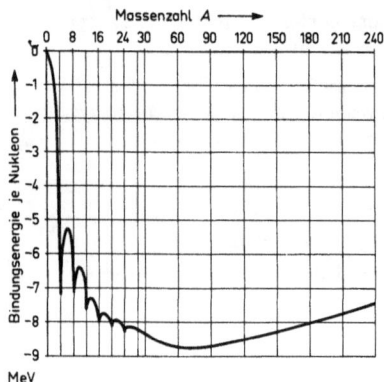

Abb. 9.3-1:
Bindungsenergie je
Nukleon in Abhängigkeit
von der Massenzahl A
stabiler Elemente

Von den leichten Nukliden ist das $_2^4$He-Nuklid bedeutend stabiler als seine Nachbarnuklide. Das ist der Grund, warum gerade dieses Nuklid häufig als Zerfallsprodukt auftritt (α-Zerfall).

Bei mittleren Nukliden liegt die Bindungsenergie je Nukleon zwischen 8 MeV und 9 MeV. Demgegenüber sind die chemischen Bindungsenergien der Atome in den Molekülen nur einige eV je Atom. Die Kernbindungsenergie ist also rund eine Million mal so groß wie die chemische Bindungsenergie. Daher sind durch Prozesse, welche die Kernbindungsenergie freisetzen, weit größere Energiebeträge zu gewinnen als durch chemische Prozesse wie z.B. die Verbrennung.

9.3.2   Prozesse zur Gewinnung von Kernenergie

9.3.2.1   *Exotherme und endotherme Reaktionen*

Wird bei einem Kernprozeß mehr Energie frei, als man zugeführt hat, so spricht man, wie bei entsprechenden chemischen Prozessen, von einer *exothermen*[1] Reaktion. Muß man dagegen mehr Energie aufwenden als frei wird, so nennt man die Reaktion *endotherm*[2].

---

[1]   exo (griech.) draußen
[2]   endon (griech.) drinnen

Beispiele:

1. *Exotherme Reaktion:* $_3^7$Li (p, α) $_2^4$He (9.3.1.3).

2. *Endotherme Reaktion:* Beschießt man das $_3^7$Li-Nuklid mit Protonen der kinetischen Energie 1,70 MeV, so bildet sich das $_4^7$Be-Nuklid und ein Neutron. Die Energiebilanz lautet:

$$_3^7\text{Li} + {}_1^1\text{p} + 1{,}70\ \text{MeV} \rightarrow {}_4^7\text{Be} + {}_0^1\text{n} \, .$$

Diese Gleichung kann zur Bestimmung der Masse des instabilen $_4^7$Be-Nuklids dienen, da die andern Massen bekannt sind. Dieses Verfahren ist bequemer als die Ermittlung der Masse mit dem Massenspektrographen. Daher verwendet man diesen nur zur genauen Messung einiger Vergleichsmassen.

Exotherme Kernprozesse können zur Ausnutzung der Kernenergie dienen. Dabei verschwindet stets eine Masse m, für die eine entsprechende Energie $E = m\,c^2$ auftritt. Man kann drei Arten solcher Prozesse unterscheiden:

1. Zerstrahlung,
2. Kernfusion,
3. Kernspaltung.

Einen Überblick über die möglichen Energiegewinne in diesen Fällen und bei der Verbrennung von Kohle gibt die folgende Übersicht:

Prozeß	Energiegewinn je Kilogramm
Zerstrahlung	25 000 Millionen kWh
Kernfusion	200 Millionen kWh
Kernspaltung	23 Millionen kWh
Verbrennung von Kohle	8 kWh

Wir wollen die drei Arten von Kernprozessen näher betrachten.

9.3.2.2   *Zerstrahlung, Paarvernichtung, Paarbildung*

Die Zerstrahlung ist der radikalste Prozeß, denn bei ihm wird die gesamte beteiligte Masse in Strahlungsenergie umgewandelt. Der Vorgang wird aber nur an einzelnen Elementarteilchen beobachtet. Außerdem läuft er nur im Zusammenwirken mit dem zugehörigen Antiteilchen ab, das hinwieder nur mit großem Energieaufwand erzeugt werden kann. An eine technische Ausnutzung der Zerstrahlung ist daher nicht zu denken.

Beim Positron (9.2.4.1) haben wir bereits erwähnt, daß es sich mit einem Elektron vereinigen kann, wobei die gesamte Masse beider Teilchen in γ-Strahlung umgewandelt wird (Paarvernichtung).

Im Laboratorium können auch das Antiproton und das Antineutron hergestellt werden. Beim Zusammentreffen mit einem Proton bzw. Neutron zerstrahlen auch sie wie Positron und Elektron.

Auch der umgekehrte Prozeß, die „Materialisation" von Strahlungsenergie wurde beobachtet (Abb. 9.3-2). Ein γ-Photon verwandelt sich beim Zusammenstoß mit einem materiellen Teilchen (Elektron, Nuklid) in ein Positron und ein Elektron. Das γ-Photon muß dazu eine so große Energie haben, daß daraus die Ruhemasse der beiden Teilchen und ihre kinetische Energie gedeckt werden kann. Die notwendige Energie ist $E > 1$ MeV (Paarbildung).

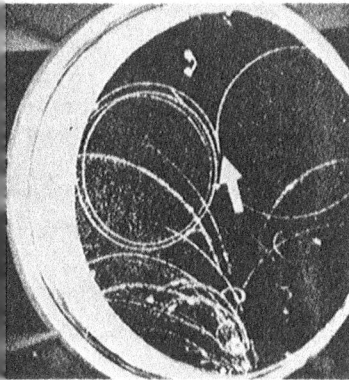

Abb. 9.3-2: Paarbildungsprozeß in der Nebelkammer; die beiden Teilchen werden durch dasselbe Magnetfeld in verschiedener Richtung abgelenkt.

Bei der künstlichen Erzeugung von Elementarteilchen aus Strahlungsenergie entsteht stets auch das Antiteilchen. Umgekehrt werden Teilchen und Antiteilchen bei ihrem Zusammentreffen zerstrahlt.

9.3.2.3 Kernfusion

Kernfusion nennt man den Aufbau von Nukliden aus Nukleonen. Dabei wird die Bindungsenergie des entstehenden Nuklids frei. Es kann also bei der Fusion die dem Massendefekt Δm_N äquivalente Energie $E = \Delta m_N\, c^2$ gewonnen werden.

Derartige Prozesse ereignen sich in der Natur in großem Maßstab in der Sonne und den andern Fixsternen.

Die Strahlungsleistung der Sonne ist $4 \cdot 10^{23}$ kW. Da dabei die Sonnentemperatur nicht sinkt, muß die abgestrahlte Energie wieder ersetzt werden. Dies geschieht durch Umwandlung von Masse in Energie in Kernprozessen. Die Sonne wird also mit Kernenergie geheizt.

Bethe[1] und *v. Weizsäcker*[2] gaben einen möglichen Reaktionsablauf an, bei dem ein $^4_2$He-Nuklid aus vier $^1_1$H-Nukliden (Protonen) entsteht. Der Prozeß setzt die Anwesenheit von $^{12}_6$C-Nukliden als Katalysatoren voraus und läuft in vier Stufen ab:

1. $^{12}_6C + ^1_1H \rightarrow ^{13}_7N$; $\qquad ^{13}_7N \rightarrow ^{13}_6C + \beta^+$

2. $^{13}_6C + ^1_1H \rightarrow ^{14}_7N$;

3. $^{14}_7N + ^1_1H \rightarrow ^{15}_8O$; $\qquad ^{15}_8O \rightarrow ^{15}_7N + \beta^+$

4. $^{15}_7N + ^1_1H \rightarrow ^{12}_6C + ^4_2He$

Der Kohlenstoff ist am Ende wieder wie am Anfang vorhanden. Im übrigen sind ein $^4_2$He-Nuklid und zwei Positronen entstanden. Während des ganzen Prozesses werden γ-Photonen abgestrahlt. Die gesamte Strahlungsenergie E entspricht dem Massendefekt Δm_N des $^4_2$He-Nuklids (9.3.1.2), vermindert um die Gesamtenergie der beiden Positronen.

Damit sich die Protonen dem $^{12}_6$C-Kern allein aufgrund der Wärmebewegung soweit nähern können, daß eine Kernreaktion eintritt, muß selbst bei der großen Dichte im Innern der Sonne die Temperatur $\approx 10^8$ K herrschen.

Um die Strahlungsleistung der Sonne zu ersetzen, muß ihre Masse um

$$\frac{\Delta m}{\Delta t} = 4{,}54 \cdot 10^9 \text{ kg s}^{-1}$$

abnehmen. Im Vergleich zur Gesamtmasse der Sonne $m = 2 \cdot 10^{30}$ kg ist dies wenig; denn in $3 \cdot 10^9$ Jahren (ungefähres Alter der Erde in fe-

---

[1] Hans Albrecht Bethe, geb. 1906, dt.-amer. Physiker, 1967 Nobelpreis.

[2] Carl Friedrich von Weizsäcker, geb. 1912, dt. Physiker.

stem Zustand) verliert die Sonne dann kaum $3 \cdot 10^{-4}$ ihrer Masse. Mit dem Wasserstoffvorrat der Sonne kann die Kernfusion von $^4_2$He-Nukliden noch 10^{11} Jahre lang ablaufen.

Kernfusionen sind auch im Laboratorium schon gelungen; eine technische Ausnutzung ist aber noch nicht möglich, obwohl an vielen Stellen intensiv daran gearbeitet wird. Die Hauptschwierigkeit besteht in der notwendigen hohen Temperatur $T > 10^7$ K.

Für eine technische Verwendung müßte ein *kontinuierlich arbeitender Fusions-Reaktor* gebaut werden. Ein Fusionsprozeß, wie er in der „*Wasserstoffbombe*" explosionsartig abläuft, ist dafür nicht geeignet. Um die notwendige hohe Reaktionstemperatur zu erreichen, wird die Wasserstoffbombe mit einer Kernspaltungsbombe gezündet.

9.3.2.4 Kernspaltung

Über die Kernspaltung haben wir bereits in 9.2.7 gesprochen. Der Energiegewinn ist dabei geringer als bei der Kernfusion und erst recht bei der Zerstrahlung. Bei der Kernspaltung wird nämlich nur soviel Energie gewonnen, als der *Differenz* zwischen der Summe der Massendefekte der Spalt-Nuklide und dem Massendefekt des Ausgangsnuklids entspricht.

In 9.2.7 hatten wir für die Spaltung des $^{235}_{92}$U-Nuklids die Reaktionsgleichung: $^{235}_{92}$U $+ {}^1_0$n $\rightarrow {}^{89}_{36}$Kr $+ {}^{144}_{56}$Ba $+ 3 \, {}^1_0$n.

Berechnen wir die Massen auf beiden Seiten dieser Gleichung, so erhält man auf der rechten Seite ein Defizit von 0,22 u, das einem Energiegewinn von $2 \cdot 10^8$ eV je Spaltprozeß entspricht.

Der bei der Kernspaltung erreichbare Energiegewinn ist zwar nur ein Zehntel des bei der Kernfusion möglichen. Man kann jedoch die Kernspaltung heute schon in großem Rahmen technisch verwerten, die Kernfusion dagegen noch nicht. Ihren Aufgaben entsprechend unterscheidet man verschiedene Typen von Kernreaktoren.

Bei *Leistungsreaktoren* wird die gewonnene Kernenergie in innere Energie und elektrische Energie umgewandelt. Da die herkömmlichen Energiequellen, Kohle und Öl, in absehbarer Zeit erschöpft sein werden, ist die Entwicklung von Leistungsreaktoren von größter Bedeutung.

Forschungsreaktoren erzeugen Neutronen und γ-Photonen für wissenschaftliche Zwecke.

In Brutreaktoren werden neue, leicht spaltbare Nuklide z.B. Plutonium ($^{239}_{94}$Pu-Nuklide) produziert.

In allen diesen Kernreaktoren läuft eine Kettenreaktion von Kernspaltungen in kontrollierter Weise ab.

Aufgaben:
1. Welches Nuklid entsteht aus einem $^{225}_{89}$Ac-Nuklid nach dreimaliger α-Zerfall?
   Antwort: $^{213}_{83}$Bi-Nuklid
2. Welches Nuklid entsteht, wenn ein $^{19}_9$F-Nuklid von einem Deuteron $^2_1$d getroffen wird und ein Neutron abgibt?
   Antwort: $^{20}_{10}$Ne-Nuklid
3. Ein $^{27}_{13}$Al-Nuklid wird durch Einfangen eines Neutrons unter Abgabe eines Protons in ein neues Nuklid verwandelt. Welches Nuklid ist dies?
   Antwort: $^{27}_{12}$Mg-Nuklid
4. Geben Sie die ausführlichen Reaktionsgleichungen mit Zwischenkernen an für folgende Reaktionen:

   a) $^{10}_5$B$(\alpha, p) \, {}^{13}_6$C ;   b) $^{10}_5$B$(n, \alpha) \, {}^7_3$Li ;   c) $^{24}_{12}$Mg$(n, p) \, {}^{24}_{11}$Na
5. Berechnen Sie die Bindungsenergie je Nukleon folgender Nuklide aus ihrem Massendefekt Δm_N, wenn ihre Nuklidmasse m_N ist!

   a) $^{12}_6$C-Nuklid; $m_N = 11{,}996708$ u
   b) $^{27}_{13}$Al-Nuklid; $m_N = 26{,}974403$ u
   Antwort: a) 7,7 MeV   b) 8,3 MeV
6. Wieviel Steinkohle müßte man verbrennen, um ebensoviel Energie zu gewinnen wie bei der Bildung (Fusion) von 1 kg Helium aus Nukleonen? Verbrennungswärme der Kohle $3{,}0 \cdot 10^4$ kJ$\cdot$kg^{-1}.
   Antwort: $2{,}3 \cdot 10^4$ t

9.4 Strahlenbelastung und Strahlenschutz

9.4.1 Ionisierende Wirkung von Strahlen

Energiereiche Teilchen, z.B. α- und β-Teilchen, und energiereiche elektromagnetische Strahlen, z.B. γ-Strahlen, Röntgenstrahlen und ultraviolette Strahlen, geben beim Durchdringen von Materie ihre Energie ab, indem sie Atome und Moleküle anregen oder *ionisieren*.

Ionisation in lebenden Zellen von Organismen kann die Zellen verändern, schädigen oder gar abtöten.

9.4.1.1 *Energiedosis D und Ionendosis I*

Wird von einem Körper der Masse m die Strahlungsenergie E absorbiert, so definiert man:

$$\text{Energiedosis } D = \frac{\text{absorbierte Energie } E}{\text{absorbierende Masse } m} \qquad \boxed{D = \frac{E}{m}}$$

Die SI-Einheit der Energiedosis D nennt man 1 Gray.

Es ist: 1 Gray = 1 Gy = 1 J kg^{-1}

Früher verwendete man die Einheit 1 Rad.
Es ist: 1 Rad = 1 rd = 0,01 Gy

Statt der Energiedosis D benützt man auch eine damit zusammenhängende Größe, die sogenannte Ionendosis I. Ist Q die Ladung der Ionen eines Vorzeichens, die bei der Ionisation durch die absorbierte Energie E entsteht, so definiert man:

$$\text{Ionendosis } I = \frac{\text{Ladung } Q}{\text{absorbierende Masse } m} \qquad \boxed{I = \frac{Q}{m}}$$

Die SI-Einheit der Ionendosis I ist 1 C kg^{-1}.

Früher verwendete man die Einheit 1 Röntgen.
Es ist: 1 Röntgen = 1 R = 2,58 · 10^{-14} C kg^{-1}.

9.4.1.2 *Äquivalentdosis H*

Die verschiedenen Strahlenarten haben bei gleicher Energiedosis E verschiedene biologische Wirkungen. Röntgen-, γ- und β- Strahlen haben ungefähr die gleiche Wirkung. Protonen- und Neutronen-Strahlen wirken dagegen bei gleicher Energiedosis E etwa zehnmal, α-Strahlen sogar bis etwa zwanzigmal so stark. Man führt deshalb zur Beurteilung der Strahlenwirkung den Bewertungsfaktor q ein und definiert als

$$\text{Äquivalentdosis } H: \qquad \boxed{H = q\,D}$$

Die SI-Einheit der Äquivalentdosis H ist (wie die der Energiedosis D): 1 J kg^{-1}

Man hat ihr jedoch einen eigenen Namen gegeben, 1 Sievert.
Es ist: 1 Sievert = 1 Sv = 1 J kg^{-1}

Früher verwendete man die Einheit 1 Rem.
Es ist: 1 Rem = 10^{-2} Sv

Der Bewertungsfaktor q hat die SI-Einheit 1 Sv Gy^{-1} = 1.

9.4.1.3 *Dosisleistungen*

Die biologische Strahlenwirkung einer bestimmten Strahlenart hängt nicht nur von der insgesamt absorbierten Energie ab, sondern es kommt auch auf die Zeit der Einstrahlung an.

Deshalb führt man zu jeder Dosis eine entsprechende Dosisleistung ein. Darunter versteht man jeweils den Differentialquotienten der Dosis nach der Zeit t:

$$\dot{D} = \frac{dD}{dt} \qquad \dot{I} = \frac{dI}{dt} \qquad \dot{H} = \frac{dH}{dt}$$

Die SI-Einheiten sind: 1 Gy s^{-1}; 1 A kg^{-1} und 1 Sv s^{-1}.

9.4.2 Strahlenbelastung des Menschen

9.4.2.1 *Natürliche Strahlenbelastung*

Die Menschen sind laufend der Strahlung bestimmter natürlicher Quellen ausgesetzt. So enthält z.B. der Erdboden radioaktive Stoffe. Dazu kommt die kosmische Strahlung (10.1). Neben diesen äußeren gibt es auch radioaktive Substanzen innerhalb des Körpers, die z.B. mit der Nahrung, dem Trinkwasser und der Atemluft in den menschlichen Körper gelangen.

9.4.2.2 Zivilisatorische Strahlenbelastung

Zur natürlichen kommt heute die zivilisatorische Strahlenbelastung durch Medizin und Technik dazu. Die Tabelle 9.4-1 gibt einen Überblick über die verschiedenen Strahlenbelastungsarten und ihre Energiedosisrate.

Tabelle 9.4-1
Durchschnittliche Strahlenbelastung je Person in Deutschland

Energiedosisrate	$\dot{D}$ in mSv a^{-1}
Natürliche Strahlenbelastung:	
Kosmische Strahlung in Meereshöhe	0,4
Terrestrische Strahlung	0,5
Innere Strahlung	0,3
Summe:	1,2
Zivilisatorische Strahlenbelastung:	
Medizinische Anwendungen	0,5
Technik und Forschung	0,1
Summe:	0,6

9.4.2.3 Nutzen und Schaden der Strahlung

Die Strahlenanwendung brachte in der Medizin große Fortschritte im Erkennen und Behandeln von Krankheiten, z.B. von Lungentuberkulose und Krebs. Dabei muß aber sorgfältig Nutzen und Schaden gegeneinander abgewogen werden. Auf keinen Fall darf man dabei leichtsinnig mögliche Strahlenschädigungen unterschätzen.

9.4.3   Strahlenschutz

Durch staatliche Strahlenschutz-Verordnungen sollen Strahlenschäden möglichst eingeschränkt werden.

Es gibt vor allem drei vorbeugende Maßnahmen:

1. *Abstandhalten:* Da die Strahlungsleistung mit dem Quadrat des Abstands abnimmt, ist der einfachste Schutz eine möglichst große Entfernung von der Strahlungsquelle.
2. *Abschirmen:* Da Stoffe großer Dichte die Strahlung absorbieren, können Bleiwände z.B. die Röntgenstrahlen absorbieren.
3. *Dosis möglichst reduzieren:* Die Strahlung sollte unbedingt auf das notwendige Mindestmaß beschränkt werden.

Gegen die innere Strahlenbelastung nützen alle diese Maßnahmen jedoch nichts. Hier hilft nur die Verhinderung oder wenigstens Verminderung der Inkorporation[1].

Für Personen, die in ihrem Beruf durch Strahlung gefährdet sind, gelten besondere Vorschriften: Sie müssen Schutzanzüge tragen. Außerdem muß ihre Strahlenbelastung dauernd durch mitgetragene Meßgeräte kontrolliert werden.

---

[1] corpus (lat.) Körper; Aufnahme eines Stoffes in den Körper.

10. ELEMENTARTEILCHEN-PHYSIK

10.1 Kosmische Strahlung

Kosmische Strahlung oder Höhenstrahlung nennt man die 1912 von Hess[1] entdeckte Teilchenstrahlung, die aus dem Kosmos auf die Erde gerichtet ist.

Die *Primärstrahlung* besteht vorwiegend aus Protonen und andern leichten Atomkernen hoher Energie (bis $\approx 10^{10}$ GeV). Sie reicht etwa bis 20 km Höhe über dem Erdboden.

Unterhalb dieser Höhe beobachtet man nur noch *Sekundärstrahlung*, die durch Wechselwirkungen der Primärteilchen mit den Luftmolekülen entsteht. Solche Sekundärteilchen sind u.a. die uns bereits bekannten Photonen, Neutronen, Elektronen, Positronen und neue Teilchen wie z.B. Myonen.

Die Myonen sind mit den Elektronen und Positronen verwandt; denn sie haben ebenfalls die elektrische Ladung $\mp e$(Elementarladung). Man bezeichnet die Myonen als „schwere Elektronen", weil ihre Masse m_μ viel größer als die Elektronenmasse m_e ist, nämlich $m_\mu = 206{,}7686\, m_e$. Man rechnet das Myon aber immer noch zur Gruppe der „leichten" Teilchen (Leptonen), da die Myonenmasse klein gegenüber der Protonenmasse ist.

Die Myonen sind instabil; ihre mittlere Lebensdauer beträgt rund $2{,}2 \cdot 10^{-6}$ s.

Der radioaktive Zerfall der Myonen läuft im allgemeinen nach dem Schema ab:

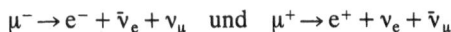

$$\mu^- \to e^- + \bar{\nu}_e + \nu_\mu \quad \text{und} \quad \mu^+ \to e^+ + \nu_e + \bar{\nu}_\mu$$

Neben den Elektron-Neutrinos ν_e und $\bar{\nu}_e$ treten Myon-Neutrinos ν_μ und $\bar{\nu}_\mu$ auf.

Weitere Teilchen der kosmischen Strahlung sind Pionen und Kaonen (10.2.2).

10.2 Einteilung der Elementarteilchen in Gruppen

Als Elementarteilchen bezeichnete man zunächst: Proton, Neutron, Elektron, Positron und Photon.

Später kamen, vor allem durch Untersuchungen der kosmischen Strahlung, weitere Elementarteilchen dazu, z.B. die Neutrinos, Myonen und Pionen.

Zu jedem Elementarteilchen gehört ein Antiteilchen. Solche Teilchenpaare sind z.B. Elektron und Positron sowie Neutrino und Antineutrino.

Teilchen und Antiteilchen haben die gleiche Ruhemasse. Ist eines der Teilchen elektrisch geladen, so ist es das andere ebenfalls; beide haben eine gleich große Ladung, jedoch mit entgegengesetztem Vorzeichen. Ungeladene Teilchen, wie z.B. das Photon, können ihr eigenes Antiteilchen sein.

Teilchen und Antiteilchen haben die gleiche mittlere Lebensdauer. Ist ein Teilchen stabil, so ist auch das Antiteilchen stabil. Das gilt aber nur solange sie getrennt voneinander existieren (9.3.2.2).

Durch Experimente mit Hilfe von Hochenergie-Beschleunigern steigerte sich die Zahl der Elementarteilchen auf mehrere Hundert.

Entsprechend ihrer Masse teilte man die Elementarteilchen in Gruppen leichter, mittelschwerer und schwerer Teilchen ein.

10.2.1 Leptonen

Zu den Leptonen (leichte Teilchen) gehören:

Elektron e^-, Myon μ^- und Tauon τ^- sowie ihre Antiteilchen e^+, μ^+ und τ^+. Die Leptonen haben keine mit den heute verfügbaren Mitteln nachweisbare Struktur. Ihr Durchmesser beträgt nur etwa ein Tausendstel des Protonendurchmessers.

Wie das Elektron besitzen auch das Myon und Tauon eine negative Elementarladung.

---

[1] Viktor Franz Hess, 1883-1964, österr.-am. Physiker; Nobelpreis 1936

Im Gegensatz zum Elektron sind Myon und Tauon instabil.

Obwohl das Tauon eine Masse hat, die mehr als doppelt so groß ist wie die Protonenmasse, zählt man das Tauon wegen seiner Verwandtschaft zum Elektron und Myon zur Gruppe der Leptonen.

Diese Verwandtschaft besteht z.B. darin, daß alle drei Teilchen der schwachen, jedoch nicht der starken, Wechselwirkung unterliegen (10.4.1).

Zu den Leptonen gehören schließlich noch die Neutrinos: (Elektron)-Neutrino ν_e; Myon-Neutrino ν_μ; Tauon-Neutrino ν_τ, sowie die Anti-Neutrinos $\bar{\nu}_e$, $\bar{\nu}_\mu$ und $\bar{\nu}_\tau$.

10.2.2   Mesonen

Zu den Mesonen (mittelschwere Teilchen) zählt man die Pionen π^+, π^-, π^0 und die Kaonen K^+, K^-, K^0. Die Gruppe der Mesonen besteht ferner aus einer großen Zahl von Teilchen, die man als Mesonen-Resonanzen bezeichnet. Sie haben alle eine kurze mittlere Lebensdauer von $\approx 10^{-22}$ s.

10.2.3   Baryonen

Als Baryonen (schwere Teilchen) gelten die Nukleonen (Proton p und Neutron n) sowie die Hyperionen. Letztere werden in vier Untergruppen eingeteilt, auf die nicht eingegangen wird. Alle Hyperionen sind instabil; ihre mittlere Lebensdauer liegt zwischen 10^{-10} s und 10^{-20} s. Dazu kommen noch viele Resonanzteilchen mit noch kürzerer mittlerer Lebensdauer von $\approx$ 10^{-23} s.

10.2.4   Hadronen

Die Mesonen und die Baryonen faßt man unter dem Sammelbegriff Hadronen zusammen. Hadronen sind also alle Elementarteilchen außer den Leptonen und dem Photon sowie weiteren „Austauschteilchen" (10.4.2). Alle Hadronen haben im Gegensatz zu den Leptonen eine nachweisbare Struktur. Für Hadronen ist die starke Wechselwirkungskraft (10.4.1) maßgebend, während diese bei den Leptonen unwirksam ist.

Tabelle 10.2-1   Gruppen von Elementarteilchen

Gruppe	Untergruppe	Teilchen			Antiteilchen			Gemeinsame Eigenschaften von Teilchen und Antiteilchen	
		Name	Symbol	El. Ldg.	Name	Symbol	El. Ldg.	Rel. Ruhemasse m_0/m_e	Mittlere Lebensdauer in s
Leptonen		Elektron	e^-	$-e$	Positron	e^+	$+e$	1	
		Myon	μ^-	$-e$	Anti-Myon	μ^+	$+e$	206,77	$2,20 \cdot 10^{-6}$
		Tauon	τ^-	$-e$	Anti-Tauon	τ^+	$+e$	3491,6	$3,0 \cdot 10^{-13}$
		Elektron-Neutrino	ν_e	0	Anti-Neutrino	$\bar{\nu}_e$	0	≈ 0	∞
		Myon-Neutrino	ν_μ	0	– Anti-Neutrino	$\bar{\nu}_\mu$	0	≈ 0	∞
		Tauon-Neutrino	ν_τ	0	– Anti-Neutrino	$\bar{\nu}_\tau$	0	≈ 0	∞
Hadronen	Mesonen	Pionen	π^+	$+e$	Anti-Pionen	π^-	$-e$	273,14	$2,60 \cdot 10^{-8}$
			π^0	0		π^0	0	264,13	$0,83 \cdot 10^{-16}$
		Kaonen	K^+	$+e$	Anti-Kaonen	K^-	$-e$	966,3	$1,24 \cdot 10^{-8}$
			K^0	0		K^0	0	974,6	$0,9 \cdot 10^{-10}$
	Baryonen	Nukleonen: Proton	p	$+e$	Anti-Proton	$\bar{p}$	$-e$	1836,12	∞
		Neutron	n	0	Anti-Neutron	$\bar{n}$	0	1838,65	1013
		Hyperionen:	–	–	–	–	–	> 2000	$10^{-10} \ldots 10^{-20}$

10.3 Fundamentale Bausteine der Materie – Quarkmodell

10.3.1 Unterschied zwischen Leptonen und Hadronen

Die Leptonen gelten als fundamentale Bausteine der Materie, weil man bei ihnen keine innere Struktur nachweisen kann. Die Hadronen (Mesonen und Baryonen) dagegen haben eine räumliche Ausdehnung und entsprechend eine innere Struktur.

Hofstadter[1] zeigte z.B. in den fünfziger Jahren, daß die Nukleonen, Proton und Neutron, eine räumliche Ausdehnung mit einem mittleren Radius 0,8 fm haben.

10.3.2 Quarks

Gell-Mann[2] stellte im Jahre 1963 die Theorie auf, daß die Hadronen aus Quarks aufgebaut sind. Er postulierte zunächst drei verschiedene Quarks. Inzwischen weiß man, daß es 6 Quarks und 6 Antiquarks gibt. Die Quarks sind, wie die Leptonen, fundamentale Bausteine der Materie (Tabelle 10.3-1).

Die Quarks sind keine freien Teilchen; sie sind vielmehr in den Hadronen permanent gebunden. Daher sind auch die elektrischen Ladungen der Quarks nicht als freie Ladungen zu beobachten. Sie zeigen sich aber bei Streuversuchen an Hadronen.

Die Existenz von 5 der 6 Quarks wurde inzwischen experimentell bestätigt. Vor allem Friedman, Kendall und Taylor[3] etablierten durch ihre Versuche das Quarkmodell.

---

[1] Robert Hofstadter, geb. 1915, am. Physiker, Nobelpreis 1961
[2] Murray Gell-Mann, geb. 1929, am. Physiker, Nobelpreis 1969
[3] Jerome Isaac Friedman, geb. 1930, am. Physiker;
Henry Way Kendall, geb. 1926, am. Physiker;
Richard Edward Taylor, geb. 1929, kan. Physiker;
sie erhielten zusammen den Nobelpreis 1990.

Tabelle 10.3-1 Zusammenstellung der Quarks

Quark Name	Quark Symbol	Ladung in e	Ruhemasse (ungefähr) in u	Anti-Quark Symbol	Ladung in e
up	u	$+\frac{2}{3}$	0,33	$\bar{u}$	$-\frac{2}{3}$
down	d	$-\frac{1}{3}$	0,33	$\bar{d}$	$+\frac{1}{3}$
charm	c	$+\frac{2}{3}$	1,60	$\bar{c}$	$-\frac{2}{3}$
strange	s	$-\frac{1}{3}$	0,54	$\bar{s}$	$+\frac{1}{3}$
top (thruth)	t	$+\frac{2}{3}$	24,15	$\bar{t}$	$-\frac{2}{3}$
bottom (beauty)	b	$-\frac{1}{3}$	5,37	$\bar{b}$	$+\frac{1}{3}$

10.3.3 Aufbau der Hadronen aus Quarks

Der Aufbau aus Quarks geschieht auf zweierlei Weise, je nachdem, ob es sich bei den Hadronen um Mesonen oder um Baryonen handelt. Dabei gilt u.a. der Erhaltungssatz der Ladung.

10.3.3.1 *Aufbau der Mesonen aus Quarks*

Ein Meson besteht aus einem Quark und einem Antiquark. Entsprechendes gilt für ein Anti-Meson.

Beispiele: Pionen $\pi^+ = \bar{d}$;   Ladung in e: $+\frac{2}{3} + \frac{1}{3} = +1$

$\pi^- = d\,\bar{u}$; $-\frac{1}{3} - \frac{2}{3} = -1$

Kaonen $K^+ = u\,\bar{s}$ $+\frac{2}{3} + \frac{1}{3} = +1$

$K^- = s\,\bar{u}$; $-\frac{1}{3} - \frac{2}{3} = -1$

$K^0 = d\,\bar{s}$; $-\frac{1}{3} + \frac{1}{3} = 0$

10.3.3.2 *Aufbau der Baryonen aus Quarks*

Ein Baryon besteht aus drei Quarks, ein Anti-Baryon aus drei Anti-Quarks

Beispiele:

Proton $p^+ = u\,u\,d$; Ladung in e: $+\frac{2}{3} + \frac{2}{3} - \frac{1}{3} = +1$

Neutron n $= u\,d\,d$; $+\frac{2}{3} - \frac{1}{3} - \frac{1}{3} = 0$

10.4   Wechselwirkungen

10.4.1   Wechselwirkungskräfte

Zusätzlich zur Gravitationskraft und zur elektromagnetischen Kraft wirken im atomaren Bereich zwei weitere Kraftarten, die schwache und die starke Wechselwirkungskraft.

10.4.1.1 *Gravitationskraft*

Die Reichweite der Gravitationskraft ist unendlich. Sie spielt aber im atomaren Bereich kaum eine Rolle, weil der Betrag der Gravitationskraft wegen der kleinen Masse der Teilchen sehr klein ist.

10.4.1.2 *Elektromagnetische Kraft*

Die Reichweite der elektromagnetischen Kraft ist ebenfalls unendlich. Ihr Einfluß auf geladene Teilchen ist aber wesentlich größer als der Einfluß der Gravitationskraft (Verhältnis $10^{36} : 1$).

10.4.1.3 *Schwache Wechselwirkungskraft*

Die schwache Wechselwirkungskraft ist neben der elektromagnetischen Kraft maßgebend im Bereich der Leptonen. Da die Neutrinos ungeladen sind, werden sie nur durch die schwache Wechselwirkungskraft beeinflußt. Daher können sie tief in Materie, z.B. in die Erde, eindringen.

Die Reichweite der schwachen Wechselwirkungskraft beträgt nur etwa 10^{-18} m. Ihre Stärke ist zwar nur etwa das 10^{-11}-fache der elektromagnetischen Kraft; sie ist aber immerhin 10^{25} mal so groß wie die Gravitationskraft.

10.4.1.4 *Starke Wechselwirkungskraft*

Im Bereich der Leptonen ist die starke Wechselwirkungskraft unwirksam. Für alle anderen Elementarteilchen, also die Hadronen (Mesonen und Baryonen), ist sie maßgebend neben der schwachen Wechselwirkungskraft und der elektromagnetischen Kraft. So werden z.B. die Nukleonen in den Atomkernen vorwiegend durch die starke Wechselwirkung aneinander gebunden.

Die Reichweite der starken Wechselwirkungskraft beträgt nur 10^{-15} m. Ihre Stärke ist aber 100 mal so groß wie die Stärke der elektromagnetischen Kraft.

10.4.2   Austauschteilchen

Aufgrund theoretischer Überlegungen nimmt man an, daß für die verschiedenen Wechselwirkungen bestimmte „Austauschteilchen" maßgebend sind. So erklärt man z.B. die Stärke der elektromagnetischen Kraft durch den Austausch von Photonen zwischen den beteiligten Elementarteilchen (Tabelle 10.4-1).

Tabelle 10.4-1   Austauschteilchen für die Wechselwirkungen

Wechselwirkung	Austausch-teilchen	Ruhemasse in GeV	el. Ladung in e
Gravitation	Graviton	0	0
elektromagnet.	Photon	0	0
schwache	intermediäre Bosonen		
	W^+	80,6	+1
	W^-	80,6	−1
	Z_0	91,2	0
starke	Gluon	0	0

Die Theorie der Austauschteilchen fand eine wichtige Stütze dadurch, daß Rubbia und van der Meer im Jahre 1983 der experimentelle Nachweis der Teilchen W^+, W^- und Z^0 gelang.

---

[1]   Carlo Rubbia, geb. 1934, ital. Physiker,
Simon van der Meer, geb. 1925, niederl. Ingenieur;
sie erhielten zusammen 1984 den Nobelpreis.

Tabelle Allgemeine und atomare Konstanten

Avogadro-Konstante	N_A	$= 6{,}0221367 \cdot 10^{26}\,\mathrm{kmol^{-1}}$			
Boltzmann-Konstante	k	$= 1{,}380658 \cdot 10^{-23}\,\mathrm{J\,K^{-1}}$ $= 8{,}617385 \cdot 10^{-5}\,\mathrm{eV\,K^{-1}}$	Elektron: Ruhemasse	m_e	$= 9{,}109389 \cdot 10^{-31}\,\mathrm{kg}$ $= 5{,}48579903 \cdot 10^{-4}\,\mathrm{u}$
Elektrische Feldkonstante	ε_0	$= 8{,}854187817 \cdot 10^{-12}\,\mathrm{F\,m^{-1}}$	Ruheenergie	$m_e c^2$	$= 5{,}1099906 \cdot 10^5\,\mathrm{eV}$
Elementarladung	e	$= 1{,}60217733 \cdot 10^{-19}\,\mathrm{C}$			$= 8{,}1868 \cdot 10^{-14}\,\mathrm{J}$
Fallbeschleunigung (Norm-)	g_n	$= 9{,}80665\,\mathrm{m\,s^{-2}}$	spezifische Ladung	$\dfrac{-e}{m_e}$	$= -1{,}75881962 \cdot 10^{11}\,\mathrm{C\,kg^{-1}}$
Faraday-Konstante	F	$= 9{,}6485309 \cdot 10^7\,\mathrm{C\,kmol^{-1}}$			
Gaskonstante (molare)	R	$= 8{,}314510 \cdot 10^3\,\mathrm{J\,K^{-1}\,kmol^{-1}}$	Compton-Wellenlänge	λ_C	$= 2{,}42631058 \cdot 10^{-12}\,\mathrm{m}$
Gravitationskonstante	G^*	$= 6{,}67259 \cdot 10^{-11}\,\mathrm{m^3\,kg^{-1}\,s^{-2}}$	Neutron: Ruhemasse	m_n	$= 1{,}6749286 \cdot 10^{-27}\,\mathrm{kg}$ $= 1{,}08664904\,\mathrm{u}$
Josephson Frequenz-Spannungs-Quotient	$2e/h$	$= 4{,}8359767 \cdot 10^{14}\,\mathrm{Hz\,V^{-1}}$	Ruheenergie	$m_n c^2$	$= 9{,}3956563 \cdot 10^8\,\mathrm{eV}$ $= 1{,}5053 \cdot 10^{-10}\,\mathrm{J}$
Lichtgeschwindigkeit im Vakuum	c	$= 2{,}99792458 \cdot 10^8\,\mathrm{m\,s^{-1}}$			
Loschmidt-Konstante	n_0	$= 2{,}686763 \cdot 10^{25}\,\mathrm{m^{-3}}$	Proton: Ruhemasse	m_p	$= 1{,}6726231 \cdot 10^{-27}\,\mathrm{kg}$ $= 1{,}007276470\,\mathrm{u}$
Magnetische Feldkonstante	μ_0	$= 4\pi \cdot 10^{-7}\,\mathrm{H\,m^{-1}}$			
Molares Volumen idealer Gase im Normzustand	$V_{m,o}$	$= 22{,}41410\,\mathrm{m^3\,kmol^{-1}}$	Ruheenergie	$m_p c^2$	$= 9{,}3827231 \cdot 10^8\,\mathrm{eV}$ $= 1{,}5053 \cdot 10^{-10}\,\mathrm{J}$
Planck-Konstante	h	$= 6{,}6260755 \cdot 10^{-34}\,\mathrm{J\,s}$ $= 4{,}1356692 \cdot 10^{-15}\,\mathrm{eV\,s}$	spezifische Ladung	$\dfrac{e}{m_p}$	$= 9{,}5788309 \cdot 10^7\,\mathrm{C\,kg^{-1}}$
1. Strahlungskonstante	c_1	$= 3{,}7417749 \cdot 10^{-16}\,\mathrm{W\,m^2}$			
2. Strahlungskonstante	c_2	$= 1{,}438769 \cdot 10^{-2}\,\mathrm{m\,K}$	α-Teilchen: Ruhemasse	m_α	$= 6{,}6442 \cdot 10^{-27}\,\mathrm{kg}$ $= 4{,}001228\,\mathrm{u}$
Quanten-Hall-Widerstand	h/e^2	$= 2{,}58128056 \cdot 10^4\,\Omega$			
Rydberg-Konstante für Kernmasse $\to \infty$ für Wasserstoffatom	R_∞ R_H	$= 1{,}0973731534 \cdot 10^{-7}\,\mathrm{m^{-1}}$ $= 1{,}0967758 \cdot 10^7\,\mathrm{m^{-1}}$	Ruheenergie	$m_\alpha c^2$	$= 3{,}727115 \cdot 10^9\,\mathrm{eV}$ $= 5{,}9716 \cdot 10^{-10}\,\mathrm{J}$
Stefan-Boltzmann-Konstante	σ	$= 5{,}67051 \cdot 10^{-8}\,\mathrm{W\,m^{-2}\,K^{-4}}$	spezifische Ladung	$\dfrac{2e}{m_\alpha}$	$= 4{,}82282 \cdot 10^7\,\mathrm{C\,kg^{-1}}$
Wellenwiderstand des Vakuums	Γ_0	$= 3{,}7673 \cdot 10^2\,\Omega$			
Wien-Konstante	b	$= 2{,}897756 \cdot 10^{-3}\,\mathrm{m\,K}$			

Die angegebenen Werte entsprechen internationalen Vereinbarungen.
In der Praxis genügen in der Regel weniger zählende Stellen.

REGISTER

Personenverzeichnis

Abbe 158, 160 f
Ampère 8, 37, 42, 46 ff, 50
Anderson 213
Aston 54
Auger 207

Balmer 199 ff, 203
Barkhausen 113
Bassow 204
Becker A. 212
Becquerel 208
Bednorz 128
Bethe 219
Bloch 113
Bohr 198 ff, 206
Boltzmann 178 f
Born 194
Bothe 212
Brackett 201, 205
Braun 32 ff, 38, 83
Brewster 172
de Broglie 195

Chadwick 212
Compton 190 ff, 195
Coulomb 7, 12, 14 f, 20 f, 23 f, 26 ff, 33,
    42, 56, 101, 208
Curie Irene 213
Curie Marie 208, 213
Curie Pierre 105, 113, 208, 213

Davisson 196
Doppler 174

Einstein 33, 178, 185 f, 188, 217

Faraday 9, 12, 28, 55, 133 f
v. Fraunhofer 163, 165 f
Fresnel 95
Friedman 225

Gauß 18 ff, 25 f, 42, 101, 119
Gell-Mann 225

Germer 196

Hahn O. 215 f
Hall 122 ff
Hallwachs 184
Heisenberg 192 ff
v. Helmholtz 53
Henry 62
Hertz H. 83, 91, 94 ff
Hess 223
Hofstadter 225
Hittorf 132
Huygens 95, 169

Joliot 213

Kamerlingh Onnes 127
Kelvin 79
Kendall 225
Kerr 173
Kirchhoff 10, 177

v. Laue 190
Lecher 98 f
Lenard 185, 198
Lenz 57, 65, 110
Lorentz 38 ff, 52 f, 56, 58
Lummer 177
Lyman 199, 203

Malus 95, 171
Marconi 32, 83
Maxwell 49 f, 60, 82 f, 95, 120, 171, 192
van der Meer 226
Meißner A. 81
Meißner F. W. 127
Millikan 31, 35, 53, 187
Müller K. A. 128

Néel 113
Newton 28, 141, 156, 192
Nicol 173

Ochsenfeld 127
Oersted 36
Ohm 8, 69 ff, 133, 135

Paschen 199, 203
Pfund 199
Planck 177 f, 185 ff
Pohl 162
Poynting 86 f
Pringsheim 177
Prochorow 204

Röntgen 190, 207
Rubbie 226
Ruska 197
Rutherford 198, 200, 211
Rydberg 199, 203

Schrödinger 194
Siemens 8 f
Stefan 179
Straßmann 215 f

Taylor 225
Tesla 39
Thomson 79
Tolman 124
Townes 204

Volta 8

Weber W. E. 42
Weiß P. 112
v. Weizsäcker 219
Wien W. 178 f
Wilson 210, 212 f, 217

Young 95

Zeemann 38

Sachverzeichnis

A

α-Strahlen 198, 208 ff, 217 f
α-Zerfall 208 ff, 217 f
Abbesche Zahl 137, 160 f
Abbildungsfehler 157 ff
Abbildungsgleichungen 140 ff, 147 f, 150 ff
Absorption, Licht 165, 176, 200 ff
Absorptionsgrad 176 f
Absorptionslinien 163, 165 f
Achromat 160 f
Äquipotentialflächen 21, 24 f, 27
Äquivalentdosis 221
Äquivalenz von Masse und Energie 188
Akkommodieren 142
Akzeptor, Halbleiter 131 f
Ampere (Einheit) 8, 47, 51 f
Anregung, Atome 202
Antiferroelektrizität 106
Antiferromagnetismus 112 f
Antiteilchen 213, 215, 223 ff
Apertur, numerische 171, 197
Aperturblende 154 ff
Aplanat 158
Apochromat 161
Arbeit, el. 11, 20 ff, 24, 30
–, magn. 64
Astigmatismus 158
Atomhülle und -kern 7, 184, 208 ff
Atommodelle 198 ff.
Auflösungsvermögen 170 f, 197
Auge 142 f, 156 f, 170 f
Auger-Elektron 207
Ausbreitungsgeschwindigkeit, el. magn.
   Wellen 83 ff, 92, 95, 120
–, Licht 85, 92, 95, 136
Ausschaltvorgang 63
Ausstrahlung, spez. 175, 178, 181
Austauschteilchen 226
Austrittsarbeit, Photoelektronen 185 ff
Austrittsluke 155 ff
Austrittspupille 154 ff

B

β-Strahlen 208 ff
β-Zerfall 208 ff
Balmer-Serie 199 ff
Barkhausen-Sprünge 113
Baryonen 224 ff
Beleuchtungsstärke 181 ff, 185

Bestrahlungsstärke 175, 181
Beugung, Licht 161 ff, 168 ff
Beweglichkeit, Ladungsträger 121 ff, 125 f, 132 f
Bildfeldwölbung 159
Bildweite 140 ff
Bindungsenergie, Nuklide 217 ff
Blenden optischer Systeme 154 ff
Blindleitwert 73, 76
Blindwiderstand 72, 75 f
Bloch-Wände 113
Bohrsches Atommodell 198 ff, 208
Boltzmannsche Konstante 178
Bosonen, intermediäre 226
Brackett-Serie 199
Braunsche Röhre 32 ff, 38
Brechkraft 141, 146 f, 150, 153 f, 160 f
Brechung, Licht 136 f, 149 ff
Brechzahl 137 f
Brennpunkte und -weiten 139 ff, 144 ff, 150
de Broglie-Wellenlänge 195

C

Candela (Einheit) 181 ff
Comptoneffekt 190 ff, 195
Coulomb (Einheit) 7
Coulomb-Kraft 12, 14 f, 20 f, 23 f, 26, 28 ff, 38, 56, 99, 122, 125, 198, 201, 208, 226
Coulombsches Gesetz 27 f, 102
Curietemperatur 105 f, 113

D

Dämpfung 80
Dauermagnet 35 f, 54, 66, 118 f
Defektelektronen 130
Diamagnetismus 109 ff
Dichroismus 173
Dielektrikum 16, 97 ff
Dielektrizitätskonstante 99, 101
Dioptrie (Einheit) 141
Dipol, el. 13, 30 f, 98
–, magn. 35, 42, 110 f
–, Hertzscher 91 ff
Dispersion 138, 160
Domäne, el. 105
–, magn. 112
Donator, Halbleiter 130 f
Doppelbrechung 173
Doppelleitung, Lecher 83 ff, 89 ff

Doppelspaltversuch 162, 194 f, 197
Dopplereffekt, opt. 174
Dosisleistungen 221 f
Drehmoment 31, 40 f
Drehprozesse 105
Drehspulgalvanometer 41, 65
Driftgeschwindigkeit, Ladungsträger 121 ff, 132 f, 135
Dualismus, Welle und Teilchen 189, 192 ff, 197
Duplet, opt. 144 ff, 154
Durchflutung, el. 47 ff, 114 f
Durchschlagfestigkeit, Kondensator 107

E

Effektivwerte, el. 68
Eigenleitung, Halbleiter 129 f
Einschaltvorgang 63
Eintrittsluke 155 ff
Eintrittspupille 154 ff
Elektrizitätsleitung 120 ff
–, Flüssigkeiten 131 f
–, Gase 134 f
–, Halbleiter 129 ff
–, Metalle 123 ff
Elektrochemisches Äquivalent 133 f
Elektrolyte 9, 131 f
Elektronen 7 f, 13, 30, 32 ff, 38 f, 44, 55, 91, 129 ff, 227
Elektronenbahnen 200 ff
Elektronenhülle 7, 184, 204
Elektronenladung 7, 32 f, 184, 227
Elektronenmasse 33, 212, 227
Elektronenmikroskop 171, 197
Elektronenstrahlen 32 ff, 38, 53 f, 209 ff
Elektronvolt (Einheit) 22
Elektrostriktion 106
Elementarladung 7, 16, 22, 31 f, 35, 53 f, 121, 132, 184, 227
Elementarteilchen 213, 218 f, 223 ff
Emission, Licht 177, 200
Emissionsgrad 177
Energie, el. 20 ff, 29, 68, 78 ff
–, kinetische 20, 68, 78, 185 ff
–, magn. 64 ff, 68, 78 ff
–, potentielle 20, 24, 32, 68, 78, 201
Energiedosis 221 f

Energiequanten 177 ff
Energiestufen, Wasserstoffatom 199 ff
Energietransport 86
Erhaltungssatz, Energie 24, 65, 176, 191, 211 f, 217
–, Impuls 191 f, 211 f
–, Ladung 225
–, Masse und Energie 217

F

Fadenstrahlrohr 53 ff
Fallbeschleunigung 31, 227
Farad (Einheit) 9
Faradaysche Gesetze 133 f
–, Konstante 134, 227
Farben dünner Blättchen 168
Farblängenfehler 160 f
Farbvergrößerungsfehler 161
Federpendel 77 f
Feld, el. 12 ff, 23 ff, 47, 119 f, 132 f
Feld, magn. 35 ff, 45 ff, 67 ff, 119 f, 127 ff
Feld, el. magn. 92 ff, 119 f
Feldkonstante, el. 16, 227
Feldkonstante, magn. 44 f, 227
Feldstärke el. 14 ff, 21, 23 ff, 27 ff, 84 ff, 97 ff, 132 f
–, magn. 43 ff, 84 ff, 108 ff
Fernrohr 156 f
Fernwirkung 12, 28
Ferrimagnetismus 112 f
Ferrite 109, 113, 117
Ferroelektrizität 104 ff
Ferromagnetismus 35 f, 111 ff
Festkörper 101, 104 ff, 111 ff
Flächenladungsdichte 15 ff, 24 ff, 27, 97 ff
Fluß(dichte), el. 17 ff, 23 ff, 30, 49 f, 84
–, magn. 38 ff, 45, 56 ff, 64, 85, 108 ff, 114, 127 ff
Fraunhofersche Linien 163, 165 f
Führungswelle 196 f

G

γ-Strahlen 96, 189, 208, 215
Galvanometer, ballistisches 59 ff
Gaskonstante (molare) 227
Gegenfeldmethode 186 ff
Gesetz von Gauß 18 ff, 25 f, 98 f, 101, 119
Glimmentladung 135
Gluon 226
Gravitation(skraft) 20, 28, 31, 198

Gravitationskonstante 227
Graviton 226
Gray (Einheit) 221
Grenzwellenlänge, Photoeffekt 186 f
–, Röntgenspektrum 190
Grundzustand, Atom 202
Grundgleichung, el. Feld 18, 25, 100 f, 119
–, magn. Feld 44 f, 108 f, 197

H

Hadronen 224 ff
Halbleiter 129 ff
Halbwertszeit 210 ff
Halleffekt 122 f
Hauptebenen und -punkte 144 ff, 153
Hauptstrahl 155
Hellempfindlichkeitsgrad, spektraler 179 f
Helmholtz-Spulenpaar 53
Henry (Einheit) 62
Hochtemperatur-Supraleiter 128 f
Hohlraumstrahlung 177 f
Hüllenfluß, el. 19 f, 25 f
–, magn. 41, 45
Hyperionen 224
Hystereseschleife, el. 104 f
–, magn. 112 f, 116 f

I

Impuls 191 ff, 211 f
Indikatormethode 213 f
Induktion, el. magn. 55 ff, 108
–, magn. 38
Induktionsgesetz 58 ff, 65, 85
Induktivität 62 ff, 70 ff, 78
Influenz, el. 12 f, 16 f, 26, 31, 97ff
–, magn. 35 f
Interferenz, Licht 161 ff, 196
–, Materiewellen 196
Ionen 7, 30, 38, 131 ff, 203 ff
Ionendosis 221
Ionisation 27, 134 f, 202, 204 f, 211
Ionisierungsarbeit 204 f
Isobare Nuklide 208
Isotope Nuklide 54, 208 ff

J

Joule (Einheit) 11

K

Kaonen 223 f
K-Schale (-Serie) 207

Kapazität, Kondensator 8 f, 11 f, 22 f, 27, 30, 35, 69 ff, 78, 97 ff, 107
Kernenergie 216 ff
Kernfusion 217 ff
Kernladung 7, 184, 201, 203 f
Kernreaktoren 220
Kernspaltung 215 ff
Kernumwandlung 208 ff
Kerreffekt 173
Kettenreaktion 216
Kippschwingung 34
Kirchhoffsche Regeln 10
Koerzitivfeldstärke, el. 105
–, magn. 109
Kohärenzlänge, Licht 161, 205
Kondensator, el. 8 f, 11 f, 22 f, 27, 30, 35 69 ff, 78, 97 ff, 107
Konduktor 27
Konstruktionsstrahlen, opt. 140 ff, 147
Kopplung, Schwingkreise 81
kosmische Strahlung 223
Kreis, magn. 114 ff
Kreisbahn, Elektronen in Atomen 200 ff
–, – im Magnetfeld 52 ff
Kristalle 104 ff, 111 ff, 129 ff, 173, 190, 194
Kugelfläche, brechende 149 ff
Kugelspiegel 142

L

L-Schale (-Serie) 207
Ladung, el. 7 f, 12 f, 22 ff, 27 ff, 31 f, 38 ff, 52 f, 97 ff, 119 ff, 132 f
–, – spez. 52 ff
Ladungsträger 120 ff
Laser 161, 204
Lechersystem 89 ff
Leistung, el. 11, 68, 73 ff
Leistungsfaktor 75
Leitfähigkeit, el. 10, 114 f, 121 f, 124, 132
Leitungselektronen 124 f, 129 ff
Leitwert 8, 11, 73
Leitwertzeiger 73
Lenzsche Regel 57, 65, 71, 110
Leptonen 223 ff
Leuchtdichte 181 f
Licht, Beugung 161 ff
–, Brechung 136 f
–, Interferenz 161 ff
–, Polarisation 95, 171 ff
–, Reflexion 137 f, 162, 172
Lichtdruck 189

Lichtelektrischer Effekt 184 ff
Lichtgeschwindigkeit 28, 85, 92, 95, 136, 178, 188 ff, 195 ff, 227
Lichtleistung 181 ff
Lichtquant (Photon) 184 ff, 200 ff
Lichtstärke 181 ff
Lichtstrom 181 ff
Lichtwellen 95 f, 136 ff, 185
Linienspektren 165
Linsen, dünne 139 ff, 144 ff, 152 ff
–, dicke 153 f
Löcherstrom, Halbleiter 130
Lorentz-Kraft 38 ff, 44, 51 ff, 56 ff, 60 ff, 122 f
Lumen (Einheit) 181 f
Lupe 142 f
Lux (Einheit) 181 f
Lyman-Serie 199 f

M
M-Schale (-Serie) 206
Magnetfeld 35 f, 45 ff, 67 ff, 119 f
Magnetisierung 109 f, 112 f
–, spontane 112 f
Magnetisierungsarbeit 116 f
Magnetpol 35, 38, 42
Masse, α-Teilchen 217, 227
–, Elektron 33, 212, 227
–, Neutron 208, 212, 216, 227
–, Photon 184 ff
–, Proton 208 ff, 227
Masse-Energie-Äquivalenz 188
Masseeinheiten 216
Massendefekt 216 ff
Massenspektrograph 54, 216, 218
Massenzahl 208
Materialisation 219
Materiewellen 195 ff
Maxwellsche Gleichungen 49, 60, 95, 120
Medium, opt. 136 ff, 166 ff, 172 f
Mesonen 224 ff
Metall 7, 9 f, 12 ff, 25 ff, 30 f, 39, 56, 65, 83 ff, 97, 123 ff, 136
Mikroskop, Elektronen- 171, 197
–, Licht- 143, 171
Moment, el. 31, 42
–, magn. 42
Myonen 223 ff

N
n-Leiter 130 f
Nachtsehen 129 f
Nahwirkung 12
Nebelkammer 211 f, 217
Néeltemperatur 113
Neukurve, el. 105
–, magn. 112
Neutrino 214 f
Neutron 208 ff, 227
Neutronenmasse 208 ff
Neutronenzahl 208
Nukleonen 208 ff
Nuklide 208 ff

O
Oberlfächenprüfung, opt. 168
Objektweite 140 ff
Öffnungsblende 154 ff
Öffnungsfehler 157 f
Ohm (Einheit) 8, 70 f
Ohmscher Widerstand 63, 66, 68 ff
Ohmsches Gesetz 9, 56, 58, 63, 68, 122, 125, 135
Orbital 207
Ordnungzahl 208
Oszillograph 34, 82

P
p-Leiter 130 f
Paarbildungsprozeß 219
Parallelresonanz 76
Parallelschaltung, Kondensatoren 12
–, Widerstände 10 f, 72 f
Paramagnetismus 109 ff
Paschen-Serie 199
Periodensystem 206
Permeabilität 108 ff, 114 f, 119
Permeabilitätszahl 109, 115
Permittivität 100 f, 106, 119
Permittivitätszahl 99 ff, 107
Pfund-Serie 199
Phasengeschwindigkeit 196
Phasensprung 92
Phasenverschiebung 71 ff
Photoeffekt 184 ff, 192, 195
Photoelektronen 184 ff
Photoelement 183
Photonen 184 ff, 197, 200 ff, 207

Photometrie 174, 179 ff
Photozelle 188
Piezoelektrizität 106 f
Pionen 223 ff
Plancksches Wirkungsquantum 178, 185 ff, 200 ff, 227
– Strahlungsgesetz 177 f
planparallele Platte 138, 167
Plasma 135
Plattenkondensator 13 ff, 28 ff, 49, 97 ff, 107
Pol, Magn. 35, 42
Polarisation, el. 98 ff, 102 ff
–, –, spontane 105
–, magn. 109
–, –, spontane 112
–, opt. 171 ff
Polarisationsladung 98 f, 101 ff, 118 f
Polarisationswinkel 172
Polstärke, magn. 42
Potential, el. 21, 24, 27
Potentiometerschaltung 11
Positron 32, 213 ff
Postulate, Bohr 200 ff
Poyntingscher Vektor 86
Prisma, opt. 138
Proton 32, 55, 208
Protonenmasse 208, 212, 216, 227
Protonenzahl 208

Q
Quantenbahnen 200 ff
Quantenzahl 200
Quark 225
Quellenfeld 14
Querwelle, Licht 95
–, el. magn. 94 f

R
Radioaktivität 209 ff
Radiokarbonmethode 212
Radionuklide 213 f
Reaktoren 218
Reflexion, Licht 137 f, 162, 172
Reflexionsgrad 176
Reihenresonanz 75
Reihenschaltung, Kondensatoren 11
–, Widerstände 10, 71 f
Rekombination, Gase 135 f
–, Halbleiter 130

Remananz, el. 105
–, magn. 112, 116
Resonanz 75 f, 82
Ringkern 114 f
Ringspule 48 f, 51, 61, 108
Röntgenbremsstrahlung 190
Röntgenröhre 190
Röntgenspektren 190, 205 f
Rückkopplung 81
Rydberg-Konstante 199f, 203, 227

S

Sättigungspolarisation, magn. 112
Sättigungsstromstärke 135
Sammellinse 139 ff
Schärfenfehler 157 ff
Schalen der Elektronenhülle 205 f
Schaltung, Kondensatoren 11 f
–, Widerstände 10 f
Scheinleistung 75
Scheinleitwert 73
Scheinwiderstand 72, 75
Scheitelfaktor 68
Scheitelwerte, el. 67 ff
Schnittweite, opt. 149 ff
Schwarzer Körper 176 ff
Schwingkreis, el. magn. 67 ff, 76 ff
Schwingung, el. magn 67 ff, 76 ff, 80
–, mech. 78
Schwingungsenergie 67, 77 ff
Sehfeldblende 155 ff
Sehweite, deutliche 143
Selbstinduktion 61 ff
Serien, Spektrallinien 199 ff
Siemens (Einheit) 8
Sievert (Einheit) 221 f
Sinusbedingung, Abbesche 157 f
Sinus-Schwingung, el. 67 ff, 77 ff
–, mech. 67 ff, 77 f
Sinuswelle, el. magn. 87 ff
Sonnenspektrum 163, 165 f, 179
Spaltung, Nuklide 215 ff
Spannung, el. 8, 21 f, 24, 27, 30, 32 ff,
   38, 46, 52, 58 ff, 67 ff, 111, 114
–, –, induzierte 58 ff, 111, 114
–, magn. 46 ff, 114
Spannungsdoppelbrechung 173
Spannungsteilerschaltung 11
Spektralanalyse 165 f
Spektralapparate 164
Spektralfarben 136, 160, 164 ff

Spektrallinien 165 ff, 199 ff
Spektralserien 199 ff
Spektrum, opt. 164 ff
–, el. magn. 95 f, 174
Spiegel 141 f
Spiegelbildkraft, el. 30
Spitzenentladung 27
Sprungtemperatur 127 ff
Stabilitätslinie 214
Stabmagnet 35, 65
Stefan-Boltzmannsches Gesetz 179
Stefan-Boltzmannsche Konstante 179, 227
Stehende Welle, el. magn. 88ff
Störstellenleitung 129 f
Strahldichte 175, 181
Strahlenbelastung 221 f
Strahlstärke 174, 181
Strahlungsgesetz, Plancksches 177 f
–, Stefan-Boltzmannsches 179
Strahlungsgrößen 174 ff
–, spektrale 176 f
Stromdichte, el. 48, 121 ff
Stromkreis, el. 62 ff, 69 ff
Stromstärke, el. 7 ff, 40 ff, 46 ff, 67 ff
   121 ff
Stromverzweigung 10
Supraleitung 127 ff
Suszeptibilität, el. 102 f
–, magn. 110 f
System, dünne Linsen 144 ff
–, Kugelflächen 149 ff
–, teleskopisches 156
Synchro-Zyklotron 55

T

Tagsehen 179 f
Tauonen 223 f
Teilchendichte, Ladungsträger 121 ff, 124 f,
   129 ff
Teleobjektiv 148
Temperaturabhängigkeit, Leitfähigkeit
   126 f
Temperaturstrahlung 176 ff
Tesla (Einheit) 39
Thomsonsche Gleichung, Schwingung 79
Torsionsmagnetometer 42 f
Torsionswaage 41, 99
Totalreflexion 138
Trägerstrom 120 ff
Transmissionsgrad 176

Transurane 215 f
Triplet, opt. 148
Tubuslänge, opt. 145 ff

U

Überführungszahl, Hittorfsche 132
Überlagerung, el. Felder 27 f
–, magn. Felder 50 f
Umklapp-Prozesse 105, 113
Umlaufspannung, magn. 46 f, 57
Unschärferelation, Heisenbergsche 193 ff
Uranspaltung 215 f, 218

V

Vergrößerung, opt. Instrumente 142 ff, 156 f
Verkettung, el. magn. Felder 82 f, 93
Verschiebungsdichte, el. 17 f
Verschiebungssätze, radioaktive 209
Verschiebungsstrom, el. 49 f, 85
Verzeichnung, opt. 159
Volt (Einheit) 8
Vorzeichenfestsetzung, opt. 139, 149

W

Wandverschiebung, magn. 113
Wasserstoffspektrum 165, 199 ff
Wasserzersetzung, elektrolytische 132
Watt (Einheit) 11, 182
Weber (Einheit) 42
Wechselstromkreis, el. 69 ff
Wechselstromgenerator 67, 80
Wechselwirkungen 226
Weißscher Bezirk 112
Wellen, el. magn. 83 ff, 120, 136, 177 ff
–, –, ebene 94
–, –, fortschreitende 86 f
–, –, gedämpfte 94
–, –, stehende 88 ff
Wellenlänge, el. magn. Wellen 87 ff, 96,
   177 ff
–, γ-Strahlen 191
–, Licht 96, 136, 163 ff, 178, 188 ff, 199 ff
–, Materialwellen 195 f
–, Röntgenstrahlen 189 ff
Wellenoptik 161 ff
Wellentheorie, Licht 185, 192 f
–, Materie 195 ff
Wellenwiderstand 85, 90, 227

Werkstoffe, dielektrische 101, 107
–, magn. 117 ff
–, supraleitende 127 ff
Widerstand, el. 8 ff, 62 ff, 66, 68 ff, 73 f,
  78, 126 f, 133
–, –, induktiver 70 ff
–, –, kapazitiver 69 ff
–, –, Ohmscher 63, 66, 68 ff, 73 f, 78
–, –, spezifischer 9 f, 126 f, 133
–, magn. 114 f
Widerstandszeiger, el. 72
Wiensches Verschiebungsgesetz 178 f

Wiensche Konstante 179, 227
Wilsonkammer 210 f, 217
Windungsdichte 44, 61
Wirbelfeld, el. 14, 60, 93
–, magn. 37, 49, 60, 94
Wirbelstrom, el. 65 f, 116 f
Wirkleistung 73
Wirkwiderstand 72, 75 f
Wirkungsquantum, Plancksches 178,
  187 ff, 200 ff, 227
Wirkfaktor 75
Wirkleitwert 73

Z
Zeigerdiagramm 69 ff
Zeitkonstante 63
Zerfall, radioaktiver 208 ff
Zerfallskonstante 210
Zerfallsreihen 209
Zerstrahlung 218 f
Zerstreuungslinse 139
Zündspannung 34
Zwischenkern 209
Zyklotron 54 f, 211
Zugkraft, Magnet 66

Verzeichnis der Tabellen

6.1-1: Spezifischer elektrischer Widerstand ϱ einiger Metalle und Legierungen bei 20°C 10

6.7-1: Permittivitätszahl (Dielektrizitätszahl) ε_r einiger Stoffe bei 20°C 100

6.7-2: Curietemperatur T_c und spontane Polarisation P_s einiger ferroelektrischer Kristalle 106

6.8-1: Magnetische Suszeptibilität χ_m einiger „linearer" Stoffe bei 20°C 110

6.8-2: Eigenschaften einiger magnetisch weicher Werkstoffe . . 118

6.8-3: Eigenschaften einiger magnetisch harter Werkstoffe . . . 119

6.10-1: Hall-Konstante c_H, Teilchendichte n_- der Leitungselektronen und n_A der Atome, Leitfähigkeit γ und Beweglichkeit u_- der Leitungselektronen für einige Metalle bei 20°C 125

6.10-2: Temperaturkoeffizient α des spezifischen Widerstandes einiger Metalle und Legierungen für die Bezugstemperatur 20°C 126

6.10-3: Ionenbeweglichkeiten u_+ und u_- in stark verdünnten wäßrigen Lösungen bei 18°C 133

6.10-4: Spezifischer elektrischer Widerstand ϱ von Wasser und einigen wäßrigen Lösungen bei 20°C (Gewichtsprozent; die Salze wasserfrei gerechnet) 133

6.10-5: Elektrochemisches Äquivalent k und Wertigkeit z einiger Stoffe 134

7.1-1: Brechzahl n_D für Licht der Vakuum-Wellenlänge λ = 589,3 nm (D-Linie) und Abbesche Zahl ν einiger Stoffe 137

7.3-1: Wellenlänge λ einiger wichtiger Spektrallinien und Fraunhoferscher Linien in Luft 166

7.4-1: Spektraler Hellempfindlichkeitsgrad für Tagsehen V_λ und für Nachtsehen V'_λ 180

8.2-1: Austrittsarbeit W und Grenzwellenlänge λ_g für den lichtelektrischen Effekt einiger Elemente 187

8.2-2: Energie E, Masse m, und Impulsbetrag p von Photonen verschiedener Frequenz ν bzw. Vakuum-Wellenlänge λ . . 189

8.4-1: Übersicht über Lasersysteme 205

9.2-1: Beispiel einer radioaktiven Zerfallsreihe: Thorium-Reihe 209

9.4-1: Durchschnittliche Strahlenbelastung je Person in Deutschland 222

10.2-1 Gruppen von Elementarteilchen 224

10.3-1 Zusammenstellung der Quarks 225

10.4-1 Austauschteilchen für die Wechselwirkungen 226

Allgemeine und atomare Konstanten 227

Quellennachweise

Einige Abbildungen wurden aus nachstehenden Werken und Bildarchiven übernommen:
    Deutsches Museum, München
    Gentner, Maier-Leibnitz, Bothe, Atlas typischer Nebelkammerbilder, Pergamon Press, London
    Hermann, A., Große Physiker, Battenberg Verlag, Stuttgart
    Leybolds Nachfolger, Köln
    Rüchardt, E., Bausteine der Körperwelt und der Strahlung, Springer-Verlag, Berlin
    Siemens AG, München

www.ingramcontent.com/pod-product-compliance
Lightning Source LLC
Chambersburg PA
CBHW061810210326
41599CB00034B/6952

* 9 7 8 3 4 8 6 2 2 5 7 6 1 *